民用建筑设计导论

重庆大学建筑城规学院　梁鼎森　编著

中国建筑工业出版社

图书在版编目(CIP)数据

民用建筑设计导论/梁鼎森编著. —北京:中国建筑工业出版社，2011.2
ISBN 978-7-112-12849-5

Ⅰ.①民… Ⅱ.①梁… Ⅲ.①民用建筑-建筑设计 Ⅳ.①TU24

中国版本图书馆CIP数据核字(2011)第007620号

本书对建筑设计中一些最基本、应用面又广的理论与方法进行了阐释，并以诸多工程实例扼要解析印证，图文并茂。第1章建筑总体设计，着重阐述总体设计与环境、总体设计布局方式、山地建筑处理与场地绿化。第2章建筑各组成空间设计，主要叙述确定单一建筑空间大小、形状的依据因素。第3章建筑空间组合设计，阐述了在单一建筑空间设计基础上建筑空间组合的若干原则与组合方式。第4章建筑造型与空间艺术，是对建筑创作中的至今仍不乏涉及的美学法则与建筑体形、色彩、室内处理的简要阐释。第5章为建筑创作中涉及的一些经济因素提要。

本书可供建筑设计、城市规划、城市建设管理等部门的有关人员及建筑院校有关专业师生参阅。

责任编辑：王玉容
责任校对：肖 剑 姜小莲

民用建筑设计导论
重庆大学建筑城规学院 梁鼎森 编著
*
中国建筑工业出版社出版、发行(北京西郊百万庄)
各地新华书店、建筑书店经销
卓越非凡（北京）图文设计有限公司设计制版
精美彩色印刷有限公司印刷
*
开本：880×1230毫米 1/16 印张：17¼ 字数：486千字
2011年9月第一版 2011年9月第一次印刷
定价：148.00元
ISBN 978-7-112-12849-5
(20109)

前　言

我从事民用建筑设计教学工作历数十年，其间，先后也担负过一些民用建筑实际项目的设计，十多年来主要精力就是从事建筑设计、建筑设计理论的研究和研究生的培养工作，在第一线参与城市规划与建筑设计项目的评审或咨询，《民用建筑设计导论》也许就是上述这些工作的学术积淀。改革开放以来，史无前例大规模、多层次的城乡建设推动建筑设计理论与方法不断前进与创新，建筑设计既不乏国际最前沿的理论与方法，对一些最基本又应用面广的理论与方法也得到深入研讨与阐释，后者正是本书的侧重点。对图例的重视是建筑学的优良传统，所以在对某一概念简明叙述的基础上，力求通过一个个工程实例的扼要解析来对理论加以印证，作者在选用图例的解析基本内容时重视其权威性。图例以今为主，古今中外按需选用，其中有些年代虽然久远，但经典建筑随着年代的增添，不仅不会失去其光辉，而且愈显璀璨。书中有时同时阐述了两种似乎相互矛盾的观点，这符合建筑创作的实际，建筑创作的多元性有利于创作的繁荣进步。

本书的面世首先要感谢支持我完成本书编写的单位领导、老师、同事以及随我学习的多届研究生们：重庆大学建筑城规学院和重庆大学建筑设计研究院的唐璞、余卓群、张兴国、魏宏扬、赵万民、杜春兰、何洪建、戴志中等。还要感谢中国建筑工业出版社的大力支持与帮助。感谢编审王玉容女士的精心审校。还有一些朋友和重建工的校友为本书提供了图片资料，相关学科的专家提供了咨询。编写过程中，我参阅了大量有关图书和刊物，选用了其中一些图片作为本书图例，对有关专家、作者及出版社在此一并致以深切谢意！由于大多数图例的图源均出自中国建筑工业出版社所出图书，为简化注释，在图例图源中，中国建筑工业出版社名目未予详列，特予说明。

参加本书编写的还有包纯（第5章）、李俊（第4章）、梁挺（第3章），梁路协助完成全书的图、文整理工作。由于作者学术水平所限，疏漏或谬误在所难免，敬希同行专家批评指正。

目　录

绪　言

建筑类型一般分为生产使用的建筑和为生活使用的建筑两大类。工业建筑和农业建筑主要是为工农业生产使用的建筑物和构筑物。它的建筑设计主要是由生产工艺要求决定的。民用建筑是供人居住和进行公共社会活动使用的建筑物或场所的总称。它是人类赖以生存的物质和精神生活条件，是为人的生活服务的。民用建筑设计要满足人的使用要求和精神要求。建筑是石头、木材、水泥、钢和玻璃的史书，建筑也是人类的史书。它记录长达几千年过去了的时代，也继续记录着我们现在蓬勃发展的时代。

0.1　民用建筑分类

0.1.1　民用建筑按使用性质分类

1.居住建筑：包括各种形式的住宅、宿舍、公寓等。住宅是为供家庭居住使用所构筑的物质空间；宿舍是供单身人员居住使用且有集中管理的物质空间；公寓为集体性居住建筑，有相应的生活服务设施与管理。

2.公共建筑：是供人们进行各种公共活动的场所和物质空间。按其设计特征，公共建筑又可以划分为以下几种主要类型：

(1) 文教科研建筑：为进行教学和科研服务的建筑，如学校、幼儿园、少年宫、文化馆、图书馆、实验室等。

(2) 商业建筑：为进行商业活动提供空间场所的建筑类型的统称，如商店、饮食店、购物中心、超市、银行、保险公司、书店等。

(3) 交通建筑：为交通运输服务的公共建筑，如火车站、汽车站、航空站、港口客运站、停车库等。

(4) 医疗建筑：承担对疾病的诊断与治疗，进行公共卫生预防和保健，以及医学教学与科研的建筑的总称，如医院、疗养院、门诊部等。

(5) 观演建筑：有视听及观演环境的建筑，如剧院、音乐厅、电影院、文化中心等。

(6) 体育建筑：作为体育竞技、体育教学、体育娱乐和体育锻炼等活动用的建筑，如体育场、体育馆、游泳馆（池）、滑冰馆、训练房等。

(7) 博览建筑：是供搜集、保管、研究、陈列有关自然、历史、文化、艺术、科学技术等的实物与标本的公共建筑，如博物馆、美术馆、展览馆、陈列馆等。

(8) 旅馆建筑：为旅游或短期住客提供住所的营利性居住设施，如旅馆、酒店、宾馆、饭店、招待所、汽车旅馆等。

(9) 纪念建筑：以建筑作为直接手段表达纪念情感的建筑艺术形式称为纪念建筑，如纪念碑、纪念塔、纪念馆、纪念堂等。

(10) 办公建筑：为政府、社团、企业、事业等机构人员进行公务活动的建筑总称，如办公楼、写字楼等。

(11) 园林建筑：主要由绿化和文化设施组成，供游人游览、休息，进行公共活动的建筑总称，如公园、动物园、植物园、私家园林、小游园等。

(12) 公共服务设施：如消防站、公共厕所等。

在实际工程项目中，某一种类型建筑并不都是独立建造的。根据需要，把某些类型建筑如商店和住宅合建称为商住楼，商店、旅馆和写字楼等集中作为一个项目进行建设，称为综合性建筑。另外，还有一些新的综合性建筑，如包含商业、酒店、写字楼、电影院、剧院、夜总会、健身房等，集购物、住宿、娱乐、健身于一体的超级购物中心，其规模十分庞大，组成也更加复杂。商住楼、综合性建筑的设计除了要满足各类型建筑的要求外，还要满足综合性建筑的相关要求。

随着社会的发展和科技的进步，人类物质生活与文化生活水平的不断提高，建筑的类型和内容将不断发展变化，出现新的建筑类型。

0.1.2 民用建筑按建造方式分类

1.住宅建筑

1～3层为低层住宅；

4～6层为多层住宅；

7～9层为中高层住宅；

10层及10层以上为高层住宅。

2.公共建筑高度不大于24m者为单层和多层建筑，大于24m者为高层建筑（不含建筑高度大于24m的单层公共建筑）。

3.建筑高度大于100m的民用建筑为超高层建筑。

0.1.3 民用建筑按设计使用年限分类

民用建筑根据主体结构确定的设计使用年限分为四级：

1类设计使用年限5年，适用于临时性建筑；

2类设计使用年限25年，适用于易于替换结构构件的建筑；

3类设计使用年限50年，适用于普通建筑和构筑物；

4类设计使用年限100年，适用于纪念性建筑和特别重要的建筑。

0.1.4 高层建筑的分类

根据使用性质、火灾危险性、疏散和扑救难度，高层建筑分为：

一类：19层及19层以上的住宅及较重要的公共建筑；

二类：10层至18层的住宅和一般高层公共建筑。

山区或坡地建筑由于地形复杂，因地形而产生的建筑吊层、坡底、坡顶以及防火设计建筑高度的确定，在进行建筑分类时参照有关规范或地方法规执行。

0.1.5 根据复杂程度的民用建筑分类

根据建筑的复杂程度，民用建筑分为特级、一级、二级、三级、四级、五级共六个等级。特级为国家重点项目；一级为大型公共建筑，以及具有地区性历史意义或技术要求复杂的中小型公共建筑，或30层（含）以上的住宅、高度超过50m的公共建筑；二级为中高级的大型公共建筑及技术要求较高的中小型公共建筑和16～29层的住宅；三级工程为中级、中型公共建筑或7～15层的住宅；四级工程为一般中、小型公共建筑与6层（含）以下的住宅、宿舍等；五级工程为一二层一般小跨度结构的建筑。

0.1.6 民用建筑中的一些特殊性能建筑

1.地下建筑：是指建造在地面以下的建筑如地铁站、地下商业街、人防指挥所等。

2.生土建筑：是指利用生土材料营建主体结构的建筑，或在原状土中挖凿的窑洞或利用生土、砂石掩覆的各类建筑。生土建筑包括窑洞、土筑建筑和覆土建筑等类型。生土建筑的特点是可以就地取材，易于施工，便于自建，造价低廉，节省能耗，节约占地，有利于生态平衡和可持续发展。

3.智能建筑：指通过先进的科技，如通信系统、自动化系统使建筑发挥最高效率，同时又以低保养成本，有效地管理本身资源的建筑。智能是建筑发展的方向，无论是公共建筑或住宅建筑都不例外，只是智能化在各类建筑中所占的比例程度有所不同。

4.太阳能建筑：其根本特征是，一方面加强维护结构的绝热性能，另一方面主要就是利用太阳能。“呼吸式太阳能玻璃幕墙”可以把光能转化为电能。由于这种幕墙采用的是双层钢化玻璃中间夹光电池的结构，除了能发电外，还具有遮阳、环保、节能、隔声、美观、透光率良好、结构牢固等诸多优点，使用寿命可达二十余年。

5.绿色建筑：又称生态建筑、大自然建筑、可持续建筑。绿色建筑是以生态学原则为指针，以生态环境和自然条件为取向所进行的一种既能获得社会经济效益，又能促进生态环境保护的边缘性生态工程和建筑形式。它具备促进生态平衡与可持续发展的物质功能与精神功能，节能节地，少或无污染，达到生态平衡。绿色建筑并不是指带绿色植物的建筑，绿色建筑具备促进生态平衡与可持续发展的物质与精神功能，它的本质是在建筑活动的全生命周期（物料生产、建筑规划、设计、施工、运营维护及拆除、回用过程）中实现高效率地利用资源（能源、土地、水、材料），最低限度地影响环境。在减少资源的消耗和提高资源的利用效率的前提下，建设健康环保的人居环境。绿色建筑为人们提供健康、舒适、安全的居住、工作与活动的空间，是达到人及建筑与环境共生共荣、可持续发展的必要途径。

0.2 民用建筑设计应遵循的指导原则

我们知道，民用建筑设计是为满足建筑物的使用功能和精神要求，在建筑物建造之前对建筑物的使用、造型和施工作出全面筹划和设想，并用图纸和文件表达出来的过程。它既包含使用功能和技术经济，也包含艺术创作。民用建筑设计特殊之处是它的过程答案不会只有一个，因此要求优选。重要的是，设计人对设计要有一个适当的理念，遵循建筑的“适用、经济、美观”和可持续发展的指导原则，正确处理各要素之间的关系。对有特殊要求的建筑，还应该考虑其特定的指导原则。

一般而言，适用者按照功能要求进行设计，切合于当时当地人的生活习惯，适合于当地地理环境。功能，简浅的理解就是建筑或建筑空间的用途，是指建筑所支持的人的活动以及这种活动的性质、相互关系和变化规律，任何建筑不满足使用要求就失去建造的意义。然而，建筑的使用功能并非适用的全部，建筑功能还应该包括人的心理、行为和社会文化的需求。所以功能并非只是人的生理需要，人体尺寸及动作规律、可观察到的人流线的活动，而且还要外延深入到人的心理、行为和社会文化需要。包括人怎样感知和认识建筑外观和室内环境，怎样占有和使用空间，怎样满足人的社会交往需求，以及怎样理解建筑形式表达的意义和象征。适用还外延至技术领域，适用的建筑也是安全的和舒适的建筑。因此，对适用的理解不能只停留在建筑空间布局的探讨，应更深入地从健康、环境、可持续发展等方面研究每一个细节，体现人文关怀。纪念碑虽然人不能在其中生活，但它同样具有功能。它的功能就是要表达的纪念性，或者说，它的功能就是形式要达到的目的。20世纪下半叶以来，随着可持续发展、节能减排、生态学及绿色建筑等理论的影响日益扩大，传统的以实用功能为主的设计思想已经逐渐转向以人为本，注意环境有机营造以及可持续发展的设计理念。另外，功能也不是一成不变的，人们的生活是动态的，有些建筑的功能也是动态的。例如传统的博物馆建筑的功能分为展陈、收藏、教育、研究、办公、后勤等模块，而当下博物馆建筑的各项功能设置却已经呈现出了互相渗透、融合，空间多义化的发展趋势，功能流线也由传统的单一、线性逐渐网格化，进而模糊起来。在展陈功能方面，多媒体技术、网络技术与虚拟现实技术的引入使博物馆的展陈功能获得了新的发展。传统的线性平面化展陈体系逐渐被网格化、多维化的展陈体系所替代，展陈模式向参与模式、交流模式、场景模式转化。由此，展陈空间的形态、结构等方面体现了新的发展趋势。而作为博物馆的商业服务、娱乐功能也成了博物馆重要的功能组成部分。

经济是指建筑在建造和使用过程中用货币的用量来衡量建筑物的建设和日常管理中的劳动消耗、物质消耗和产生的经济效益。经济要求用同样的投入要取得更好的效益，体现良好的“性价比”和“全寿命周期总成本”的理念。经济原则要求选择资源节约型可持续发展的建筑模式等。自从人类开始进行建筑活动以来，经济条件对建筑就已表现出强烈的制约作用。无论建筑的具体形式及等级如何，不管业主有何宏图大志，或者建筑师有何奇思妙想，都离不开人力与物质资源的支撑，而这两项资源都受到经济条件的制约，都不可能脱离具体的经济条件去实现。这并不意味着越少花钱越好，或仅仅考虑一次性投资的经济性，而是造价要与投资的框架相当，要符合可持续发展、节能减排的时代要求。也不是建筑师在经济条件的制约之下就只能墨守成规，无所作为。相反，许多建筑师也正是在限制甚至苛刻的条件之下，充分发挥自己的聪明才智，在看似毫无作为的境地中，创造出无数的经典作品。

建筑是艺术，是“凝固的音乐”、“石头的史书”，是一定时期社会物质、文化乃至精神的载体。虽然建筑艺术的表达与音乐和文字有区别，建筑美观要求同样是人类永恒追求的主题。建筑是物质产品，从本质讲总是受到功能、经济、技术、材料、环境等种种条件的制约，建筑不可能像文学与音乐、美术那样，建筑必须使艺术与使用要求和技术经济的合理性相适应。建筑美观也并不只是对建筑造型的探讨，虽然建筑师工作重点是建筑本身，但建筑呈现在世人面前的是一个环境，需要得到的是环境整体的美感，这都需要建筑之间的配合和建筑与环境之间的互动，要从更广泛的范围来俯视建筑单体。

随着时代和社会的不断进步，观念的不断更新，当代错综复杂的建筑文化导致建筑理论的多元化倾向，作为建筑的主题，“适用、经济、美观”的原则正在发展中找寻新的诠释，“适用、经济、美观”的内涵和外延也在不断地变化。“变”是事物发展的规律，正如“要赋予建筑以形式，只能是赋予今天的形式，而不应是昨天的，也不应是明天的”一样。在盛世群星灿烂的时代，建筑设计理论也要与时俱进，创造新的未来。在采用传统与经典设计方法的同时，参数化设计已经进入建筑师的工作领域，作为实现某些工程的手段，参数化设计将使建筑设计的整个过程可能得以通过最优化的环节，最连贯的衔接，经济有效地实现复杂有机的形式，高效地创造多种方案的选择，取得令人惊奇的结果。

建筑师正在雕塑未来。据说，一位雕塑家被其崇拜者问及，他是怎么知道在一块未被雕琢的石头中，睡着一位美丽的女性呢？答案当然是一开始时他就对作品胸有成竹。建筑师是否是这样？答案是肯定的。

第1章　建筑总体设计

一个建筑项目的设计，一般包括总体和单体设计两个方面。总体设计是全局性的，它要从全局的角度来综合组织总体各要素之间的关系，并层层深入，妥善地处理好个体建筑与总体在功能、空间、体量、造型等方面的关系。由总体控制局部，使总体各要素之间关系协调，使建筑物的内在功能要求与环境、地形、气候、工程与水文地质、外界的道路、基础设施以及城市布局诸因素彼此协调，有机结合。总体设计的基本原则是，建设项目要符合所在地域、城市、乡镇总体规划，要合理利用和节约用地，不占良田和经济效益高的土地，符合国家现行土地管理有关法规和规定。有利于保护环境和景观，保持生态平衡，不污染水源、河流、湖泊，符合现行环保法规定，满足使用功能要求。建筑物的单体设计，则是在总体设计的指导下进行，在总体布局基础上，研究解决个体设计中各种问题。总体与个体设计关系的处理，不是简单地、截然地分开，而是在总体设计时就要考虑个体设计以及可能出现的问题如何解决。在进行个体设计时又要从总体出发。随着个体设计的深入，也要修正总体设计方面的缺欠，使总体布局与个体设计相协调。经过这样的反复推敲，不断完善，达到不仅总体设计合理，而且个体设计也趋于成熟。在一个规模适度的建设项目中，总体设计和个体设计将同时完成。对于较大、较复杂、较长期建成的建筑工程，个体设计将根据总体设计分期实施。

1.1　总体设计与环境

什么是环境？对于建筑而言，环境就是围绕着建筑的外部世界，是人赖以生存和发展的物质条件和社会文化的综合体。环境主要包括自然环境、社会环境和人工环境。

在总体设计中，建筑涉及的主要外部环境因素，包括建设地段的地形、地貌、气候、水文、地质、生态等自然条件、自然景观和该地段的已有建筑、绿化、交通、市政设施以及历史人文等背景环境。设计有特定的地址，特定的环境以及这个环境特定的历史。

在进行总体设计之初，要深入建设基地，实地调研踏勘，了解用地范围内、外环境因素，研究城市规划及建造地段环境对建筑的要求，研究景观或城市的背景环境在设计中扮演什么角色，探讨哪些资源可以用来处理建筑设计与背景之间的关系。分析环境的特点及其对建筑可能产生的影响以及建筑可能对地段环境带来的影响。对于环境的研究，不仅限于临近设计建筑物的四周，有时还可以延伸到相当远的范围。中国传统建筑的至理是宣示人生与自然的相容和共生，根据这一思想，天之所生称为“物”，人生也是万物之一。人生之所以不同于万物，是因为人能与天相近，能知天命，能与天相合为一，也就是“天人合一”，这和老子所说的:“人法地，地法天，天法道，道法自然”的哲学观都是中国建筑文化根基之所在。从图1–1中可以看出，中国建筑总是融合于地区的自然与社会环境之中，打上地域的烙印，就是这种哲学观的表现。

著名建筑巨匠赖特主张现代建筑——他称之为“有机建筑”——是一种自然的建筑，是属于自然的建筑，也是为自然而创作的建筑。他强调物与周围环境的组合，强调建筑应该像天然生长在地面上的生物一样蔓延、攀附在大地上。如果建筑从整体到局部的形成都能从周边环境、建筑功能及运作模式、使用者行为与心理，以及政治、经济、气候、未来等因素考虑，那么它的出现就会像树木植根于土壤一样流畅自然，做到建筑与环境二者相互依存，凝结成为不可分割的完美整体。虽然有的建筑师并不信仰有机主义的原则，甚至认为，建筑应是对自然的反抗和控制，但仍然认为建筑应成为建筑环境的重要组成部分或构成元素，实际上殊途同归。建筑的特色从哪里

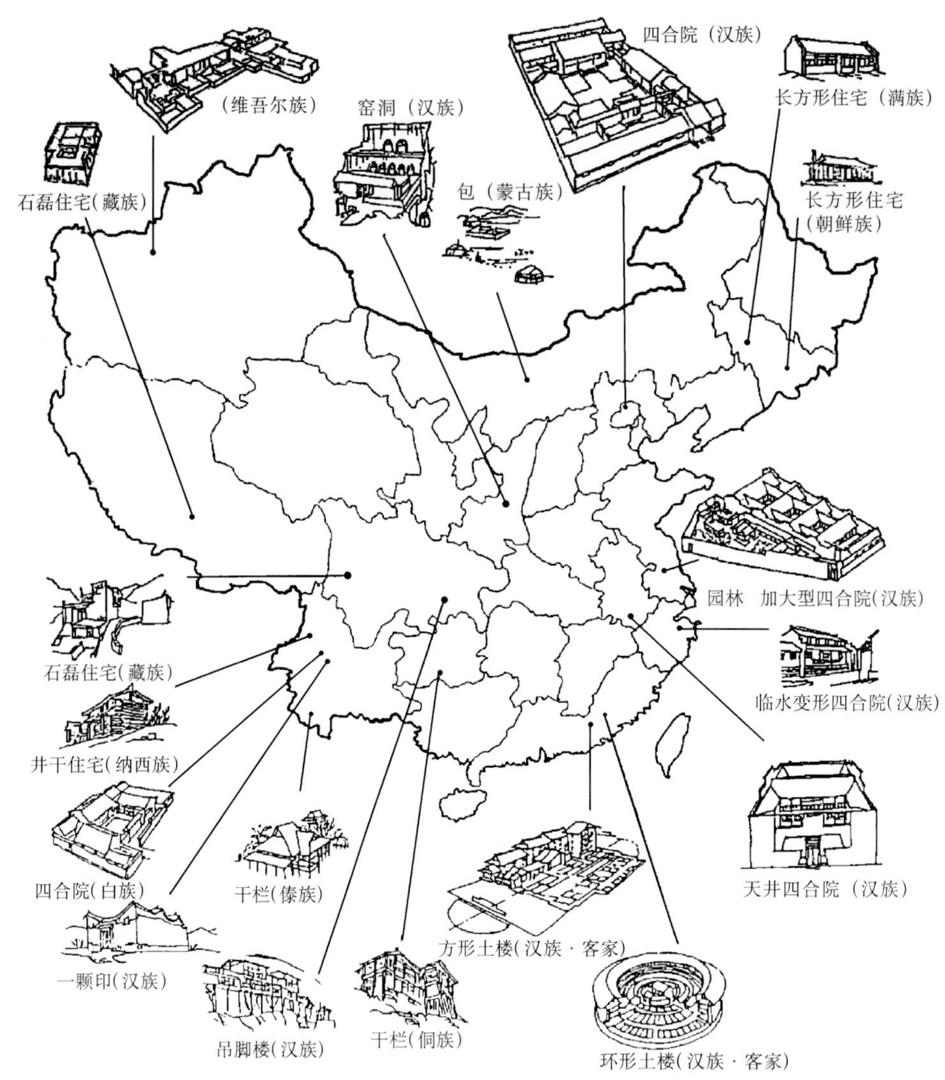

图1–1 中国不同地区、不同民族和不同气候与文化传统下的民居形式
(《建筑学报》1990.02 P6 吴良镛)

来，环境常常是孕育灵感的沃土。“大象无形，大音无声”，为了强调整体环境和氛围的创造，在设计上有时采取少作建筑体量或体量隐消的手法，也是与环境的有机结合。

此外，在总体设计中，不仅要善于结合和利用自然和社会环境为构思提供灵感，达到两者的有机统一，相互依存，还要充分利用环境的条件与特点，并经过适当的人工加工改造，创造新的环境，使环境的意趣更能为表达构思主题服务，更能体现总体设计的意图，也许这就是建筑对自然的反抗和控制。建筑设计不是建筑师的随意想像，而是它的目的和它的环境这两个条件的必然结果。它们像是两种相对的力量：一种通过设计，要求这种压力由内向外推出它的形式；另一种则通过环境将这种压力由外而内对它进行塑造。可以说，物质与精神功能推出形式、环境进行塑造，同一功能的建筑因环境的不同而最后具有不同的形式。同样，同一环境的建筑因功能不同而最后也具有不同的形式。

建筑地段的环境归纳起来可分为两大类：一类是以自然环境为主的地段，一类是以人工和社会环境为主的地段。此外，在自然或人工和社会环境中还有一些特定环境条件的地段。不论是自然环境或人工、社会环境或其他特定环境，由于它们所提供的千差万别的“不同”，为总体设计构思赋予了各自的特色。利用环境特色的方式多种多样，并无固定模式，利用也并非不能改造，有的利用成分多一些，或既利用又改造，但都需要相互协调，创造一个新的环境。

1.1.1 处于自然环境中的建筑

当建筑处于自然或以自然为主的环境，特别是处于山丘、森林、湖海之滨等自然环境区域时，应主要根据建筑使用及有关规划要求考虑如何与自然环境，尤其是地表自然条件与景色相协调，使建筑成为自然环境的一部分和构成要素，并且把人文理念也融于自然环境之中。如果和周围自然环境的关系处理不好，不能成为建筑环境的构成元素，即使使用功能以及本身的体量和尺度都好，不仅不能取得好的效果，还会对环境起破坏作用。在这一类环境中，设计首先要保护自然环境，利用自然条件。建筑总体布局宜结合地段地形的高低起伏，采用因地成形，因形取势，灵活自由的布局。特别是利用山体、林木和水面的原生环境，地形及水体的丰富变化使其景观具有独特的视觉特征。在自然环境中，建筑的体量和尺度是大一点好，还是小一点好，都要结合环境条件来考虑。在一个要求体量小一点的自然环境中，可以将较大规模建筑的体量适当分解，在处理上尺度应小一点，以达到与环境谐调的目的。中国古代曾有诗赞誉在浙江天台山脚下的国清寺："弯弯曲曲深几许，影影绰绰藏何地，步至佛寺不见寺，伫立门前门何处"。足见当时佛寺与自然、人文环境天人合一之境界。

南京中山陵是中国近代史上最重要的建筑群，经过方案竞赛，最后决定采用建筑师吕彦直的设计方案。中山陵位于南京东郊紫金山南麓，周围山势雄胜，松柏森郁，风光开阔优美，陵园依山就势，坐落在连绵起伏的苍翠林海之中，共占地8万m^2余。中山陵的设计思想是把建筑融于自然环境之中，它吸取了中国古代陵墓布局的特色。将总体布置沿中轴线分为南、北两大部分。南部包括入口、石牌坊和墓道，北部包括陵门、碑亭、石阶、祭堂、墓室，绕以钟形陵墙。采取中轴线对称的布置方式，按行进序列依次建有牌坊、甬道、陵门、碑亭、祭堂和墓室。陵墓甬道长375m，宽40m，高差70m。与古代帝王陵墓不同的是取消了甬道两旁的石像生，打破了传统神秘、压抑的气氛，代之以严肃、开朗、平易近人的环境氛围。陵区坐北朝南，总体布置"略呈一大钟形"，象征着孙中山先生致力于唤醒民众、反抗压迫的不屈不挠精神，告诫后人"革命尚未成功，同志仍须努力"。总体规划借鉴了中国古代陵墓以少量建筑控制大片陵区的布局原则，也糅入了法国式规整型林荫道的处理手法，通过长长的墓道、大片绿化和宽大满铺的石阶把散立的、尺度不大的单体建筑联结成大尺度的整体陵墓。单体建筑造型基本采用传统形式，但用蓝色琉璃瓦屋顶，花岗石墙身，内部结构采用钢筋混凝土。1926年1月开始建造，1929年春建成（图1–2）。

美国建筑师赖特设计的流水别墅最成功的地方之一就在于它与周围自然环境紧密结合，并充分发挥了钢筋混凝土材料与结构的特性。流水别墅位于美国宾夕法尼亚州匹兹堡市郊区的一处地形起伏、林木繁茂的风景点。一条小溪从峭岩上落下，形成一个小瀑布，成为此处风景的点睛之笔。赖特一反常规，没有将别墅与瀑布相对布置，而是将它放在瀑布之上，凌水而立，层层悬挑的平台伸进周围的空间，建筑与自然互相渗透，相得益彰。置身于流水别墅中，人对自然的体验不只限于观望欣赏，而是更加真切，与自然融为一体。建筑不仅丰富活跃了自然景色，而且成为人与自然交融沟通的媒介。流水别墅不但是赖特本人作品中特别卓越的一座，也是20世纪世界建筑园地中罕见的一朵奇葩（图1–3）。

MIHO美术馆坐落在日本滋贺县信乐山脉的自然保护区，被原始森林环抱。建筑与自然融合，露出地面的屋顶面积仅有2000m^2，95%的建筑埋入地下。建筑构思引用了中国桃花源记的故事，是精神性哲学的实践，建筑和场地，建筑与内容有机和谐，是把艺术和自然融为一体的完美的艺术作品。外观是传统的日本式，结构是现代科技的结晶，实现了贝聿铭先生将传统与现代相结合、融合东西方文化的理念（图1–4）。

(a)沿中轴线全景

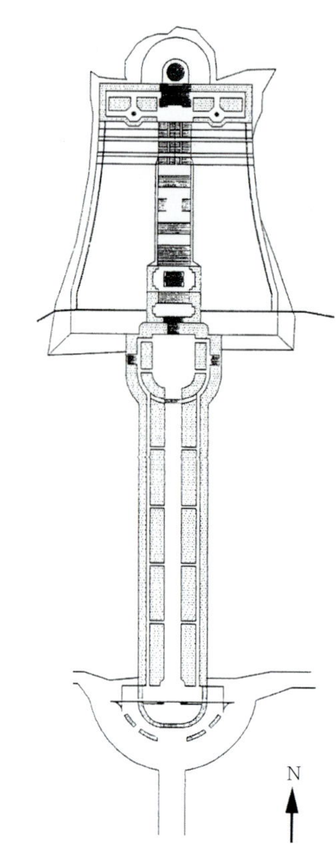

(b)总平面

图1-2　南京中山陵（《20世纪世界建筑精品集锦》9卷　P38　关肇邺　吴耀东　建筑师吕彦直）

(a)全景

图1-3　美国宾夕法尼亚州熊跑溪流水别墅（考夫曼住宅）（《20世纪世界建筑精品集锦》1卷　P76-77　R·英格索尔　建筑师F·L·赖特）

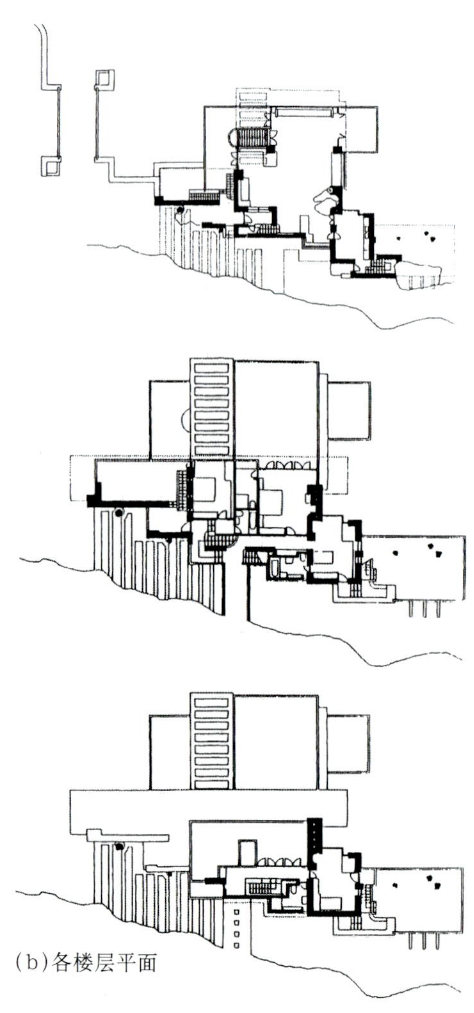

(b)各楼层平面

(a)美术馆全景鸟瞰

(b)美术馆正立面

图1-4　日本滋贺县MIHO美术馆　(《世界建筑》2006 08 P106-108 胡惠琴 周旭宏)

R·迈耶设计的美国密歇根州道格拉斯住宅，位于树林里一处陡峭的山坡上，能远眺密歇根湖，它是有名的花园中的机器。这幢住宅好像是建筑师顺手放在天然位置上的棱柱形白色物体。住宅采取开敞与闭合、白色和光亮，以及一般的和惊人的透明等形式。入口采取飞桥的形式，直达建筑的屋顶层，通过门厅，就会置身在充满耀眼阳光的令人眩晕的五层高的空间。从室外三层的平台和围合着双层高起居室和下边用餐处的三层高的窗墙，都可以扫视湖景。住宅在面湖的一面空间形成了一幅开敞平面要素的雅致的纯净派构图，有分开的柱子、起伏的阳台、一座独立的壁炉，以及勒·柯布西耶设计的家具。住宅的私密部分对着山，有卧室和沿走廊线形布置的服务空间（图1-5)。

佘畯南、莫伯治的早期作品广州的白天鹅宾馆位于广州沙面岛南侧，南临珠江白鹅潭。宾馆的布局使功能、空间和环境达到统一。公共活动部分如门厅、休息厅、咖啡厅、餐厅等临江布置，使旅客便于欣赏江景；中庭作为一个整体的多层园林设计，所有流动空间，餐厅、休息厅、商场等围绕中庭布置，构成上、下盘旋，高旷深邃的园林空间，将动与静有机结合并融为一体。气势宏伟，色彩和谐雅致，富有岭南庭院特色的中庭，让旅客流连忘返。宾馆采用了高、低层结合，高层为客房主楼，外墙白色喷涂饰面，颇有天鹅白羽重叠之意，使建筑与环境融为一体（图1-6)。

新喀里多尼亚首府努美阿的让—玛丽·特吉巴欧文化中心，建筑师是伦佐·皮亚诺，他的设计不仅反映出他对环境的关注，而且表现出了他对方案彻底详尽的研究。建筑的形式与场址有着强烈而动人的联系。它背对海洋吹来的劲风，却向岛内宁静的湖泊展臂开放。它用三组“房屋”形成流通脊梁，并各

(a)位于树林里陡坡上的道格拉斯住宅外观

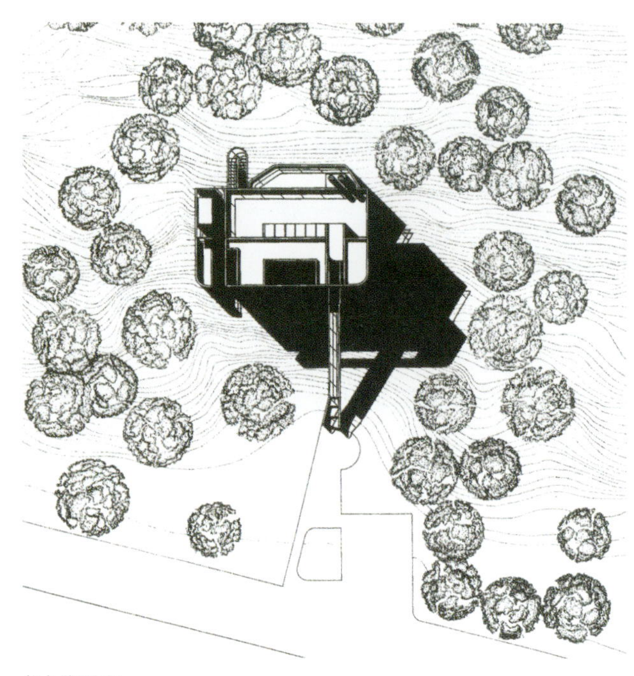

(b)总平面

图1-5 美国密歇根州位于树林里陡坡上的道格拉斯住宅
(《20世纪世界建筑精品集锦》1卷 P176-177 R·英格索尔 建筑师R·迈耶)

(a)全景

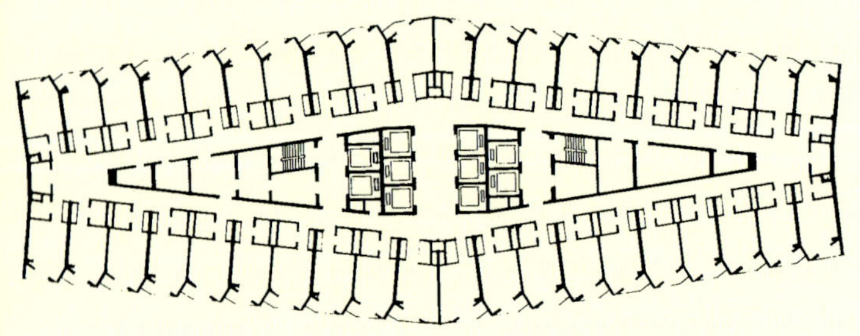

(b)标准层平面

图1-6 广州白天鹅宾馆
(《20世纪世界建筑精品集锦》9卷 P148-149 关肇邺 吴耀东 建筑师佘畯南 莫伯治)

向灿烂缤纷的花园开放。它用现代技术延伸了传统形式，缔造了一种光影相间、微风袭袭的自然有机感。这个1998年建成的文化中心，产生于复杂和激情的政治背景，却能以深刻的意义作出主题和文脉的反映。建筑的意义在于它强有力地提供了和平的象征，肯定了卡尔纳克的民族文化，取材于本土文化，并为其文化表达找到新的方向，又为其今后发展打开了大门。皮亚诺对场地特征、位置、气候、材料和工艺的潜力、过去和未来的结合等的全面理解，使一种新的太平洋建筑模式得以诞生。这个建筑的一个重要特点就是如何开放，如何尽量使围合的感觉变小，变得不明显，让整个文化中心融合到周围的绿地当中（图1-7）。

齐康等早期设计的福建武夷山庄位于福建著名的风景区武夷山，是风景区内一所中型旅游旅馆，建筑面积16800m²。旅馆建于著名景点大王峰东麓一片坐北向南的斜坡地上，面对景色如画的崇阳溪，具有最好的风景线。为了与自然相协调，建筑设计立足于“宜低不宜高，宜散不宜聚，宜土不宜洋”的原则，着意将建筑根植于地方风情之中，融汇于风景环境之内。建筑最高为三层，而且作散状布局，以求将更多的自然景色引入建筑组群空间内。体形曲折而富

(a)空中全景

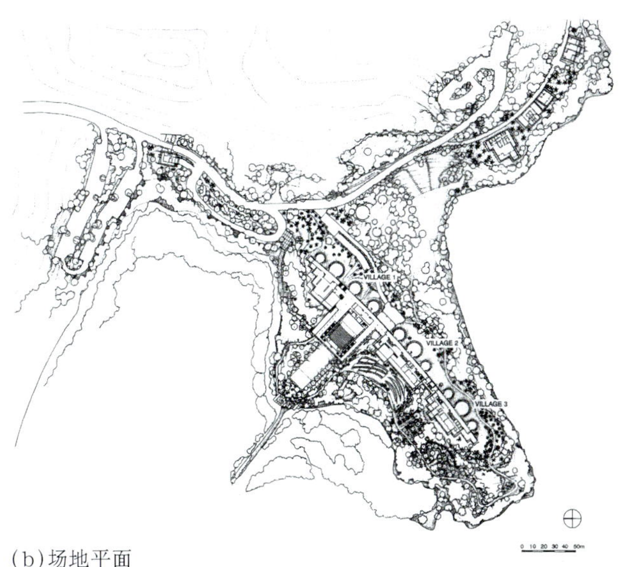

(b)场地平面

(c)从海面看到的外观

图 1-7 新喀里多尼亚努美阿的让－玛丽·特吉巴欧文化中心
(《20 世纪世界建筑精品集锦》10 卷 P268-269 林少伟 J·泰勒 建筑师 R·皮亚诺)

有韵律，予人以秀丽玲珑的美感。建筑细部设计注重从地方建筑风格汲取营养，诸如大尺度斜坡顶、带有垂莲柱的挑檐、廊边八角形小窗等都具有福建民居的神韵（图 1-8）。

陈世民等设计的深圳市南海酒店则是利用自然环境的特点创造出的一个优美建筑的例子。南海酒店位于蛇口海滨，初始建筑面积35000m²。该建筑结合周围地理环境将平面依山就势组成弧形构图；剖面上采用层层后退的手法；在建筑与山体之间设置了天桥，与滨海之间设置了亭廊。不仅在功能上使每个房间都有一个很好的景观，而且与海的关系也非常协调，使海景、酒店、山体相得益彰，建筑与周围自然环境协调，融为一体，并创造了具有特色的建筑造型。建筑外部为浅色墙面，与深茶色的玻璃幕墙形成对比，并以鲜明的古铜色琉璃加以点缀，使其在蓝

(a)东侧外观

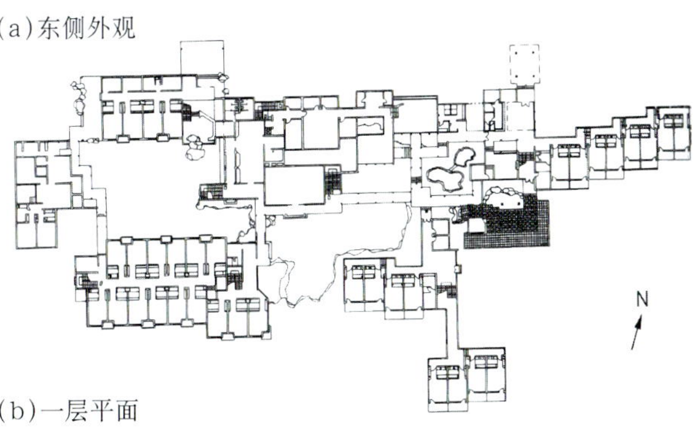

(b)一层平面

图 1-8 福建武夷山庄
(《20 世纪世界建筑精品集锦》9 卷 P150 关肇邺 吴耀东 建筑师齐康 赖聚奎 杨子伸)

(a)外观

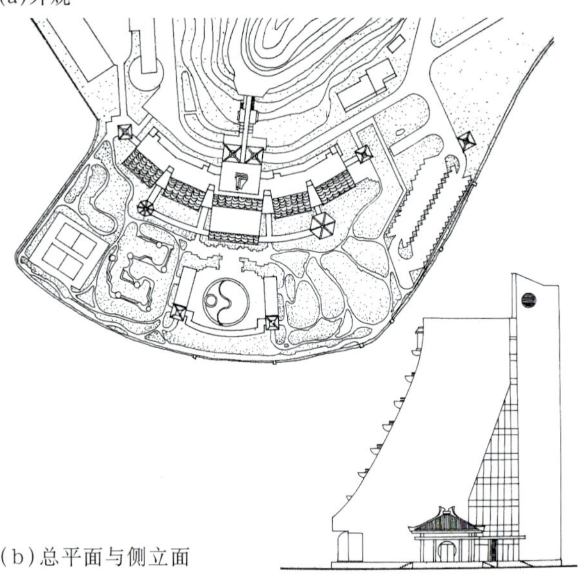

(b)总平面与侧立面

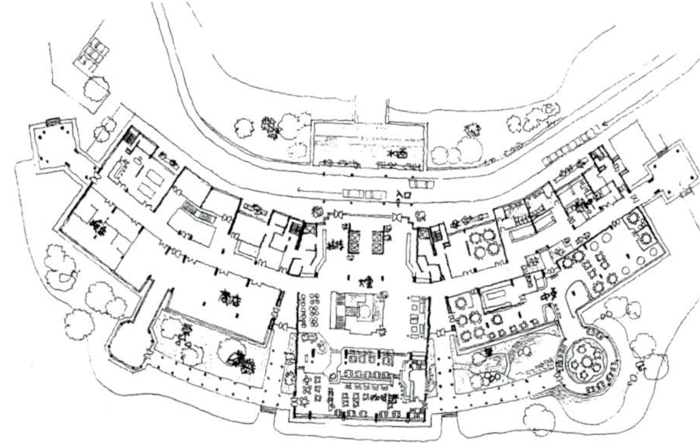

(c)地面层平面手稿

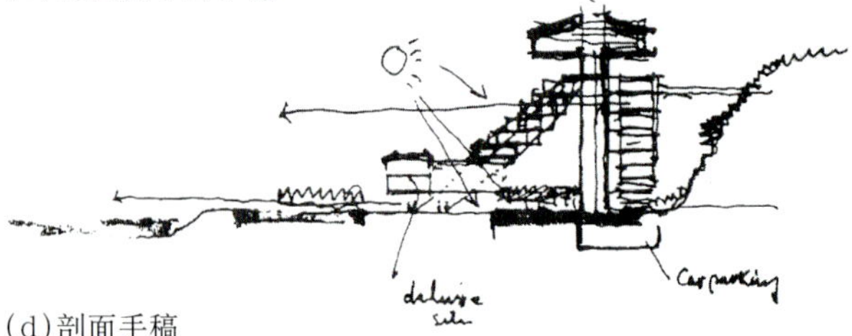

(d)剖面手稿

图1-9　深圳南海酒店

(《写·忆·空间——中国建筑设计大师陈世民》P134-138，《中国建筑四十年——建筑设计精选》P108，设计陈世民)

(a)总平面

(b)外观

图1-10　海南三亚喜来登度假酒店

(《建筑学报》2005　02　P45-48　金卫钧　张耕　孙勃)

绿色的环境中显得格外明快夺目（图1-9）。

三亚喜来登度假酒店以“融于环境，突出环境”的设计理念，创造了一个富有酒店特色，而建筑形态自然纯朴的海滨建筑。亚龙湾地区的自然景色得天独厚，绿色植被与白色沙滩、湛蓝的海水相映成趣。建筑设计结合原有地形地貌，对所处的生态环境给予最大保护。酒店的主入口及大堂均设在建筑二层，使步入酒店的游客第一时间就能望到海面，并保留了在用地南侧和沙滩大海之间的天然沙坝。整个建筑采用U形平面布局，向大海敞开，与周围自然环境保持了比较大的接触面。在东西方向，建筑由两翼向中间逐渐退台。为了不对海滩及沙坝造成压迫感，建筑从北向南也采用了同样的手法。U形布局使酒店的海景客房比率达到75%，同时也有利于酒店的经营管理（图1-10）。

荷兰锡尔福尔德市伊萨拉学校是一所拥有750名学生的中学，位于荷兰东部一片风景优美的自然保护区内。自1970年以来，原来一组分散的校舍开始不断扩建新的临时建筑，它们不仅使用不便，而且破坏周围的环境。因此，具有紧凑的空间，反映环境的特点，成为对新校舍的两个基本要求。梅卡诺经过几年的设计，并与业主反复讨论，终于完成了这个设计——不仅功能上非常符合现代教育的要求，而且与周围环境融为一体。设计灵感来自于优美的环境，受到一排老橡树的启发，将教学楼的平面设计成中间宽，两头窄并略为弯曲形状，再加上曲线形的礼堂和体育馆以及木板、锌版、碎砖饰面的运用，使整个建筑自然而舒展地融入周围环境。另外，非常规则的形状和材料也会激发学校师生的创造性和想像力（图1-11）。

日本东京基础设施博物馆处于无限期推迟建设的海边开阔的空地上。该空地无特性、无旧城景观可资参照、无文化遗产可继承、无自然可崇尚、无未来可预测的文脉。那么，人们对它会提出什么样的要求呢？答案是光，将空间照亮的光，强烈到足以使周围环境活动起来的光。为此，外部采用大型铝板和不锈钢板，用敞开式接缝而不需密封材料。在以狭窄的、3mm宽的接缝组装板材后安装三维实体。4种材料成品——镀铝与镀氟铝、镜面与金色不锈钢混合使用。起伏的基础结构的立体曲形地面上，覆盖着石头和瓦。石材为刨光的黑色花岗石，立体曲形表面由抛光木板构成，4种曲形实体互不规则地组合在一起（图1-12）。

安藤忠雄设计的直岛当代美术馆位于日本香山县直岛的国家公园内。为了不破坏周围的景致，博物馆大部分结构埋在地下，参观者沿斜坡拾阶而上，通过主楼入口，进入画廊。画廊是一个两层高、长50m宽8m的地下建筑。酒店、画廊和阶梯状的露台全都面向海洋，海上美景都可以因借到内部，建筑巧妙地

(a)外观

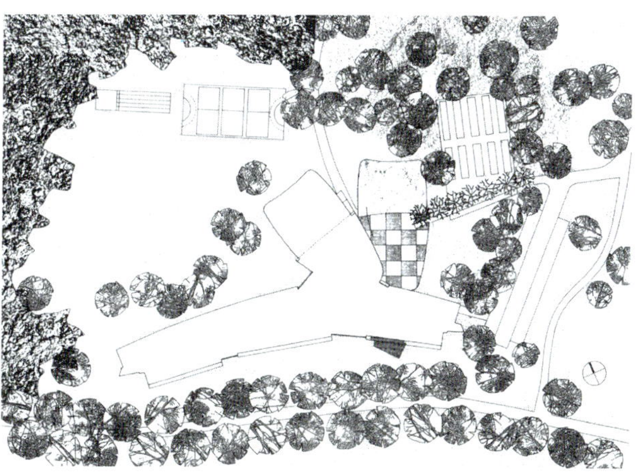

(b)总平面

图1-11　荷兰锡尔福尔德市伊萨拉学校
（《世界建筑》2001　05　P36-39［荷］梅卡诺）

图1-12　日本东京基础设施博物馆外景
（《建筑学报》1998　09　P57［日］渡边诚）

图1-13 日本香川县直岛当代美术馆及加建工程鸟瞰
（《世界建筑》2003 06 P82[日]安藤忠雄 显荣译）

(a)外景

融入了自然，创造了新的景观。圆锥形采光玻璃罩使阳光可以深入建筑内部，整个建筑的地面部分是非常舒缓的白色石阶外表，有一种幽雅的气质，与环境融合成自然风景不可或缺的一部分（图1-13）。

美国某地沙漠博物馆以其尊重环境的建筑思想，努力创造适宜的微环境，水资源的再利用及可利用的废物；建筑形式构思源于提供阴影，保护植被及创造多视点，能适应地形等。例如户外空间应用架构的延伸创造凉爽阴影区，建筑的许多墙面采用附近挖出的可再利用的石料作贴面；收集中水冲洗洁具，收集雨水用于灌溉且作为喷泉的水源。一个混凝土构架将整个建筑融为一体，同时提供科学家往其上加上有变化的透射性天窗或遮阳物，适应多种植物的不同要求（图1-14）。

俄罗斯莫斯科室内自行车赛车场是为举办1980年莫斯科奥运会而兴建的世界上第一座室内自行车赛车场。这座大型的体育建筑具有屋顶结构新颖独特、建筑与结构完美统一、功能分区明确等特点。更重要的特点是，这是一个大型建筑与周围环境完美和谐地统一在一起的范例。为了达到这个目的，建筑师充分利用了落差达12m的地形条件，把一部分用房布置在地面标高以下，从而可以从较远的地方看到它的基本建筑造型——168m × 138m的无柱大型屋顶（图1-15）。

(b)博物馆构架

图1-14 美国某沙漠博物馆
（《建筑学报》1997 10 P47 鲍家声）

巴西的坦巴岛饭店，设计打破了传统的建造高层饭店的观念，成为巴西东北部半原始状态城市中的一景，几乎成了自然景观的一部分。饭店由两个同心圆环组成，每个圆环含有100套带阳台的房间，一个礼堂、商店、餐馆和服务设施。两圆共同朝向一个

图1-15 俄罗斯莫斯科室内自行车赛车场全景
(《20 世纪世界建筑精品集锦》7 卷　P176-177　ю · л · 格涅多夫斯基　建筑师 H · 沃罗尼纳　A · 奥斯别尼科夫)

(a)鸟瞰

vista
dunas
recepção
vista para o mar
quartos
corte
circulação
Patio de serviço
circulação
Hotel Tambaú
João Pessôa

(b)设计草图

图1-16 巴西的坦巴岛饭店
(《20 世纪世界建筑精品集锦》2 卷　P130-131　J · 格鲁斯堡　建筑师 S · 贝尔纳德斯)

带游泳池和花园的中心庭院。饭店建在两个海滩之间，与潮汐相嬉：涨潮时分，整个饭店都浸在水中；而退潮时，海水从环抱着它的圆圈中慢慢下降，重返海洋（图 1-16）。

甘肃敦煌市月牙泉，处于鸣沙山环抱之中，面积13.2亩，平均水深4.2m，水质甘洌，清澈如镜，因其形酷似一弯新月而得名。千百年来，沙山环泉而不被掩埋，地处干旱沙漠而泉水不浊不涸，实属自然奇观。泉内水草丛生，鱼儿游荡，山色泉水相映成趣，风景十分优美。明、清之际，在月牙泉南岸的台地上，曾经建有玉皇阁、三清殿等建筑，后年久失修，濒临倒塌而拆除。修复古建筑群最大的难点在于：在泉边恢复古建筑群，必须维系区域自然生态平衡，有利于山谷气流组织和风力的上扬，不能损伤和影响沙山和月牙泉共有的自然生态环境。设计人经过调查原有古建筑群的位置、布局和建筑形式，进行了区域的模拟试验。保持沙山与月牙泉之间必需的空间，确保风向和风力的组织。总平面布置在临沙山一侧让出足够的风道空间，建筑的高度以一两层为主，控制绿化高度，遵循沙山与月牙泉长期共存的自然生态规律（图 1-17）。

图1-17 甘肃敦煌月牙泉建筑景观

建于乌克兰雅尔塔的友谊疗养中心是一座构图完整的建筑。建筑的设计构思体现了与自然相和谐，并充分保护自然环境的原则。它包括有400个床位的

(a)全景

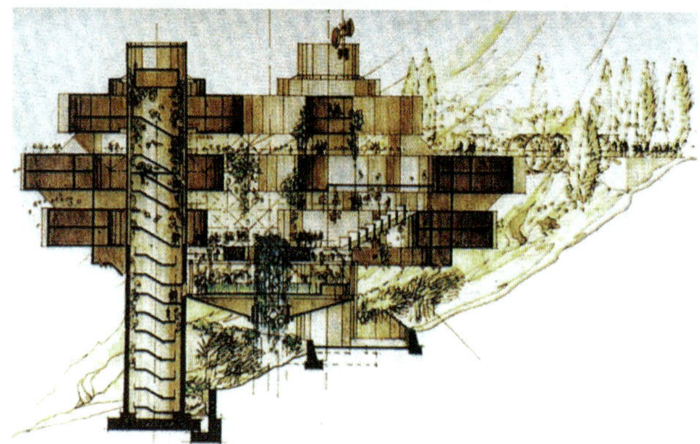

(b)剖面

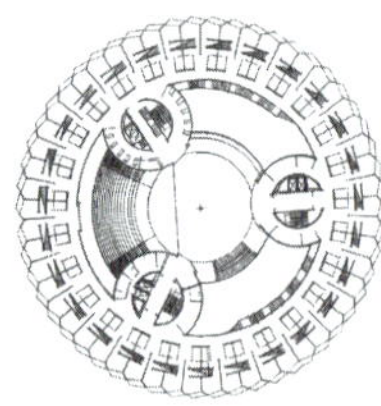

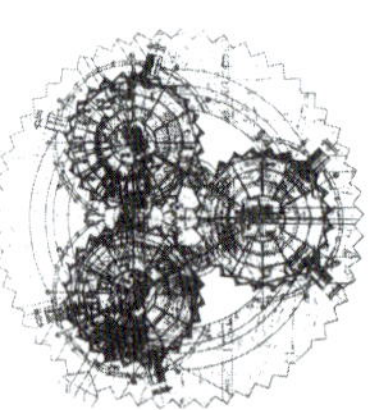

(c)居住层平面　(d)餐厅层平面　(e)门厅层平面

图1-18 乌克兰雅尔塔友谊疗养中心

(《20 世纪世界建筑精品集锦》7 卷 P190-191 ю · л · 格涅多夫斯基 建筑师 и · 瓦西列夫斯基(主持人) ю · 斯捷凡丘克)

图1-19 美国阿肯色州贝亚维斯塔米尔德里德·B·库珀礼拜堂外景

(《20 世纪世界建筑精品集锦》1 卷 P206-207 R · 英格索尔 建筑师 E · F · 琼斯和 M · 詹宁斯事务所)

客房部、餐厅、海水浴泳池、中庭、影剧院、酒吧、健身房和游戏厅。由于采用了独特的"整体式蜂窝建筑"，从而使整个建筑形成一个统一的空间结构体系。这种结构形式的采用，使得疗养中心可以成功地建在复杂的地段环境之中：地段向大海方向的倾斜角达 40°，由于采用了整体式结构，所以整个建筑可以高高地架在三个直径9m的圆形塔柱之上。塔柱中设有楼梯和电梯等交通核。客房共五层，布置在直径近80m的圆周之上。其半径方向的进深为12m。在客房下方的三个塔柱之间，以悬挂的方式布置了海水浴泳池，并用钢材作为主要建筑材料。客房部分的上方布置了餐厅。建筑的核心部分则安排了公共活动区。由于采用了独特的结构形式，这座建筑不仅获得了巨大的表现力，而且也十分经济。"整体结构"的楼板和墙体的厚度仅为15cm，而且不再需要承重结构。在地震活动频繁的克里米亚，它的抗震性能十分出色（图 1-18）。

美国阿肯色州贝亚维斯塔的米尔德里德·B·库珀礼拜堂位于一个令人愉快的树林里，地形起伏而景色绝妙。礼拜堂结构是由角铁装配起来的一系列轻支架拱，用大块玻璃包起来。所有来人可以直接穿过入口，沿正厅然后停在祭台前，整个时间都可以看到外面的树林。建筑师希望景色不被打断，所以边墙也很矮，比坐在正厅的教徒们的视线还低。矮墙里装有空调、采暖等设备。建筑师认为这是忠实于材料和天然世界的神圣性格（图 1-19）。

1.1.2 处于人工和社会环境中的建筑

如何处理与周围已存建筑的关系，也就是当建筑处于人工和社会环境中时，首先要服从城市总体规划要求及当地主管部门提出的规划条件，特别是建筑的高度、体量、色彩都应在总体规划的框架指导下构思，新建筑与所处的人工和社会环境协调，保持建筑文脉延续的营造。

图1-20(a) 北京天安门广场鸟瞰

图1-20(b) 扩建的国家博物馆与天安门广场

(《长安街：过去·现在·未来》P5　主编　北京市规划委员会、北京市城市规划学会，承编　北京市建筑设计院《建筑创作》杂志社　机械工业出版社)

在名胜古迹地区，设计新建筑一定要以保护古迹为重，十分珍惜古迹环境。因为文物古迹不能失去周围环境，所以一草一木都要慎重处理。不少科技发达的国家对单幢的建筑遗产往往以其为环境规划中的主题，以现代新建筑加以围护。对群体性遗产，强调新建建筑物应与之统一协调，甚至为了不破坏历史形成的整体环境有的将新建建筑置于地下。新建筑与老建筑的统一协调绝不依赖于重复老建筑的形制和细部来取得。它们应是既有老建筑的神韵但又极富时代精神的产物。

为了保护北京古都历史，北京市规划要求在旧皇城、天坛保护区等重点范围内严格控制新建筑的高度。建筑以故宫为最低点呈一锅底坡度向上展开。旧皇城以内，以故宫为中心两侧依次为不超过9m、12m和18m。旧皇城以外，一环是30m，二环是45m，三环是60m。北京人民大会堂、革命历史博物馆的建筑高度和体量都是基于与故宫和天安门广场的关系而确定的。天安门正脊的高度为33.7m，故宫为低层建筑，如果把广场周围建筑设计成很高，就会破坏天安门广场宏伟宽阔的环境。而如果高度过低，则和广场有失谐调。为此，建国10周年十大建筑之一，位于人民大会堂对面的中国革命历史博物馆采取内院式的布置，设计用较小的建筑面积获取了较大的外部体形，而且院子还可作为户外休息场地，而高大的柱廊又和人民大会堂的柱廊形成对比和呼应，就是一种基于城市规划与环境需要的处理方式(图1-20a)。

根据发展的需要，中国革命历史博物馆作为国家博物馆现在正在进行改建，将建筑面积已由50500m^{2}增加到191900m^2。它与人民大会堂代表着国家的政治与文化中心，改建设计重视建筑与城市的关系，充分体现对天安门广场、长安街这些具有历史意义及国家地位的建筑场所的尊重，同时也强调对原有建筑风格及传统中国文化的继承与发展。方案将老馆中间建筑拆除，保留南、北、西三边老馆建筑；在其间及东扩用地上嵌入新馆建筑，形成“新馆嵌入老馆”的规划布局和完整的整体建筑体量。在新建部分的空间和立面设计中，以“尊重、继承、保护、发展”为设计的主导思想。新设计的中央大厅，平面规整，且位于建筑中部，体现了老馆中央大厅的历史延续性。适当加大了新建部位的体量，改善了与周边的城市关系。位于中心位置的最高体量高42.5m，与人民大会堂中段体形有所呼应，但又不完全雷同。新馆东扩，使主体建筑东西向长达到184m；局部内缩，使长安街一侧还是保留老馆的长度和高度。在立面和装修风格上体现中国文化深刻内涵。改造的老馆外立面和室内空间尺度尽量保留，对有价值的装饰构件给予保留或移建。设置南北贯通的高大中央大厅，解决内部交通组织，体现国家博物馆的地位与气势，并一路欣赏博物馆的文化氛围。通过最优化的技术措施，提供了最人性化、最安全的设计（图1-20b)。

图1–21 法国巴黎市中心区鸟瞰

(a)玻璃锥体鸟瞰

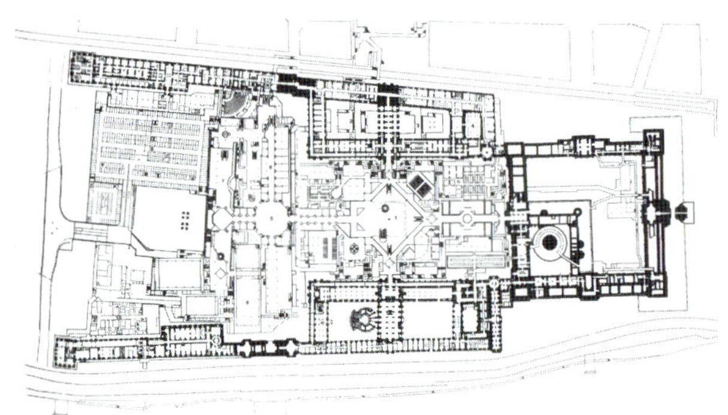
(b)总平面

图1–22 法国巴黎卢浮宫扩建工程

法国巴黎在旧城保护方面有很好的经验。巴黎的建筑高度分区在旧城范围内，中心区建筑不得超过15m，一般区为25m，边缘区为31～37m。二战后重建时期，巴黎市中心修建了高层建筑蒙巴拿萨火车站，破坏了巴黎的城市风貌，设计师遭到人们的强烈谴责，巴黎政府从此做出决定禁止在巴黎老市区内再建这样的高层建筑。从整体上看，巴黎旧城建设的控制做得非常成功。巴黎德方斯大拱门也是从城市的高度切入进行构思的。德方斯大拱门是法国为庆祝法国大革命二百周年所建工程之一，由丹麦建筑师设计。大拱门与巴黎的卢浮宫及凯旋门在一条长轴线上。卢浮宫有巨大的方形庭院，凯旋门为方形中开一圆拱门，这个方形大拱门与前两者遥相呼应，有“展望未来”、“通向世界的窗口”的寓意。大拱门如同一个两面开敞的大方匣子，高110m。方匣子两侧面为36层的政府机构办公楼，顶板部分内部也有办公室（图1–21）。

法国巴黎卢浮宫扩建工程是保护原有建筑环境的经典范例，工程总建筑面积6万多平方米。贝聿铭经过长达四个月对卢浮宫及其周围城市环境的亲身体验，周详观察，决定将工程主体全部沉入地下，然后将入口设在拿破仑广场并创造了入口的可见标志——玻璃金字塔。金字塔形体简单突出，而全玻璃的墙体清明透亮，没有沉重壅塞之感。贝聿铭的这种处理手法，没有触动、损害卢浮宫这座宫殿，既充满生气，有吸引力，又尊重了历史，最好地保护了原有环境，使建筑融入环境（图1–22）。

美国华盛顿的城市面貌是以国会大厦为主体地位，中轴线上的华盛顿纪念碑与林肯纪念堂遥相呼应。为了保持这一城市面貌，规划部门规定市中心的建筑高度都必须控制在33.5m以下，即不得超过国会大厦拱顶以下的主体部分。所以华盛顿不像美国其他大城市摩天大楼比肩接踵，而是根本没有什么特别的高楼，但却十分和谐（图1-23）。

贝聿铭先生在设计美国国家美术馆东馆时，强调建筑物应该以环境为思考起点，与毗邻的建筑物相关，与街道相结合，而街道应该与开放空间相关，此环境理念在东馆中得到淋漓尽致的发挥。首先它尊重所有既定的条件，沿着宾州大道画了一条平行线，顺着两馆的建筑线在南侧定下另一条线。因为西厅呈对称性，为了呼应此古典主义的美学，同时延续两馆的中轴特性，乃将原轴线向东延伸，轴线与此侧边线相交，如此决定了建筑物的基本轮廓为一个顺应环境的梯形。梯形的对角线相连，分割出一等腰三角形与一直角三角形，前者是艺廊，后者是研究中心。另外华盛顿国家美术馆东馆与美国国会大厦风格迥异。作者在体量、距离（不邻近，有一定距离）、方位等方面作了推敲，对比而不对抗（图1-24）。

图1-23　美国华盛顿市中心区鸟瞰　(美)邹晖提供

毗邻古建筑环境如何创造建筑形式，贝聿铭事务所在设计与波士顿老教堂和著名的科波雷广场毗邻的汉考克大厦时，利用强烈的风格对比促进新老对话，构成协调景观，亦尊重了文脉。一个时期，一些扩建工程或在毗邻文物的环境内建设新建筑常用这种处理手法（图1-25）。

2006年10月建成的江苏苏州博物馆新馆是贝聿铭等的又一新作。建筑师在充分研究和理解当地文化的基础上，用现代的建筑语言诠释了苏州传统园林建筑的内涵。苏州博物馆新馆的选址在苏州重要的历史文化街区，紧靠拙政园、忠王府等名园而建。新馆采用分散布局的方法，有机地融入原有环境中。建筑群分为中、东、西三块，中部为主要的交通空间，由南到北依次为入口、前庭、中央大厅和主庭院；西部为主展区，东部为次展区和办公区。主庭院和新馆北边的拙政园隔墙相连，从新馆望去，拙政园的高大古树随风摇曳，新旧园景壁断意连。东侧的忠王府整修一新，成为新馆展厅的一部分，新老建筑和谐相

(a)美术馆西侧面外观

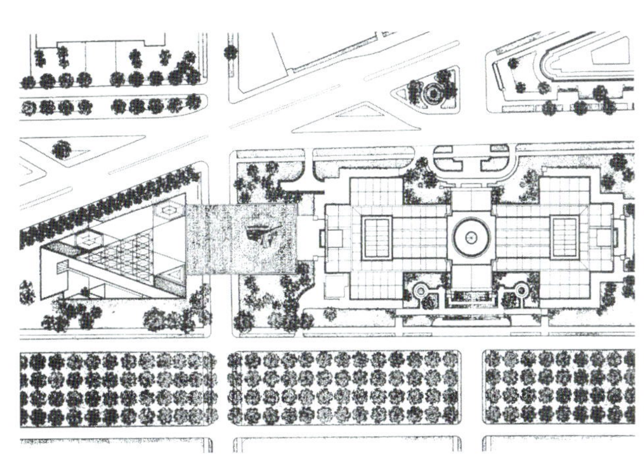

(b)总平面

图1-24　美国华盛顿国家美术馆东馆(一)

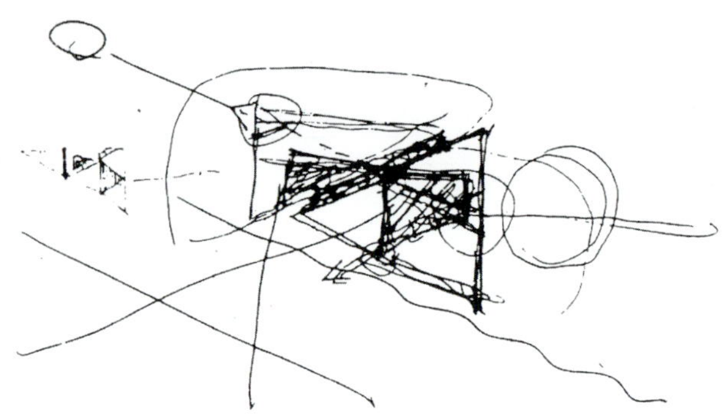

(c)贝聿铭构思草图

图1-24 美国华盛顿国家美术馆东馆(二)
(《20世纪世界建筑精品集锦》1卷 P180-181 R·英格索尔 建筑师贝聿铭事务所)

图1-25 美国波士顿老教堂与汉考克大厦
(《建筑学报》1998 11 P52 孔志成 李萍萍)

处，相得益彰。在体量设计上，新馆遵循“不高，不大，不突出”的原则，建筑以一层和地下一层为主，主体建筑檐口高度控制在6m以内，局部二层远离控制和保护性建筑的中西部。通过巧妙布局和尺度控制，博物馆和周围原有建筑环境有机融为一体，新馆又为老区注入了活力（图1-26）。

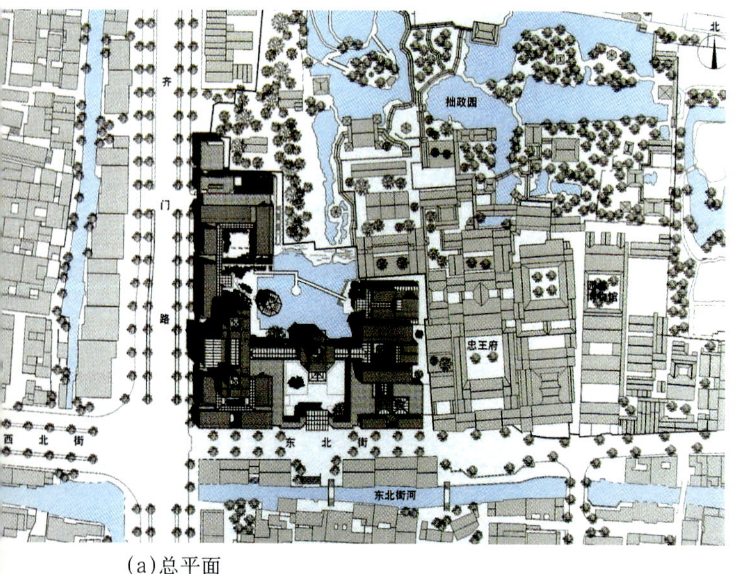

(a)总平面

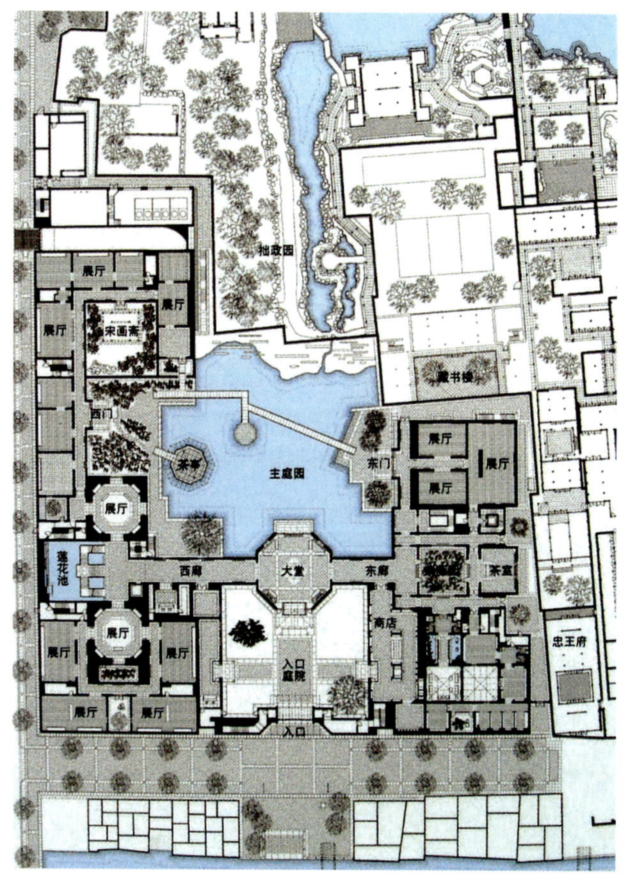

(b)一层平面

图1-26 苏州博物馆新馆(一)

(c)入口前厅夜景

(d)展厅之一

图1-26 苏州博物馆新馆(二) (《建筑学报》2007 02 P36-41 范雪)

1986年由戴念慈设计的山东曲阜阙里宾舍就是根据建筑所处地段特色所形成的新古典方案。宾舍紧邻国家珍贵历史文物保护建筑孔庙和孔府建筑群。为此，在开始设计之前就确定了“甘当配角”的指导思想，把创造协调的环境和文化气息作为设计追求的目标，使整个建筑既与古建筑群和谐统一，又是现代新建筑。设计中采取一系列措施，严格控制建筑高度。宾舍东面不高于鼓楼，西面不高于钟楼。建筑体量化整为零，把整个建筑分成若干小块，使之与孔府的体量、尺度相适应。形式上借鉴传统院落空间组合，并使用青砖墙，青瓦顶，使其融于古建筑群之中。设计以朴实无华和典雅作为整个建筑的主调，室内设计采用高雅洁白的装饰格调，并布置了历史题材的雕塑、文物复制品和名人书法石刻，烘托出了强烈的文化氛围（图1-27）。

清华大学图书馆新馆在老馆之西并与它相连。老馆是由美国建筑师墨菲和中国建筑师杨廷宝于1919年和1931年两次设计建成的，是中国近代建筑史中的名作。关肇业在新馆的创作中，以“尊重历史、尊重环境、尊重先人的创作”为指导思想，使新馆和老馆结合在一起，成为清华大学中心建筑群中和谐和富有时代感的一员。新馆的建筑面积20120m^2，约为老馆的三倍。为了避免突出自己而置老馆于从属地位，首先把新馆高大的主体部分后移，而以底层部分布置在前方，同时把正门隐蔽于半开敞的前院之内，以避免对老馆的压倒态势（图1-28）。

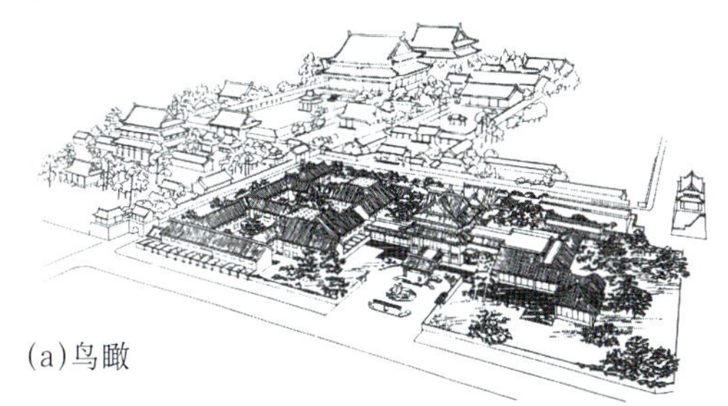
(a)鸟瞰

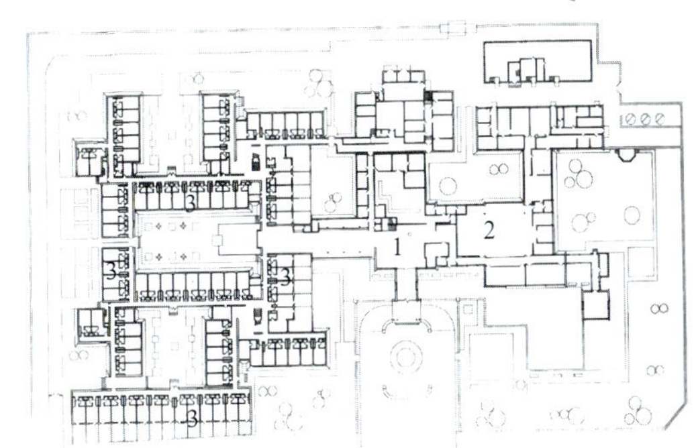

(b)一层平面 (1.门厅；2.餐厅；3.客房)

(c)客房厅院

图1-27 山东曲阜阙里宾舍

(《20世纪世界建筑精品集锦》9卷 P160-161 关肇邺 吴耀东 建筑师戴念慈 傅秀蓉)

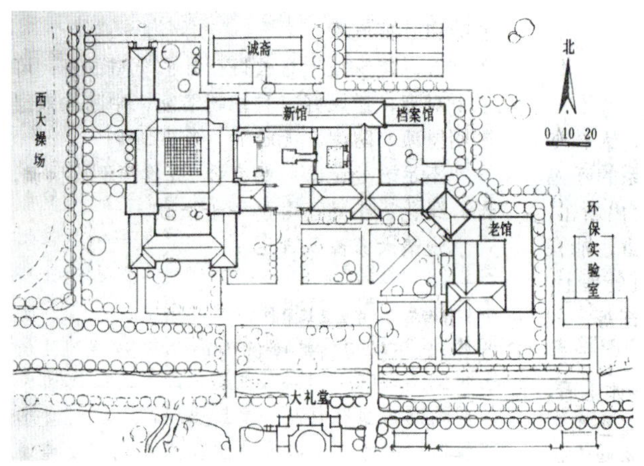

(a)总平面

(b)新馆入口

图1-28 北京清华大学图书馆（新馆）（《20世纪世界建筑精品集锦》9卷 P184 关肇邺 吴耀东 建筑师关肇邺 叶茂煦）

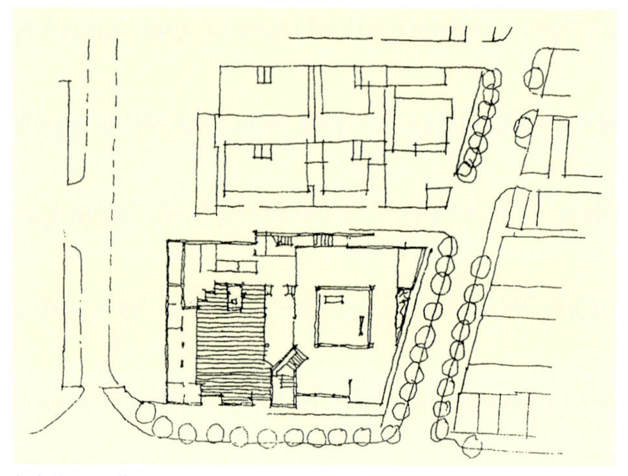
(a)总平面草图

(b)纪念馆内庭

图1-29 南京梅园新村纪念馆
(《齐康建筑设计作品系列4》 P85-120 辽宁科学技术出版社)

南京梅园新村位于南京长江路的东面，是一群约建于20世纪40年代前后的街区。建筑群的形象较完整地保留了当时的特征——灰瓦砖墙二层里弄式住宅群。20世纪40年代，以周恩来为首的中共代表团为与国民党谈判曾在这里工作、生活过。为了纪念这一重要事件，在梅园建立周恩来纪念铜像和纪念馆。这组建筑群的设计主要是通过与周围建筑环境和谐，使历史环境中的事迹得到建筑艺术上的再现。周恩来的形象是以当年的历史照片从容漫步步出梅园新村30号大门的照片为原型。像高3.2m，体现了他坚定、沉着、机智、从容的革命家风度。纪念馆的整体形象为了与周围城市历史环境和谐，采取坡顶小机瓦铺面，而墙面采用青面砖。这使建筑构成一座具有地方特色的现代化建筑。庄重典雅的内庭院与室内中庭既是历史环境的再现，同时又与周围环境相协调。形象的特征除了外墙的坡顶、硬山、不同部位的垂直和水平划分的墙面外，还有重点部位装上浮雕花纹。周恩来最喜欢梅花，在门拱后的一层南向墙上，采用梅花图案的石雕窗，这些都增加了环境的气氛（图1-29）。

印度建在阿格拉的莫卧儿喜来登饭店是一个有200间客房的五星级大饭店，用以接待前来参观印度两大建筑瑰宝——泰姬陵与法塔赫布尔西格里清真寺的观光者。饭店与泰姬陵位于同一轴线上，从饭店的某些部位可以看到泰姬陵。这座外表普通的低层砖式建筑并不试图在形式或细节上模仿具有历史意义的临近建筑，但在层层相叠的院落布局与内部空间的美化上，都体现出当地建筑的传统风格。酒店的客房环绕于三个庭园的周围，其中一个庭园内有个游泳池。古典莫卧儿建筑的象征性表现与主题被融

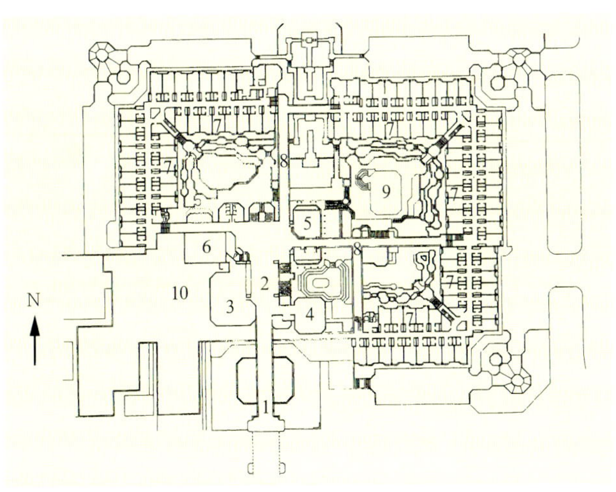

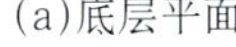
(a)底层平面　1.引道；2.接待处；3.办公室；4.商店；5.休息室；6.舞厅；7.客房；8.桥；9.游泳池；10 服务楼

(b)入口桥细部

图1−30 印度阿格拉莫卧儿喜来登饭店

(《20 世纪世界建筑精品集锦》8 卷　P146−147　R·麦罗特拉　建筑师ARCOP 建筑师事务所)

入饭店的设计，同时整个设计规划又严格地服从于当代酒店建设的要求。设计充分地利用了当地的建筑材料及传统工艺，表现了当地丰富的建筑传统。楼内环形区域所用的白色大理石和花园中使用的红色砂岩与泰姬陵和法塔赫布尔西格里清真寺所用的材料相映成趣。整个饭店的内在形象使得这座建筑深深地植根于阿格拉的历史背景中，饭店巧妙地将当地建筑的民间风格与现代化饭店的成功规划结合在一起，而没有袭用任何传统的套式（图 1−30）。

北京德胜尚城位于壮丽的德胜门箭楼西北，两者相距仅200m，历史与今天近在咫尺。从设计之始，历史与自然就以一种不容忽视的强势姿态进入，并贯穿始终。设计放弃了现代城市中一般办公楼的低密度、集中布局、孤立自我的西方式建构方式，而是将其打碎——重组，在建筑实体之间的缝隙之中寻找昔日的东方传统和人文色彩。地上部分被分成7幢独立的单体建筑，一条斜街将它们串起，楼与楼之间形成新的胡同空间，每幢都有自己的庭院。进入斜街，穿过广场，经过胡同，走过庭院，伴随着丰富有趣的室外空间变换，人们从城市进入到室内。斜街 8～14m 宽，这条视线走廊将德胜门拉到用地内。在设计中，没有采用仿古或者符号化的嫁接模式，而是采用了新与旧、情景化的场所语言来表达对失去的怀念与尊重（图 1−31）。

(a)入斜街外景

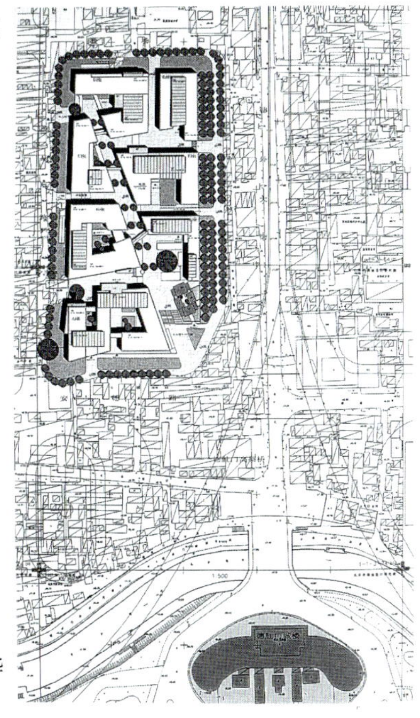
(b)德胜门与德胜尚城的相对位置图

图1−31 北京德胜门与德胜尚城

(《世界建筑》2006　02　P142−143　刘爱华　崔恺　摄影张广源)

(a)新馆与老馆对话

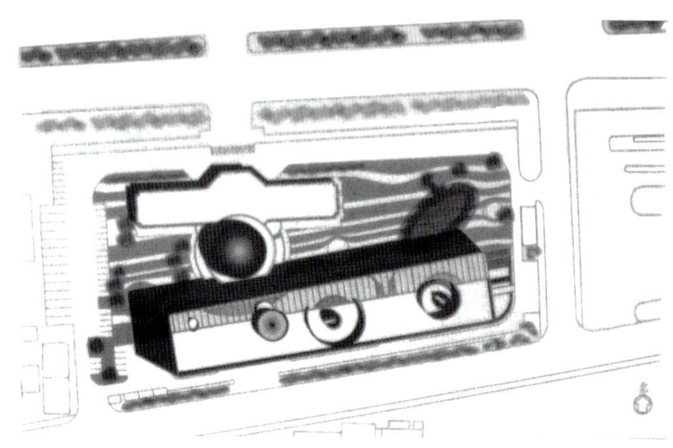

(b)总平面

图1-32 北京天文馆新馆

(《建筑学报》2005 03 P37-39 王弄极)

图1-33 加拿大温哥华哥伦比亚大学图书馆扩建工程地下图书馆采光天窗及下沉天井

(《大学校园规划与建筑设计》P3 宋泽方 周逸湖)

北京天文馆新馆建于旧馆的同一基地。西北角原有的天文馆旧馆建于20世纪50年代，有一个醒目的穹顶，其下建有天象厅，分列在穹顶两侧笔直

图1-34 美国马萨诸塞州剑桥哈佛大学普西地下图书馆外景

(《大学校园规划与建筑设计》P15 宋泽方 周逸湖)

的两翼是展示空间。旧馆建筑风格是简练而节制恬淡的，是新中国建国初期建筑的典型。天文馆新馆就建筑表现而言，因为位置的邻近和历史延续的必要性，新馆与旧馆必须建立一个对话关系。因建筑风格随时代流转，故在形式上寻求与旧建筑对话，乃画地自限。反之，这种对话应建立在空间和天文学科等相关的主题上。通过应用相对论中所描述的扭曲空间纹理概念，我们让在旧馆旁边的新馆由于受到大质量体的重力之牵引而产生空间扭曲。在此情形下，旧馆穹顶在概念上当作一球形质量的天体，新馆则当作无所不在的环绕天体的太空，受到天体之万有引力的拉引扭曲。新馆与旧馆，因此以一个清晰的空间构造产生了一个概念上的对话(图1-32)。

加拿大不列颠哥伦比亚大学图书馆扩建工程。扩建图书馆的唯一基地就是老图书馆前的一个庭园，并且一条传统校园的主要林荫道在此通过。在这种条件下，为了保护前庭和林荫大道，设计者构思向地下发展，将扩建的图书馆建于前庭林荫大道下。并且通过巧妙设计，采光井为地下图书馆争取了部分天光。该工程建成后，前庭和林荫大道原来气氛一如既往，未受损害(图1-33)。

美国马萨诸塞州剑桥哈佛大学为保护老校园景观及习惯的通道在地下建设了该校普西地下图书馆(图1-34)。

(a)鸟瞰

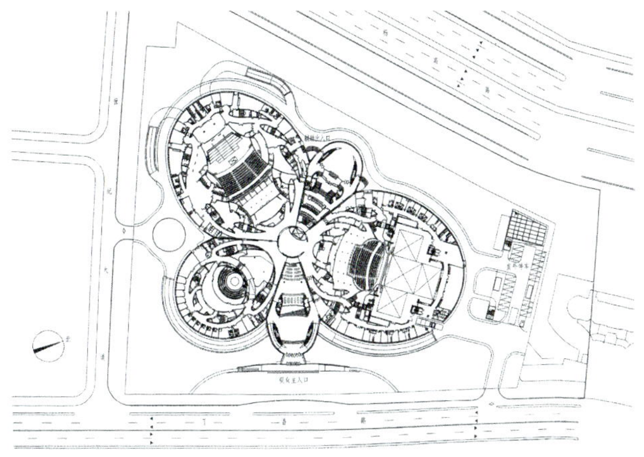

(b)总平面

(c)交响音乐厅内景

图1-35 上海东方艺术中心

(《建筑学报》2005 08 P60-63 崔中芳)

上海东方艺术中心，包括一个1979座的交响乐大厅，一个1054座的歌剧厅和330座的小演奏厅。基于建筑师对建筑与环境的理解，最初的意图，就希望这座建筑是一个有机的、富于生长和变化的、充满雕塑感的建筑。因此东方艺术中心与一般建筑的直线设计不同，没有采用较硬朗的风格，而是以曲线为主，从基座到天棚是五个双曲面的片段，统一到顶部。它所有的空间完全被包裹起来，形式充满了跌宕起伏的变化，如同音乐中迭起的高潮和绕梁的余音。外表采用玻璃幕墙，白天看上去是不透明的、神秘的、具有雕塑般的视觉冲击，但夜晚却可以更好地透视出内部来，尽显艺术的魅力。其真正的性格，是它透出的内涵——音乐（图1-35）。

甘肃敦煌石窟文物保护研究陈列中心的基本构思是建设一座在为这些研究人员提供部分研究设施，同时在不破坏敦煌的历史以及空间环境的条件下，与景观协调、呼应的建筑物。建筑占地2.8hm^2，建筑面积5050m^2。为此，选择了高5～6m的起伏平缓的丘陵作为建筑用地，并把二层楼高的陈列中心的一大半埋入土漠中，使建筑物与地形连成一个整体。通过把建筑物埋入丘陵，使之对严酷的气候条件具有天然隔热效果，并采用把屋面板做成石棉板和混凝土的双层屋面，再利用早晚固定的风向促使顶棚的内换气对流的结构（图1-36）。

美国休斯敦门内尔收藏品博物馆是在周围建于20世纪20年代的木构孟加拉式住宅中间建造的。德·门内尔夫人指示，该博物馆要融入这个居民区而不是凌驾于其上。据此，设计人以柏木护墙板作为博物馆的外皮，并漆成与周围住宅同样的灰绿色（图1-37）。

荷兰代尔夫特工业大学新图书馆的地段在校园内著名的公共礼堂“奥拉”后面。“奥拉”是一座巨大而造型粗野的混凝土建筑。在这样的地段里，似乎任何建筑都很难与“奥拉”取得和谐的关系。为了解决这个问题，新图书馆的主体设计成一个巨大的楔形呈斜面的屋顶上满铺草皮，与“奥拉”周围经过重新设计的环境构成一个整体，巧妙地避开了与“奥拉”任何可能的冲突。这个草坪覆盖的坡屋顶，同时为人们提供了一个新的散步和休息的场所（图1-38）。

(a)远景

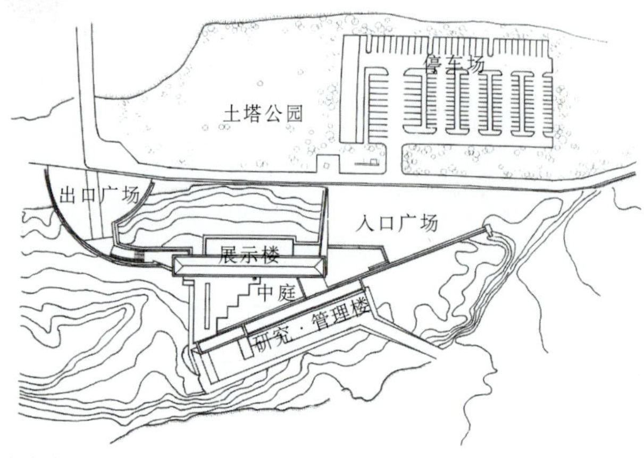

(b)总平面

图1-36 甘肃敦煌石窟文物保护研究陈列中心
(《建筑学报》1995 10 P45-48 张在元)

(a)西面景观

(b)鸟瞰

图1-37 美国休斯敦门内尔收藏品博物馆
(《20世纪世界建筑精品集锦》1卷 P194-195 R·英格索尔 建筑师R·皮亚诺和R·菲茨杰拉德事务所和O·阿鲁普事务所)

(a)入口外观

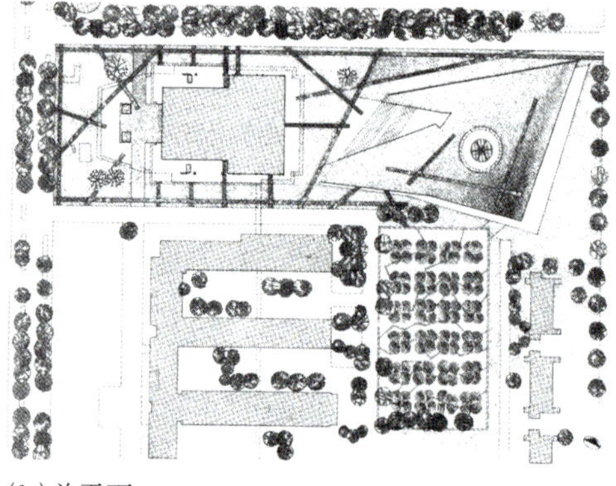

(b)总平面

图1-38 荷兰代尔夫特工业大学新图书馆
(《世界建筑》2001 05 P49-52 [荷]梅卡诺)

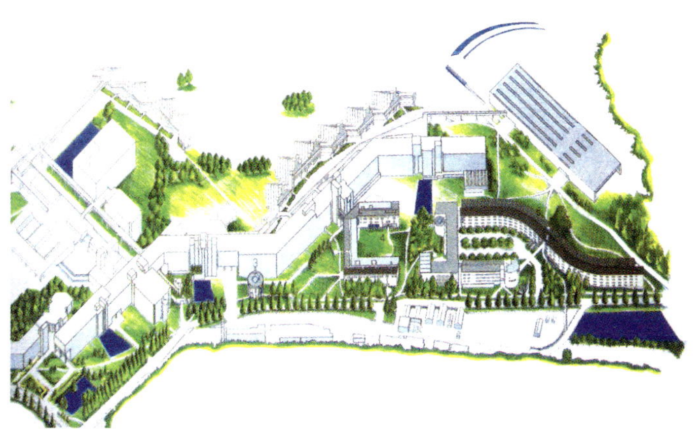

(a)总体鸟瞰示意

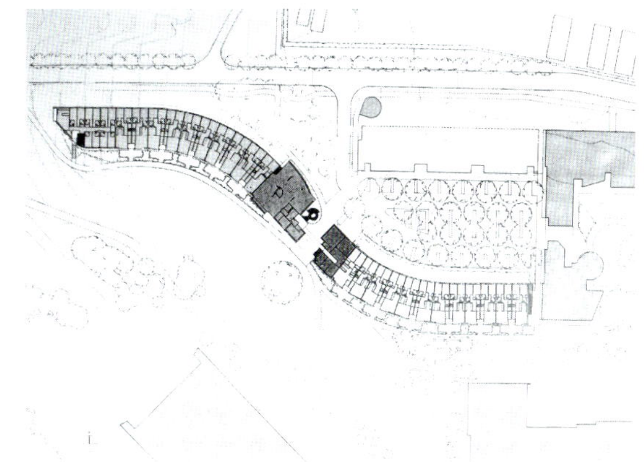

(b)首层平面

图1-39 英国诺里奇东英吉利大学集合式公寓楼

(《世界建筑》2003　10　P77-79　郝林,《新公共建筑》P81　[英]杰里米·迈尔森)

英国诺里奇东英吉利大学某集合式公寓楼的总平面以无比轻松地融入周围环境等个性给人留下深刻印象（图1-39）。

1.1.3　处于其他特定环境中的建筑

对于处于其他特定环境条件下的建筑，也就是处于具有某种特殊性的环境中的建筑，也可以采取措施，创造出具有相应特色的建筑，关键是我们要善于发掘这种特定的环境要素。例如在炎热地区如何创造一个凉爽的环境，在寒冷地区如何创造一个温暖的环境，而又节约能耗。在噪声围绕的环境中，如何寻求安静。在一个比较拥挤的环境中如何使人不感到烦躁，甚至地段中原有的林木、还有其他各种各样的限制及制约条件等，都可以用来启发设计构思，激发建筑创作的激情，从不同的角度为我们提供创作的灵感与理念。

北京中央美术学院及附中新校园建设用地是个大窑坑，其内填满了建筑垃圾。它通常被认为好似不宜建设的用地，在规划设计中吴良镛等设计师分析认知限制条件，充分利用限制条件中的积极因素，经过细心处理，大窑坑变成了环形台地，使最终的方案独具特色。校园为利用地形，建筑群沿台地布局，面向公园层层跌落，呈环抱绿心之势。利用台地落差设计了下沉体育场、下沉露天剧场等。既减少了填土，又丰富了空间层次，形成高低错落、轮廓生动的建筑群体形象，与相邻公园之间景观互为因借。设计还从使用要求出发，借鉴中外大学校园发展中所共有的“院”这一基本模式的精华，以院落体系组织空间，熔建筑、规划、园林、艺术于一炉，形成多进院落连通，空间层次丰富，景观环境幽雅，整体秀美的校园环境。将地段限制转化为地段的特色，获取成功（图1-40）。

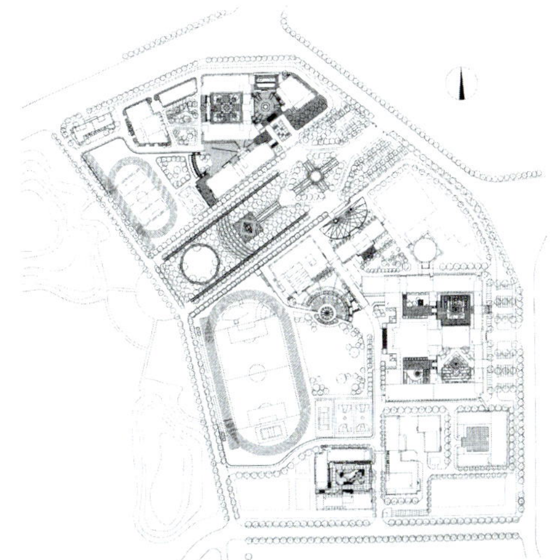

(a)总平面图

(b)校园规划设计模型

图1-40 北京中央美术学院及附中

(《建筑学报》2004　02　P35　吴良镛　栗德祥　朱文一　庄惟敏)

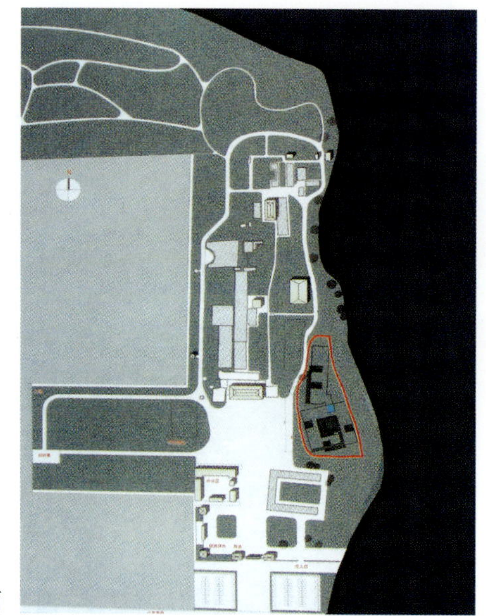

(a)总平面

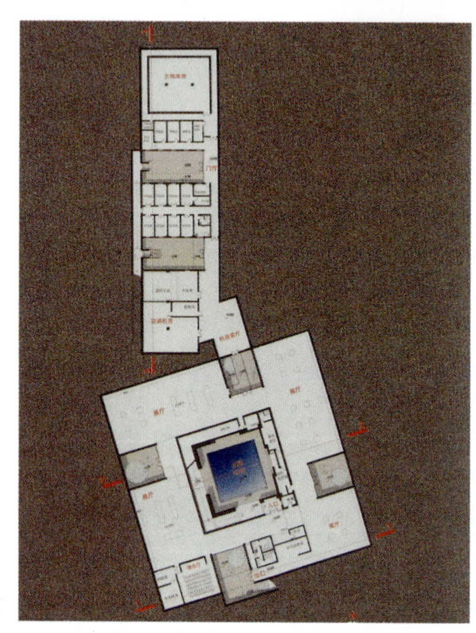

(b)平面

(c)外观

图1-41 河南安阳殷墟博物馆
(《建筑学报》2006专集 P125 崔恺 张男)

在河南安阳殷墟博物馆设计中，建筑师立足于对文化遗产的尊重，首先对如何处理新建博物馆与遗址之间的关系采取最低干扰原则。经文物专家论证，用地选定在宫殿遗址与洹河河道之间南北长约100m、东西宽约50m的狭长地带，最后在确认地下无文物之后，确定下来。由于博物馆规模较小，选择了功能南北分区，展厅相对集中布局。展厅平面采取回字形。博物馆出入口，即回形展线的首尾两端汇聚在一起，在西南侧与遗址相连接，建筑主体与东侧洹河，恰好构成了甲骨文中“洹”字，寓意巧妙。博物馆建筑古朴现代（图1-41）。

莫伯治、何镜堂在广州西汉南越王墓博物馆总体构思中以突出古墓为主题，结合陡坡和山冈地形，沿中轴线依山建筑，拾阶而上，通过蹬道及回廊将入口陈列馆、古墓馆、珍品馆三个不同序列的空间连接成一个有机的整体。陈列馆建在东面陡坡上，依山建筑，面向闹市。它的正面是一堵浮雕石壁，当中留出一线通道，为本馆的入口大门。总的设计遵循现代主义原则，融合了古典主义、民族传统和地方特色。这是一座内部功能合理，充分利用地形特点，造型既与历史文化内涵沟通，又体现现代建筑特征，让建筑融入自然山水、城市人文风貌当中的古墓博物馆（图1-42）。

华盛顿越战纪念碑也是这样一个很有特色的建筑。它是美国历史上规模最大竞赛之一的成果，由当时的华裔美国学生M · 林（林樱 1960年生）做的设计，类似一个极简抽象派雕刻。纪念碑位于国会前草坪上，在纪念华盛顿的高耸方尖碑和林肯纪念堂升高的正面之间，倒影池塘的北边。它彻底改变了纪念性建筑的常规。它为高度抛光的黑色花岗石挡土墙，陷入地面以下，并弯成敞开的V形斜角，角度决定于周围纪念物的场地线。两道120m长的翼墙上，铭刻着58000名以上在战争中牺牲或失踪的美国人名字，设计中没有雕塑、人像、爱国的献词或旗帜。

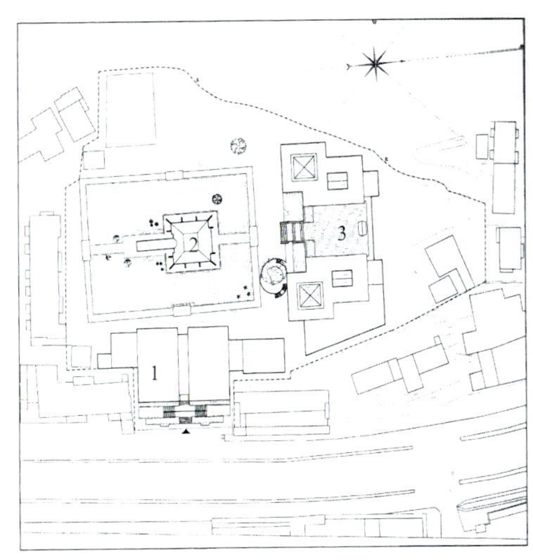

1. 主入口及陈列馆
2. 墓室
3. 珍品馆

(a)总平面

(b)陈列馆主入口

(c)从回廊看墓室

图1-42 广州西汉南越王墓博物馆

(《20世纪世界建筑精品集锦》9卷 P190-191 关肇邺 吴耀东 建筑师莫伯治 何镜堂)

抽象、倒转了纪念性，以及没有传统的象征物，引起了一场法律的争论，结果妥协的方法是放一组雕像，1984年由F·哈特雕的三个士兵和一面旗子的群像，放在了场地的边上。越战纪念碑是从两边铺地的平缓坡道进入的。沿墙的重力作用吸引着来访者到达中心。在放低的楔形中间，场地变成像围住的圆形剧场似的围合地。当寻找墙上的名字时，参观者在抛光的花岗石里面看到自己的映象和草坪上隐隐约约的纪念物。走到纪念碑的中心附近，在深3m的地面，悲哀吞没了参观者。为逝者悲哀，为其朋友和家庭悲哀，最终为国家悲哀。来访者到一般称为“大墙”的地方，已经通过他们自己小小的仪式改变了它的性质——一些人献上一朵花、一面小旗子、一张照片，有些人在照相或拓印名字。越战纪念碑在满足抽象艺术的理智标准的同时，通过使用已变成美国最得人心的纪念物了（图1-43）。

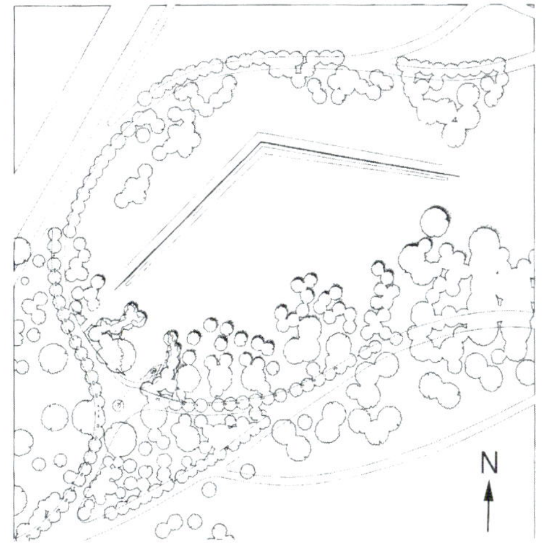

(a)总平面

(b)纪念“墙”

图1-43 美国华盛顿越战纪念碑总平面、纪念“墙”

(《20世纪世界建筑精品集锦》1卷 P188-189 R·英格索尔 建筑师M·林 库珀-莱基事务所)

(a)几乎无窗的外观

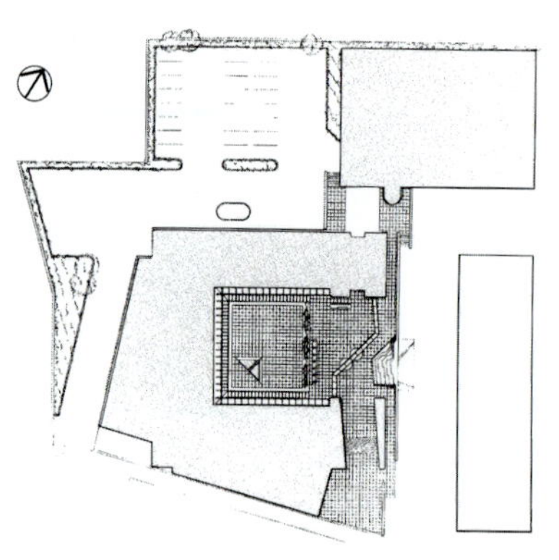
(b)平台层平面（包括入口、银行大厅和办公室）上方为老楼，停车场在右侧

(c)40m 高的大厅内景，包括通风与采光塔

图1-44 伊拉克巴格达伊拉克中央银行（《20 世纪世界建筑精品集锦》5 卷 P206-209 H · U · 汗 建筑师迪辛 + 威特林事务所）

巴格达伊拉克中央银行的造型则是适应气候与环境而形成的。它位于巴格达最集中的商业区内，与一座现有的银行大楼毗邻，离底格里斯河不远。由于严酷的气候条件和城市的喧闹，建筑师将其设计成一座近乎是无窗的密闭型立方体。楼高十一层，总面积有21000m^2，中心是玻璃围合的中庭，用作银行营业大厅。大楼气势雄伟，突显于四周建筑之上。混凝土塔楼的外墙面覆盖着白色大理石，能反射阳光，降低热量吸收。银行主入口位于建筑东部抬高的基座上，由台阶拾级可上。20m 高的入口立面有一玻璃天桥与银行老楼相接，内部玻璃安全墙将连接街区与立方体的营业大厅分隔开。中庭之上覆以玻璃的空间网架，上设铝制百叶以遮蔽阳光。中庭四周的轻质幕墙由双层玻璃和阳极处理的铝材组成。办公区沐浴在中央空间透射的日光之中。会议室、库房、楼梯、电梯、厕所以及辅助房间均沿楼层的四周布置。行长办公室、礼仪用房则在顶层的北部，可俯瞰底格里斯河的河景（图 1-44）。

法国巴黎某大学生公寓则要表达人们想要看到的，掩蔽人们不想要的，并将坏转化为宜，还要将场地负面的限制转化为正面的依托，这就是紧邻巴黎环线的克里昂大门的 351 套学生公寓项目所面临的挑战。在环路的一侧充满了噪声、速度和污染。因此靠近环路建设了一面防护墙。它是一道曲线形的 30m × 100m 的掩护体，一个巨大的屏障。该防护墙是一个双重的空间，通过由红色的钢结构系杆支撑的两面墙围合而成，3部玻璃电梯穿行其间，从走道向外看能看见飞驰的汽车。入夜，这一黑色的混凝土墙体变成了彩色的，它反射出霓虹灯广告牌和汽车前灯的多种色彩。平板玻璃又使建筑室内的光线照射到室外。防护墙的另一边，是一片绿化带，充满着宁静和阳光，是一片天然屏障。背靠着这片天然屏障的是3个弧形的铝表面建筑体——学生公寓。盾形的建筑平面和间隔外张的窗户使得每套公寓都是朝南的，可以看到近旁的大学校园及远处的景观（图 1-45）。

泰国曼谷的美国银行大厦的建筑场地原来是一个公园，因此要求尽量保存已有绿地。在场地后面有一水道和一棵必须保护的大雨林树。所以建筑轮廓是由树的位置决定的。此外，在正面主干道边上的行道树也予以保留。场地周围道路沿边都是低屋，绿地很多。因此建筑设计成低层的，并符合业主对内部布局的要求。建筑外形受植物位置的制约，减少了平面体量，后缩在大挑檐之下。其外形类似于当地的传统建筑形式，水平的凝灰岩饰带和百叶遮挡了下面的玻璃面。外墙用多层玻璃，以起隔声作用。设计意图是采用最适宜的先进材料而又要融入周围的环境之中。室内设计尽量做到开放，以使使用者可以欣赏到公园的景致（图 1-46）。

美国西雅图戈斯林住宅位置的确定就是为了保护两棵重要的树木，一棵浆果鹃和一株喜马拉雅雪杉。这两棵珍贵的树木最后成了建筑内外空间的景观。戈斯林住宅位于一块狭长倾斜的土地上，建筑面积195m^2。其二层的主卧室可俯视一层的起居室。住宅是 6.11m 宽的平台框架结构。这两棵树木对方案设计起了决定性的作用（图 1-47）。

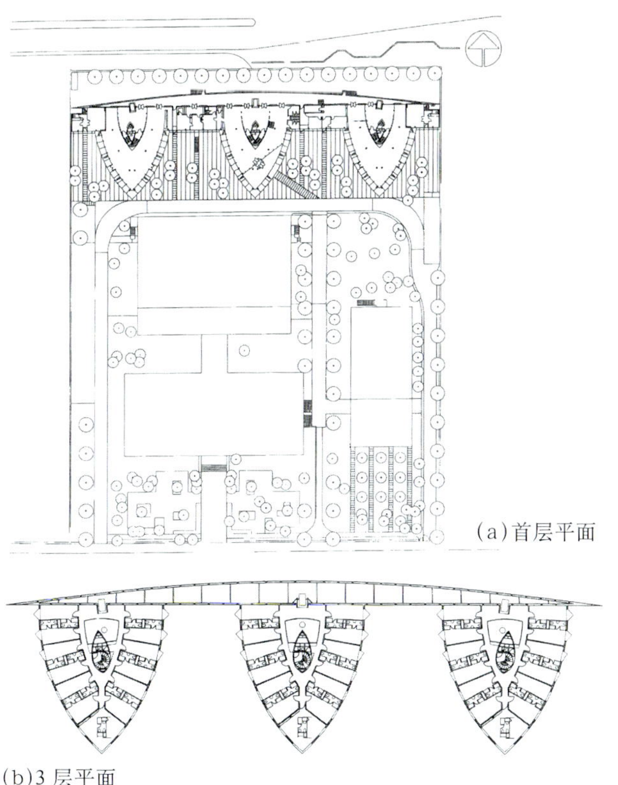

(a)首层平面

(b)3 层平面

(c)东北侧外观

图1-45 法国巴黎某大学生公寓 （《世界建筑》2002 02 P45 [法]法国建筑工作室）

(a)从主干道看外观

(b)底层平面

图1-46 泰国曼谷美国银行 （《20 世纪世界建筑精品集锦》10 卷 P94–95 林少伟 J·泰勒 建筑师R·G·布吉事务所）

(a)夜景

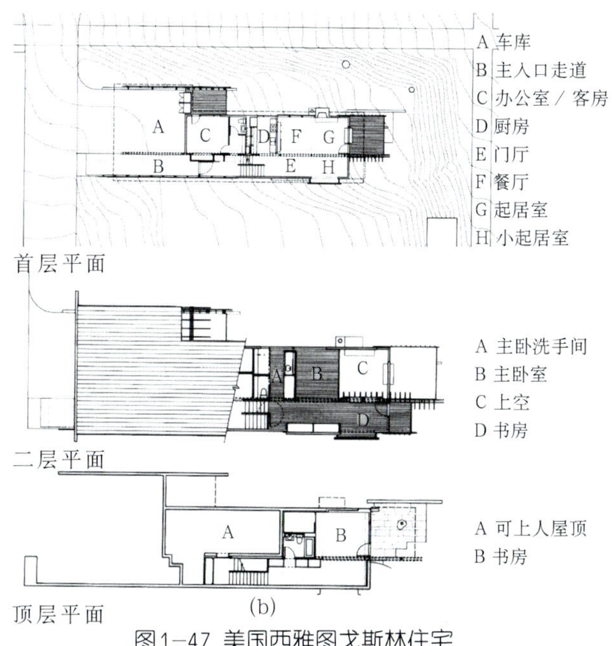

(b)

图1-47 美国西雅图戈斯林住宅

（《世界建筑》2002 09 P70–71 建筑师博林·西万斯基·雅克松）

(a)外观　　(b)底层平面

图1-48 黎巴嫩贝鲁特萨拉姆住宅

(《20世纪世界建筑精品集锦》5卷　P256-257　H·U·汗　建筑师G·阿比德和F·达格尔)

黎巴嫩的萨拉姆住宅的主人在黎巴嫩的卜特瑞村保存着一幢古老房屋，房屋上有着两座琢石砌的拱顶，新的设计就是要在古老的结构上扩建一舒适的住宅。新建部分离原有房屋4m，与原相齐，也与之同高。二层通高之间的空间成为一个生活中庭，可让新、老两部分互相对望，又能从花园得到借景。屋面屋檐的细部经精心处理，使南向的玻璃墙面在冬天能得到最大的日照，而在夏天则又受隐蔽。风和日丽的日子，可以把玻璃墙下部的四扇玻璃门全部打开，中庭空间就宛如露天一般，再加上中庭的陶土地坪延伸至门外，这一效果更为增强。新旧两部分匀称和谐。新建部分的设计十分尊重原有的建筑，既与之统一，又毫不抄袭老的形式，不做假古董，完全地表现出其现代主义特征(图1-48)。

浙江河姆渡原始部落遗址，为七千年前中华文明的发祥地之一。博物馆总体包括考古发掘现场，古意境再现及遗址博物馆三部分。群体布局采用聚零为整，分散低层、错落有致的手法，充分体现原始文化的无序与非理性成分，使建筑与环境密切融合，力图使视觉上再现已消失在此地的原始聚落景象。博物馆建筑面积3010m²，平面布局采用模数化生长体系模式，三个展厅环绕一个中心庭院，参观者一进入博物馆就进入了历史。建筑造型构思以河姆渡出土干栏式建筑形式及榫卯结构构架为母题，从中提炼出建筑的基本语言，并重复出现在建筑的构思中。建筑造型由于强化了原始构架这一词汇，突出了建筑外观的雕塑感与光影效果。粗犷的混凝土构架在光和影的渲染下成为表现空间的重要手段，显示出原始文化的无穷魅力(图1-49)。

(a)外景

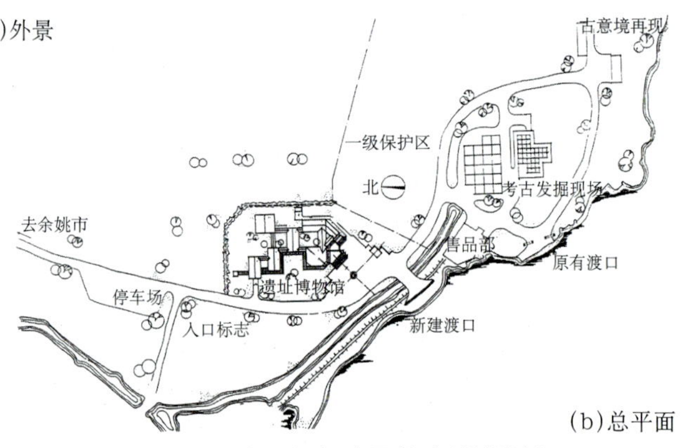

(b)总平面

图1-49 浙江河姆渡原始遗址博物馆

(《建筑学报》1996　03　P18　浙江省建筑设计院)

(a)外观

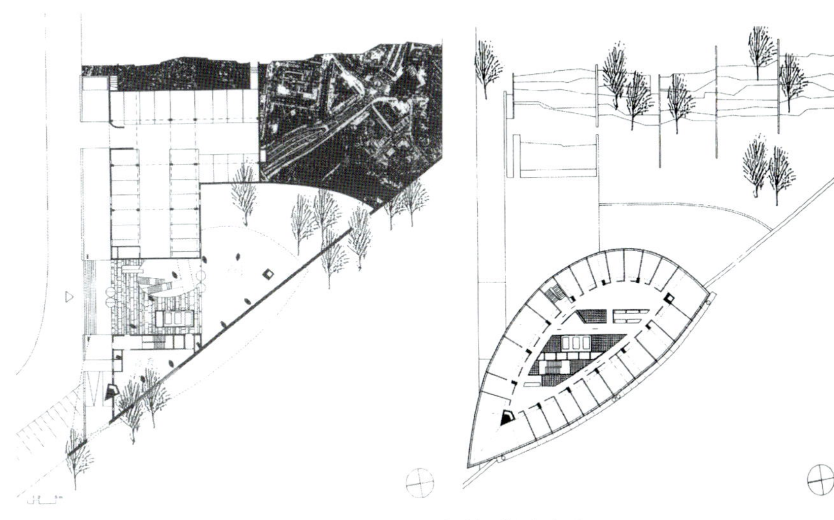

(b)一层平面　(c)标准层平面

图1-50 德国柏林某办公楼
(《世界建筑》1998 04 P68-69 [德]柏林莱昂沃尔哈格事务所)

德国柏林某办公楼处于喧嚣的城市干道旁，设计用一堵"曲墙"界定出外部喧嚣的城市干道和内部两个空间：开放的"盒式广场"和半开放的入口门庭，并将一个平面形似柠檬的标志性体量在4层高度架空而起，使其获得一种虚无缥缈的美学意境和流畅简洁的城市尺度。值得一提的是，位于外层玻璃幕墙和内部推拉窗之间的"隔声保护夹层"的设计。其内部设一小型管式空调系统，隔声的同时，中间恒温的空气层又有效地防止了太阳辐射，并使办公空间达到节能的效果（图1-50）。

阿根廷布宜诺斯艾利斯的国家图书馆不像一般建筑那样位于狭小拥挤的城区，而是建在一个有大片绿地和公共娱乐设施的地区。在设计时担心的主要是如何保护周边的环境和风景。为此，图书馆建立在四根支柱上，使下面的绿地得以延续。从阅览室所处的较高楼层上，可以看到城市远方的拉普拉塔河与围绕着图书馆的公园和广场（图1-51）。

(a)外观

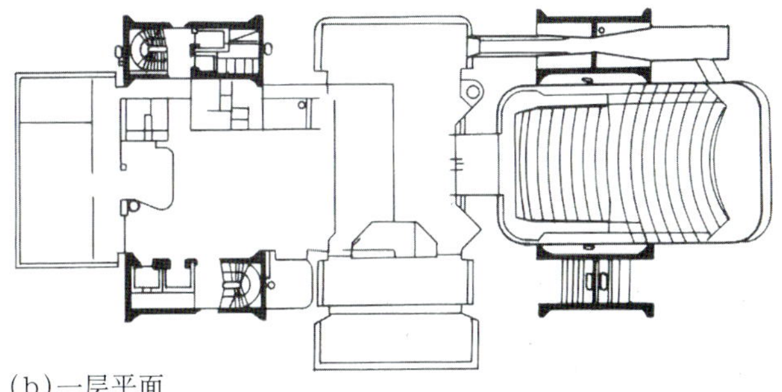

(b)一层平面

图1-51 阿根廷布宜诺斯艾利斯国家图书馆
(《20世纪世界建筑精品集锦》2卷 P184-185 J·格鲁斯堡 建筑师C·特斯塔，F·布尔里奇，A·卡萨尼加)

1.2 场地功能分区

在前面我们已明确总体设计是从城市规划的全局出发，在基地上安排建筑、塑造建筑之间空间的工程技术与艺术，它与建筑、工程、景园、交通和城市规划相联系。这里所讲述的建筑基地是指工程场地，它是指建设用地中包含的全部内容所组成的整体。建设用地上的建筑物、道路、广场、停车场、绿化、景观设施、构筑物等都是场地的构成元素。在场地上安排建筑首要的是功能分区，其中包括建筑物的入口位置、场地上建筑物的布置和朝向选择，尤其要注意与场地有重大利益关系的邻近环境。有人说，场地犹如一套沉默的素材，等待在一个适当的时机，释放其潜在的可能。确实如此，场地对于建筑并不只是限定，往往更是启发，就看你能否发现场地中隐含的信息和提示，这些可以决定总体设计的前景。

1.2.1 场地的利用

正确使用场地，做好场地布置，节约土地，节约建筑占地面积，发挥场地的最大效益是总体设计的目的之一。在实际工程中，场地的条件会千差万别，但在大多数情况下，用地相对于要求的大小是比较有限的，即使在用地比较宽余的条件下，也要注重充分利用每一部分土地，避免形成闲置和浪费。通常用地的利用有以下两种方式：

(a)集中利用的方式

集中利用的方式是将用地划分成几大块，将使用性质相同或类似的用地尽量集中在一起布置，形成较为完整的地块。这种方式分区明确，利于边角地段的利用，减少闲置的地块，同时亦可增大用地面积。分区并不是分得越大越粗略越好，而是在可能的条件下尽量简化分区，减少层次，使基地发挥最大的经济效益和社会效益。反之，如果用地划分过于细碎，必然会增加出现边角空地的机会，不仅造成浪费，而且内容组织也会受到限制。这种方式适于项目地块较小，内容较为单一，功能关系相对简单的场地。如北京宛平中国人民抗日战争纪念馆从用地划分来看四个组成部分布置相对比较集中，完整明确，入口及绿化广场在前，依次为主馆用地、预留用地，而把西北部凸出的一小块用地作为辅助建筑用地，符合用地特征和纪念建筑庄重严整的空间秩序（图1-52）。

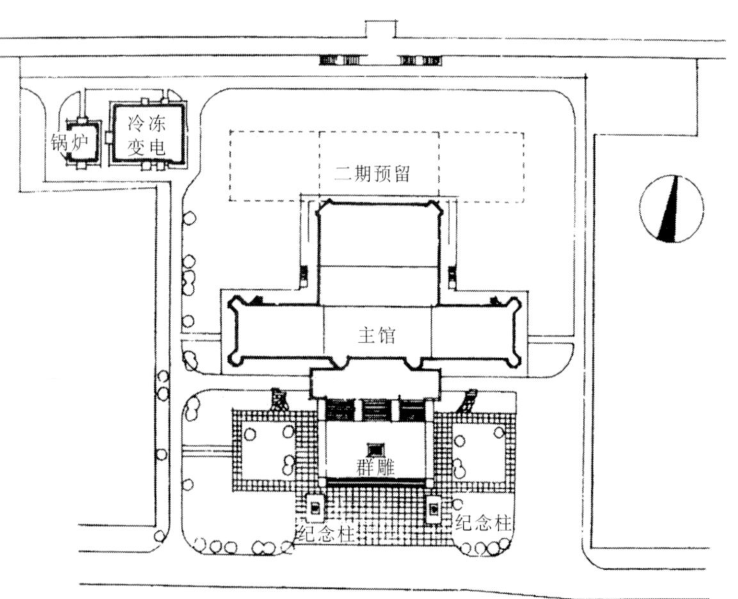

图1-52 北京宛平抗日战争纪念馆场地分区
(《博览建筑设计手册》P226 余卓群)

(b)均衡利用的方式

在相对于建设规模用地面积较大，用地比较宽松或项目内容较多的情况下，一般采用均衡利用的方式，将场地内容均衡地布置，使每一部分用地都有相应的内容，避免出现基地某一部分的用地过于宽松以至没有被充分利用的情况。场地分区与用地划分多种变化，每块用地大小适宜，从而都能发挥作用。如可根据不同性质将用地分成大致相当的相对集中的区域，这样场地整体上的区域划分比较明确，均衡可通过多区域之间用地面积的成比例的关系及各区域用地内部再一层次上的细划来实现，以保障基地的多个部分都能被利用起来。或者将基地直接细化为较小的区域，再将内容适当分解，组合到各区域之中。

西安“三唐”工程的场地分区即体现了均衡的特点。“三唐”工程位于西安城市历史性地段西侧，临近古建筑大雁塔，基地中部是唐慈恩寺大殿遗址。其设计内容包括唐华宾馆、唐歌舞餐厅、唐代艺术博物馆等。设计中充分考虑了用地的历史因素，将唐代艺术博物馆布置在基地西部，与慈恩寺隔路相望；唐歌舞餐厅布置在唐代艺术博物馆东南角，与慈恩寺之间有一片绿地，由于唐华宾馆规模较大，客货流频繁，将其布置在距慈恩寺最远的东部。这三组建筑的纵轴线与慈恩寺平行，而唐代艺术博物馆的横轴又与大雁塔同在一条东西轴上。在三组建筑之间，围绕唐慈恩寺大殿遗址设计了遗址公园——曲江春晓园。该场地用地划分、总体布局与历史环境的有机结合，使新老建筑与环境成为一个有机整体。用地划分采取了上述的间接细分和直接细分相结合的办法，用地基本上分为四个区域，其中三块作为建筑用地，另外一块作为绿化。直接细分的方式体现在建筑用地上，它们被分成了相对独立的三块，每块分别组织不同的内容。间接细分的方式体现在绿化与室外活动场次级区域，分别组织了建筑主入口前的广场和停车场。由于场地分区采取了均衡的划分方式，使内容的分布比较均匀。内容与用地之间的比例关系呈现均衡的状态。场地布局舒展而有序，新建筑与古建筑关系和谐，做到大而不空，达到各部分很好的平衡状态。这其中将建筑用地相对分散是十分关键的，如果相反，将建筑用地集中于一处，那么势必会使这一部分用地的使用强度大大超过其他部分。其他部分过于松散，显然是不尽合理的（图1-53）。

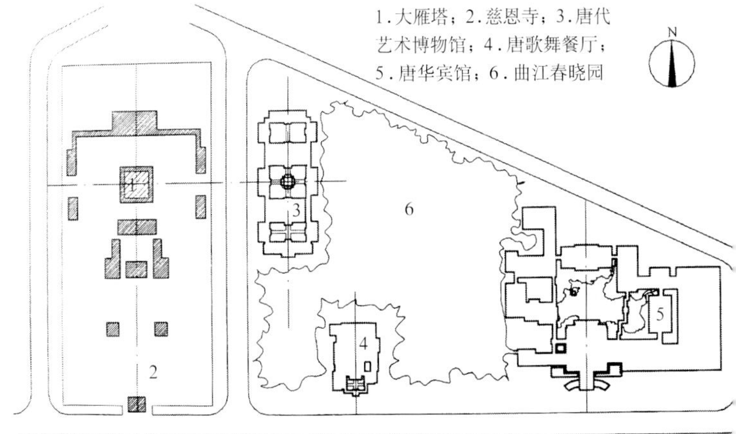

图1-53 西安三唐工程的场地分区
（《民用建筑场地设计》P73　赵晓光）

1.2.2 场地功能分区

在场地选择决定之后，对场地进行功能分区就是总体设计工作的重要组成部分。

对场地进行功能分区组织的依据主要是建筑内容各自的特性要求，即建设项目的性质、规模、组成以及建设场地的自然条件、历史人文特点。场地功能分区不是机械、简单的场地划分，而是使用功能与文化的统一，是对诗一般的场地的追求。一般情况下，使用功能是最基本的，所以首先要将所有建筑物内容按照使用程序和功能关系，分解成若干相对独立的功能区域或组团，使建筑布局分区明确，使用方便，符合规范要求，并绘制成表示建筑的使用程序和各组成部分相对位置的功能关系图。在场地组成内容比较复杂时，为保证场地布局的合理有序，依照各组成内容的功能性质进行合理分区与建筑布置对总体设计十分关键。而对功能比较单一的建筑的功能分区则主要是对环境进行划分和建筑布置。功能分区的概念具有双重意义，除了不同性质建筑功能要求之间的分离外，还要将不同内容按照相互关系组合到一起。场地是一个有机的整体，场地中多项内容之间密切关联，各区域或部分又要相互联系，组成一个整体。各区域之间的相互关系不仅体现在位置关系，还体现在它们的联结关系。一个井然有序、功能分区明确的场地会给使用者提供良好的使用条件。其中各区域功能关系的明确界定是最为紧要的，不同功能的明确划分是各自正常运作的最基本保证。

建筑功能的位置关系是指各组成功能部分是要求相互毗邻还是相互隔离开来，对应到基地中则表现为不同区域的内与外、前与后、中心与边缘等方面的关系。对于这种关系的形成，空间、景观、交通联系、公共与私密、闹与静以及各部分在场地中的重要程度等方面的要求是同时起作用的。这使分区又可沿多条线索进行，比如闹与静的分区，洁与污的分区等。这些不同侧面一般同时在起作用，但每一侧面的重要程度往往又不相同，所以需要综合分析，权衡不同侧面的重要程度，确定其最重要的因素。

各组成功能部分之间的联结关系是指它们在交通、空间以及视觉等方面是如何联结在一起的。这其中交通组织是最主要的，是各组成功能部分之间有机联系的骨架，直接影响功能的组织。在场地中，各组成内容的功能虽然各有特性，并有一定的独立性，但某一部分功能的实现往往又需要其他组成部分的配合来完成，许多部分之间实际上是相互依赖的，独立只是相对的，而且不同内容之间的功能往往是前后衔接的，所以不同功能区域之间的交通联系十分重要。交通流线要清晰，避免干扰和冲突，符合宽度、坡度、回转半径等交通运输自身的技术要求。要将出入口设在交通流量大的建筑，并靠近外部主要交通路口附近，以使线路短捷。车行系统要避免将过境或外部车辆导入，大量人流集散的地段和建筑可将入口与出口分开或通过广场组织人流。

功能分区的功能特性是由多方面体现的，它涉及建筑的体形、朝向、间距、布局方式以及与所在地段地形、道路、管线的要求。建筑的体形与布置方式要充分考虑场地条件，建筑间距要满足防火、日照、通风、抗震以及建筑群体艺术处理、绿化布置等的要求。

有些工程由于建造周期要求或经济上的原因，采用分期建造的方式，有的建设项目要考虑远期发展而预留发展用地，在进行功能分区应有所考虑。

在了解与遵从传统功能分区概念的同时，还应当知道，随着科学技术的发展，特别是信息服务业的发展，某些建筑的功能已发生变化，功能分区已弱化，反而强调各种城市功能在空间和时间上的叠加。例如办公建筑也正在从单一功能走向复合，由孤立和封闭走向与城市的融合。有的办公建筑已成为集商务办公、酒店式办公、公寓及各类商业服务设施为一体的多功能大型建筑，从而使设计工作远远超出传统意义上单纯的办公建筑范畴，成为一种具有城市意识的综合设计。

例如一般医疗建筑的功能分区，是将医院构成中性质相近的建筑成组配置，并依据整体功能关系形成医院有机整体。一般分为医疗区——即门诊、医技、住院所形成的医院主体，应布置在地形、地质、日照、景观条件较好的部位。感染医疗区——主要是传染病房、放射性同位素治疗用房等，应布置在医疗区和职工生活区的下风向，并有适当间距。服务区——包括住院医生宿舍、职工食堂、营养厨房等，一般介于医疗区与职工生活区之间，便于为双方服务。对于服务区的污染部位，包括洗衣、锅炉、太平间等应布置在用地边沿地带。设有职工宿舍的医院，职工宿舍区应靠近清洁服务区布置，并有对外的单独出入口。医院的职工住宅区一般不设在医院内部。对于医院的医疗区常将其主要组成部分：门诊医疗、辅助医疗、住院病房等根据主次和依赖的关系，将洁净与非洁净分开，避免交叉，考虑声音、视线干扰，动静分区，设备能源的布局，加以适当划分，起到既便于管理使用，防止交叉感染，各部分之间又有一定的联系，使用方便，用地紧凑。其中门诊部分，因各科室的服务对象不同，常常提出某些要求，如内外科病人，一般约占门诊人数总量的50%以上，因此常要求放在靠近出入口的部位。此外，为了照顾妇女儿童就诊方便和防止交叉感染，将这些部分多布置在比较独立的部位。辅助医疗部分是门诊和住院两部分共同使用的科室，所以需要布置在双方联系方便、位置适中的地方，这些都需要权衡利弊，结合远近期发展，综合考虑决策。对于“一栋式”医院，则主要是在医院内部进行竖向功能分区。

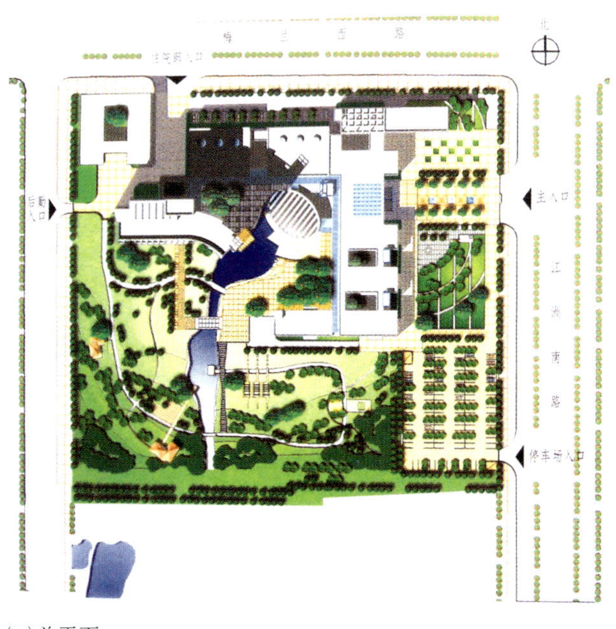

(a)总平面

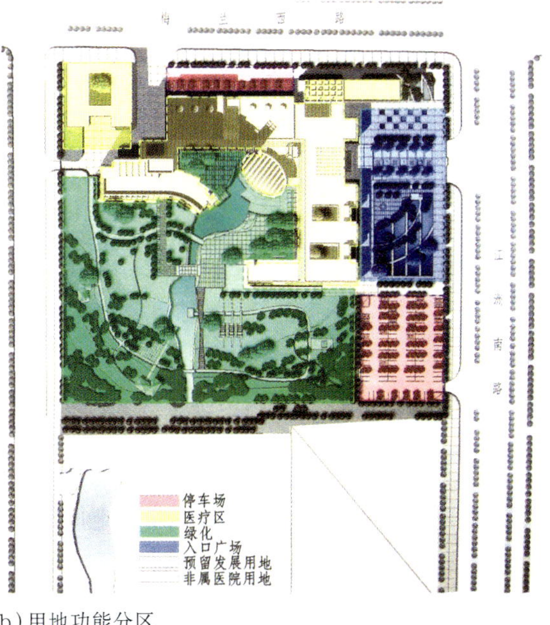

(b)用地功能分区

江苏泰州的普济医院在作总体布局时，以人流为设计依据，物流次之，强调理性，严格区分医疗区、服务区与管理区。因为医疗区是医院发挥其社会职能的主要区域，并且是三部分中人流量最大的部分，所以布置于院区交通最方便的北侧，同时利用门诊前广场集散人流、车流。管理区位于医疗区的东北角，既有方便的对外交通，又与医疗区有直接联系。后勤服务区在院区的西侧，较为独立，有单独货物出入口。医疗区的西侧设计了大片绿地，为静态流线提供了优美的环境空间。医院出入口的数量不宜过多，一般不少于3个。医院复杂的流线一般包括三类。第一类为患者、患者家属、探视者、来访人员与医师、护士、职工等；第二类为各种物流，包括：食物、药品、器械、燃料与垃圾、污物等；第三类为各种车辆包括：救护、消防、货车、出租、医护人员用车、病患人员私人用车等。普济医院在人、车流的交通组织上做到了动静分区，主要就医人流由东侧经集散绿化广场进入门诊大厅；住院及探视人流从院区北面入口进入；后勤人员入口设于西侧的次要道路上，做到医患分流，患患分流。院内设有环行车道，以满足消防需求，分设人行道与车行道，给大量车流提供最便捷的停车路线和空间（图1-54）。

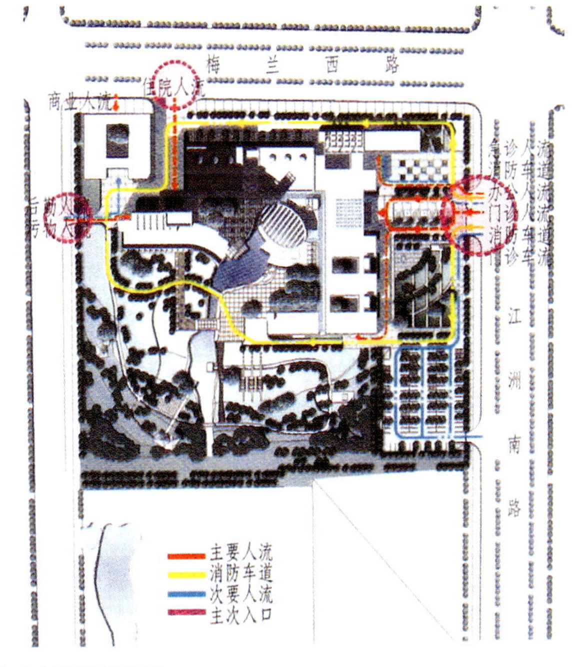

(c)交通流线分析

图1-54 江苏泰州普济医院

(《建筑学报》2005 12 P74 格伦，张兰)

一所设施比较齐全的高等学校校园，为了使用和管理上的方便，常按使用功能的不同特点将建筑相对集中，形成几个区域。一般包括教学区、学生生活区、体育运动区、绿化区等。各区之间既相对独立又相互联系。我国不少学校有教工生活区，在校园总体规划中应相对独立，尽量与教学区等校园隔开，为教工生活区创造走向社会化的条件。

教学区是校园的主体部分，一般包括教室、实验室、图书信息以及行政办公等建筑，有些大型院校还设有独立的科研或实验工厂区。教学区要求有安静的学习与研究环境，要体现实用性、艺术性和可发展性。校园教学区中的某些设施，兼有直接为社会服务的要求，其规划也应加以考虑。

学生生活区主要有学生宿舍、食堂、商店等生活服务设施及部分体育活动设施。有的学校将学生活动中心也设置在学生生活区内，以适应学生活动的多种需要。学生生活区除与教学区有密切联系之外，还应与体育活动区紧密相连，并与城市交通及商业服务设施有方便的联系。

体育活动区是校园的重要组成部分，其内容包括体育场、体育馆或风雨操场、游泳池或游泳馆、各类球类及器械运动场地等。集中的大型体育场、馆，由于占地面积较大，又有噪声，且要求场地平整，对校园总体规划影响较大。体育区一般主要为学生体育课及体育锻炼使用，宜接近学生宿舍区。

有些学校还有后勤服务区。后勤服务区为全校提供水、电、热力等各种后勤服务及仓库、维修车间等设施，其占地面积也较大，管网设施多，应有便捷的对外交通联系。其运输线路宜靠学校的外环，避免对校内造成干扰。

在校园中布置一些环境幽静的集中园林绿化，对学生的休息、自学、美育、交往、陶冶情操，都起着潜移默化的作用，是学生的第二课堂。集中绿化景区应与教学区或生活区相邻。

高校传统的功能组团分区，源于对空间尺度的分析以及有利于功能间的联系和管理方便。对于尺度不大的校园在流线上也是便捷的，但对一些大规模的校园社区而言，随着校园尺度的增大会带来许多不便，这在近十年的校园建设中已发生变化。

浙江大学紫金港校区东教学组团设计遵循“现代化、园林化、网络化、生态化”的设计原则，两组团分别位于主校道的东西两侧，共同围合起校园的教学空间，建筑的总规肌理、平面布局、轴线关系、立面风格等相互联系，和谐统一。靠近水面的建筑做了不同形式的亲水处理，使建筑与地形、地貌完美结合。一条中间主交通轴及中央生态带联系起所有功能区。设计中优先注重交往空间的位置，如将走廊局部扩宽，立面开敞，使内外空间相互流通。结合“园”的概念进行空间划分与渗透，通过架空庭院联系起围绕建筑物周边的“园”。各个“园”大小变化有致，景观各异，又能互相渗透，体现了一种新的校园模式理念（图1–55）。

盐城中学南校区是一个教学设施先进、功能完备、学生全部住宿的规模较大的学校，占地17hm^2。基于功能要求的规划布局，将整个校园基本分为四个功能区，包括生活区（学生宿舍、食堂、单身教工宿舍、浴室等）、教学区（教学楼、实验楼、阶梯教室群、图书馆与教学办公报告厅）、运动区（体育馆、游泳馆、运动场等）和艺术中心（艺术楼、礼堂、行政办公楼）。教学区位于校园西北，靠近城市主要景观路和绿化带，有利于展示校园面貌，也自成一区，有较好的环境。生活区位于校园东北，靠近居民区、商业区和生活性道路。运动区和艺术中心在校区南部。分区功能明确，内部联系方便，与外部关系协调，为单体设计奠定了基础（图1–56）。

四川江油市彰明小学为汶川地震灾后农村18班

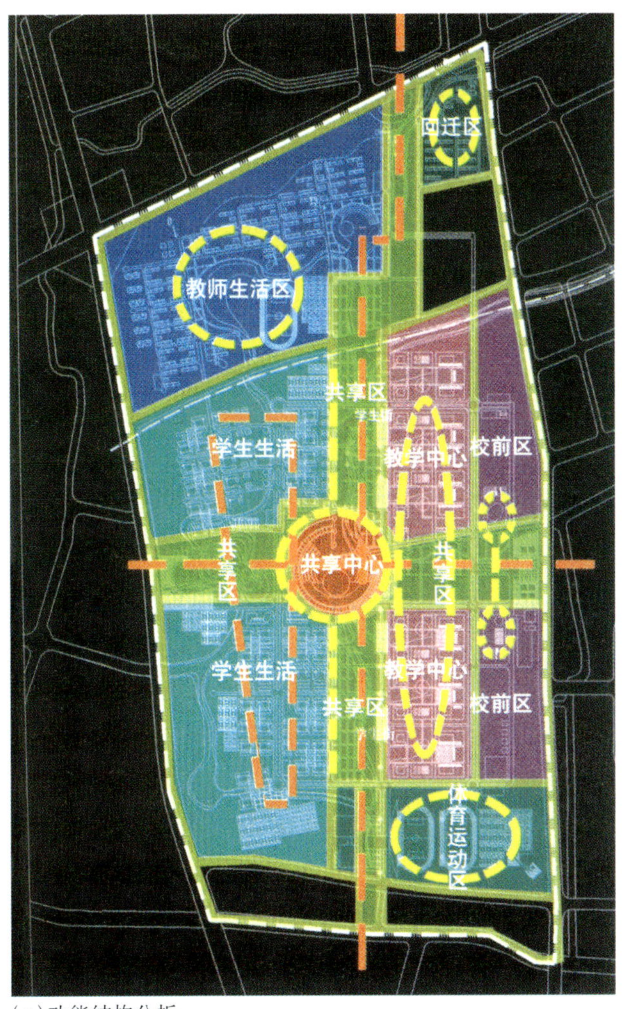

(a)功能结构分析

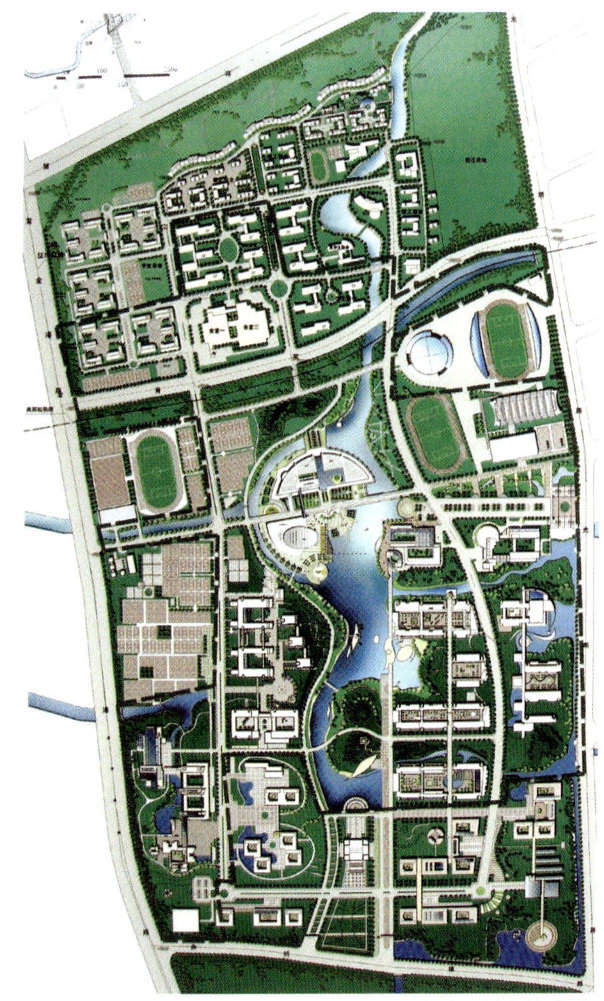

(b)规划实施总平面

图1-55 浙江大学紫金港校区规划

(《华南理工大学建筑设计研究院作品选 1979-2009》P180)

普通完全小学异地重建学校，学生人数810人，用地面积18746m^2，建筑面积7025m^2。它的功能分区：校园建筑分为教学综合楼、学生宿舍及食堂两组。教学综合楼布置在校园中部的开敞用地上，景观及通风条件良好，相对远离周边环境干扰。学生宿舍及食堂布置在场地北侧，尽量减少对教学及行政综合楼的不利影响。教学综合楼和学生宿舍及食堂围合成体育活动场地，在有限的用地内形成有效的分区，避免不同功能之间的不利影响（图1-57）。

白俄罗斯格罗德诺州的罗斯新城，设计者把居住组团成组地布置在步行街道的周围，步行街道上安排了所有必需的社会服务设施：各种教育机构、体育健身设施，各种交往空间、俱乐部活动以及商贸、生活服务设施和医院。一个个方形的居住组团，把沿着对角线布置的步行林荫路，以及林荫路上的公共建筑（如广场和体育健身设施等）包围起来。正

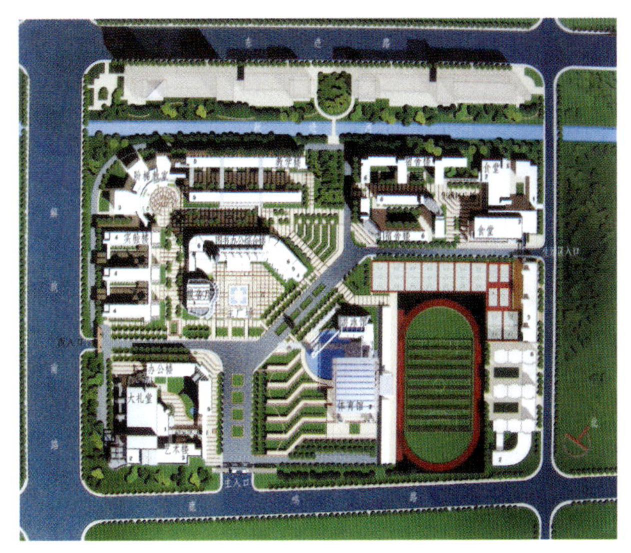

图1-56 江苏盐城中学南校区总平面

(《建筑学报》2005 06 P34 王建国 陈宇)

(a)鸟瞰

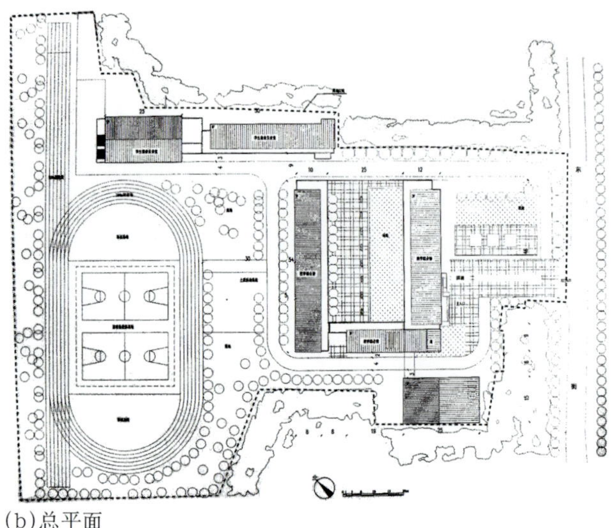
(b)总平面

图1-57 四川江油市彰明小学
(《汶川地震后重建学校规划建筑设计参考图集》 P7-8 设计：清华大学建筑设计院)

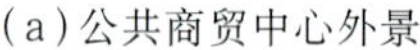
(a)公共商贸中心外景

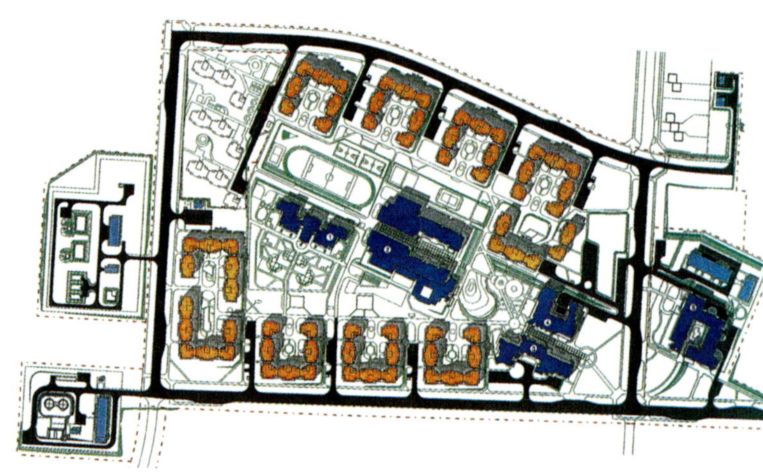
(b)总平面

图1-58 白俄罗斯罗斯新城
(《20世纪世界建筑精品集锦》7卷 P230 ю·л·格涅多夫斯基 建筑师A·尼奇卡索夫等)

是由于采用了这种处理手法，才保证了到幼儿园和学校的最短步行距离。商贸和服务中心的布局考虑了从公共交通站点到回家的路径这个因素。在这个设计中，设计者的成功之处在于：不仅创造了一个完整的、尺度宜人的城市构图，而且保证了规划结构的简单明了，功能分区的合理有效（包括社会、建筑功能、美学、技术等方面的不同理解），以及规划和建设实践与地方民族传统的成功结合（图1-58）。

美国俄勒冈州波特兰比弗顿市立图书馆的场地设计由于功能比较单一，场地设计主要是对环境和空间进行划分，包括入口广场、庭院景观、公园及交通布局规划等。该图书馆具有一股浓烈的市民气味，建筑面积6400m^2，拥有一个150座的礼堂，一些会议室、阅览室，一个电脑室和一个为12岁以下孩子服务的大型“儿童服务中心”，还有巨大的视听设备室和电子媒体收藏室，今后还计划增加2800m^2。今天的图书馆不再被看做仅仅是书籍的贮藏室，更主要的是被视为公共的信息中心与聚会场所（图1-59）。

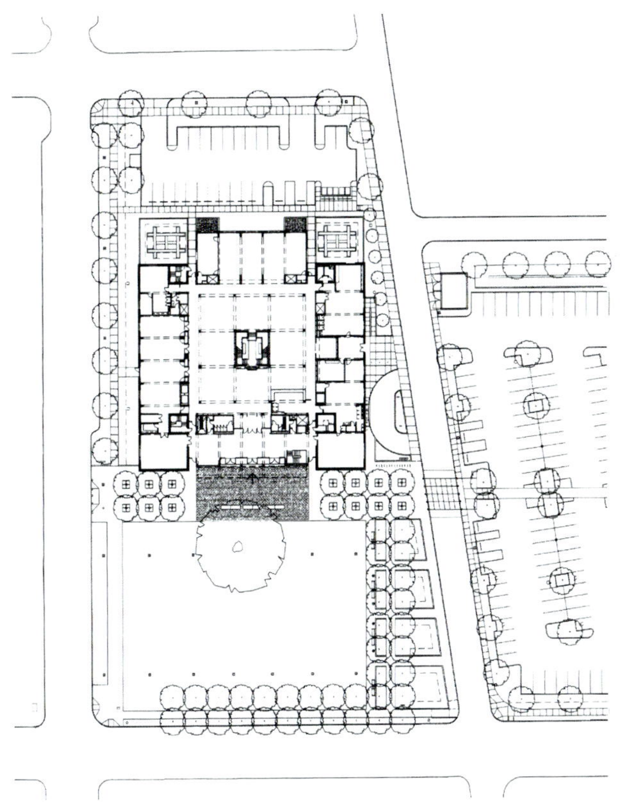

(a)首层平面

(b)阅览室内景

图1-59 美国俄勒冈州波特兰比弗顿市立图书馆

(《世界建筑》2002　09　P54-55　建筑师托马斯·哈克尔建筑师联合股份有限公司)

1.3　外部空间设计

人为建筑环境从空间性质上可分为建筑内部空间和外部空间两大部分。一般所称的建筑空间主要是指建筑的内部空间。建筑的外部空间与内部空间不同,它是建筑实体以外的相关空间，一般是由地面和墙面等要素所限定的，是“没有屋顶的建筑”。但是外部空间也并非无限延伸的自然,而是由人创造的有目的的外部环境，是比自然环境更有意义的空间。假如我们将中国传统建筑向心院子周围的房子和庑廊只看作是一面墙壁，天空看做是天花板，那么，这个露天的封闭空间似乎是一个“负体形”。在总体设计中，有屋顶的房屋和没有屋顶的“房屋”都是构成建筑的要素——院子是同样重要的。外部空间设计就是创造这种有意义的空间的技术与艺术,是总体设计的重要组成部分。在总体设计中，涉及外部空间设计的内容主要包括：外部空间形式与大小,外部空间序列的组织，以及渗透与层次等的处理。

1.3.1　外部空间的形式与大小

外部空间的形式。其一是以空间包围建筑物,这种外部空间指除去建筑实体所占据的那一部分空间之外的一定控制范围内的空间。这种形式的外部空间一般称之为开敞式外部空间。它随着与建筑实体距离的增加而融入自然环境之中，或者以某种人工要素构成它的边界。它具有舒展的感觉。另一种是以建筑实体围合而形成的外部空间。这种空间具有较明确的形状和范围,称之为封闭形式的外部空间,具有规则、内聚的感觉。此外，还有各种介乎其间的半开敞或半封闭的外部空间形式，和以上两种形式重合的形式：外部空间包围建筑物，建筑物又包围外部空间或者相反。在一处自然环境中,借助于地面铺筑和绿化的处理，也可以具有一定的外部空间属性(图1-60)。

四面由建筑物围合的外部空间具有明确的范围和形式，最易于使人感受到它的大小、宽窄与形状，与自然空间的界限比较分明。三面围合的外部空间

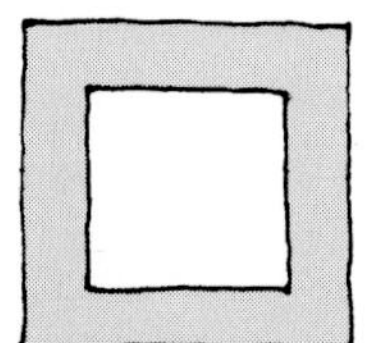
(a) 以建筑的形式围合而形成的封闭式外部空间

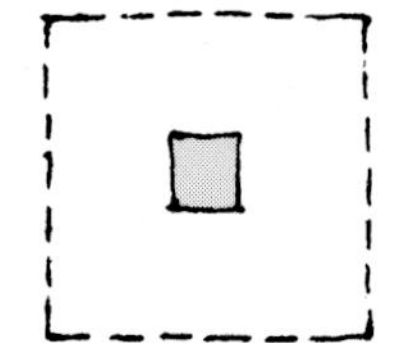
(b) 自然空间包围建筑物形成开敞式外部空间

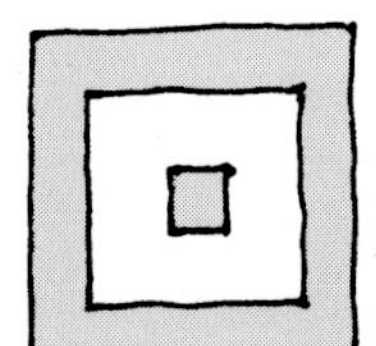
(c) 同时具有封闭与开敞特性的外部空间

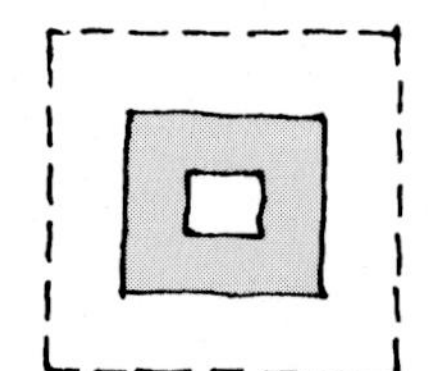
(d) 同一建筑形成封闭与开敞两种形式的外部空间

(e) 借助于地面铺筑和绿化，原本是自然空间，也可具有一定的外部空间属性

图1-60 外部空间的形式示意

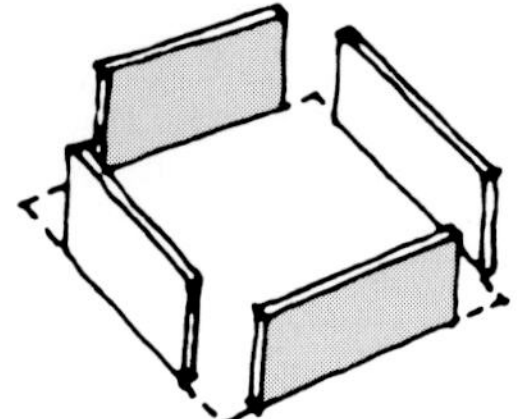
(a) 四面围合的外部空间形式明确，围合的界面愈高、愈密，封闭感愈强。

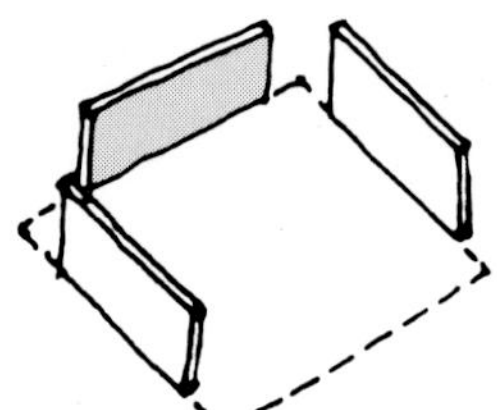
(b) 三面围合的外部空间形式仍然较明确，围合面减少，封闭感减弱。

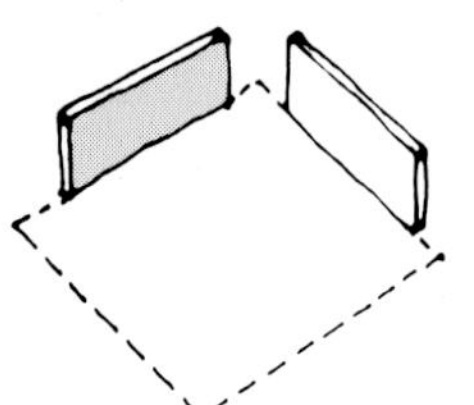
(c) 两面围合的外部空间，开敞感增强，围合的界面愈稀疏、愈远，封闭感愈弱。

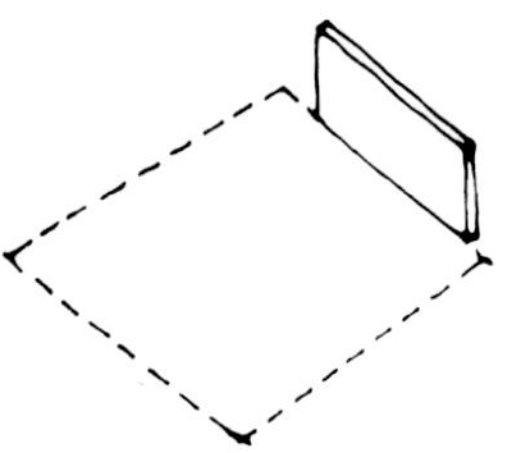
(d) 只剩一个界面时外部空间仍保持一定形式，封闭感消失。

图1-61 外部空间的含义示意

较四面围合的外部空间其封闭性减弱了一些，两面围合的外部空间的封闭性就更弱了，当只剩下一个面时，外部空间的封闭性就完全消失了。这时就发生一种转化——由建筑围合外部空间变成由外部空间包围建筑。不论是四面、三面、二面围合的外部空间，或者一个面处于外部空间之中时，还因其围合的条件不同所具有的感受不同：围合的界面愈近、愈高、愈密实，其封闭感愈强；围合的界面愈远、愈低、愈稀疏，其封闭感则愈弱。围合的界面与场地关系适当，则会产生一种安全感、领域感、舒适感，较过于稀疏的界面更亲切（图1-61）。

由建筑从四面、三面围合而形成的城市广场，外部空间具有比较明确周界，并给人以一定范围的感觉。而一般的街道，建筑物沿两侧围合而形成狭长的外部空间，封闭性虽不及某些广场，但仍可以明确地感受到它的范围及宽窄。小街往往是当地居民社会交往的场所，像传统胡同、里弄的外部空间。它们是社会的公共起居室。

从以上可以看出，建筑的外部空间与建筑体形是相辅相成的，要想获得某种形式的外部空间，就必须从总体布局和建筑体形的设计入手推敲研究它们之间的组合效果。外部空间的设计不能孤立进行，必须和建筑实体设计同时进行。要尽可能赋予外部空间以明确的用途，体现一定的设计理念，进而根据这一前提来确定空间的大小、围合壁面的造型、铺装的质感、绿地以及建筑小品的布局等等。特别对于某些公共建筑，在外部空间的设计中要考虑观赏者的距离，观赏的范围以及建筑群体处理的比例、尺度等。

北京天安门广场以天安门为广场中轴线的重心，在中轴线上布置了高耸的人民英雄纪念碑和庄严的毛主席纪念堂，并与正阳门相对应，再加上东西两侧的人民大会堂和革命历史博物馆，使广场围合成大尺度的外部空间，显示了广场的广阔和有节奏的尺度变化。另外天安门与纪念碑之间，深长而宽阔的砌石广场铺面与纪念碑及纪念堂周围松柏绿地的围合处理，使外部空间的艺术效果更为突出（图1-20a）。

意大利威尼斯的圣马可广场，是一个公共活动性质、周围有明显界面的外部空间，因广场周围逐步发展起来的建筑与外部空间组合异常得体，取得了无比完整统一的效果。实际上，它是一个复合式外部空间。大广场与靠海的小广场之间用一个钟塔作过渡，同时把圣马可教堂稍稍伸出一些，这对从海边来的人起到一个逐步展开的引导作用。靠海广场的大门是采用两根柱子的形式，一方面对海面与广场起了分隔作用，另一方面也不妨碍人们的视线，不论从海上向广场看，或从广场向海上看，都能获得良好的视觉效果。这个广场在统一布局中，强调了各种空间的对比效果，如紧小的入口与开敞的广场空间之间，

(a)广场鸟瞰

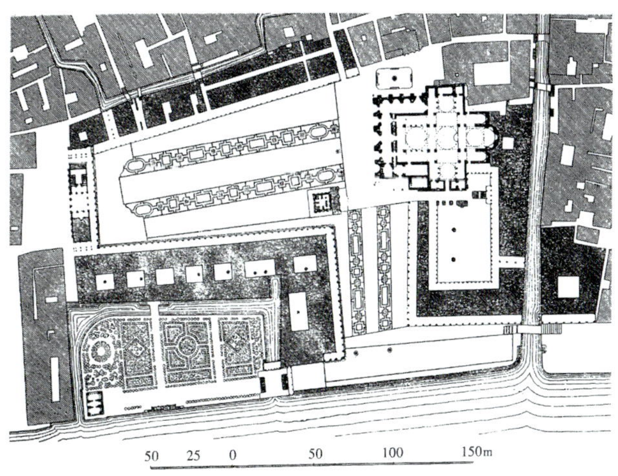

(b)广场平面

图1-62 意大利威尼斯圣马可广场　(《城市设计》P17　王建国　东南大学出版社)

横向处理的建筑与竖向挺拔的钟塔之间，性格严肃的总督府与神秘色彩的教堂之间，因强烈的对比使这个广场空间给人以既丰富又统一和谐的感受。从这个例子可以看出：建筑体形对外部空间的形式所起的作用是相当重要的（图1-62）。

位于纽约心脏地区的洛克菲勒广场，可看作城市的起居室，人们喜欢到此聚集、休闲。尤其冬季，它又是一个滑冰场，吸引来自各处的人们(图1-63)。

美国加利福尼亚大学圣迭戈分校普赖斯学生活动中心建筑面积15235m²，其中包括舞厅、剧院、校友办公室、餐厅、咖啡厅、图书阅览室、书店、商店、工艺品中心、乒乓室、台球室等。设计者采用了传统欧洲学院式建筑形式：半封闭的回廊庭院。庭院中心是一个台阶式圆形室外剧场，中心的回廊高出庭院中心地坪较多，它可以作为庭院四周高处的步行道，学生在这里可以看到院里的一切活动。在回廊还可以远眺造型新颖的图书馆，每位来过这里的参观者都有这样的体验：它不仅给人提供了很大的方便，同时又是一个赏心悦目的外部共享空间（图1-64）。

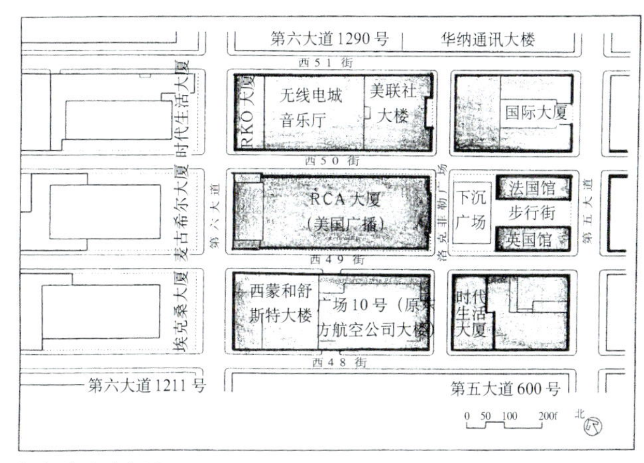

(a)平面示意图

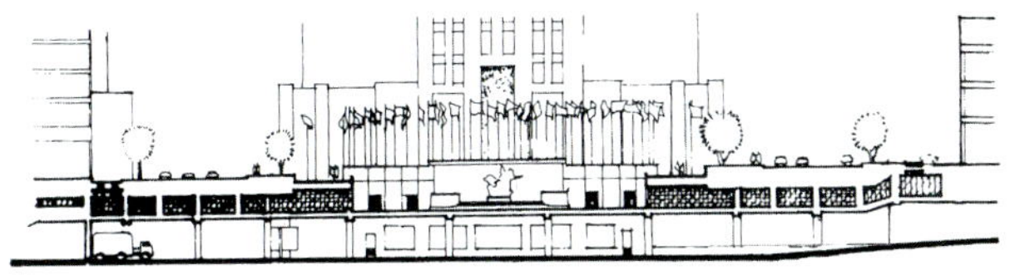
(b)广场剖面图

图1-63 美国纽约洛克菲勒中心
(《城市设计》P156　王建国　东南大学出版社)

1.3.2 外部空间的序列组织

序列可以理解为按一定的次序排列。空间序列是指人们穿过按一定顺序排列的一组空间的整体感受和心理体验。外部空间如果由两个以上连接组成，要获得良好的整体感受，除了要注意空间的大小或高矮、狭长或开阔、实体建筑界面的变化和联系外，还要和外部空间的序列组织、人流活动规律关系十分密切。首要的是考虑主要人流的路线，其次要兼顾其他次要人流活动的路线。只有这样，才能保证无论沿哪一条流线经过都能看到一幅连续、完整的画面，从而给人留下深刻的印象。传统的外部空间序列组织的基本类型有：

(a)外景

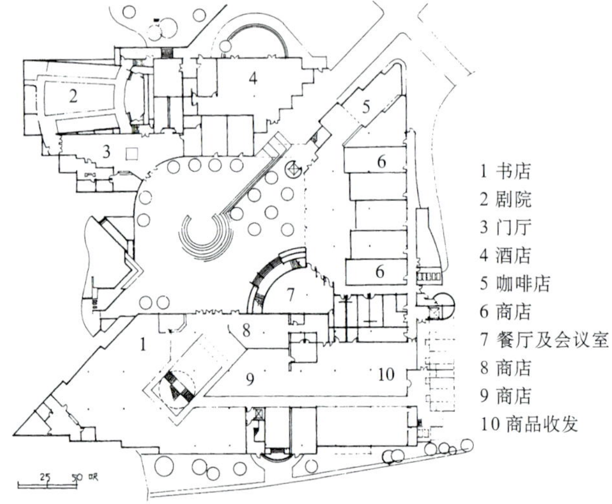

(b)底层平面

(c)学生活动中心对面的图书馆

图1-64 美国加利福尼亚大学圣迭戈分校普赖斯学生活动中心（《世界建筑》1992 05 P51-52 设计旧金山KMD公司）

(1)各主要空间沿着一条轴线在纵深方向逐一展开的序列，人流路线的方向比较明确，头绪比较单一。

(2)沿纵向主轴与横向副轴作纵横两个方向展开和迂回、循环等方式。这种序列形式既不对称也无明显轴线引导关系，主要靠空间的巧妙组织，引导人们由一条或几条不同路线从一个空间到达另一个空间。它的特点是灵活多变、自由曲折，能取得意想不到的效果，也可适应不同人流的愿望，在我国古建筑和现代建筑中应用甚广。

明清故宫就是一个外部空间序列组织非常成功的典型例子。从大清门（已拆除）进入由东西两侧千步廊围成的纵向狭长的空间，至左、右长安门处转向一个横向狭长的空间。由于方向的改变而产生强烈的对比。过金水桥进天安门，空间极度收束；过天安门门洞又复开敞；紧接着经过端门至午门，又是一个深远狭长的空间；直到午门门洞又再度收束；过午门至太和门前院，空间豁然开朗；预示着高潮即将到来；过太和门至太和殿前院从而达到高潮。经过前三殿、后三殿最后到达御花园，气氛由庄严变为小巧、宁静，预示着空间序列的结束（图1-65）。

苏州留园，作为私家庭园，谈不上什么公共人流路线，也不存在轴线关系，空间程序就是按迂回、循环的形式组织。由入口经过曲折、狭长的一系列空间而进入园的中心部分，借欲扬先抑的方法而使人获得豁然开朗的感觉。由中心部分至五峯仙馆前院，又经历着一收一放的过程。在由此至林泉耆硕，几经迂回曲折又一次使人顿觉开朗。由这里绕到园的北部和西部则明显地使人感受到一种田园式的自然风味，最终经闻木樨香轩又意外地回到园的中心部位，完成了一个循环（图1-66）。

沈阳9.18历史博物馆尊重历史的残历碑是规划设计的首要构想。博物馆用墙环抱着它，留出近

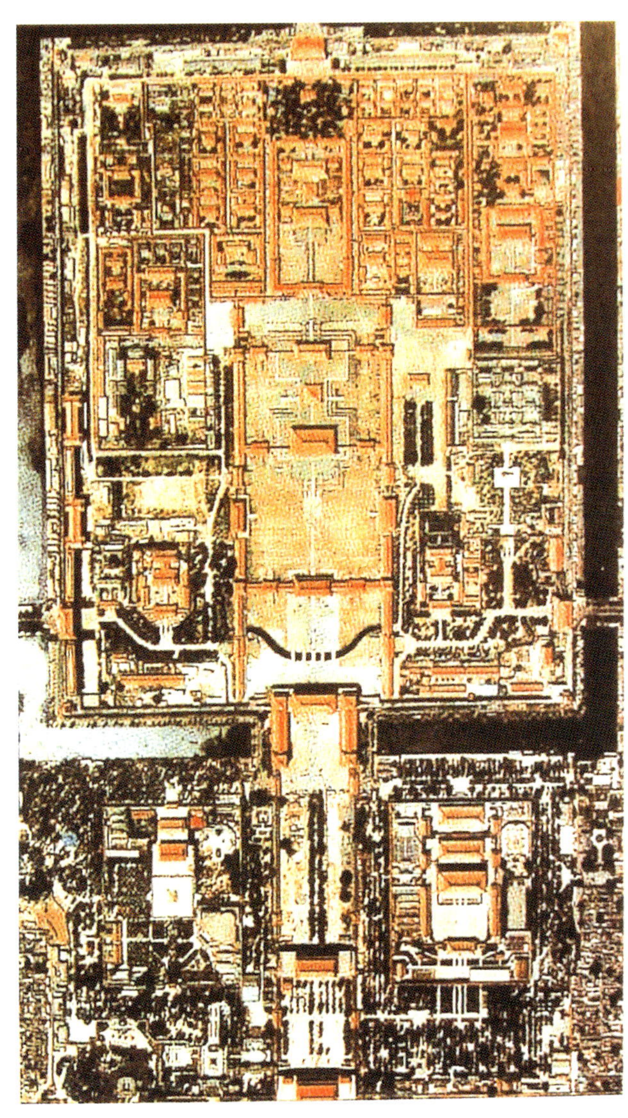
图1-65 北京明清故宫空间布局
(《建筑学报》2003 04 P17 刘宛)

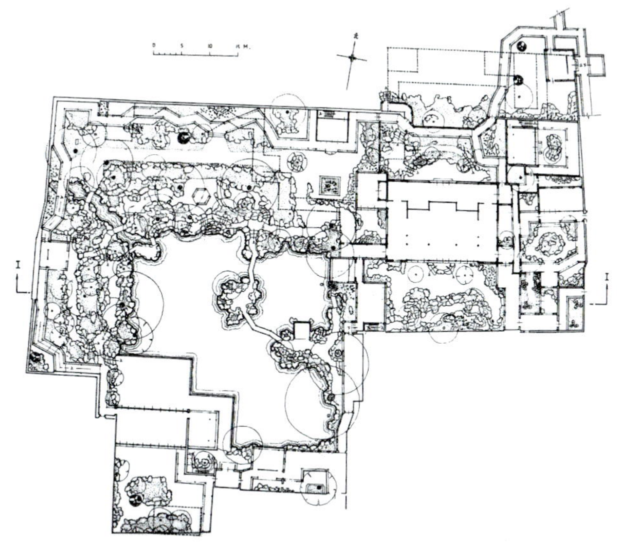
图1-66 苏州留园总平面
(《中国古代建筑史》第二版 P34 刘敦桢)

10000m²的场地。由入口通向博物馆“S”形的通道，使这一场地增加了历史环境的氛围。它既是地区城市的纪念地，又是民族和国家的纪念地。“S”形的路是象征性的，一种弯曲延伸通向馆址，是外部空间必要的程序。残历碑前仍然安放着日军伪造事变的炸弹碑。纵长的围墙，既挡住铁路上过往车辆的噪声，又是馆前广场的界面（图1-67）。

1.3.3 外部空间的渗透与层次

在外部空间设计中，借建筑物和建筑物的廊、墙、门窗洞口、架空的底层以及山石、树木、水面等把空间分隔成若干部分；或者通过门洞或空廊景框从一个空间看另外一个空间。但却不使之完全隔绝，而是有意识地通过处理使各部分空间保持适当连通。

(a)“九·一八”残历碑及历史博物馆外景

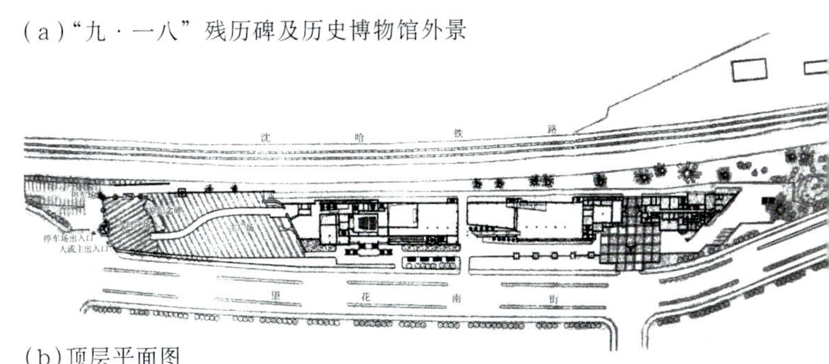
(b)顶层平面图

图1-67 辽宁“九·一八”残历碑及历史博物馆
(齐康建筑作品系列“九·一八”历史博物馆 P37、86-87，辽宁科学技术出版社)

(a)杭州由我心相印亭看三潭印月三石塔

(b)北京颐和园自鱼藻轩西望玉泉山(摄影楼庆西)

(c)无锡寄畅园借景

图1-68 (《中国美术全集》建筑艺术编3园林建筑 P21、71、162 潘谷西)

其可以借门洞或空廊、列柱、底层透空、两幢建筑之间的空隙等增加空阔的层次感。这样，就可以使建筑两个或两个以上的空间相互因借，彼此渗透，从而扩大了观赏范围，使人感到深远，极大地丰富空间的层次感。“山外青山楼外楼”反映了宏观布局中多层次、大深度、多方位、多时序的借景构想。“清风明月本无价，近水远山皆有情”，这“近水”二字反映了空间布局中建筑与环境相互穿插、延伸、亲和、渗透以致融合的虚实相生手法。在外部空间处理中，既可以把上述某一种方法重复使用，也可以综合地运用其几种手段和方法，这样空间就不只限于内外两个层次，而是使三个、四个乃至更多层次的空间互相渗透，从而造成深远，甚至无限深远的感觉。江苏无锡寄畅园内以水池和假山为中心，池东、北面布置亭廊厅榭，隔池可远借锡山龙光塔，虽亭廊之后已是园外，而景面仍可获得丰富的层次，足见借景手法处理之巧。北京颐和园西面的玉泉山和山上的玉峰塔是颐和园的主要借景对象，自鱼藻轩西望，长堤平卧湖上，近处的玉泉山和远处的西山，层层叠叠，与园内景物结合浑然一体，使观赏范围深远。在传统的四合院民居建筑中，沿中轴线设置的垂花门、敞厅、花厅、轿厅等类似门那样透空的建筑，预示进入前院便可通过垂花门看到不大而一重又一重的内院，给人以“深宅大院”之感(图1-68)。我国古典建筑中的牌楼，除了具有某种使用价值外，还可以分隔空间，增加空间的层次感。一些园林建筑，有意识地设置一些别致的门洞或窗口观看园中的曲廊、亭、倒影楼、植物等，犹如一幅图画镶嵌于画框之中。外部空间有时还会形成交叉组合，两空间除共面相接外还交叉相接。交叉部分的空间为两空间共有，空间交叉和空间分隔不同，它不是独立的空间，而是两个或多个构成不同空间的交叉，否则不是交叉而是不规则形的单一的空间。如苏州环秀山庄之峡谷飞梁，架于两崖之上的石板桥为两空间共有，形成上、下两空间交叉(图1-69)。

在古典建筑中，常常通过高大的拱门去看另一个空间内的建筑，由于隔着一重层次，因而愈显得深远。如北京西山八大处二处灵光寺庭院空间层次的表达，每层空间依次呈现在二维面上，再与其前一层空间组成的新空间再呈现在新的二维面上，直到最后成为图像(图1-70)。

图1-69 苏州环秀山庄峡谷飞梁两空间交叉
(《中国美术全集》建筑艺术编 3 园林建筑 P121 潘谷西)

图1-70 北京西山八大处二处灵光寺庭院
(《建筑学报》1995 12 P35 王庭蕙)

通过两幢建筑之间的缺口去看另一空间，如陕西西北农业大学校前区两幢楼中间形成一座“虚门”，在另一空间内又设置了层层景物——远处的旧主楼“实体”嵌入其中（这座旧主楼是1935年杨廷宝大师的作品，已成为该校的标志）。这不仅使空间富有层次变化，而且还使人感到更加深远（图1-71）。

由于近现代结构技术的发展，某些楼房或高层建筑往往把底层处理成透空的形式，使人们可以透过底层从这一空间看到另一空间的景物，从而使两侧空间互相渗透。如美国纽约花旗银行塔楼高出街道278.6m，在视觉上是市中心最重要的建筑之一。建筑的顶部向南侧坡下去，这个斜面作为太阳能收集器的潜在用途。明亮的铝板和反射玻璃包围着这个46层的塔楼。为了提供空气、阳光及街道空间，整个建筑被4根34.7m高的柱子支撑起，形成通透的空间效果（图1-72）。

1.4 总体设计布局方式

总体设计的建筑布局方式没有固定的模式，要结合具体条件进行深入研究，求得适于此时此地的最佳方式。总体设计布局既包含把若干幢建筑及其相关要素组成一个统一的建筑群，也包含把较少的几幢建筑及其相关要素有机地组合起来。总体设计的建筑布局应满足使用功能和美观的要求，并符合

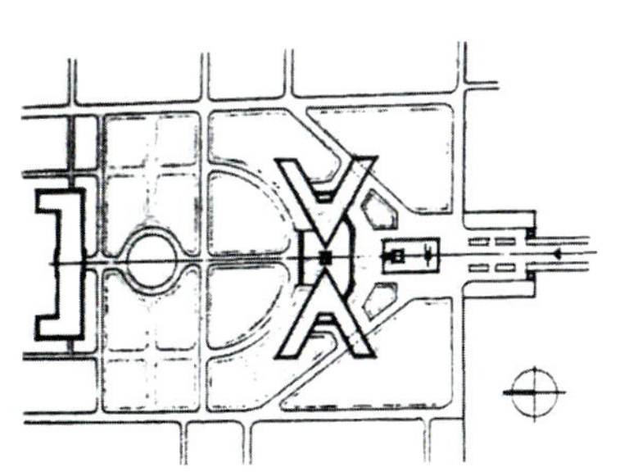

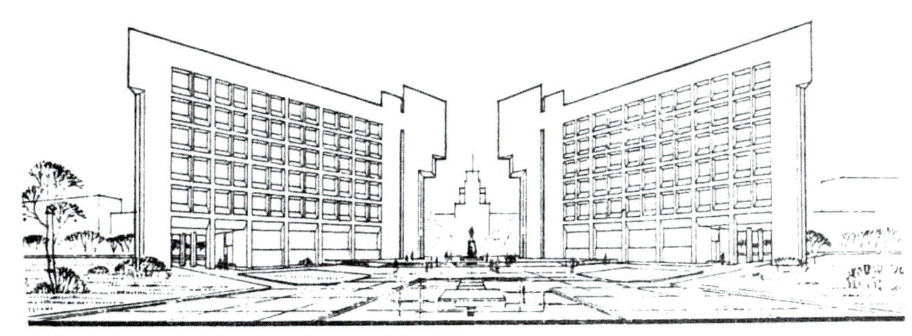

图1-71 西北农业大学校前区透视与总平面（《建筑学报》1991 03 P21 教锦章）

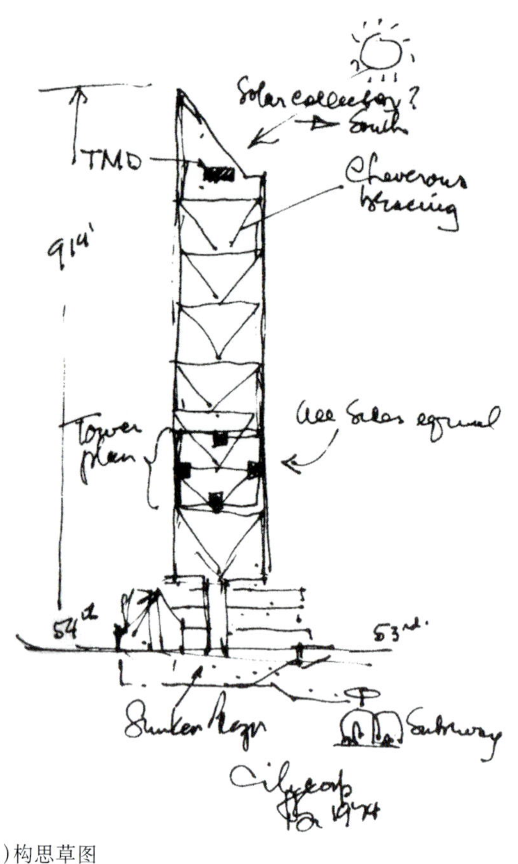

(a)构思草图

(b)外景

图1-72 美国纽约花旗银行塔楼 （《世界建筑》2002 02 P23 史塔宾建筑事务所）

有关规范、法规的规定。总体设计的建筑布局方式一般最常见的就是分散型、集中型和院落型。在有些工程项目中，也可能某一分项采用这种方式，而另一分项采用另一种方式，并非如上之划分，全在于总体布局之需要。

总体设计布局常涉及轴线这一概念，利用轴线进行设计确是方法之一。轴线通常是指一种在城市规划、总体设计或建筑空间组合中起空间结构驾驭作用连接两个点或多个点的线性空间要素，是将平面或立体构成分成两个对称或均衡部分的虚存线，轴线并无实物，虽不可见，却有度量感和方向。如中国明清两代的北京故宫的中轴线也是北京城市中轴线（图1-73），巴黎以东西向贯穿新旧城区的城市中轴线（图1-21）。轴线不仅适用于城市规划、建筑总体布局，也适用于建筑空间构成，在多元形体构成中具有组织形体、引导视线的强烈作用；在总体设计中起引导、组合建筑、组织道路与绿化，是支配和控制全局的重要手段。在运用轴线的方法来组织建筑群时，首先面临的问题是根据环境、建筑空间和用地特点合理地引出轴线。如果轴线引导自然、巧妙，可以建立起一种秩序感或变化。如果轴线构成不合理，或者与环境、建筑空间和用地缺乏良好的呼应关系，那么要想借助这一本身就有缺陷的轴线把众多的建筑结合成为有机的整体，将是十分困难的。轴线可以有一条或一条以上，形成平行轴线，也可以有主轴线和次轴线之分。次轴线又称副轴线。当沿着一条轴线排列建筑可能会显得单调时，可以运用轴线转折的方法，或从主轴线中引出副轴线，并使主要的建筑沿主轴线排列，较次要的建筑沿副轴线排列。副轴线可以与主轴线垂直或倾斜，形成由主次轴与分级的功能中心构成多层次的生长方式。轴线的转折必须有根据，应和用地、环境形成有机的联系。轴线并非一定要“严格对称”，均衡非对称的建筑布局更能促进轴线的生长。其灵活的布局更符合现代建筑自由开放的性格。在有的总图中也有曲轴的形式。若干条轴线交织在一起必须形成一个完整的体系，各条轴线还必须相互连接，并构成一个主副分明、转折适度的完整体系。一条轴线的终止要素可以作为视觉延伸的

图 1－73　北京故宫鸟瞰（《长安街过去，现在，未来》P89 主编　北京市规划委员会、北京市城市规划学会，承编北京市建筑设计院《建筑创作》杂志社，机械工业出版社）

出发点或者接收点。此外，还有无轴线或采用有序、变异的轴线等方式。

由院落构成的美国哈佛大学校园并没有任何明显的轴线，学校也不作总体规划，而是将开放的院落空间视为一种空间传统，确立了 Yard System——连续的院落空间成长为构筑校园的基本体系。每个学院都自律地遵守，从而形成了哈佛大学全体统一、部分略带变化的空间景象（图 1－74）。

图 1－74　由院落构成的美国哈佛大学总平面（《建筑学报》2006 11 P84 张旭红）

19 世纪落成的法国巴黎歌剧院，建筑师运用轴线精心处理建筑物与地形和城市环境之间的关系，使位于三条大道交汇之处的歌剧院成为巴黎城市景观的重要组成部分。剧院布局严谨，规模宏大，奢侈豪华（图 1－75）。

澳大利亚堪培拉国会大厦位于澳大利亚首都堪培拉的首都山顶，设计构思是一个圆内的横向轴线，叠上两条曲线的踏步墙以限定一低塔形剖面。国会山在堪培拉的总体规划中被视为一个人民的场所，比国会建筑更处于主宰地位。其设计是一个巨大的以草覆盖的斜屋顶，向公众开放。在顶部设一支撑在一个不锈钢四脚架上的国旗旗杆。大厦总建筑面积 25 万 m^2，包括众议院、参议院和总理府等。这三个部分各占一方，轴线清晰，建筑物与山坡结合妥当（图 1－76）。

广州大学城华南理工大学的教学区位于广州大学城组团二南部。北部为广东中医药大学和广东药学院教学区及其生活区。华南理工大学教学区基地

图1-75 法国巴黎歌剧院鸟瞰
(《城市设计》P29 王建国)

图1-76 澳大利亚堪培拉国会大厦鸟瞰
(《城市设计》P41 王建国)

图1-77 广州大学城组团二总平面
(南中部为华南理工大学教学区)
(《建筑学报》2005 03 P65 何镜堂 郭卫宏 吴中平 郑少鹏)

北部有两座植被茂盛环境优美的自然山林，规划中较为完整地保护了这两座生态山林，成为整个大学的后花园。教学区以完整的轴线系统，体现人文地域文脉的延续。轴线对于整体规划结构来说，有一种控制性的力量，能体现出庄重、理性的稳定构架，同时也与知识理性的教化功能相协调。规划设计以朝向江面和正南北形成两个方向的轴线，并在中心广场以“知识源泉”为核心，轴线作了巧妙的转折。建筑与外部空间均依托于这条转折的轴线，从而奠定了整体规划环境的基调；校园理性与浪漫山水的结合、庄重科学精神与自由人文精神的结合（图1-77）。

1.4.1 分散型布局

分散型布局是在特定的使用要求与基地条件下把建筑总体包含的各组成部分划分成若干单独的建筑物，根据功能的需要分别布置，各幢之间既有分隔又有联系，使之成为一个完整的组合体系。这种布局的优点是：不同用途建筑之间的干扰少，布置比较灵活，易于保证各组成部分都有良好的朝向、通风、景观及绿化等条件，易于适应比较复杂的地形，且便于分期建造。这种布局方式的主要缺点是占地面积大，用地不够经济，在使用上房屋之间联系距离增

图1−78 古希腊雅典卫城建筑群
（《世界不朽建筑大图典》P44 陕西师范大学出版社）

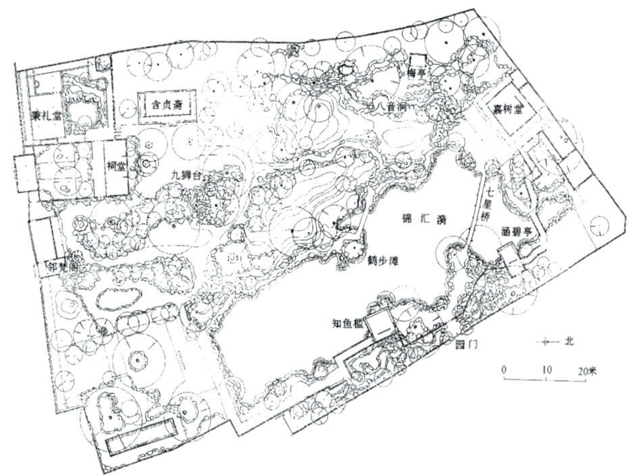

图1−79 江苏无锡寄畅园平面
（《中国建筑史》P195 潘谷西）

加，建筑设备及管道线路增长，公用设施的投资增大。在采取分散式布局时，应防止过分松散，而以布局分散但联系紧凑的空间布局与优美的环境作为设计追求的目标。要注意抓住各类中心的功能特点及主要矛盾，做到既适用又具有鲜明的性格特点。

根据造园景观及使用的需要，在某些建筑中，也常以分散式布置的空间形式出现，以利于创造良好的环境。在设计时，应密切结合周围环境的特点，使周围环境与建筑群体之间形成造型优美、空间开朗、灵活多变、而又统一和谐的效果。

古希腊雅典卫城在建筑史中被认为是建筑群体组合艺术中的一个极为成功的实例。卫城是雅典奴隶主民主政治时期的国家宗教活动中心。每逢节日庆典时，公民列队上山进行祭神活动。卫城建在当时雅典城内一个高70～80m的280m × 130m的陡峭山岗上，地势险要，西面有一通道盘旋而上。游行队伍进入卫城山门后，迎面是一尊高达10m的金光闪闪的持矛执盾雅典保护女神雅典娜的青铜神像，雕像丰富了卫城的景色，并统一了分散布置在周边的建筑群。绕过雕像越走越高，右边是宏伟的帕提农神庙，左边是秀丽的伊瑞克提翁神庙及其女像柱廊。建筑群布置自由，高低错落，主次分明，无论身处其间，或城下仰望都可以看到较为完整与丰富的建筑艺术形象。帕提农神庙位于最高点，体量最大，造型最庄重，其余处于陪衬地位，主次适当（图1−78）。

江苏无锡寄畅园建筑物在总体布局上所占比重很少，而以山水为主，建筑分散布置，再加上树木茂盛，布置得宜，因此园内显得开朗，自然风光浓郁，这是寄畅园的一个特点（图1−79）。

俄罗斯莫斯科电子技术学院采取分散式布局方式，建筑群的构图自由活泼，建筑的功能逻辑体系通过它的空间体形构成得到体现。该学院位于莫斯科卫星城之一新兴的科学城——泽列诺格勒。建筑群所处的地段极为优美，地势由南向北逐渐跌落，面对大型水库的水面，地段的东侧有一片森林。学院的主楼位于上层台地之上，邻近水库的地段则布置了体育设施。整个建筑群由五栋位于不同台地上的二至三层的单体组成。单体之间通过暖廊连接。在位于群体中心的单体内布置了校部、图书馆和大讲堂。阅览室部分比其他部分高出许多。图书馆周围的屋顶上布置了许多采光天窗，从而使位于图书馆墙壁上的纪念性壁画获得了良好的照明效果。主楼的入口处

图1-80 俄罗斯莫斯科电子技术学院全景
（《20世纪世界建筑精品集锦》7卷 P150 ю·л·格涅多夫斯基 建筑师и·波克罗夫斯基（主持人）Ф·诺维科夫，г·萨耶维奇）

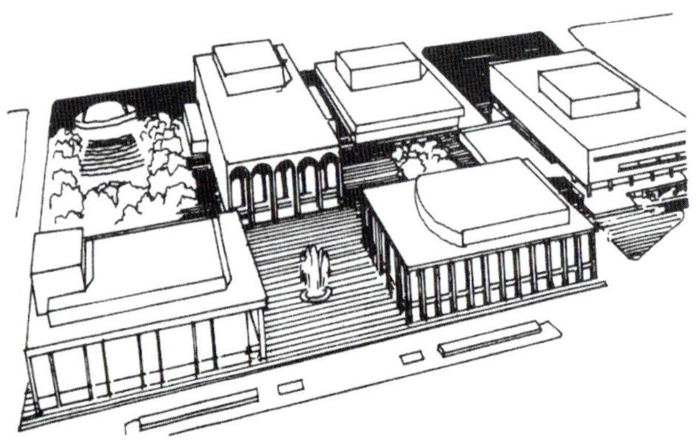

(a)鸟瞰

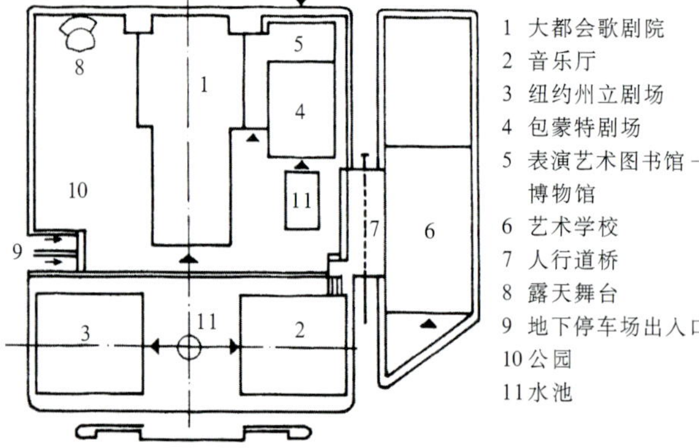

(b)总平面

图1-81 美国纽约林肯表演艺术中心
（《建筑设计资料集》第二版4 P109 成城等）

理成独特的门廊形象。在构成门廊的两个大型板式支柱之间，布置了自鸣钟。这个处理，使建筑获得了令人难忘的形象。构图的主要色调为红色，并与某些白色构件和门窗上的铝合金取得协调（图1-80）。

美国纽约林肯表演艺术中心，虽然地处纽约市区，但由于不同的功能要求，总体设计采用分散式布局。林肯中心设置了州立剧场、大都会歌剧院、音乐厅以及有关表演艺术的图书馆、博物馆、专业学校等。各建筑有的直接用于演出，有的则是为演出服务或培养演出人才的建筑。各建筑既有相对的独立性，又有某些内在的功能关系，形成互相联系的中心，以满足各种不同表演的要求。其建筑风格适应分散式布局的条件也既有各自的特点，又互相呼应(图1-81)。

美国纽约州康奈尔大学艾丽丝·H·库克楼，是一组新的学生宿舍，建筑面积6019m^2，场地的最关键特性是视线与人的行走路径。贯穿校区的步行道路网络以居住建筑典型的室外空间和楼前的草坪为结束，总图建筑群的组织是错落的，以对校区以西的主要景观作出回应。虽然第一眼看上去像是一组支离破碎的建筑，但实际上它是对现状的新哥特式学院建筑与无序的周边自然景观的一种乐观主义的融合。在这里，对建筑起主导作用的因素是尺度而不是风格。学生活动室和餐厅做成凸出在复栋建筑前草坪上的玻璃盒子。虽然玻璃通透的立面对校园景观起到虚化作用，但屋顶的天光却是一个积极的活跃因素。它一方面引入了过去的校园建筑，另一方面又引入了校园西侧的那种超越了时代的自然风景（图1-82）。

在居住建筑中，由于住宅与住宅之间一般没有功能上的联系，所以在群体组合中不存在彼此间的功能关系处理，往往与组团或小区中的公共建筑，如会所、文化教育设施、园林绿化小品等形成分散式布局的居住建筑组群。分散布置的居住建筑一般有行列式、点群式、围合式等基本类型。在一个大的项目

(a)外观

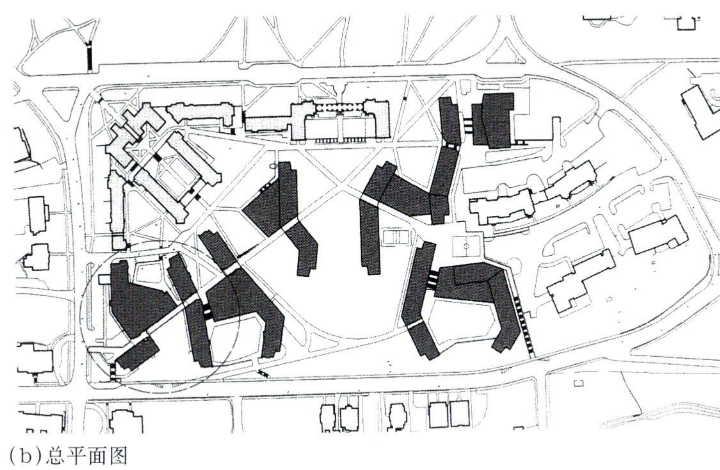

(b)总平面图

图1-82 美国纽约州绮色佳康奈尔大学艾丽丝·H·库克楼
(《世界建筑》2005 04 P33 基朗与蒂伯雷克事务所（KTA))

中，有时既有行列式，又有点群式或其他布局形式。在公共建筑布局中也不乏这些形式。

1.行列式布局

行列式是一种传统形式的建筑总体布局方式，条形建筑物互相平行，按一定朝向和间距成排布置，像板式单元住宅或联排式住宅布局。或者采用长短不同，高低不同，或将几个行列组成一个“邻里院落”等手法，使其空间有更多变化，从而尽可能为每户提供足够的私密性保护，避免单调、呆板感，虽为行列式，却有院落的优点。这种布局绝大多数建筑有良好的朝向，有利于争取日照、采光及通风条件，便于规划道路、管网。但这种方式如间距较近时会有视觉干扰。与行列式面对面的建筑布局同样重要的是每个单元的开窗方式，凸窗、阳台、露台、楼梯平台、户外台阶、门廊的位置，以及它们的尺度是否合适，它们之间有着怎样的空间组织，既能使各户间充分隔离，又在保留私密性与寻求邻里交往之间达到平衡是一个值得探讨的问题。

陕西西安群贤庄小区为了保证良好的日照和自然通风条件，三个住宅组团全部住宅为南北方向，形成行列式布局。为了避免这种布局容易造成的兵营式单调空间形态，在南北向主干道两侧的住宅楼采取跌落式，以增加空间变化；将单元差错组合，在顶层增加跃层建筑，以丰富建筑轮廓线；住宅楼间的道路呈曲线状处理，并以绿化穿插，造成了在布局紧凑情况下，建筑疏密有致，空间景观丰富（图1-83)。

2.围合式布局

住宅沿基地或街坊道路周边布置的方式为围合式，也称周边式布局。在20世纪的城市规划中，要求住宅更为开敞和有更多的阳光，曾导致传统的围合式街区布局被废弃不用，也导致失去封闭而安静的内部庭院。现代围合式布局比传统的围合式布局开敞，有宽敞的绿地和舒展的空间，内部较安静，日照、通风和视觉环境相对较好，围合布置虽非四边，但仍有部分建筑朝向、通风较差，尤应注意避免转角处的住户视线相互干扰。

(a)小区环境

(b)小区总平面

图1-83　西安群贤庄小区（《建筑学报》2003　01　P38-39　张锦秋　张昱昱）

(a)一号地块规划结构

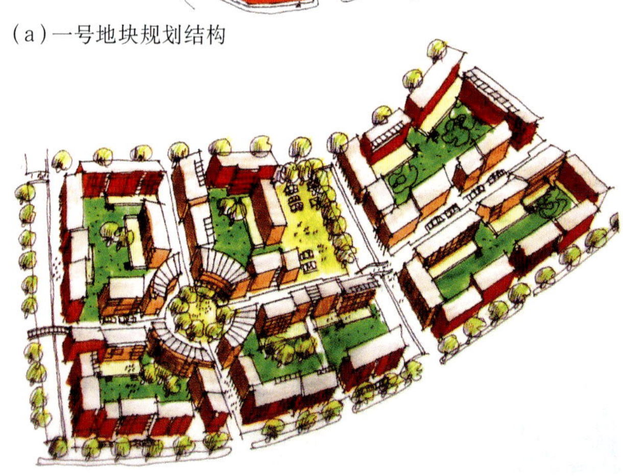
(b)二号地块规划鸟瞰

图1-84　上海安亭新镇（《建筑学报》2005　06　P77　蒲宏涛）

作为上海国际汽车城的核心居住区“德国小镇”——安亭新镇采用的周边布局方式是一种历史悠久的经典德国城市住宅布局方式。但气候原因和上海人对南北向住宅近乎偏执的倾向，使设计中采用了加长街坊中南北边长度而压缩东西边，变方形街区为矩形街区的手法。同时，由于采用了许多向东西方向开通的接口，大部分楼房仍实现了南北向朝向的要求。图为一号地块规划结构和二号地块规划鸟瞰（图1-84）。

3.点群式布局

低层独院式住宅、多层点式住宅或高层塔式住宅的布局都组成点群式布局，是现代城市住宅小区或组团采取较多的布局形式。点式住宅成组团式围绕组团中心建筑、公共绿地或水面有规律或自由地布置，可以形成院落和丰富的群体空间，形态富于变化。这种方式便于结合地形，尤其在山区城市便于灵活布置，构成灵活、开放、有情趣、有意境的场所。但如布局过分复杂分散，则会显得无序，也是不可取的。这种方式在寒冷地区，由于外墙较多，不利于节能。

重庆水晶郦城一组团采取点群式布局方式。设计充分利用丰富的自然起伏地形，这一独具魅力的景观资源，将富于变化的地形纳入规划，让建筑主体更好地展示宽敞、自然的主题，将人工构筑物与自然环境协调。“大视野、大尺度、大自然”采用塔楼为点群式布局创造开放的外部环境。室外空地开阔，有良好的通风与全新的景观视野，更因为建筑本身的纯粹形成有魅力的城市景观（图1-85）。

图1-85 重庆水晶郦城设计鸟瞰
（《建筑学报》2005　04　P53 ［日］桑原义彦　中本俊也）

图1-86 海南琼海博鳌BFA索菲特酒店及会议中心总平面
（《第四届建筑创作奖精选》P74　杜松　张宇）

1.4.2 集中型布局

集中式布局是把建筑的几个不同组成部分或几种不同功能的部分组合成一幢建筑，或者把不同形体围绕占主导地位的中央母体布置而构成。建筑物的平面与空间组合都比较复杂，但却是一种十分紧凑的组合方式，是大中型公共建筑总体布局较多采用的形式。

这种布局的优点是节约用地，节约管道线路以及产生的能耗，节约公共设施投资，能充分发挥某些黄金地段用地的效益，辅助面积少，内部各部分之间联系方便，缩短了交通联系距离，容易形成较大的建筑体量，建筑形象丰富。这种布局的缺点是各功能部分的区位选择以及朝向、通风、景观的设计有一定局限，如处理不当，相互之间可能产生一定的干扰。

集中式布局的处理方法很多，可采取在垂直方向按不同功能分层布置的方式，或把建筑物各不相同的部分布置在几个块体中，组合成一幢体形较复杂、或者不同层数的建筑。医院建筑将门诊、医技、住院按下、中、上的顺序重叠在一起，形成一栋大型医疗建筑综合体，以适应现代大型城市医院规模大、用地紧，而且强调高效紧凑的需要。这种"一栋式"的医院模式，在一栋楼内几乎包容了医院的所有科室和部门，功能关系极为紧凑，各部门之间全部为内部联系，流线极为短捷，省时增效，节约用地和管线。大量建造的商住楼或综合楼，底层或下面几层为商店，上部为公寓、住宅或写字楼，入口分别设置，满足不同性质组成部分的使用要求，减少相互干扰。

海南琼海博鳌BFA索菲特酒店及会议中心建筑群整体呈集中式布局形式，构图呈圆形。圆心处为圆形体量3层的亚洲论坛会议中心，局部6层的酒店在会议中心北侧呈扇形围合，两者间距90m布置一层的后勤、娱乐、商业用房。酒店主入口设在建筑群体北侧，会议中心主入口在群体南侧接岛内主干道，形成南北方向主轴线。北部酒店区结合建筑布局创造出多种格调的室内外休闲空间，为客人提供惬意的室内外环境；南部会议中心区营造开放、庄重、严谨中不失活泼的外部空间环境；在中部景观区设计了绿岛环绕的万泉广场成半私密性空间。不同标高、不同形态、不同使用性质的立体绿化空间环境，达到南北空间环境的联系和分割。这种空间布局也形成了从南到北随着建筑功能性质的变化，由开放性、半私密性到私密性逐步递进的室内外空间环境（图1-86）。

加拿大多伦多市政厅是两个弧形的高层办公楼：东边是高20层的市政府，西边是高27层的大都市行政部门。其环绕中央的圆形大会议厅所组成的建筑群，居于一个长方形的台座上，并形成一个优雅的广场。在台座下面布置了各类服务用房和可停2350辆车的车库，构成了一个完整的空间体系，表现了20

世纪中叶新野性主义的趋向。建筑物的集中构图和连拱廊的公共空间，给予多伦多一处城市场所。它的吸引力有如罗马的圣彼得广场（图1–87）。

陕西历史博物馆是一座国家级大型博物馆，馆区建筑面积45800m²，文物收藏设计容量30万件，接待观众容量4000人次／日，1991年建成。博物馆馆址距大雁塔约500m，用地104亩，地块方整，四周有城市道路，交通方便。不利之处是用地略感局促，发展余地不大，缺少公共广场和公用绿地。根据上述场地条件及现代博物馆的功能要求，建筑物采取了相对集中的布局：文物库、陈列厅、公共服务设施、行政用房、业务用房都集中在主馆，设备用房也大都集中在主馆内，从而最大限度地争取了绿化面积，使主馆处于绿化之中。观众主要入口面南，临主干道小寨东路，距红线50m。门前设有绿化广场和预留地下车库位置。观众次入口面东次干道。工作人员入口面北，距大街红线后退30m。文物及库运出入口在场地西北角之西门。主馆位置略向东偏，使西侧留有70m宽的绿地以供远期发展扩建之用。博物馆按照基本功能分为前后两大部分，前区是对观众开放，直接为观众服务的区域；后部是收藏文物及工作人员工作场所，前区对公众开放的设施围绕主庭布置，以空廊相连。考虑到博物馆不仅成为一个纯功能的展览房屋，同时还要使这里成为一个市民和游客喜见乐闻的文化休息场所，所以采取了室内外空间穿插结合的布局。全馆组织了七个大小不同的内院。其中三个是半开敞式庭院，四个是被展庭环绕的封闭式小院。考虑到陕西历史上鼎盛时期为唐代，而盛唐建筑博大恢宏，开放的气质与当代中国的时代精神一脉相承，故建筑融入了浓郁的唐风。设计以轴线对称，主从有序，中央殿堂，四隅崇楼的构成模式，反映了中国古代宫殿的空间布局和造型特征，用以象征历史文化的殿堂。通过传统布局与现代功能的结合，传统审美意识与现代审美观念相结合，传统造型规律与现代的建筑技术手段相结合，塑造出一组唐风浓郁而又简洁、明快，具有时代气息的城市标志性建筑（图1–88）。

图1–87 加拿大多伦多从小菲利普斯广场看市政厅（《20世纪世界建筑精品集锦》1卷 P152 R·英格索尔 建筑师V·雷霍尔和J·B·帕金事务所）

日本神户市民医院为“一栋式”医院模式。该医院地下层根据需要突破了地面层的外框线以拓展面积，布置医辅和相关设备用房；地面层布置急诊和营养厨房、药剂、中心供应、中心库房等保障部门；第二层布置门诊并与城市高架列车停靠站的站台标高衔接，方便入院就诊病人；三至四层为医技，第四层将手术、ICO、人工透析、分娩洁净病房等要求较高的科室集中同层布置，便于配合联系，一些公用设施可统筹考虑；第五层设38床传染病房和发展预留，一定程度上解决了难于发展的问题，也开创了集中式医院在楼层设置传染病房的先例，对非烈性的一般传染病只要加强管理，区分路线，看来也是可行的。下部的门诊医技部分基本上是方形板块式平面，便于灵活划分。高层住院部分四面中部凹口内收，形成4个护理单元，采光通风良好（图1–89）。

(a)鸟瞰

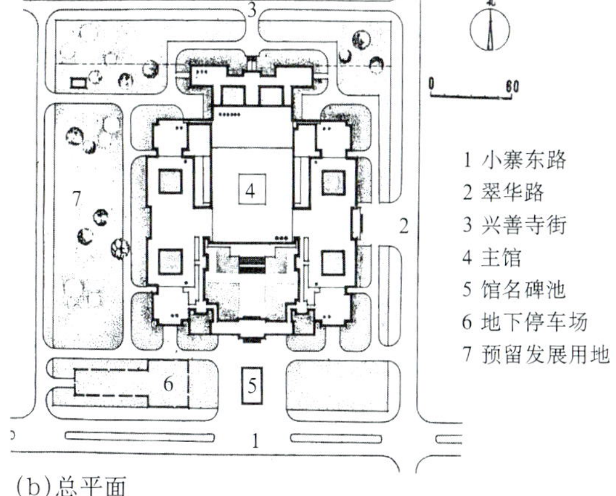

(b)总平面

图1-88 陕西历史博物馆（《建筑学报》1991 09 P19 张锦秋）

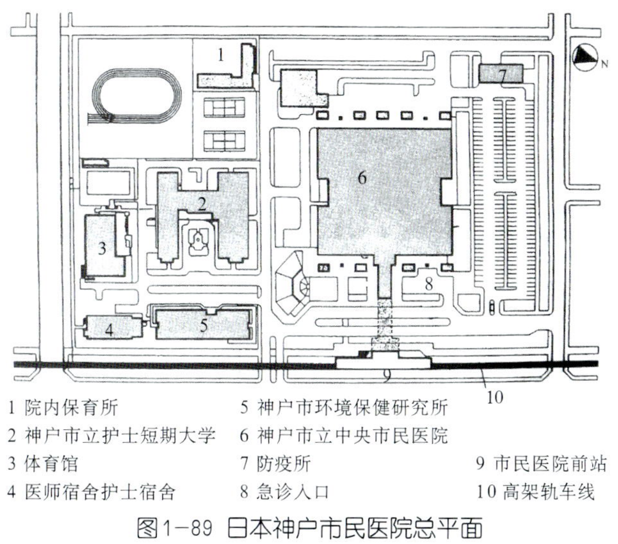

图1-89 日本神户市民医院总平面
（《现代医院建筑设计》P34 罗运湖）

1.4.3 院落型布局

院落型是以庭院为中心，四周由建筑围合成一座院落或多重院落的布局形式。院落的庭院是与天地相连通，无顶的共享空间，是我国建筑的传统布局方式，历千年而不衰。院落式空间内敛、私密、不耗散的空间秩序，可“小中见大，别有洞天”，增加了建筑的层次感与趣味感，使建筑空间与院落空间互相融合。院落型布局有封闭式、开放式、单院式和复院式等多种布局方式。对于规模比较大的现代建筑，平面关系既要求适当展开，又要求联系紧凑的建筑群。由于分散布置或集中布置都不能满足建筑功能和空间艺术的要求，往往采用内外空间相融合的院落型的布置方式。院落可以保证自己的独立性，而若干院落重重相连又保证了建筑群内部紧密地联系。院落可以四面围合，也可以部分面围合。院落可大可小，较小的院落称为天井，基底位置可高可低，除可沿纵向发展多进院落外，也可以在横向布置院落。在地形变化比较大的基地还可以充分利用院落大小的变化，使建筑布局与变化的地形做到充分吻合。这样，不仅能够满足功能和工程技术要求，而且变化的空间布局构图，增加了建筑艺术的感染力。这种布局方式院落内部环境安静舒适，而较少受外界干扰。较小的院落或天井由于房屋周围空间比院落或天井升降温快，白天有出门风，夜晚有进门风，自然通风良好，节约能耗。庭院绿化使自然景色和主体建筑的互相陪衬。院落式布局由于周边建筑两个方向排列，常只能保证一部分主要建筑具有良好的朝向，为其不足之处。

开放式院落型布局多由若干栋建筑从2～3面围合而成，院落的转角处通常也是敞开的。因此，院落内外部空间仍然保持连续，这与我国传统的转角型四合院有着本质的不同。小尺度的院落型空间由于形态特性和地位都比较近似，它们会如细胞般的进行反复，相互之间或者单纯并列，或者采用交错的方式进行组合，形成均质的空间组群。

我国传统建筑四合院民居是最典型的院落式布局形式，平面大致对称布局，但大门依风水之说，一般不在中轴线上，即路北住宅大门开在东南隅八卦的“巽”位，路南住宅开在西北隅“乾”位。入门有影壁，由此进入前院，院南为倒座，常作客房、书斋、佣房或杂用房，院北二门为垂花门，内有大庭院及正

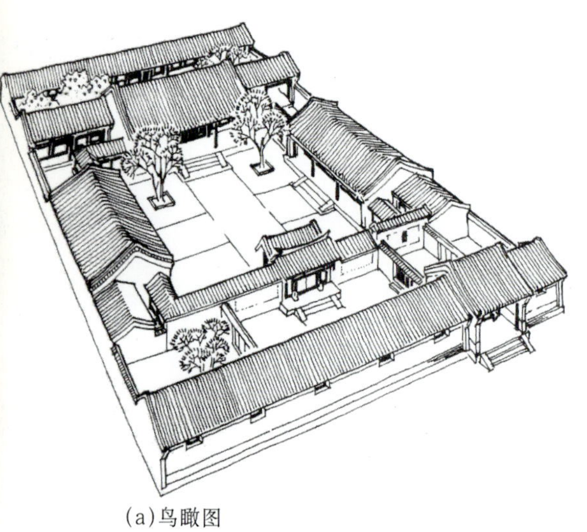
(a)鸟瞰图

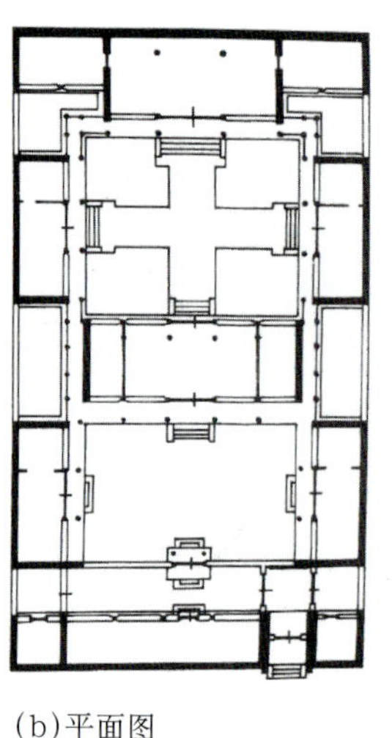
(b)平面图

(c)后海西街某宅的垂花门

图1-90 北京四合院民居(《中国古代建筑史》第二版P319 刘敦桢;《中国美术全集》建筑艺术编5民居建筑P2 陆元鼎 杨谷生)

(a)鸟瞰

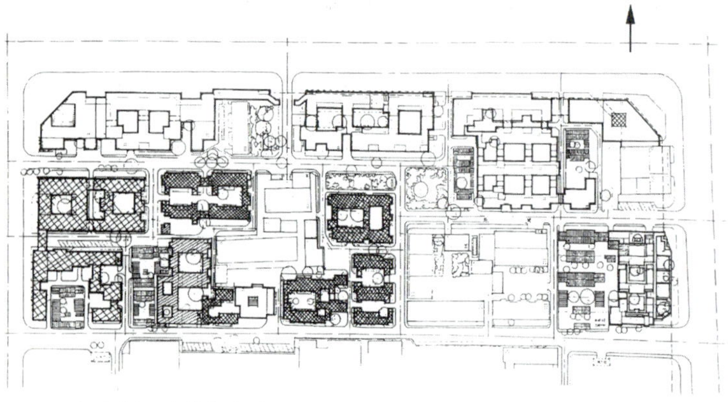

(b)新四合院住宅总平面

图1-91 北京菊儿胡同新四合院住宅
(《20世纪世界建筑精品集锦》9卷 P198-199 关肇邺 吴耀东 建筑师吴良镛等)

房、厢房、为主人所居。再后又设小院，建后罩房一排，置厨厕及杂屋等。建筑外观以围墙封闭，一般不对外开窗。院内栽植花木、盆景，居住环境清幽安适。古代公共建筑如寺庙、衙府等无不是这种布局方式的衍生（图1-90)。

北京菊儿胡同新四合院住宅是以楼房四合院标准院落为基础，根据地段条件以及保护原有树木等因素，将标准庭院发展为较为灵活的不规则形态的院落，并以里弄体系作为院落之间交通联系的通道。新四合院住宅与保留的原有质量较好的平房四合院构成有机的整体，是探索具有中国传统四合院建筑特色的现代住宅重要作品（图1-91)。

北京香山饭店建于香山公园内，环境优美。运用了中国传统院落空间的意境，总体布局采取中国传统院落与庭园的方式，但又不拘泥于固有的格式，而有所创新与突破，建筑与环境巧妙结合，建筑与庭院相互衬托，随地形而变化，充分利用了地势。建筑群与香山风景区景色及其本身的室内、外空间都融为一体，形成具有特色的观赏效果。建筑的空间构图，园林绿化配置，材料、装饰、色彩的选用，直到家具、陈设、铺挂的设计，均统一在一个艺术构思之中，手法简洁、朴实、统一，创造出高洁淡雅、宁静朴素的气氛。在探索运用中国传统建筑形式与现代化旅馆相结合方面，有新的进展，形成独特的风格（图1-92)。

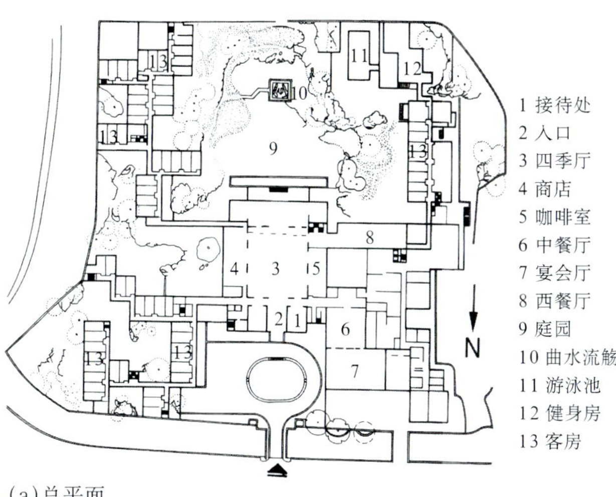

(a)总平面

(b)庭园

图1-92　北京香山饭店　（《20世纪世界建筑精品集锦》9卷　P138-139　关肇邺　吴耀东　建筑师贝聿铭）

北京大学的前身，1920年成立的燕京大学，1921年以早年的淑春园故址为中心兴建校舍，在美国建筑师亨利·墨菲（Henry Kulam Murphy）1930年规划中，最大限度地保护了原有水面和自然植被，将中国宫殿式建筑融入其中，形成如今风景如画的校园。学校总体布局由主、次两条轴线控制，吸取中国园林处理手法，注意结合自然地形，在东西向的主轴线上中间一脉丘陵划分了西部严整的教学区与东部环湖风景区，校内所有建筑物，虽然功能要求不同，但一律采用中国传统的三合院式成组设计（图1-93）。

院落空间的宽度加大，并且在纵向上延伸后，就形成了美国一些大学中有名的“Mall”式空间——中央为长方形草坪，空间较为对称，轴线感明确，往往成为学校的主空间。美国赖斯大学校园，就是这种空间模式。它的中心区从空间构成、空间尺度，到景观绿化等都比较统一，开放空间始终保持着连贯的特性，形成了一体化的领域（图1-94）。

法国巴黎国家图书馆是一个看上去带有极简主义色彩的理性建筑。建筑师将它作为一个空间植入城市结构，在从城市特殊场所中切分出来的底座中央塑造了一个不能进入的封闭的下沉式花园，四周由建筑围合，位于四个角的仿佛是翻开来让人阅读的课本式的塔楼，以清晰的几何形状限定了一个空间。中央的花园是公共设施的中心，却不对外开放，宛如一片原始森林，将自然还给大地（图1-95）。

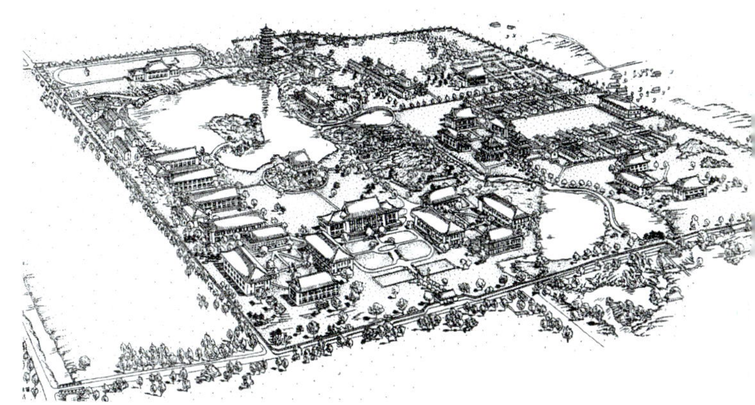

图1-93　燕京大学1930年规划鸟瞰示意
（《建筑学报》2006　11　P80　张旭红）

图1-94　美国赖斯大学校园鸟瞰
（《建筑学报》2006　11　P83　张旭红摘自赖斯大学2001年网页）

(a)模型

(b)鸟瞰

图1-95 法国巴黎国家图书馆
(《20世纪世界建筑精品集锦》4卷 P265-266 V·M兰普尼亚尼 建筑师D·佩罗)

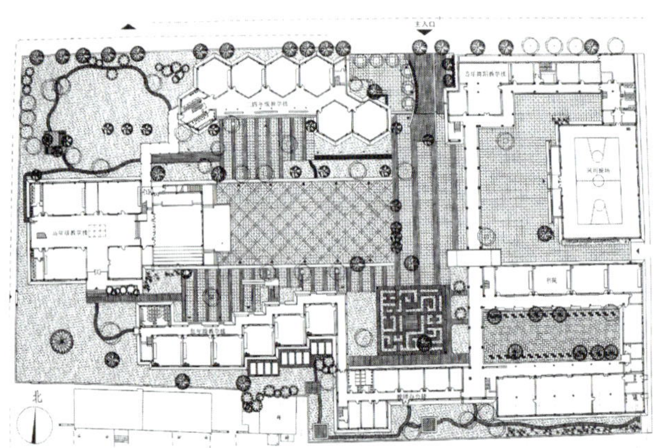
(a)总平面

(b)校舍外观之一

图1-96 北京清华大学附小
(《建筑学报》2006 09 P41 设计人：王丽方 马学聪 陈伟)

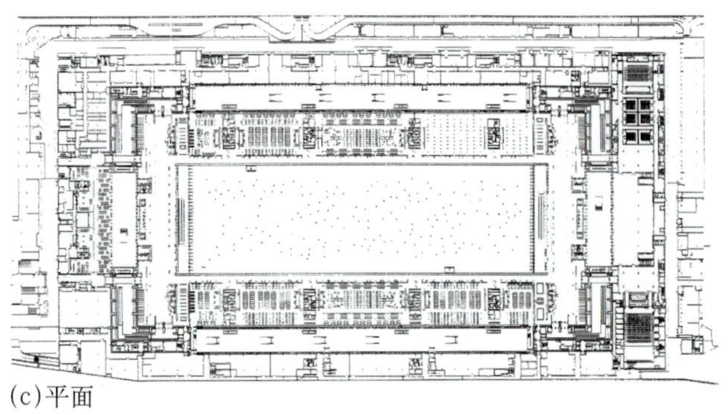
(c)平面

北京清华大学附小校舍总平面设计中，作者主要是把校园空间的丰富变化作为追求的目标，建筑和外部空间设计同时推进。首先将六座教学楼：三栋不同年级的教学楼，音乐舞蹈体育楼，书院和教师办公楼在用地之中围合成各种院落场地，其间加入三条柱廊相连。教学楼是实体，柱廊是透空的虚体，校园空间因而被实体和虚体划分、围合、穿通、连接。构成的室外空间有实有虚，形成了比较多变的环境格局，使设计获得与众不同的布局，取得独特的艺术效果（图1-96）。

日本熊本县营保田洼第一居住区规划与以往集合住宅区最大的不同在于，这120户住宅围绕着中心庭院布置，即院落式规划。其中内侧西庭31户，北侧30户，东侧49户，南侧是社区活动室。于是，庭院由西、东、北栋住宅楼，外加社区活动室围合成完整的纵长梯形庭院。庭院对外封闭。之所以封闭，建筑师认为这个庭院首先要归属于住在其中的人。庭院只在社区活动室的旁边提供了对外出入口。这个出入口关闭和开放的时间完全由住在其中的人们决定。庭院对其中的住宅则是开放的，所以各住户的起居空间对庭院则尽可能开放，大多设置有开敞的阳台等（图1-97）。

台湾台中市的东海大学校园规划沿着一条人行林荫道轴线，将几个院落组群结合在一起。这种方式明确而简练地取得了中国古典主义的感觉：每个学院都有自己的院落，由入口大门、走廊、院子和教堂、办公室组成。分区结构原则和传统材料，如红砖和白抹灰墙，木质和混凝土构架，灰屋瓦和卵石铺地，以传统的特性结合在一个既是现代化的空间，又是独特的校园风格之中，路思义教堂审慎地被放置在校园的中心（图1-98）。

(a)居住区庭院景观

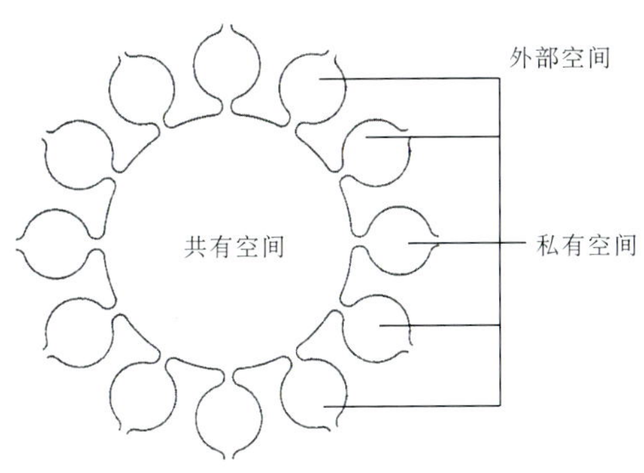

(b)构思图式

图 1-97　日本熊本县营保田洼第一居住区　(《世界建筑》2001　12　P35　山本理显)

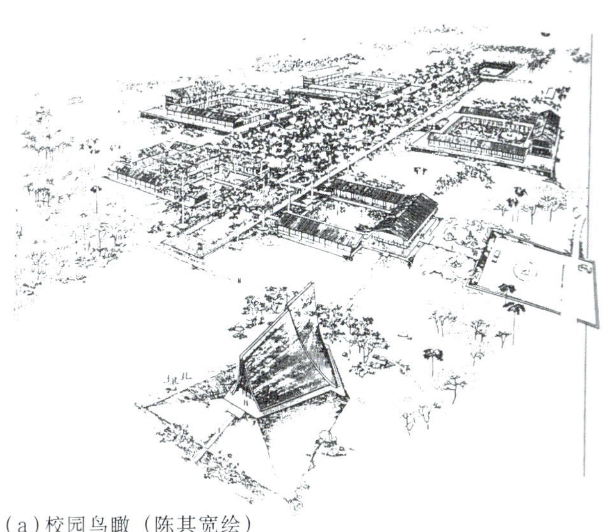

(a)校园鸟瞰（陈其宽绘）

(b)路思义教堂

图 1-98　台湾台中市东海大学

(《20 世纪世界建筑精品集锦》9 卷　P106　关肇邺　吴耀东　建筑师贝聿铭　陈其宽　张肇康　Z·G·林摄影)

瑞士蒙塔格诺拉的科利诺·德奥罗学校是一个为三个社区服务的中学，它采用一种庭院式的长方形构图。学校的大门面向城市新的三角形广场。学校的体育馆埋入地下一层，从而在三楼上可以超过其屋顶平台看到景色。该屋顶平台则是学校中另一个运动场所。大楼的底层里包含了会议厅等一些公共空间。10座正方形的教室围绕着学校的服务部门相互连接在一起。它们的外面都用贴面板加以装饰。精心控制的比例使它既有20世纪的直线形窗户又有意大利府邸的古典传统。合理的设计和优美的细部把这座普通建筑的品质提高到了非凡的水平(图 1-99)。

上海鲁迅纪念馆新馆设计由三组庭园式建筑自然而有机的交错围合而成。第一庭园为入口庭园，是进入馆内大厅的过渡，既为保留建筑让出空间，又让新建筑有前庭前景，还可以从精神上培养、激发参观者的感情。第二庭园是“百草园”。这是在环境上，为创造鲁迅在绍兴家乡氛围的一种填铺，也是生动的注解，而且也作为新建筑与保留建筑间的空间对话与自然分割。第三庭园是在二层建筑“口”字形围合中的一方天地。它使陈展空间从室内延伸到室外，让展示与休息流动。这三组庭园不但创造了环境，组合了建筑，而且也使建筑由大分解为小，又达到了让小环境交融在大环境之中。远观，平淡建筑掩映在一片绿色之中，错落有序。近观，建筑平淡中显精神。图为庭园式建筑纪念馆内院之一（图 1-100)。

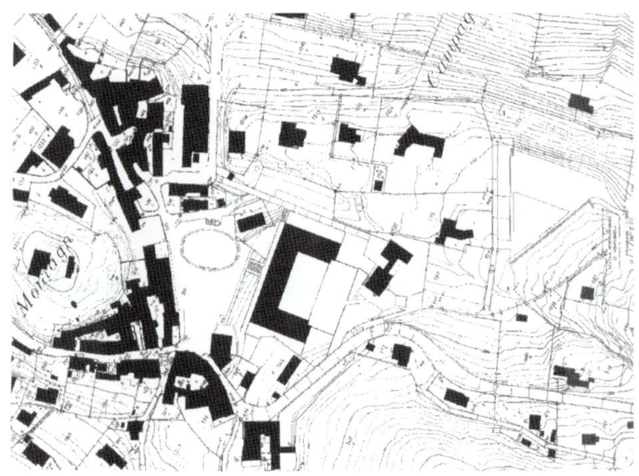

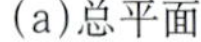

(a)总平面

(b)学校全景

图1-99 瑞士蒙塔格诺拉的科利诺·奥得罗中学

(《20 世纪世界建筑精品集锦》3 卷 P208-209 W·王 H·库索利 建筑师L·瓦基尼)

(a)内院空间互借

(b)总平面

1 百草园
2 入口
3 虹口公园

图1-100 上海鲁迅纪念馆新馆

(《建筑学报》2001 08 P26 邢同和 周红)

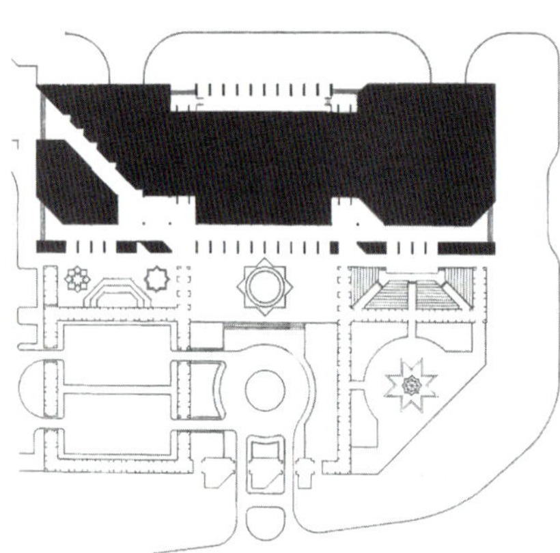

(a)总平面

图1-101 阿拉伯联合酋长国阿布扎比国家图书馆与文化中心

(《20 世纪世界建筑精品集锦》5 卷 156-157 H-U·汗 建筑师协和事务所（TAC))

(b)庭院

阿拉伯联合酋长国的国家图书馆与文化中心，与历史性古老宫殿同在一个街区内，对面是大清真寺，用地周围设保安围墙，内部有若干由拱廊围绕的绿化庭院。每个庭院有其专门用途：或是礼仪入口、或作荫下停车、露天剧院或儿童游戏场，那些应用在廊道、铺装图案、青铜装饰以及植物上的共同语言将这一设计紧紧结成一个整体。主入口设在扎伊德三世街，面对清真寺，其他方向亦有入口。建筑的前、后方都有柱廊，作为内、外空间的过渡。图书馆、讲堂和会堂等布置在三层楼的展览厅四周，图书馆布置在西南方的楼上，藏书68万册，还留有扩充余地。讲堂可独立使用，也可与图书馆合用。管理部门、阅览室、讨论教室也都设在楼上。东北面是1100座的会堂。立面多为空白实墙，窗孔很小，在用大面积玻璃的地方都设深远的柱廊，用以蔽日。基本面材是光面混凝土，木材用柚木，室外扶手、停车廊和门窗框均用古铜色铝材。这一建筑群在酷热气候应战中以现代派语言成功地获得了建筑意匠的表现（图1-101)。

1.5 山地建筑处理

地球表面有71%的面积被海洋所覆盖，在剩下的陆地面积中，平原约占33%，山地占将近70%。我国山地包括丘陵和高原约占国土面积的2/3，是一个丘陵、盆地、高原、高山较多的国家，有一部分城镇和民居就是建设在这样的地段。我国的重庆、香港等城市都处于典型的山地。国外有一些城市如美国的旧金山等也处于山地（图1−102）。即使在平原地区或滨河滨海地带，难免也有地形高低变化大的局部地区。山地建筑不仅具有很高的使用价值，而且还有明显的景观价值。四川盆地背山面水的民居，融于自然；雄踞山顶的西藏布达拉宫，威严庄重；端庄秀丽的颐和园万寿山佛香阁，统领全园。在总体设计时结合地形起伏的变化，充分利用山地地形的特点，特别是利用地形的起伏带来的特殊条件，发挥山地建筑固有的优势，减少对原始地貌、自然生态的破坏，不占或少占良田好土，减少土石方工程量，节省建设投资，其总体布局对于可持续发展具有重要意义。为了叙述的方便，本书所称的山地包括上述丘陵和高原地形起伏变化大的地区，也适用于平原或滨水地带地形起伏变化大的建筑用地。

1.5.1 山地特征

山地的自然特征主要表现在地形、地质及气候等方面。

山地的地形特征主要以等高线和坡度表示。高度的差异用地形等高线表示。通过由等高线形成的地形图，可以判断基本地貌形状、地形变化的大小以及地形不同位置的特征，如平地、缓坡、绝壁、山顶、谷地等（图1−103）。各国的地形图选用的特定零点计算高程称绝对高程或海拔。我国地图等高线是以黄海青岛平均海平面作零点高程，以米为单位计。工程图上假定的水准点高程，称相对高程。地形的坡度

(a)美国旧金山远景

(b)重庆市区远景

(c)香港城市远景

图1−102 山城城市：重庆、香港、美国旧金山远景

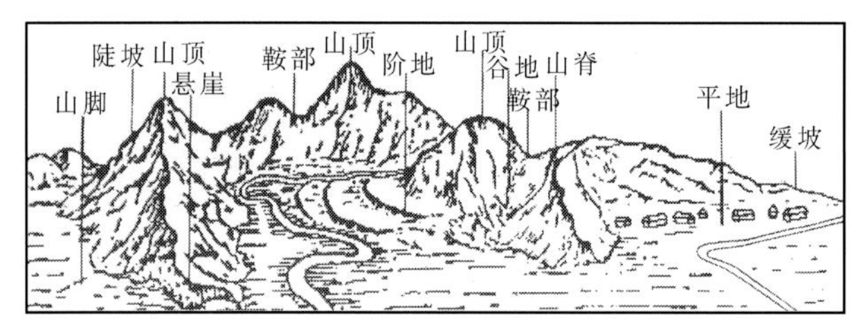

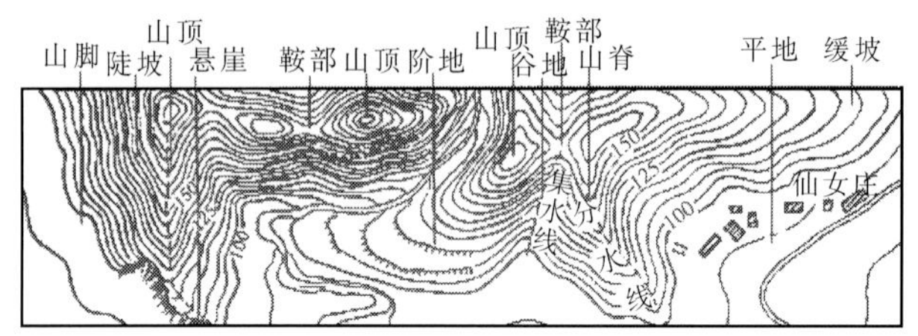

图1-103 等高线表示的地形图

(《测量学》P125　潘延玲主编　中国建材工业出版社)

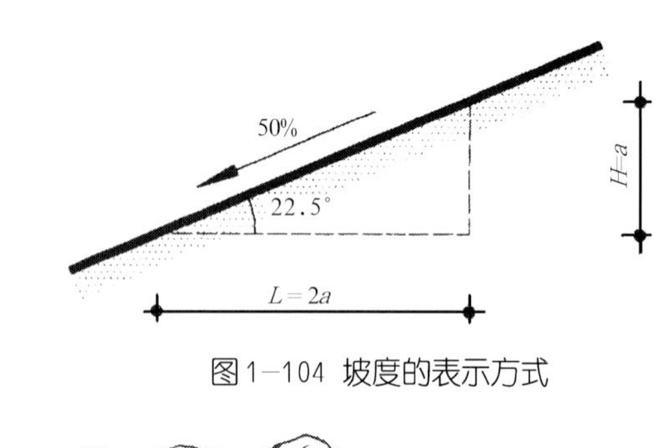

图1-104 坡度的表示方式

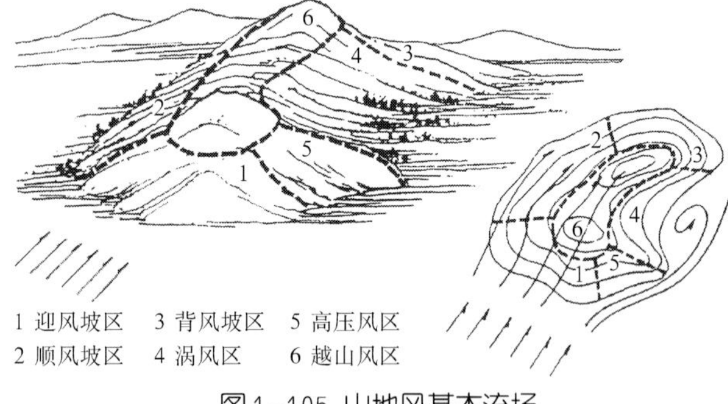

图1-105 山地风基本流场

(《山地建筑设计》P65 卢济威　王海松)

在工程设计中多采用百分比表示：坡度（%）＝地表两点间垂直高差／水平距离x%。此外也有用倾斜角，即任意两点连线与水平面的夹角度数表示（图1-104）。起伏的地形不仅创造了环境的特色，相对地扩大了地表面积，更在于形成高、低、阴、阳、干、湿的不同生态环境，适应于生物多样性的要求。

山地的工程地质好坏，直接影响建筑的布局。山地地形起伏多变，地质复杂，在选择建设用地时，要认真进行勘查，并以用地及周围有关地段的工程地质报告作为设计依据，防止地质灾害，确保建筑的使用安全。冲沟、断层、滑坡、崩塌、湿陷、岩溶和人工采空区等不良地质现象将直接影响工程建设的安全、质量与投资，一般不得建设。在地震区进行建设时，要满足抗震设防的要求。如果随意布置建筑物，不仅建筑物极易发生不同程度的裂缝、沉陷或滑动，危害建筑物的安全使用，甚至会全部破坏，造成严重的伤亡事故和经济损失。此外，水文、植被对建筑的布局也至关重要，认真研究有关水文资料，在地表径流引发山洪和地下径流导致的滑坡地段不能布置建筑。

在山区，气候的变化一方面体现了一定地理纬度的大气候特征，另一方面由于地形的变化，会使气流改变方向，产生局部地方风，表现不同区域的小气候特征。大气候不同风向区建筑的布置：在迎风坡区，风向垂直等高线有利于风的扩散，建筑宜平行或斜交等高线布置。在顺风坡区，风向平行等高线，建筑宜斜交或垂直等高线布置。在背风坡区，由于可能产生绕风和窝风，不利于风的扩散，要加强建筑自身的通风组织。在山口地区往往形成山垭风，由于风压作用，风速加大，建筑的布置方式以及是否适于建设都要慎重考虑（图1-105）。

1.5.2　适应山地的建筑处理

由于山地环境的特殊性，山地建筑的布局与平原环境建筑表现出明显的差异。首先应根据地形、地质及气候条件，量体选址，科学确定规模；总体上以人工适应自然，局部以自然适应人工。一般应顺应地势的起伏变化来考虑平面布局和形式，要避免大规模土石方挖填，或化整为零，组织建筑组、群，因山势赋形，高低适当。传统山地建筑提倡“小、散、隐”的布局方式，虽对现代建筑存在一定局限性，仍可资参考。这样不仅节约投资和少占良田好土，还可以取得建筑高低错落、富有变化并与大自然融合的效果。

在地段地形变化不大的条件下，建筑物的布局、形式一般有较大的回旋余地，有多种形式选择的可能性。而在地形条件变化比较大的地段布置房屋，不同的地形条件常常需要赋予建筑以不同的布置形式。特殊的地形条件有时可以诱发出一些独特的建筑布局或建筑体形组合。

通常建筑用地地形按坡度可分为以下几种：3%以下基本为平地，道路和房屋布置较自由，但须注意排水。3%～10% 为缓坡地，建筑区内车行道可纵横自由布置，建筑布置基本不受地形约束。10%～25% 为中坡地，车行道及建筑群布置受一定限制。25%～50% 为陡坡地，区内车行道及建筑布置受到很大限制。50% 以上为急坡地，一般不适宜布置建筑，以绿化造林为宜。在这些区域如果布置建筑，设计需作特殊处理。

山地建筑往往依存于上、下两个层面，设有建筑入口的层面称基面或台地，建筑与最低地面接触的层面称为底面或坡底。要注意结合地形和道路，灵活安排好建筑物的入口。入口既可以布置在底层、中间层或者上层，也可以同时设有上、下两处入口，为住户提供方便。在多层建筑中设在中部的主入口应具有消防车及汽车通达的能力。对于吊脚楼，建筑的底面一般是指最低的建筑层面（图 1–106）。

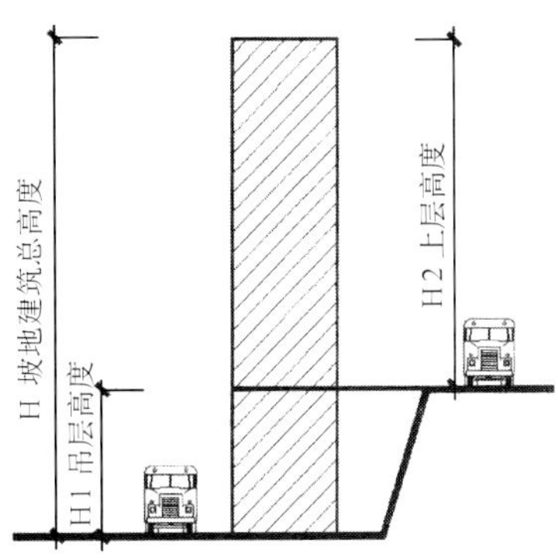

图 1–106 坡地建筑的高度表示
（《重庆市坡地高层民用建筑设计防火规范》P 6　重庆市设计院　重庆市公安消防局）

我国山区不论是传统建筑或现代建筑在利用地形起伏变化解决建筑与地形的竖向关系方面，都创造了极为丰富的经验，在建筑史上留下了自己独特的篇章。建筑随地形的高低起伏，或平行等高线平基筑台，或掉层、错层、跌落，或吊脚、悬挑、附岩、架空等，方式甚多，综合运用这些手法，不仅能争取建筑空间，而且使建筑与地形有机地结合起来，解决了使用要求，突出了建筑特色（图 1–107）。

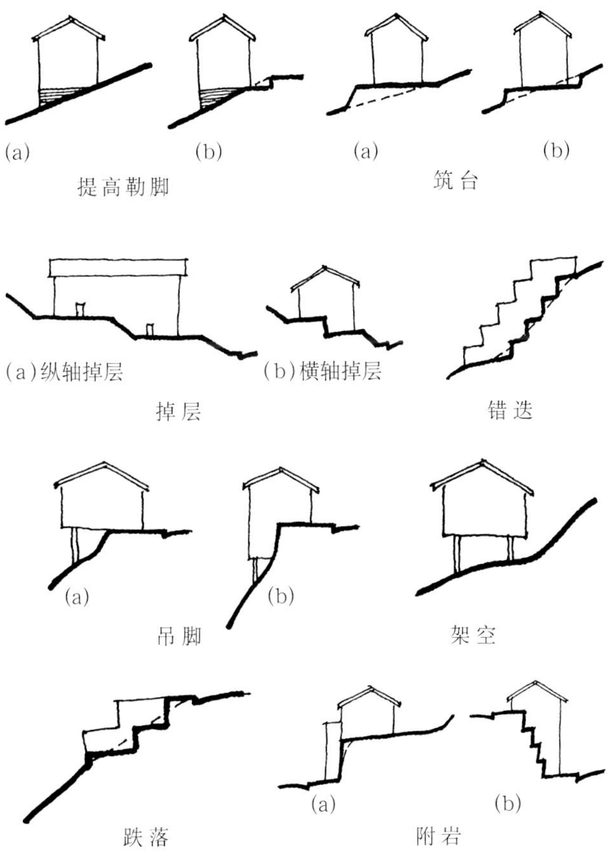

图 1–107 传统山地建筑适应地形处理手法
（参《建筑设计资料集》6　P231　改绘）

1 平基筑台

在用地坡度不大的条件下，采用挖填土石方，对天然地表进行开挖和筑填，使其形成平行等高线的平整台地。挖填土石方可以全填，半挖半填，也可以挖为主，其适应坡度最大可达20%～30%；或者用砌筑勒脚堡坎等手段为建筑平整基座，将房屋周围勒脚高度调整在同一标高。这一方法土石方量省，但房屋进深愈大，地形坡度愈大，勒脚也愈高。当坡度过陡时，勒脚高可成层，虽有一定特色但增加基础及土方费用。

2 错层、跌落、掉层、错迭

采用错层、跌落、掉层、错迭这些手法，能够灵活组织建筑内部空间，使建筑布局适应地形的变化。错层为在同一房屋内底层作成不同标高，底面的高差一般在一层之内。最常见的是利用楼梯平台的不同高度作错层布置。如利用双跑楼梯的两个平台分别来联系错半层的上、下两部分，也可随坡度大小的不同，采用三跑、四跑或不等跑楼梯，作出不同高度的错层处理，体现了山地建筑的特色。

图1–108 重庆山崖上的吊脚楼
（《老房子》P190 王川平 重庆出版社）

当建筑的朝向、通风等要求建筑垂直等高线布置时，可采用以开间或单元为单位，顺坡势沿垂直方向分段跌落或错迭的布局方式，使建筑形成由上向下跌落高低错落的外貌。其跌落高差和间距可以随地形不同进行调整，对坡度的适应能力较强。

如果房屋的基底随地形跌落，其阶差达到或大于层高时，这种处理手法称为掉层。掉层既可沿纵轴布置，也可沿横轴布置。一幢房屋采取整层掉层或局部掉层的方式视地形而定。横向掉层的建筑一般只有一面可以开窗，采光和通风受到一定影响。

以上错层或跌落、掉层应特别注意处理好靠岩墙身的工程防水，保证建筑的正常使用。

3 吊脚、架空、悬挑、附岩

为了充分利用处于山坡、陡岩的用地，适应地形的复杂条件，可以采用吊脚、悬挑、架空、附岩等手法。吊脚是建筑物部分基底置于用地基岩上，部分基底以高低脚柱架空而立，使房屋一部或大部支承在脚柱上，建筑一部分或大部分底部凌空的方式。这种方式布局灵活，外观轻盈，做法巧妙，省工省料，扩大了建筑面积，建筑与山地自然环境相互穿插，十分融洽。传统吊脚楼在重庆山地民居采用甚多。此法能灵活适应不同的地形条件，特别是在陡坡、临河坡地甚至是悬崖峭壁地段修建房屋提供了可能性。由于吊脚的柱是点式基础，可以保持原有植被与自然地貌，原地也可作为环境绿化，还可以避免因大面积破坏地层构造而产生的复杂问题。柱的高度可以随地形变化而调整。在湿热地区采用这种方法对通风、防水、防潮都很有利。图1–108为雄踞于乌江边绝壁上的古老吊脚楼和山崖上的吊脚楼。

架空是将建筑物全部置于柱上，使建筑物底部全部凌空。以梯上下，具有隔湿防潮、通风的特点。传统民居中以西双版纳傣族干阑式民居最为典型。

悬挑在山区建筑中，主要是临悬岩、陡坡处为争取建筑面积而挑出部分建筑底面积，以扩大使用空间的做法。

附岩是将房屋贴附在坚固的岩壁上修建的一种处理手法，常与吊脚、架空、悬挑等手法配合使用。

重庆市忠县石宝寨紧靠长江边的石宝镇，因山陵岩峭形若玉印，又名“玉印山”。全寨由石牌坊、寨门、寨身层楼、魁星亭、天子殿等建筑组成，总建筑面积 1056m^2，始建于清康熙年间，后圮毁，清嘉庆二十四年重建。楼阁三面临空，一面靠山，倚崖建造，高 50 余米，内部以井口柱支承，层层连接，直落岩基，梁枋横架，逐层收缩构成多层木构架。内设木梯，辗转而上，可直达山顶，为登山惟一路径。山顶立三层魁星亭与九层爬山楼阁风格一致，上下共十二层组成整体，造型别致，雄伟壮观，登楼远望，长江天险尽收眼底。寨顶有石平坝 1200m^2，后有古刹天子殿（图 1–109）。

西藏拉萨布达拉宫位于拉萨市西面的布达拉山上，是达赖喇嘛行政和居住的宫殿，也是一组最大的藏式喇嘛教寺院建筑群。此宫依山而建，拔地高 200 余米，外观 13 层，实际 9 层。由于它起建于山腰，大面积的石壁又屹立如削壁，使建筑仿佛与山岗合为一体，气势十分雄伟。在总平面上没有使用中轴线与对称布局，但却在体量上、位置上和色彩上强调上部

(a)远景

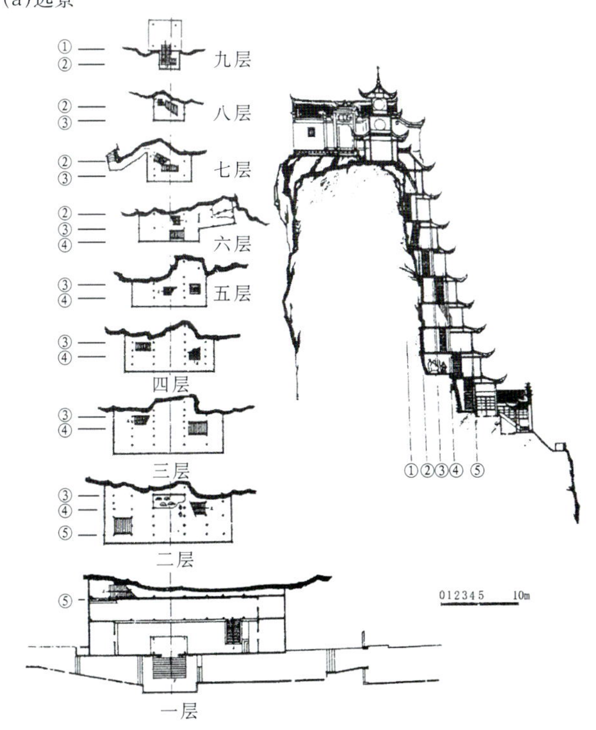

(b)阁楼剖面与各层平面

1 望江台
2 奎星阁
3 前坝
4 鸭子洞
5 前殿（纡宇凌霄）
6 汉砖壁
7 正殿
8 十二殿
9 爱河桥
10 后殿（有求必应）
11 后坝

(c)寨顶平面图

图 1–109　重庆忠县石宝寨（《四川古建筑》四川省建设委员会　四川科学技术出版社）

图1-110 西藏布达拉宫

图1-111 重庆市人民大礼堂外观

（《建筑学报》2006 11 P74 梁鼎森等 重庆市人民大礼堂管理处提供）

中央的红宫与其他建筑的鲜明对比，表现了藏族建筑艺术的高超水平（图1-110）。

重庆市人民大礼堂是一座建于20世纪50年代的会堂建筑，由作为配楼的招待所（现为宾馆）和容纳4280座席（改建后为3696座席）的主体建筑大会堂组成。大礼堂座落在重庆市区学田湾马鞍山。堂前入口为二重檐歇山门楼步云楼，中部为圆形三重檐金宝顶，会堂两翼为外廊式三楼一底的卷棚式屋顶建筑，其上各有二组方形与八角形二重檐攒尖亭式建筑高阁凌空。前有入口牌楼，原庭院已改建为人民广场。由南北配楼前地面至宝顶高65m，建筑结合地形依山而建，由上而下，层层跌落，体形宏伟壮观，色彩富丽，环境优美，具有显著民族与山城地方特色（图1-111）。

现代建筑重庆洪崖洞传统风貌区保护工程是一幢建筑面积49822m^2，攀附在长200m高差达50m陡岩上的附崖综合性公共建筑，用地面积31453m^2，依岩面水，顶面平沧白路，底面临滨江路，是集旅游、餐饮、商场、娱乐、小博物馆、画廊等功能为一体的大型地区性文化、商业、旅游中心。其独特的区位，林林总总的空间、街巷、灰瓦、干栏、封火墙等所构成的吊脚楼式的形式语言符号的整体意象，极具地方特色，置身其中，犹如重返历史记忆空间，洪崖洞传统区保护工程为山城增添了新景观（图1-112）。

图1-112 重庆洪崖洞外观效果图（李向北提供）

斯里兰卡的康达拉马旅馆位于斯里兰卡中部的康达拉马村，建筑坐落在一个陡峭的山坡上，山前有一个水库，远处能看到锡吉里耶的一座雄伟的5世纪岩石古堡。该地形轮廓对于确定整个设计起到了决定性的作用，不规则的建筑平面沿山形展开，在视觉上则表现为一个以水平线条为主的严谨而有节制的建筑，对于原有的自然景观，旅馆几乎丝毫都没有破坏。在类似山洞的入口一侧，建筑师设计了一个水池，以在视觉上创造出一种同远处湖面浑然一体的水面连续感。客房部分分成两翼，均为四层高，沿着身后山崖的岩石表面展开。考虑到客房的地势低于公共部分，因此所有的房间都伸展到风景中去，并且从每个卧室和洗手间里都能看到不同的、经窗户剪裁的美丽风景。设计尽一切努力以减少建筑在视觉上对原有自然景观的影响，为控制色彩，使用简单建材，以及在外立面上罩上一层用木材和混凝土做成的藤架。这样，当攀附植物布满藤架时，整个建筑物就会被掩盖成一片翠绿。建筑中没有使用斜屋面，而是通过有遮盖空间和无遮盖空间之间天衣无缝的结

(a)从水池看公共活动区

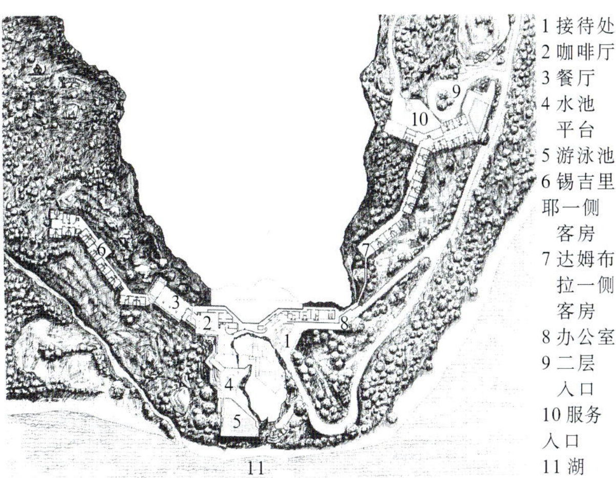

1 接待处
2 咖啡厅
3 餐厅
4 水池平台
5 游泳池
6 锡吉里耶一侧客房
7 达姆布拉一侧客房
8 办公室
9 二层入口
10 服务入口
11 湖

(b)总平面

图1-113 斯里兰卡康达拉马旅馆 (《20世纪世界建筑精品集锦》8卷 P238-239 R·麦罗特拉 建筑师G·巴瓦)

合,以一种最现代的方式,突出和美化了原有山地自然环境的风貌(图1-113)。

安藤忠雄设计的日本兵库县神户市六甲集合住宅,选建在山脚下的一个坡度达60°的住宅区,它是一个建筑与自然结合得很好的实例。基地朝南,每一单元都直接与外部道路相连,每户都能看到广阔的天空和海面,住在这里的人们感受到,创造的建筑空间如同在诗歌、音乐中,它给你智慧的启迪和生活的欢乐与安宁(图1-114)。

图1-114 日本六甲山集合住宅鸟瞰 (《世界建筑》2003 06 P76 [日]安藤忠雄)

日本建在森泉乡的别墅,其外壁采用了耐大气腐蚀高强度钢 ,为了适应自然坡地,只有垂直交通核心柱与地面相连,用悬臂式结构将舱室安装在核心柱上(图1-115)。

图1-115 日本森泉乡别墅从山坡仰望景观 (《建筑学报》2001 04 P8 [日]黑川纪章)

重庆山城电影院地处市区两路口交通要冲,建筑依山就势,分层筑台,加上跨度30m的钢筋混凝土筒壳屋盖,形成气势磅礴、现代的建筑形象,是这一时期我国开发新结构、控索新形式的代表作之一(图1-116)。

某独立式住宅,道路与屋顶平,二层屋顶供停车,住宅的入口设在屋顶层,从上向下进入住宅与地形结合巧妙,富有特色(图1-117)。

重庆市南岸区南岭雅舍座落在重庆著名风景区南山,地形东南低,西北高,山体平均坡度23°,有的部分达30°,总用地面积7.76hm^2,一期建筑面积25520m^2。由于规模小,规划结构为一个组团,根据地形分层筑台,基本划分为三个圈层。第一个圈层由南部联排住宅及公建围绕中心绿地、游泳池布

图1-116 重庆山城电影院外景

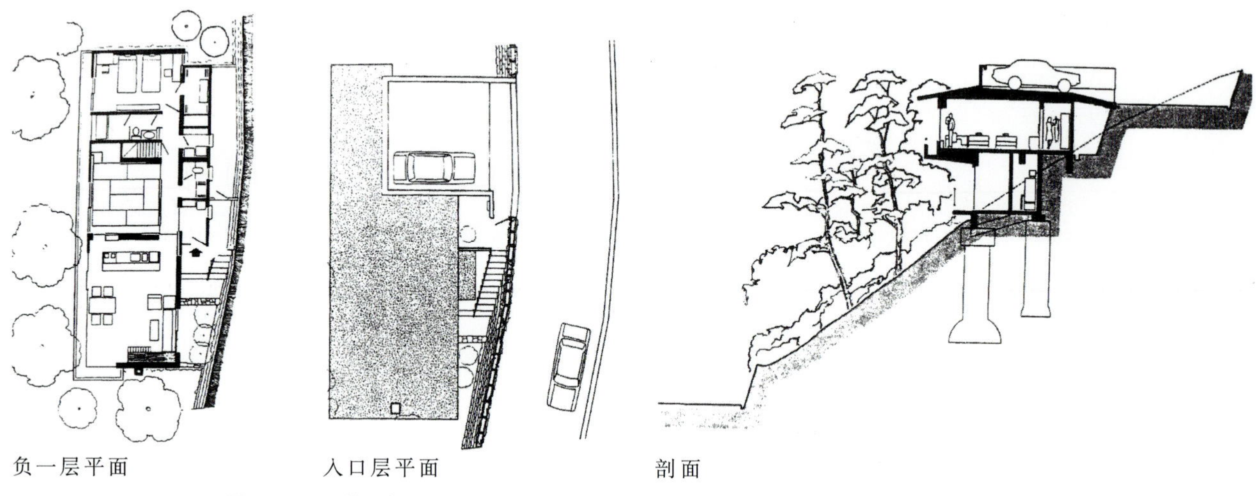

图1-117 道路与屋顶平的某独立式住宅 (《山地建筑设计》P77 卢济威 王海松)

置，环境优美，商店对外服务方便。第二个圈层处于中心绿地、水池及坡地中部地带，主要布置较小联排住宅和双拼住宅，视野开阔，形式多样。第三个圈层居小区坡地最高处，亲山近林，环境幽静，主要布置独立式住宅。基于环境条件，小区建筑采用坡上式、坡下式、吊脚楼、附岩、悬挑以及平、立面错接等多种山地建筑布置方式。特别是几栋独立别墅由于地势很高，入口与起居层高差达6～8m，采用楼梯和电梯联结，巧妙地解决了利用地形并形成独特景观。小区建筑、园林与南山永久林带融为一体，与地方传统文化相承，创造了具有巴渝山地宜居住所，建筑造型现代、高雅，从环境入手强化绿化，节约能耗（图1-118）。

1.6 场地交通组织

1.6.1 场地交通流线组织

交通流线系统的组织是场地设计的主要内容之一，它的侧重点是如何在场地的各区域之间建立道路交通联系，并确定与外界的交通联系形式，成为建设项目各功能组成部分之间、内外之间有机联系的骨架。一般民用建筑包含的交通流线有主要车行道、次要车行道和人行道。场地的道路交通组织要求流线清晰、短捷、方便、安全，符合使用规律，避免干扰和冲突。车行系统要避免将过境车辆与外部车导入，尽量不要与人行交通交叉重叠，在集中人流活动地段，不要安排车流行驶。并且尽量节省场地和投

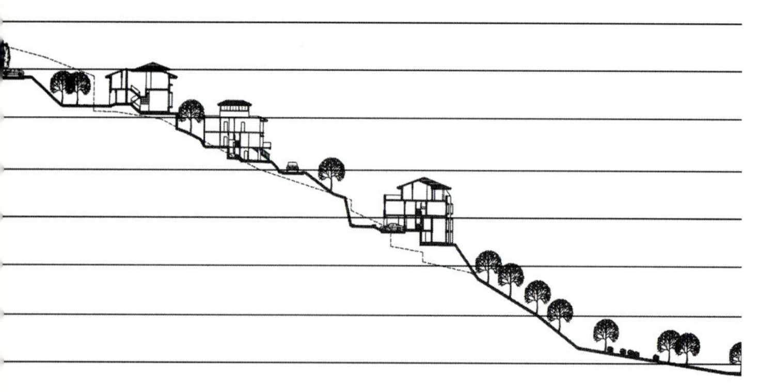
(a)总图剖面

(b)局部鸟瞰

图1-118 重庆南岭雅舍 （设计：重庆大学建筑设计研究院 梁挺提供）

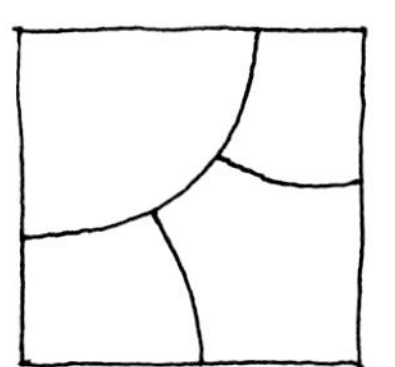
(a)环通式

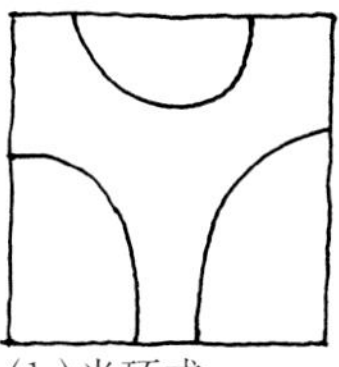
(b)半环式

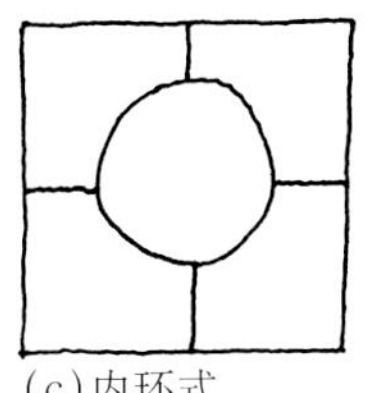
(c)内环式

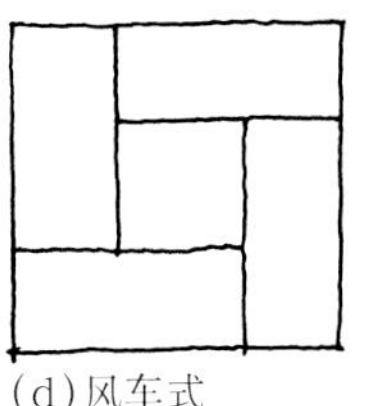
(d)风车式

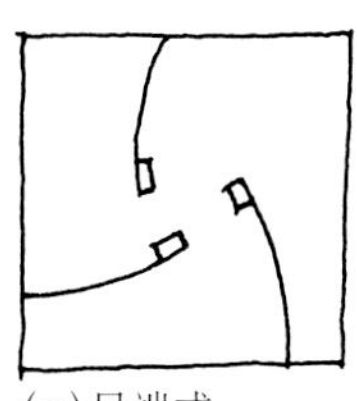
(e)尽端式

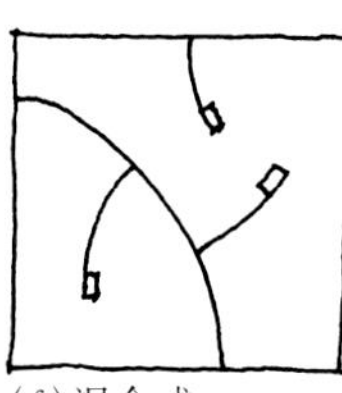
(f)混合式

图1－119　场地车行流线组织基本形式（参《一级注册建筑师考试辅导教材》第1分册　P31　北京市注册建筑师管委会编改绘）

资，留有良好的建筑条件、绿化环境和工程管线架设用地。对于要求环境安静的学校、医院、图书馆等类型建筑的室外集散场地，因人车流比较均匀，其场地除应满足人流和停车的要求外，并注意安排一定的绿化面积，以改善环境的空气质量，并达到美化环境的目的。要满足交通运输及消防等多种行车自身的技术要求，要有合理的宽度、坡度、转弯半径等，保证通行能力。场地的出入口对外交通要便捷，对内应与交通量大的建筑靠近，注意出入口的位置选择，要减少对城市主干道的干扰。车、货、人流的出入口定位要准确、安全，有的场地洁污流线要分道。有大量人流集散的地段如火车站、展览馆，可通过广场、步行道、停车场组织人流和车流，保证人车流集散通畅。场地交通组织的基本内容首先是确定车行流线体系与停车组织方式，并处理好车流和人流的关系。

在进行场地交通流线组织时，车行流线体系也就是道路网的组织是交通组织的主体。从单一流线的角度看，在场地中有尽端式、环通式和这两种方式的混合式等基本的车行流线组织方式（图1－119）。

尽端式车行流线结构，是指车流线进入场地抵达目的地后，离开场地时是从原路线折返回去。尽端式可以形成枝状，也可以是各条流线在场地中完全独立，起点和终点都各自分开，由不同的入口与外界相连。该结构的最大特点是各部分流线明确，可避免相互之间的混杂。从场地的交通分区角度来看，采取尽端式流线体系，可以做到在不同区域都有各自独立的流线与外部联系，避免了不同区域间流线的相互穿越、干扰，居住区内尽端式道路的长度不宜大于120m，并需设置相应的回车场地。

环通式车行流线结构，是指流线从一端进入场地后从另一端离开，而无需折返。环通式流线体系中各流线在场地中可以互相连通，各流线既可从一端进另一端出，也可相反。由一条或多条线构成流线，由它们将场地的各个出入口连接到一起，形成环通式结构，是环通式的基本形式。此外环通式还有内环和半环等形式。整个流线系统在场地内部形成环状，把场地的各部分和各个出入口都联系起来，称为内环式。流线通过场地一方进入，另一方离开，在场地内互不连接称为半环式。环通式的优点是每条流线均可由其中一个入口进入而从另外的出口离开，这样流线的进出通畅，避免了往返迂回，而且有一定可选择性，并且避免了布置回车场。通达主体建筑物的主要出入口应设在所临干道上，如果有几条道路相邻，则应将主要出入口设在人流多的方向，而在其他方向设置次要出入口。

以上两种流线结构形式的混合式是更为机动灵活的组织流线的方式，具有以上两种方式的特点。

从场地交通流线主体的角度，流线又可分为人流线和车流线两类。在不同的场地中，由于情况的差异，某个场地可能人流量较大而车流量较小，有些情况下可能正好相反，或者人流量与车流量两者处于相当的地位。但不论是以人流组织为主兼顾车流的组织或者相反，不外两种基本组织形式，即人车分流，各有独立的交通系统；或者人车合流，即由一套通道系统作为共同的载体。或者将上述两种基本形式结合起来，形成部分分离部分合并的形式。

人车合流的组织形式其优点是整个场地交通基本由一套通道系统来组织，场地内交通体系比较简单，交通占地面积较小，有利于节约交通用地及投资。这种组织形式比较适用于交通量较小的场地，在人、车流量均不是很大或者是以一种为主而另一种量小的情况下，合并组织既经济又方便。另外，当场地的用地规模较小，所临接的外部交通条件也比较有限时，在用地上无法将人、车流线分开设置，采用合流式是可行的选择。采用合流式的组织方式，也可通过一些附加手段如在车道一侧或两侧附设人行道，

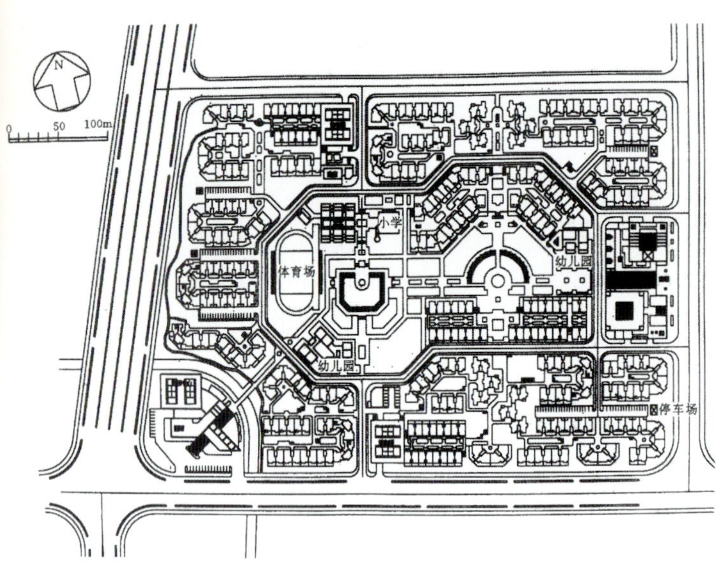

图1-120　人车合流的交通组织——广东中山翠亭新村规划总平面　（《住宅建筑设计原理》P302　朱昌廉）

图1-121　人车分流的交通组织——北京"Class"住宅区规划总平面　（《建筑学报》2007　04　P67　李促进　姚晓哲）

以解决人车流区分。在居住区内人车合流的车行道应分级明确，分布均匀（图1-120）。

人车分流的组织形式其优点是不同流线由各自独立的通道来承担，各通道用途专一，场地交通体系分划明确，可有效保证人、车各自的通畅性与安全。一般来讲，分流式的组织形式适应性是较大的，无论场地交通量大或小均可采用这一形式。在人车流量均较大，或者两者通行量要求差异较大时，采用分流式的优势都很明显。如大型的商业中心、体育中心等公共建筑，因整体交通量较大，而且每一类流线自身组成也都较复杂，所以以人车分流式组织方式为宜。而一些居住类、文化类建筑项目，即使交通量不大，但各流线的要求有很大差异，所以也应考虑人与车的分流组织。在进行居住区交通组织时，人车分流可以保持小区内行人的安全与环境安静，保证小区各项生活与交流活动不受或少受机动车交通的影响。小区内机动车辆、车行道应分级明确，并与住宅通达，停车方便。小区的步行道则常常穿插居住小区内部，将绿地、户外活动场地、公共建筑和住宅紧密联系起来，与车行道组成人行、车行相对独立的外部空间环境。图为某居住区的人车分流交通系统，机动车辆由小区外围市政道路分五个专用车库出入口直接进入半地下车库，与行人及非机动车完全分开。地下停车位按每户1.5辆计算。各单元均有电梯直达车库，提高了停车与回家的舒适度（图1-121）。

采用分流式的组织方式各交通系统是分设的，设计时要综合平衡其安排，如人流路线应注意选择短距离，车流路线应满足其技术要求。

除平面上的处理外，有的还通过立体空间的处理达到人、车分行的目的。做一些步行平台或步行天桥，使人行和车行在立体空间上得到分离，达到比一般平面上人、车分行更好的效果。在山地居住小区，由于车行道基本与等高线平行，垂直等高线的步行梯道是组织步行交通的有效方式。

场地内车行道路的路面宽度由通行车辆的种类和通过量决定。道路宽度适宜，不仅节约造价，还减少了场地内不透水硬地面，可为绿地留出更多的面积。住宅建筑和公共建筑道路的宽度要求不完全相同，民用建筑一般单车道路宽度不应小于4m，双车道路不应小于7m。穿过建筑物的消防车道净宽与净高均不应小于4m。人行道可视具体情况而定，一般宽度不应小于1.5m。车行道路边缘至建筑物和构筑物的最小距离应符合有关标准和规定要求。

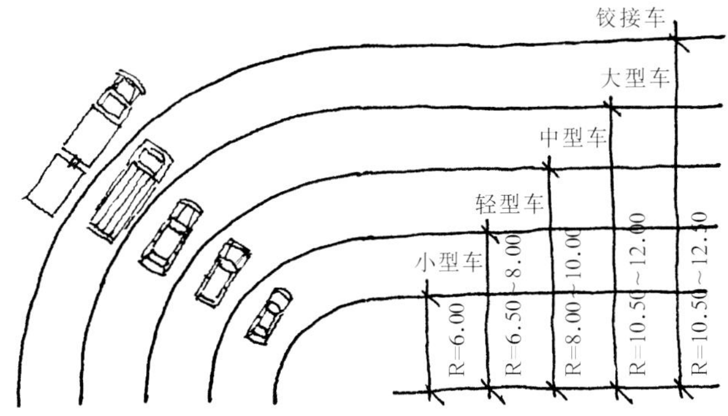

图1-122 机动车道最小转弯半径（m）

车行道路的转弯半径是指道路在转弯或交叉口处道路内边缘的平曲线半径。转弯半径的大小应根据所通行车辆的种类、车速等条件来确定。在车流量较大的主要道路上，转弯半径多取较大值，以适应使用中的多种可能性，也能保证车辆在一定行驶速度下顺畅转弯。在车流量较小处，转弯半径满足最小值需求即可。一般情况下对于小汽车，道路的转弯半径不应小于6m，对于大客车道路的转弯半径不应小于15m，中型货车不小于9m，重型货车要求15～18m，大型消防车的最小转弯半径为12m（图1-122）。

道路的纵剖面要有良好的行车条件和排雨水要求，道路的最小纵坡不宜小于0.2%，最大纵坡一般不应大于8%。在个别路段，纵坡可适当加大，但不可大于11%，且11%坡长度不应超过80m。汽车库内车道的最大坡度，小型车可达15%，大型车可达10%。横坡应为1%～2%。

在尽端式道路的端部，应设置回车场，以方便车辆调头。一般回车场不应小于12m × 12m，供大型消防车使用的回车场尺寸不宜小于15m × 15m，回车场的形式参见图1-123。

1.6.2 场地公共停车系统的组织

停车场的类型包括社会停车场、专用停车场和配建停车场等。社会停车场服务对象是区域性的，专用停车场是专业运输部门的重要设施，而配建停车场是主体建筑的附属设施，其选址、规划受主体建筑的限制，距主体建筑不宜超过150m。民用建筑大多依靠社会停车场和配建停车场解决停车问题，因而各类停车系统是场地交通体系设计的重要组成部分。停车系统的组织包括停车方式和布置方式的选择和设计。停车方式按类型分有地面停车场、地上、地下停车库等多种方式。布置方式是指场地中停车位置的选定及其形式。民用建筑的配建停车场的车位指标按国家和地方城市规划有关法规确定。停车系统除了机动车，还应根据实际情况，考虑非机动车——主要是自行车的使用与停车要求，但其规模较小，所以本节主要讨论场地机动车停车系统的组织。

地面停车场是最常用的一种停车形式，它在场地中一般都是独立存在的，所以平面布置比较容易，一般应按区就近布置。附设于建筑用地范围内的停车场主要服务本建筑的使用人员，同时提供部分车位给外来人员，公共地面停车场的服务对象是社会性的。由于与场地的人流基本处于同一平面上，与场地内流线联系最为直接，车流、人流进出方便，建造容易，造价也较低。它的缺点是占地面积较大，适于停车数量较少或者虽然停车数量很大，但由于用地比较宽松的也采用地面式停车场地。另外，即使在停

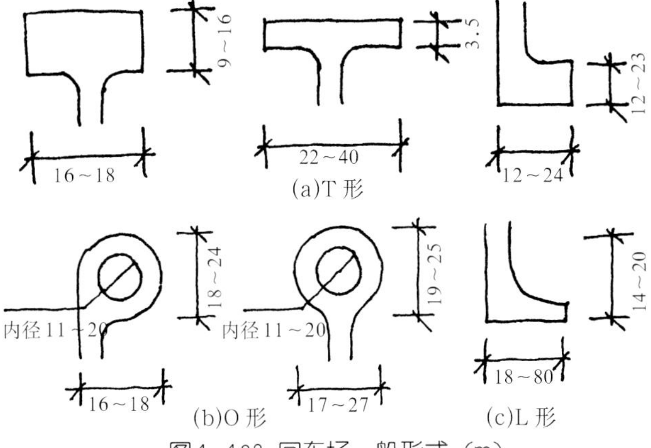

图1-123 回车场一般形式（m）

图中下限值适用于小汽车（车长5m，最小转弯半径6m），上限值适用于大汽车（车长8-9m，最小转弯半径10m）

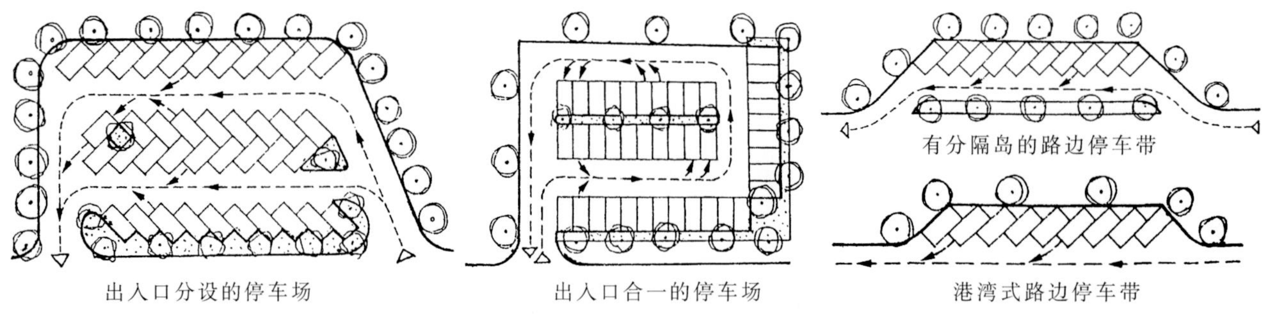

图1－124 地面小型停车场示例 （《城市交通与道路系统规划》（新版）P272 文国玮 清华大学出版社）

车数量较多、用地有限而选用其他停车方式时，一般也需设置少量的地面停车场作为临时停车之用（图1－124）。

多层停车库有建于地下或地上等方式，是现代建筑应用十分广泛的车库形式，尤其以建于地下的车库最为普遍。在绿地、广场、道路之下设置停车库，可以充分利用地下空间，特别是利用建筑的地下部分，可以有效地减少停车场占用场地的面积，充分发挥用地效益，而且有利于实现人车分流，提高交通安全性，增加地面绿化、广场或其他使用面积，有利于创造安全、舒适、优美的场地环境。即使有些项目虽然用地比较宽松，采用地下停车场作为主要停车方式，有利于避免大面积地面停车的噪声、废气污染以及对景观效果的消极影响，同时又为场地中的绿地提供了大片的用地，取得一举两得的效果。

独立式的多层停车库，其特点是停车数量大，场地集中，常用于用地比较宽松，需要大量停车的场地之中。由于形式独立，受其他使用要求制约较少，结构较简单，造价也相对低（图1－125）。

地面停车场位置应根据四周交通情况，建筑平面和建筑出入口位置选择涉及它在场地中的方位，比如靠建筑的前部、后部或侧面，但要避免对建筑主要场地的干扰和影响。靠近场地前部布置的停车场，容易使停车场接近建筑入口，避免大量车流深入场地内部造成对场地人员活动及环境气氛的干扰，车流进出路线也比较短捷。这一位置的不利之处是在基地较大时，停车场接近边缘可能与建筑物之间的距离拉大，造成联系不便。布置在建筑物后面的停车场，主要缺点是不便外来者使用，但停车隐蔽性好。

地面公共停车场的布置方式有集中和分散两种方式。集中式停车布置方式有利于简化场地中的流线关系，使其更具规律性，用地划分更加完整，也容易作到人车活动的明确区分。但这种方式在场地的内容组成比较复杂时，不利于将不同使用要求的停车区明确区分开来。停车数量较多时，大片的枯燥硬地，其景观效果较差。所以集中式停车对于场地规模适中，用地条件适宜，停车量不是很大，最易发挥这

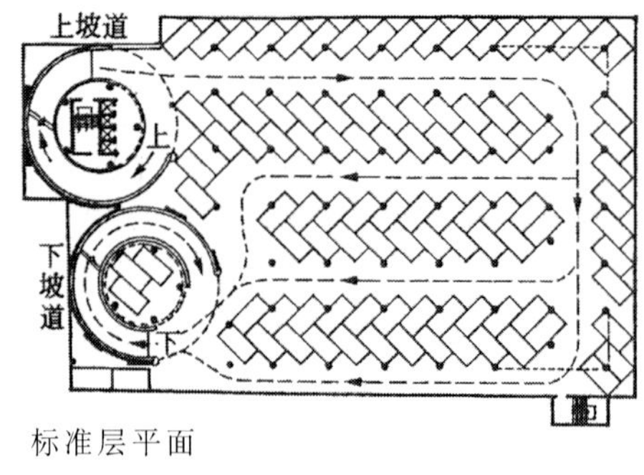

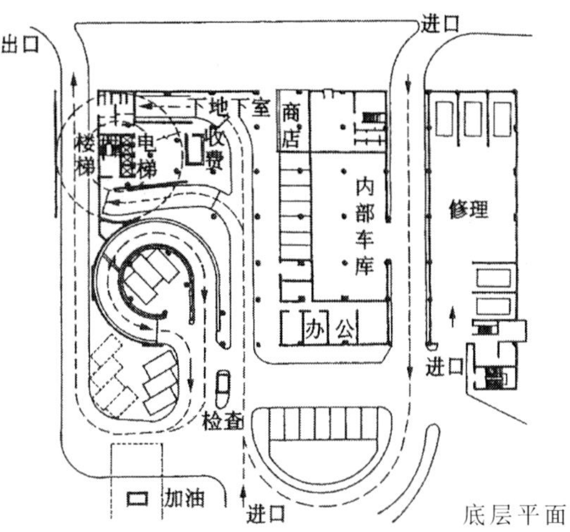

图1－125 独立式车库——法兰克福某汽车库平面示意图（《城市交通与道路系统规划》（新版）P274 文国玮 清华大学出版社）

图1-126 美国某州一个退休社区分散布置的停车场示意图
（《老年公寓和养老院设计指南》[美]建筑师学会编）

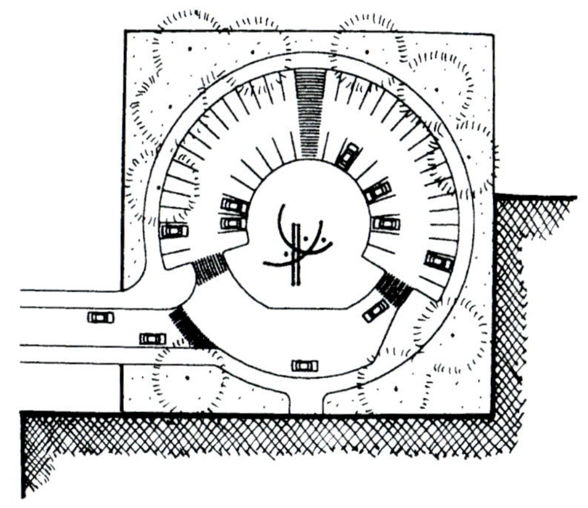

图1-127 美国新墨西哥州某雕塑停车场示意图
（《停车场设计》P168 [美]Mark C · Childs编著 彭梦云译）

种形式的优势。分散式停车布置方式，也就是将全部停车空间分成几个部分，分别布置在场地的不同位置的形式。它的优点是为不同性质或使用要求的停车相互分离提供了可能，场地交通的分区组织和流线更加明确。而且分散布置每块停车场可能都能有比较合适的面积，有利于充分发挥一些零散的边角地块的作用，提高用地效益。这种形式在停车数量较多或基地条件较为特殊时尤其适用。

美国纽约州罗切斯特市布赖顿之巅一个有持续生活辅助之退休社区，社区围绕一栋一层高的作为中心公用设施的建筑物展开设计，场地面积9.91万m^2，一条环形车道围绕社区布置，停车场根据靠近的原则分散布置（图1-126）。

美国新墨西哥州阿尔博克帝城梦幻雕塑停车场中间是一个商业性艺术陈列品——一个户外艺术陈列馆，它为大众提供了一个观察和思考的工具，把艺术品与环境巧妙地融合起来（图1-127）。

停车场车辆的停放方式有平行通道停车、垂直通道停车以及倾斜通道停车等多种方式。方式不同，占地面积各异。平行通道停车方式：车辆停放时车身方向与通道平行，是路边停车带或狭长场地停放车辆的常用方式。平行停车的停车带和通道均较狭窄，车辆驶出方便、迅速，但单位车辆停放面积较大。垂直通道停车方式：车辆停放时车身方向与通道垂直，是最常用的一种停车方式。垂直停车方式的停车带宽度以车身长度加上一定的安全距离确定，通道所需宽度最大，驶入驶出车辆一般需倒车一次，尚属便利，用地比较紧凑。倾斜通道停车方式：车辆停放时车身方向与通道成30°、45°、60°或其他锐角斜向布置，也是常用的一种方式。斜停方式的停车带宽度随停放角度和车身长而有所不同，车辆停放比较灵活，驶入驶出车位均较方便，但单位面积比垂直停车大（图1-128）。

地面停车场面积按照当量小汽车的停车泊位估算，一般每个停车位面积包括车道面积在内可按25～30m^2计算。地下停车或地面多层车库每个停车位面积包括车道在内可取30～40m^2。停车位基本尺寸包括车位本身所占空间和车与墙、柱间应留的距离。地面停车场的车位数少于50个停车位时，可设置1个宜为双车道的出入口。50～300个停车位的停车场，出入口数量不得少于2个。地下停车库的停车数小于50辆时也可设一个双车道宽的出入口。

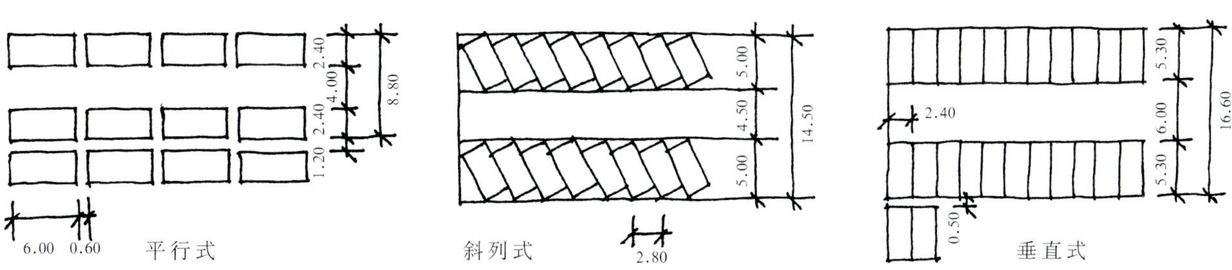

图1-128 微型车和小汽车停车场车辆停放方式示例

1.7　场地绿化

1.7.1 绿化的作用

使用者对场地绿化的生理感受和心理体验都具有特殊的意义。绿化对于城市和建筑起美化作用，色彩鲜艳给人以欢乐、喜庆的感觉和美的享受。绿化无论在空间组织、色彩和体形等方面都可以与建筑互相烘托，对场地的景观效果及整体风貌的构成起重要作用，绿化还具有直接创造物质财富的功能，有的花果具有重要经济价值。绿化可以保护自然生态环境，改善气候，改善城市空气质量。绿化对局部地区的温度，湿度和气流都有一定影响，绿色植物的叶绿素能利用太阳能吸收二氧化碳、制造氧气，生长茂盛的森林，每公顷每天可以吸收二氧化碳1t，生产氧气0.73t。同时绿色植物对二氧化硫、氯、氨、乙烯等都具有不同程度的吸收，从而起到净化大气作用。植物的枝叶还能起过滤空气和吸附灰尘的作用。绿化可以减低城市噪声，阔叶乔木的树冠能吸收音能的26%。在一般情况下，城市夏季树荫下的空气温度比裸露地面的空气温度低3℃，而在草地上的空气温度比沥青路面上的空气温度低2～3℃。通过绿化规划，形成环抱整个建筑的小森林，提高绿化覆盖率所产生的微气候环境转化为无控能源用于住户。

接触自然是人们的基本需要，人们渴望与大自然接触源于以适应性遗传和优势竞争为基础的生物本能，自然环境中的绿化是一种对人类健康至关重要的资源，包括身体健康和心理健康。绿化的绿色代表自然，充满生机，象征生命，富有艺术性，绿色给人以宁静安详的感觉，使人从喧闹中解脱出来，回归宁静清新、心旷神怡、赏心悦目、宽松和谐的自然境地。环境中的蓝色和绿色有益于人类生命，高品质的植物和水系带给人们平和与健康。与红色和黄色不同，蓝色和绿色为长波的“低刺激型”色彩，可以缓解肌肉紧张并产生愉悦情绪。有关研究表明：绿色环境或自然景色能给人带来精神上的愉悦，并促使人们从压抑中解脱出来。

中国古典园林中的栽植以观形为主，取色、赏花、闻香、听音为辅，孤植以观形、观叶、赏花为主，群植则讲究搭配造景。

1.7.2　绿化的布置

绿化布置应以人为本，从人的需要、情感、知觉、尺度等出发，各种设施要符合人体尺度比例，满足人类生存、大众行为、游憩娱乐及心理需求，强化大自然与人类生活空间的融合。

绿化的配置和布置方式应根据地区气候、土壤和环境功能等条件确定。我国是一个水资源短缺的国家，应提倡节水型绿化，要有利于可持续发展。

绿化必须结合总体布置的要求及各类建筑的特点进行布置，从整体上看，绿化应有主调，在绿化要求较高的地方，应配置四季有景的花草树木，体现自然界的植物个体和群体美。孤树要表现植物的个体形态美，构图位置应该十分突出，要留出一定的视距供人观赏。树丛的组合要考虑群体美，乔灌木混合配置，亦可同花卉山石相结合，或安置座椅供游人休息之用。植物的配置应注意不影响建筑的自然通风与采光。缺乏控制的自由状态绿化，会使一些人产生混乱无序感，应予避免。

1　成片式布置

结合建筑功能绿化成片式布置或用大片树林、草地烘托建筑，起美化与

提高环境质量作用。成片整形式种植，整齐庄严、富有序列感，可以形成大片林园，取得很好的效果。成片自然式种植，树无行次，石无定位，富有自然变化与村野情趣。

美国纽约中央公园是在高楼林立的中心区建设的达5000亩的中央绿地，巴黎市中心公园都是成片

式大面积绿化，充分利用绿体制氧、固炭、吸尘、减噪、蓄水、降温等生态功能和造景的艺术功能，取得很好的效果，这也是城市环境艺术的重要内容，极为珍贵（图1–129）。

2 袖珍公园

袖珍公园或街头小游园绿化是建筑绿化布置形式之一，也是一种园林艺术，一般分布于街头或旧城改造区。其虽然不大，但分布广，利用率高，一方面可以提高城市绿化水平，另一方面可为居民提供健身、休憩交往的公共绿地。袖珍公园或街头小游园的布局形式应根据环境条件和使用要求，或者采用比较规整的布置方式，或者采用自由式的布置，或者两者的混合方式。规则式整齐庄重，但不够活泼。自由式易于适应自然地形与环境灵活布置，创造别致的形式。混合式如运用得当兼具规则式与自由式的优点，有更灵活的适应性。袖珍公园不受地形的限制，可以在平坦的场地上布置景物和设施，也可以在起伏较大的空间内作竖向布置。在园内还可综合运用水体、山岩、绿化和设置一定的铺装路面和少量的建筑小品，以提高公园的艺术性。绿地面积一般以不小于1000m^{2}为宜，绿地率不小于65%，对提高城市绿地水平及居民生活质量起一定作用（图1–130）。

上海桃江路游园，面积810m^2，三面临街，采用开敞的不规则形平面布局，以原有香樟为主要绿化树种，配以其他树木，内部卵石铺装，圆形花台上点缀少女雕像，为居民提供了怡人的休闲环境（图1–131）。

美国著名街头小游园——佩里公园，为规则式的平面布局。这个位于建筑之间空地的街头公园占地仅405m^2，公园由一高3.7m人工瀑布墙及一片刺槐组成。瀑布墙为公园景观的焦点，树冠的延伸为人们提供了自然环境和树荫，可供居民、职工休息、聊天（图1–132）。

(a)美国纽约中央公园鸟瞰

(b)法国巴黎市中心公园

图1–129 成片式布置举例
（《世界建筑》1998 05 P81 何昀发）

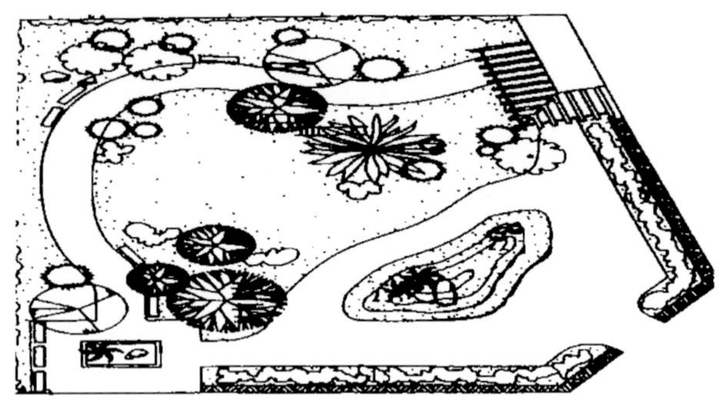

（a）自然式小游园平面

（b）混合式小游园

图 1－130 自然式小游园和混合式小游园示例（《园林规划设计》P142　卢新海　化学工业出版社）

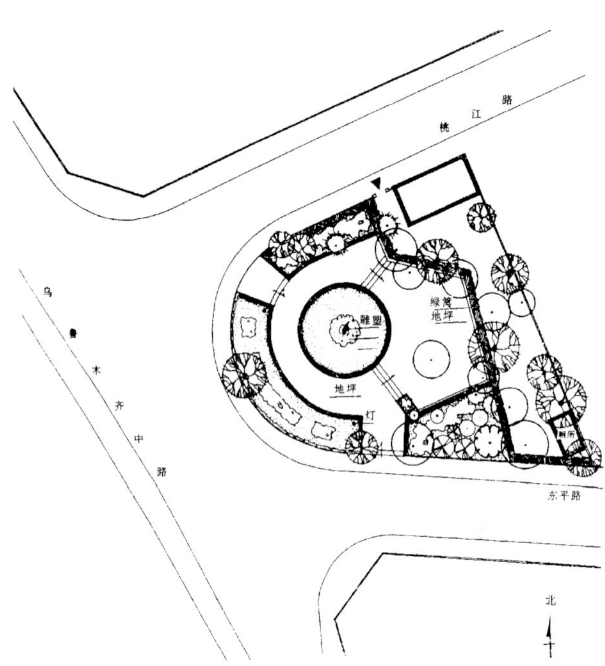

图 1－131　上海某小游园平面　（《中国优秀园林设计集（一）》P44　刘少宗主编　天津大学出版社）

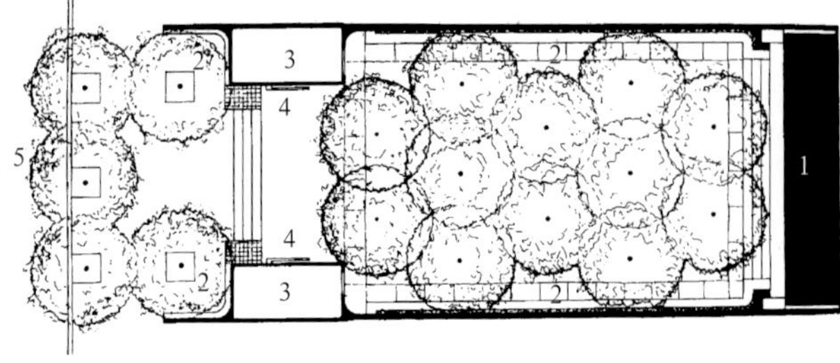

1－水池；2－树阵；3－门房；4－大门；5－街道

图 1－132 美国街头小游园——佩里公园平面

（《城市绿地系统规划与设计》P174　刘骏　蒲蔚然）

美国亚特兰大塔尔普蕾斯绿地，是一个面积仅 0.4hm^2 的城市空间绿地的设计，位于一个重要的综合发展中心内，其创意为“城市绿洲”，以供该中心内用户及附近居民行人闲暇小憩。绿地的空间设计不仅提供了适度的内向型紧密空间，同时也具备了供大型公众聚集的外向型场地空间。绿地内的植物种植以高大的橡树、枫树及榆树为主，控制空间的尺度，提供隐蔽。高耸密集的常绿柏木有效地遮挡了绿地两侧的多层停车库，并形成空间的围护。观赏性的小乔木、或花、或叶以其多变的色彩极大地丰富了空间的层次。而有选择地搭配布置常绿及观赏灌木和地被植物形成了可维护的全季节观赏的效果。自然片石矮墙，既围合空间又提供人们小坐的便利。选用与中心内步行道同样的炭绿色混凝土地砖铺地，视觉上融入周边绿地。在绿地与建筑广场的交接处，适当选用花岗石点缀铺地周边及矮墙顶面。绿地的东侧以 10 个 7.62m 高的钢柱加片石柱墩的柱阵为界，柱阵的外侧沿街种植双排行道树，以屏蔽行车道的车辆噪声。不同形式的喷泉、流水贯穿了绿地各个空间，或是供人们驻足的观景聚焦点，或是连接空间的过渡。其中以 9.12m 直径的圆形喷泉广场为主景点。关闭喷泉，广场可作为会场和舞台；启动喷水 16 个小单体山喷水柱环绕中心集中大水柱，由电脑控制，

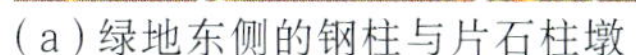

(a) 绿地东侧的钢柱与片石柱墩

(b) 平面示意

图 1-133 美国乔治亚洲亚特兰大塔尔普雷斯绿地 （《世界建筑》2002 12 P70-71 赵明）

高低起伏，错落有致地形成动态景观，使绿地空间充满了生气（图 1-133）。

香港中银大厦以东西两侧的庭园，作为交通连接点与路线发生关系。庭园设计以流水为主题，点缀以绿树和奇石，并有一尊现代雕塑，带有明显的中国传统园林风格的叠水设计，成为都市中一处宜人的场所（图 1-134）。

3 庭园绿化

设置庭园的各类民用建筑，因庭园绿化而增添了大自然的美感。绿化还可起分隔空间和减少视线干扰的作用。传统民居利用天井或庭院空间进行绿化，处理十分灵活。庭院或天井可以设在厅堂的前后左右，组景宜简单，绿化配置一般均成对景或框景。

“蔚圃”是清末叠石专家余继之宅第之庭园，园内布置以叠石为主，并辅以绿化，环境优美，景色宜人（图 1-135）。

不仅建筑外部空间有绿化庭院，现代建筑在一些公共建筑或住宅内部也可设绿园。如英国建筑师诺曼·福斯特等设计建成的伦敦瑞士再保险公司总部大楼瑞士 RE 总部大厦，是炮弹外形，其流线可使风的阻力最小，加大室内的通风量。丰满匀称的形式

图 1-135 “蔚圃”民居庭园 （《中国美术全集》建筑艺术编 5 民居建筑 P110 陆元鼎 杨谷生）

图 1-134 香港中银大厦东侧流水花园
（《20 世纪世界建筑精品集锦》9 卷 P169 关肇邺 吴耀东 建筑师贝聿铭）

图1-136 苏州拙政园中部水池
(《中国美术全集》建筑艺术编3 园林建筑P78 潘谷西)

与城市区其他早期建筑的规整几何形式产生了强烈的对比。摩天大楼的内部组织结构中最重要的设计元素是螺旋形中厅，中庭旋转而上，办公空间围绕着中央花园螺旋上升，形成了大楼的“肺部”。它是气候控制系统的一部分，构成了空中花园，可以为高层楼创造一个微环境（图4-84）。

1.7.3 水体景观

水是生命之源，人有与生俱来的亲水性。水具有调节气候温度、湿度的生态功能，水也是景观的重要组成部分，面临大海给人以壮阔的美，河岸的早晨给人以宁静的美，喷泉的律动给人以欢快的美。江、河、湖、海、溪、泉、池、瀑都对人们的感觉和联想产生魅力。山有宾主朝揖之势，水有迂回萦绕之情，或者峰回路转，或者水流花开。水的光影还扩大了空间，增加了神秘感，所以运用水体是滨水建筑组织特色景观的重要手法。在用水体造景时要注意创造一个观水、亲水或戏水的环境。水体的观赏要结合堤、岸、岛、桥的综合景观规划，以及一些水生植物点缀。水体深度则主要决定于水体的用途，如种植水生植物的水深约0.3～1.5m，反映倒影及喷水池静影的水体一般不能浅于0.5m。现代建筑由于科技的发展和电脑的应用，则把水体景观推向一个更高的阶段，出现音乐喷泉、水舞等多种表现形式。

中国古典园林水景在高度提炼和概括自然水体的基础之上表现出极高的艺术技巧。水体的聚散、开合、收敛、曲直极有章法，“收之成溪涧，放之为湖海”。受道家“虚静为本”思想的影响，中国园林的理水重在表现其静态美，动也多是静中之动势。

水体景观的形式多种多样，但一般不外自然式水景和规整式水景。自然式水景指在场地中保留的自然水体或人工仿造的以缩小的人工水面模仿自然水面“宛自天开”的水体。规整式水景多是指在场地中布置的呈方形、圆形、长方形等几何形的水体。在一般建筑总体布局中的水体景观多为中、小型。前者典型的水景莫如模仿自然水景的中国江南古典园林苏州拙政园中部水池：池南为建筑，池北为水中二岛，二桥之间有一亭，景象丰富，层次深远，有江南水乡烟水弥漫之趣（图1-136）。后者如法国巴黎凡尔赛宫苑大型规整园林和美国华盛顿林肯纪念堂前的镜面长池等水体景观（图1-137）。

(a)法国巴黎凡尔赛宫苑大型规整水体

(b)美国华盛顿林肯纪念堂前的镜面长池

图1-137 水体景观举例

(a)江苏苏州留园石林小院

(b)江苏南京瞻园厅南山池

图1-138 石景举例(一) (《中国美术全集》建筑艺术编 3 园林建筑P67、P104 潘谷西)

1.7.4 石景

中国古典园林中的石景富有特色,用石讲究“瘦、透、皱、漏”。石景可以作为特置主景;亦可以与水体、植物配合组景,以取得某种意境;也可以作障景、分景。苏州留园石林小院以曲廊及亭轩围成庭院,院中列石峰数块,配置各种花木。南京瞻园厅南山池,堂南面假山,用湖石累成,有峭壁、悬崖、洞壑、危陉、步石等意境处理,从体、面到细部纹理都经过精心推敲,效果甚佳(图1-138)。

石景是日本园林主景之一,所谓“无园不石”,尤以枯山水取得了很高的成就。日本石景的选石以浑厚、朴实、稳重者为贵,十分讲究石形、纹理与色彩。日本龙源院方丈南庭的石组景观,其石组均赋予文化含义,白砂是茫茫的大海,这种排除一切杂质,追求纯粹的思想哲学境界的造园手法非常独特(图1-139)。

1.7.5 休闲场地

休闲场地是人们的室外生活环境,是为人们提供休息、交往、健身的场地,有的还包括儿童游戏等室外活动场地。这些场地与建筑的联系比较紧密,应与建筑靠近。室外休闲场地的布置,除需要与建筑密切配合外,还应注意与绿化、道路、建筑小品、围墙等组成有机的整体。

住宅建筑的休闲场地包括:儿童游戏、老年人保健、综合性游园等,应结合住宅小区外部空间环境进行综合考虑,在空间上既可以分离,又可能相互结合在一起。

由芬兰建筑师设计的美国匡溪教学区的“终点

(a)日本龙源院方丈南庭的石组景观

(b)日本某枯山水

图1-139 石景举例(二) (《日本庭园文化》P80 宁晶编著)

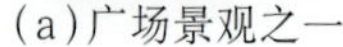
(a)广场景观之一

(b)鸟瞰

图1-140 美国匡溪教学区的“终点广场” （《世界建筑》1997 04 P32 设计[芬兰]龙哈尼·帕拉斯玛，丹·霍夫曼）

广场”，设想为新建的教学区入口创造一个视觉和符号的终点。圆形广场创造出一种与众不同的场所感，弧形的柱列和铜墙两个曲线元素与通过广场后分向两侧的道路相呼应。广场的场所感通过凸向公园和湖面一侧的混凝土矮墙得到加强。矮墙同时作为安置行人的座椅。一排机场灯标志着车道的边缘，在夜晚形成一道光幕，映照着铜墙和柱列。嵌在混凝土长椅中的一排环形灯，照亮了人行道。圆形广场、弧形柱列和铜墙形成一个整体，是对这个“T”形交叉口的呼应（图1-140）。

1.7.6 建筑小品

所谓建筑小品主要指构成建筑外部空间的一些功能简明、体量小巧、造型别致、具有一定价值并富有某种意境和特色的建筑部件，有的为人们提供识别、休息功能，有的具有点缀烘托、创造环境气氛的功能。例如形式新颖的指示牌、尺度适宜的坐凳，形状各异的花斗，造型雅致的灯具以及各式花架、花墙、喷泉、水池、小雕塑、小亭等。这些建筑是小品场地绿化不可缺少的构成要素。一般建筑小品虽然体量小巧，但在室外建筑空间中却具有重要作用。如以建筑小品突出室外空间构图中的某些重点，表述某种文化内涵，可以起到点缀空间，增加空间层次与内容，丰富环境的作用。小园中一组花架，在密布的攀藤植物覆盖下，提供了一个幽雅清爽的环境，给环境增添了生气。雕塑将艺术、生活、科学、技术、时代精神和大众情感融于一体，是城市文化的重要展示内容。木、石坐凳、指示牌、小亭等建筑小品，不仅可以供人们坐憩，为人指路，具有一定使用价值，而且往往也是一个小的景观。有的小品还是对建筑整体的补充，有的小品同时具有几种价值。在场地绿化布局中，可以结合建筑的性质或建筑空间环境的构思意境布置各种建筑小品。各类不同性质的室外空间，在选择小品的种类上要取其特色，巧予点缀。常用建筑小品布置的几种形式：

1 点缀与绿化环境的小品

在建筑室外空间中，点缀和绿化环境的建筑小品如各式各样的花池、花架、花坛、葡萄架等。它们是空间组景中常见的点缀品，既有利于改善环境的空气质量，又起美化作用。花池往往随地形、位置的不同而形式各异，也有结合坐台布置的。花坛以株型低矮、开花整齐、长期集中、花色鲜明的一、二年生花卉为主，通常有较规则几何轮廓，表现为对比鲜明的色块组合，讲究平面图案。立体花坛有如绿色雕塑，平面花坛主要依附于地面。造型花钵可以用钢筋混凝土塑造成各种形式，给环境增添新意。花架、葡萄架可悬挂植物，并供其攀缘，又是人们避阴休闲之处。花架如廊状呈长线布置时，可以用来划分空间和增加空间层次的深度感。当它呈点状布置时，就像亭一样，不仅自身成为一个观赏对象，而且还是观景点。花架的造型比较灵活而富于变化，有直线、折线、曲线等布置方式。为了保留田园风光的感受，利用花岗岩柱和型钢条支撑的老葡萄树，构成了新景观的结构形态（图1-141）。

2 具有使用价值的小品

在室外空间，具有使用价值的建筑小品较多，如坐凳、椅、景灯、景桥、铺地、指示牌、小亭等，这

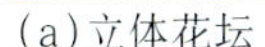

(a)立体花坛

(b)平面花坛

(c)用花岗岩柱和钢条支撑的老葡萄树架

图1-141　花坛与花架　(《令人憧憬的蔷薇庭园》P11　日本美丽社编著　聂娟译　广东经济出版社)

些小品本身可以构成各不相同的观赏点，同时又具有某种功能意义。

坐凳供人们小憩，在街道小游园，居住小区、商业步行街、广场及大小庭园中，设置坐凳给人一种亲切感。坐凳、椅可设于路旁、水岸边、树荫下，花丛旁，有些不便安排的零散用地也可以点缀坐凳加以划分或组织。坐凳的形式很多，有粗犷古朴的，也有轻巧别致的，有些仿树桩凳，给人一种自然野趣。英国谢菲尔德植物园内的长椅尤显别致。葡萄牙某景观保护区中的木构小品旨在利用现有的景观，展示并挖掘它的潜力。建成元素寻求自成一体的和谐，同时又不能与地段的原有风格相冲突。地段的自然特色和动态效果在这里完全得到保留（图1-142）。

景灯是室外空间中常见的小品，具有路径指示、引导及美化环境的作用，夜晚更不可缺少。景灯的造型不拘一格，但应具一定的装饰性。图1-143为某暮色中的景灯，散发着古典主义的优雅迷人气息，它与周边的环境共同构成了一幅动人的图画。

在有水面的外部空间，小桥、汀步是常见的小品。桥可联系水岸各风景点，连接水流网络，并能点缀水上风光，延缓人在园景中的运动速度，增加视觉变换的方向，丰富空间层次，在山地时而有过山桥颇

(a)英国谢菲尔德植物园的长椅

图1-142建筑小品举例

(a《世界建筑》2006　07　P49　邓位摄影；b《世界建筑》2006　01　P98　设计：丹尼尔·蒙太罗，摄影arqt.OF)

(b)葡萄牙某景观保护区木构长凳

图1-143 某水滨景灯
（《对话欧洲艺术的环境》P187 皮志伟著 东南大学出版社）

具情趣。小水面架桥宜轻快质朴，庭园水面一般水势平静，常选用曲桥，或在水面上巧铺一块薄拱，或两、三平板相折，配以顽石树木，如南京瞻园的折桥。而苏州拙政园三曲桥还有坐栏可供休息。北京某宾馆石桥，美国某私人花园小木桥也不乏特色（图1-144）。汀步是将步石当做浅水的“桥梁”，一般一步一石，有的形如荷叶自然浮在水面，有的虽只三、四块天然石材，却与自然环境十分协调，意味深远。汀步的石面一般要比水面高出10～20cm。贵阳花溪历史悠久的“百布汀”是目前最长的汀步之一，北京香山饭店花园一角的汀步略成弧线形（图1-145）。

（a）南京瞻园的折桥
（《中国美术全集》建筑艺术编3 园林建筑P64 潘谷西）

（b）苏州拙政园的三曲桥
（《中国美术全集》建筑艺术编3 园林建筑P79 潘谷西）

（c）北京某宾馆的石桥

（d）美国某私人花园的拱桥
（《水景园》P107 余树熏编著 天津大学出版社）

图1-144 庭、园中的石桥举例

(a)贵州贵阳花溪“百步汀”

(b)北京香山饭店花园一角的汀步

图1-145汀步举例
(《水景园》P114-P115 余树熏编著 天津大学出版社)

小亭可防日晒雨淋，消暑纳凉，既是园林景物，表达各种园林情趣，又是园林的赏景点。依材料的不同，亭有木亭、石亭、竹亭、茅草亭等，亭可依水、依山而建，因环境而各具其妙（图1-146）。

铺地不仅是人们散步、活动、游览、交通等使用的需要，而且它的不同材料、色彩及铺砌形式可以表达一定的意义，获得不同的园林造景效果。铺地方法简单，材料易取，图样千变万化，具有较大的适应性。铺地要根据使用的不同性质要求选择材料、色彩及铺砌方式。铺砌有规则式或自然式等多种形式，材料应该防滑安全，色彩与铺砌方式应与整体环境和谐统一。曲折迂回的庭院小径与一定的景石、景树、池岸相配，可创造雅致的空间艺术效果。小径铺地材料可用地砖，或者利用乱石、片石、卵石等材料颇具自然情趣。砖铺地可以构成席纹、间方纹、人字、斗纹等图案。块石、碎石铺地可以构成冰裂纹、乱石纹等图案式铺地。如果再配以不规则或有秩序的组景，更能显示空间的丰富多彩。

希腊皮基奥尼斯的雅典卫城及菲洛帕普斯山景观设计，石板路有如连接菲洛帕普斯山与雅典卫城山门的“地毯”。菲洛帕普斯山一侧的石板路上有两个小品，一个是带座凳的小亭子，另一个是可以环视这一重要历史地段的眺望台。从构图的角度来看，这两个小品都位于建筑开敞空间中具有重要特色的地方，整个项目通过结构、材料的有节奏的表现实现了效果的统一性。所有的材料都是同质的，为石块和混凝土。后者多用于结构和造型需要的地方（图1-147）。

法国巴黎德方斯某大厦广场的中心，建筑师将本身并不美观的通风口、电梯和地下停车场入口设计成不同的圆柱造型，艺术家在其表面创作了面积达3000m^{2}的镶嵌画，配上喷泉、绿化、灯光，使之成为广场上一组“构筑物雕塑”景观（图1-148）。

埃及吉萨穆罕默德·马哈茂德·哈利勒博物馆地段的街角偏在一边，从而提供给街道一个水池。水池中央有一块2m × 2m × 2m标有馆名的石碑。石材的选用有其独特的魅力和耐久性，既有实用价值又丰富景观（图1-149）。

3 具有分隔与联系空间的小品

在室外空间设计中，起分隔和联系作用的建筑小品有各式隔墙和各种景窗、漏窗和景门框、什锦窗等。它们可以把两个相邻而又分隔开的空间联系起来。空间半遮半掩，形成空间的渗透性，增加空间的层次感和流动感。景门、窗不仅有组景作用，而且它本身往往就具有欣赏价值，空间似隔似通，窗花玲珑

图1-146 吉林延吉某宾馆小亭

(a)总平面

(b)雅典卫城的入口景观与石板路铺地

图1-147 希腊雅典卫城的入口景观与石板路铺地平面
(《20世纪世界建筑精品集锦》4卷 P144-145 V·M·兰普尼亚尼 建筑师D·皮基奥尼斯，A·帕帕耶奥尔尤)

图1-148 法国巴黎德方斯某大厦广场的“构筑物雕塑”
(《世界建筑》1999 02 P40 邓雪娴)

图1-149 埃及吉萨穆罕默德·马哈茂德·哈利勒博物馆馆前小品
(《世界建筑》2002 03 P62 阿利·拉法特)

剔透，极目之处皆佳景。现代景窗采用钢、木、水泥等都可获得不同的效果（图1-150）。

4 具有鉴赏价值的小品

除以上小品外，尚有一些具有城市自己的历史文化或自然特色的有鉴赏价值的小品。如广场、庭园、小树林或绿地中经长期历史优选而成的许多颇具生活情趣的历史民俗题材雕塑、刻画等，在外部环境中体现环境的主题。它的题材不拘一格，形象或写实，或抽象，它们在外部空间环境的出现使意境趣味倍增。如位于北京奥运公园中心区“水立方”南草坪的水袖雕塑，高7m，铸铜材料，以水袖舞动为题，山水气势为形，雕塑结合台湾的人文地理和京剧水袖表现中国人自古以来对于自然的尊重和热爱。水袖呈人字形，象征了天地人融为一体，深含中华文化的重大主题。位于某国际金融大厦前绿地，将中国传统草书龙字立体化的雕塑，高5.8m，栩栩如生。位于某花园的奥运五环雕塑，由自行车运动员的车轮组成，富有动感，寓意感深。美国加利福尼亚比弗利山庄维达·沙宣住宅阶地上的金属雕塑，具有光泽的平面转移了人们对大片硬景观的视线，具有强烈的现代感（图1-151）。

(a)传统漏窗
(《中国园林之旅　苏州园林览胜》P75　本卷主编　牛士　钱怡)

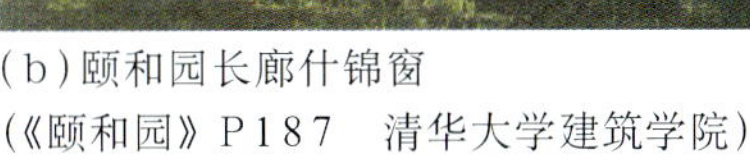

(b)颐和园长廊什锦窗
(《颐和园》P187　清华大学建筑学院)

(c)苏州艺圃西南隅小院圆洞门
(《中国美术全集》建筑艺术编 3　园林建筑　P142　潘谷西)

图1-150 分隔与联系空间的小品

图1-151 具有鉴赏价值的小品

(a)某大厦绿地雕塑：龙
(《长安街　过去，现在，未来》P199　主编　北京市规划委员会，北京城市规划学会　承编　北京市建筑设计院《建筑创作》杂志社　机械工业出版社)

(b)运动场馆环境雕塑：水袖
(《建筑学报》2008　05　P71　马国馨)

(c)美国某城市广场雕塑
(《美国城市雕塑》P8　许彬摄影　辽宁科学技术出版社)

(d)瑞士洛桑奥林匹克花园内奥运五环雕塑
(《建筑学报》2002　05　P62　于健鹰)

第2章　建筑各组成空间设计

建筑的类型、用途虽然众多，建筑的形式千变万化，但不管是什么类型和形式的建筑主要都是由数量不等的建筑空间所构成。

建筑空间有内部空间和外部空间之分。关于外部空间的基本概念在本书第一章已经涉及，本章所要讨论的建筑空间主要是指建筑内部空间，也就是本章所称建筑空间。

什么是建筑空间，建筑空间就是指由物质材料和技术手段所围合的供人们生活和活动并有其使用或其他要求的空间部分。建筑空间一般是由屋顶、地板和墙面等要素限定的。空间本身不是一种物质形式，而是一种被限定的三度环境，不是一个实体，是一个内空体，一个负实体，但有明确的形式和范围。空间的秩序如何建立，基本上取决于如何布置这些限定要素。它的视觉形式、光线特征、量度和尺度完全依靠形式要素所限光的界限。现代科学技术的发展，有些内部空间倾向外部空间的气氛和特征，有些具有街道、广场的空间特征，使人们感觉内部的或外部的，或两者之间的形式，在很大程度上取决于尺度、形式或材料的选择。空间是可以被感知的场所，空间只有与人的行为结合才产生实际的空间效益。《老子》的“埏埴以为器；当其无，有器之用。凿户牖以为室；当其无，有室之用，是故有之以为利，无之以为用。”意思就是说建筑最本质的东西并不是围成空间的那个实体的壳，而是空间本身，深刻地阐明了建筑实体与建筑空间的辩证关系，是对空间基本特性的极富哲理的论述。建筑空间的另一个特性是由于体验建筑过程时间的加入而具有四维性。人们通常所见的建筑立面其实只是包容空间的一个外膜而已，它的精髓在于内部空间的变化和组合。当人们在建筑空间中行进时，空间给人的感受是变化的连续印象所带来的综合效果。人们只有深入其中由印象的积累在思想感情上所产生的感染力，才能感悟到它的意境和魅力，因此时间和运动这个因素发挥了作用。此外还有以虚拟形式出现的空间、固定空间、可变空间、复合空间等。

为了研究的方便，我们以使用的不同要求和特点把民用建筑的组成空间区分为主要使用空间、辅助使用空间（或称二次要使用空间）和交通联系空间三大部分，也就是通常说的建筑空间。主要使用空间是建筑的主体空间，是最体现建筑功能特征的空间，是建筑的主要组成部分。例如住宅的卧室、起居室、书房、餐室，学校的教室、实验室，医院的病房、诊室，旅馆的客房，剧院建筑的观众厅、舞台，航站的候机厅等。辅助使用空间是主要使用空间的辅助设施，隶属于被服务的空间，如各类建筑的厕所、盥洗室、设备用房、车库、储物间等，在建筑组成中居次要部分。交通联系空间是联系建筑物各主要使用空间和辅助使用空间，使人和物能够在建筑内流通，以满足建筑物使用功能的建筑空间。交通联系空间包括水平和垂直方向的联系设施，如门厅、走道、过厅、电梯间、楼梯间等。辅助使用空间和交通联系空间虽然不是主要使用空间，但在设计时仍不可忽视。例如住宅的厨卫空间不是主要使用空间，却是住宅设计的核心部分，对住宅的功能和质量起着重要作用。作好各组成空间的设计，正确处理这三部分空间的关系，才不至于造成设计的混乱，运用组成空间不同的形状、大小、高矮和三部分空间的不同排列关系，可以组合出各种不同的方案来。

关于建筑空间类型的理论研究很多。密斯·凡·德·罗曾提出过“大空间”的概念。“大空间”特指大跨度、灵活围合的单一空间。进一步讲，这种大尺度的单一空间是灵活多用途空间的极端情况，它几乎可以模拟和适应任何使用者的要求。“大空间”暗示了一种“松散适应的灵活性”，即不是针对特定的使用者，就像很多不再使用的工业建筑成功转变成不同功能的民用建筑一样，一种能容纳各种各样活动的灵活大空间，或许能使人们看到和大自然相似尺度的人造构筑物。

当我们讨论建筑空间时，实际上也会涉及“大空间”，特指大跨度，灵活围合的单一空间。在这个“大空间”中又包络了若干有明确特定功能的次级建筑空间。建筑材料与结构技术的发展为我们提供了这种越来越大的可能。

在建筑创作中还经常涉及灰空间的概念，一般灰空间指不完全围合的空间或有顶的开敞空间，又称模糊空间、中间空间，是一种功能上不定性，具有双重或多重意义的空间。这种空间兼有室内空间和室外空间的特点，既和室外的城市景观或自然景观有联系，有一定的开敞性，又和室内相联系有一定的隐蔽性，是一种半公共半私密的空间。无论从使用功能看，还是从心理需求看，灰空间常因其暧昧性和多义性而受到人们的喜爱。有人称这种空间“有一种驱使内外空间交融的意向……使建筑得到一个内外交接的中间过渡区域”。它常常能使人免受或少受日晒雨淋，又能增加空间的层次感。不同的灰空间，其“灰色程度”不同，处理手法不同。有的三面围合，有的两面围合，有的则是一面半围合。传统建筑书院及茶楼的檐廊就是外部空间和内部空间的中间领域（图2–1）。

图2–1 四川广安某镇店面伸出的廊子形成沿街长廊——灰空间
（《中国美术全集》建筑艺术编 5 民居建筑 P120 陆元鼎 杨谷生）

加拿大安大略省飓风湖住宅坐落在一处可以俯瞰飓风湖的陡峭山坡上。这个住宅由两个体块及其中间的连接桥组成，住宅屋檐下7m高的室外“灰”空间成为这个建筑的视觉焦点。两个体块中间的“灰”空间既是露天起居室，又是住宅和整个基地的入口。大型壁炉镇守着入口平台，与位于楼上的室内起居室互相呼应。这个灰空间同时展示了这个住宅的关键构成要素：交通通道、玻璃窗和主要材料，并成为面向飓风湖和远处自然景观的取景框。从这个空间经由混凝土楼梯可到达楼上的起居空间。通过西面连续转折的玻璃窗可以一览住宅周围环境壮观的大全景（图2–2）。

（a）外观　双层挑高的入口“灰”空间，中部为连接桥与室外壁炉

图2–2 加拿大安大略省飓风湖住宅（一）

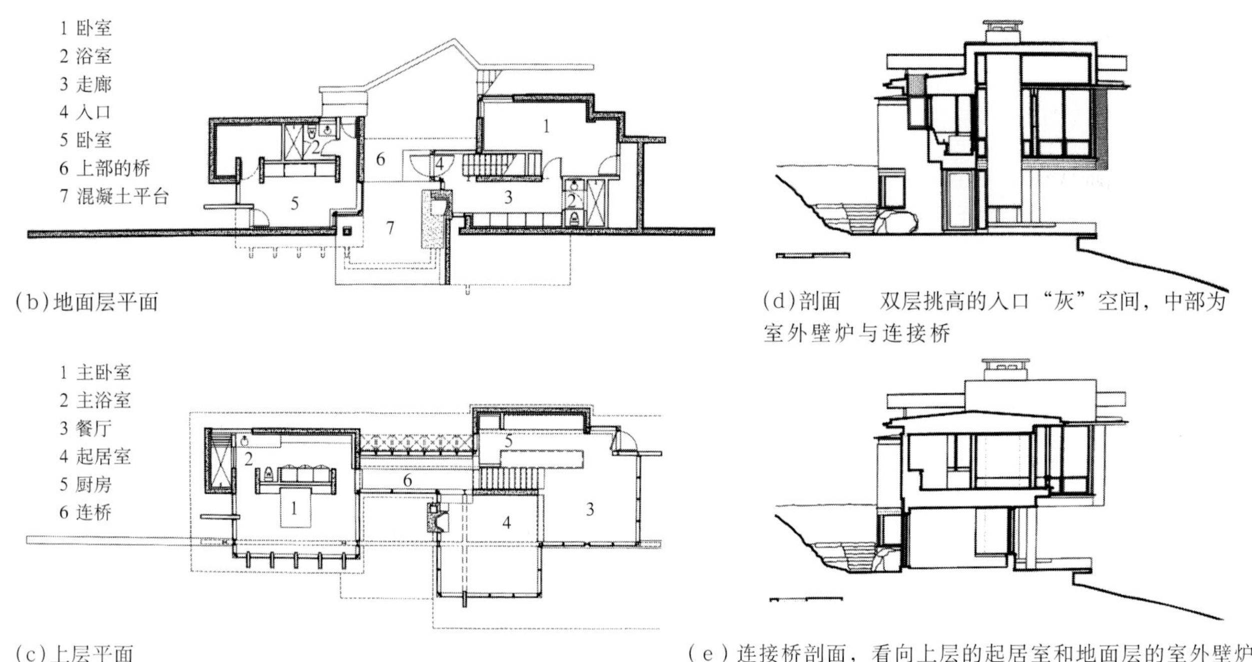

(b)地面层平面

(d)剖面　双层挑高的入口“灰”空间，中部为室外壁炉与连接桥

(c)上层平面

(e)连接桥剖面，看向上层的起居室和地面层的室外壁炉

图2-2 加拿大安大略省飓风湖住宅（二）

(《世界建筑》2007 04 P102-105 设计：希姆—萨克利夫建筑师事务所 摄影：Bob Gundu)

此外，从环境心理学的角度涉及的还有个人空间，是指个人心理上所需要的最小空间范围。他人对这一空间的侵犯和干扰会引起个人的焦虑和不安。个人空间起着自我保护作用，是一个针对来自情绪和身体两方面潜在危险的缓冲圈。

空间还有地上、地下之分。地下空间具有的一些特性，如防护性、抗震性、环境稳定性、与外界隔离性等为某些建筑的利用提供了有利的条件。

2.1 建筑组成空间设计应考虑的因素

民用建筑组成空间设计应考虑的因素很多，建筑空间的大小、容量、形状以及采光、通风、日照条件等是适用性的基本要素，也是建筑功能的重要方面。民用建筑组成空间设计同时还要求考虑技术、经济、美观以及节能、可持续发展等因素。归纳起来表现在以下几个主要方面：人体工程学、使用要求、自然采光、日照、热工、通风、音质与视线、建筑艺术以及一些特殊要求等。这些因素互相联系，相互制约，功能、技术与艺术融为一体，在设计时应该统一考虑。

2.1.1 人体工程学与建筑组成空间

建筑是为人使用的，建筑组成空间首要的功能就是满足人的生理需要、人体尺寸及其使用规律，建筑空间应以人体基本动作所要求的空间也就是人体工程学的原则为基本依据。人体工程学的研究包括人在某种生活和工作环境中的解剖学、生理学和心理学等方面的各种因素，人和设备及环境的相互作用，人身体在不同活动下，什么才是最健康、最不会疲劳的姿势，人在工作中、家庭生活和休息中是怎样统一考虑工作效率、人的健康、安全和舒适等问题。人体工程学为建筑设计提供测量静态和动态下人体各部分参数，人体的在立、坐状态下的基本尺寸及人体动态尺度，以保证使用舒适、健康、安全、方便。

据统计，我国成年人的平均身高为男1.67m，女1.56m；较高人体地区（冀、鲁、辽等）为男1.69m，女1.58m；较低人体地区（川、云、贵等）为男1.63m，女1.53m。以下是我国成年男女人体基本尺度图（图2–3)。成年男女人体不同身高的百分比图（图2–4)。人体基本动作尺度图（图2–5)。以实测平均数为准的人体与家具尺度关系常用图例（图2–6)。不同地区人体各部分平均尺寸表（表2–1)。外国人身高，各个国家不完全相同，俄罗斯成年男子平均身高为1.75m，美国为1.74m，日本为1.60m。在从事国外工程设计时，应遵循相应国家的规定。

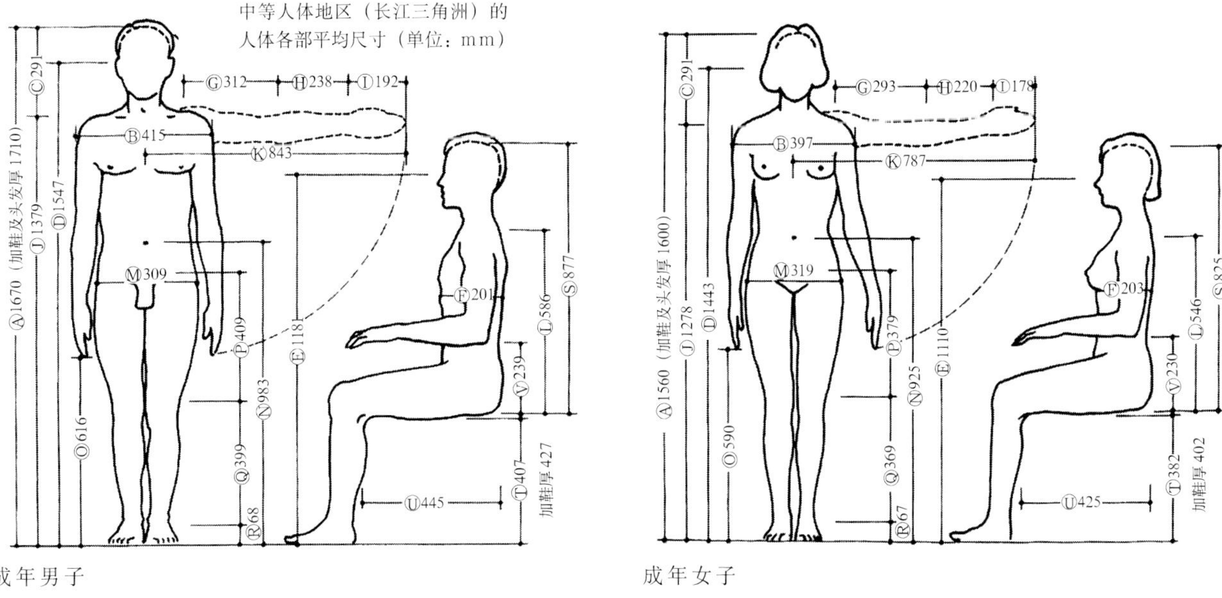

图 2-3　我国成年男女人体基本尺度图（《建筑设计资料集》第二版　1　P6　蔡吉安）

不同地区人体各部平均尺寸(mm)　　　　**表 2-1**

编号	部位	较高人体地区（冀、鲁、辽）		中等人体地区（长江三角洲）		较低人体地区（四川）		编号	部位	较高人体地区（冀、鲁、辽）		中等人体地区（长江三角洲）		较低人体地区（四川）	
		男	女	男	女	男	女			男	女	男	女	男	女
Ⓐ	身高	1690	1580	1670	1560	1630	1530	Ⓛ	坐姿肩高②	600	561	586	546	565	524
Ⓑ	最大肩宽	120	387	415	397	414	386	Ⓜ	臂宽	307	307	309	319	311	320
Ⓒ	肩峰点至头顶点高	293	285	291	282	285	269	Ⓝ	脐高	992	948	983	925	980	920
Ⓓ	正立时限的高度	1573	1474	1547	1443	1512	1420	Ⓞ	中指指尖点高	633	612	616	590	606	575
Ⓔ	正坐时限的高度	1203	1140	1181	1110	1144	1078	Ⓟ	大腿长度③	415	395	409	379	403	378
Ⓕ	胸厚	200	200	201	203	205	220	Ⓠ	小腿长度④	397	373	392	369	391	365
Ⓖ	上臂长	308	291	310	293	307	289	Ⓡ	足背高	68	63	68	67	67	65
Ⓗ	前臂长	238	220	238	220	245	220	Ⓢ	坐高⑤	893	846	877	825	850	793
Ⓘ	手长	196	184	192	178	190	178	Ⓣ	腓骨头的高度	414	390	407	382	402	382
Ⓙ	肩高	1397	1295	1379	1278	1345	1261	Ⓤ	大腿水平长度⑥	450	435	445	425	443	422
Ⓚ	两臂展开宽之半	867	795	843	787	848	791	Ⓥ	坐姿肘高⑦	243	240	239	230	220	216

（引自《建筑设计资料集》第二版　1　P6）

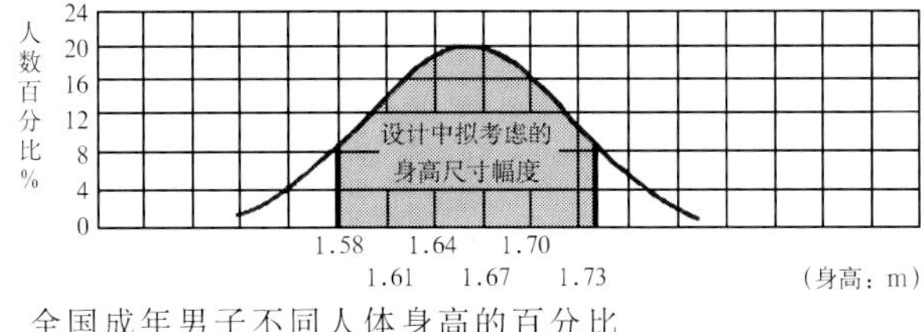

全国成年男子不同人体身高的百分比

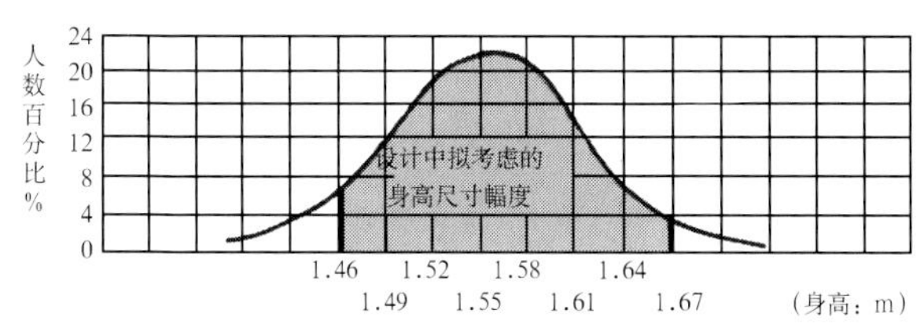

全国成年女子不同人体身高的百分比

图 2-4　我国成年男女人体不同身高的百分比图　（《建筑设计资料集》第二版　1　P7　蔡吉安）

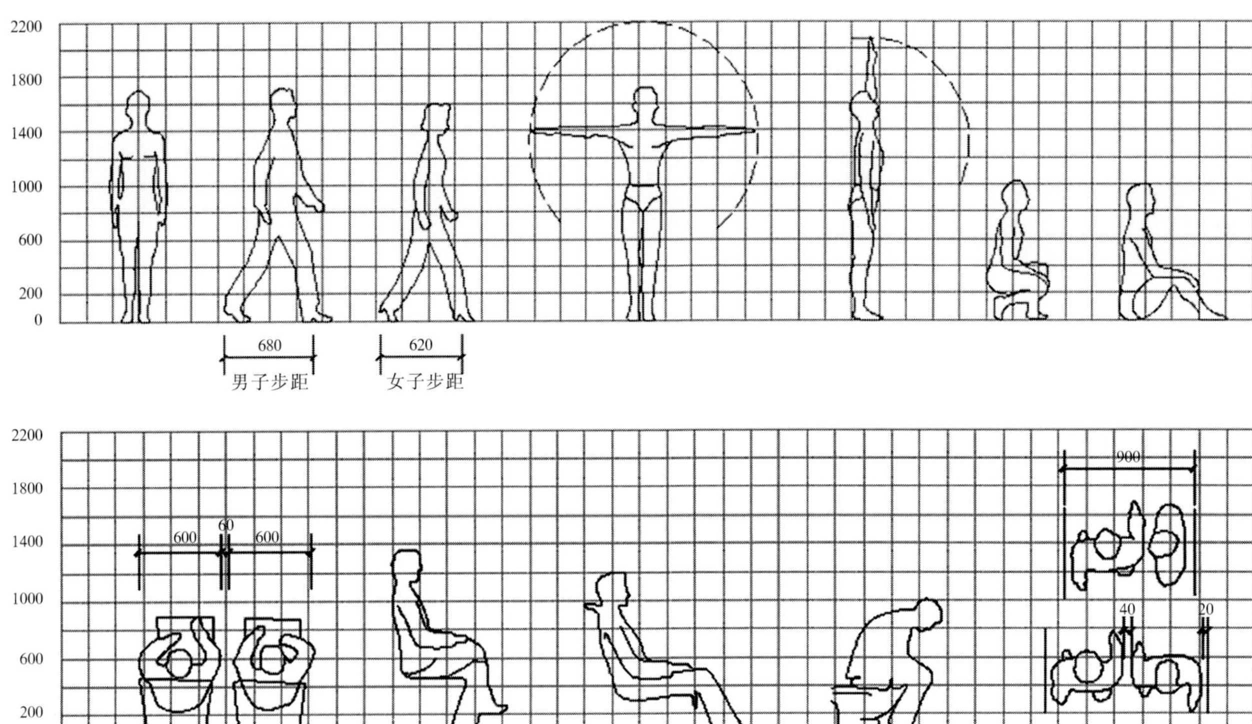

图 2-5 人体基本动作尺度图 （参《建筑设计资料集》第二版 1 P7-9 改绘）

由此可见，人体工程学是决定家具和设备尺寸大小的主要依据。例如卧室中床的长、宽、高，教室讲台的高矮，课桌椅的大小的尺寸等。各类空间为满足其使用要求，都需要有家具、设备，并合理布置。所以，建筑空间的大小和形状主要是由人使用需求的使用空间内设备和家具、人体使用活动所需的空间大小和交通活动所需的空间大小决定的。人类的进化史形成人对使用空间和心理空间的需求一般情况下是一致的。此外，我们还应明确，决定建筑空间的大小和形状的因素，并非仅仅是人体工程学的需要，建筑空间的大小和形状还受材料、结构、施工等技术经济条件的制约，同时要考虑建筑空间的美观，人的心理、精神等无法统一量化的因素。

在建筑设计中，确定人体活动所需空间尺度时，虽然主要以我国成年人体平均高度及各部分尺寸为依据。但由于男、女成年人中的其他高度还占一定比例，如高于平均高度或低于平均高度者，此外还有老年人、儿童和残疾人。为同时照顾到他们的要求，建筑的某些构成要素要按以下四种人体尺度作为设计的主要依据：

1.应按较高人体高度考虑的最小空间尺寸，采用占一定比例的男子身高 1.74m，另加鞋厚度 20mm 及发厚 20mm 为依据。例如门的高度，楼梯的顶高，阁楼及地下室的净高，淋浴喷头高度，床的长度及栏杆高度等。所以建筑空间的最低高度不应小于1.80m，通常单扇门的高度不小于2.0m，宽度不小于0.7m。窗台、栏杆高度按人体的重心高度不应小于0.90m，常采用0.90～1.20m。女儿墙高度从可踩踏表面算起不应小于1.05～1.20m。

2.应按较低人体高度考虑的空间尺寸，采用女子的人体平均高度1.56m为依据。例如碗柜、搁板、盥洗台、操作台、案板，楼梯踏步及其他空间设置物的高度等。

3.除了成年人以外，儿童和老年人对建筑都有自己特殊的要求。例如托、幼及中小学建筑，由于其主要使用对象为儿童和少年，应根据不同年龄的儿童高度来确定此类建筑内部空间的某些部分的尺度大小，例如楼梯踏步及栏杆扶手高度，家具尺寸等。而老年人残疾人建筑设计包含一部分无障碍设计的要求。

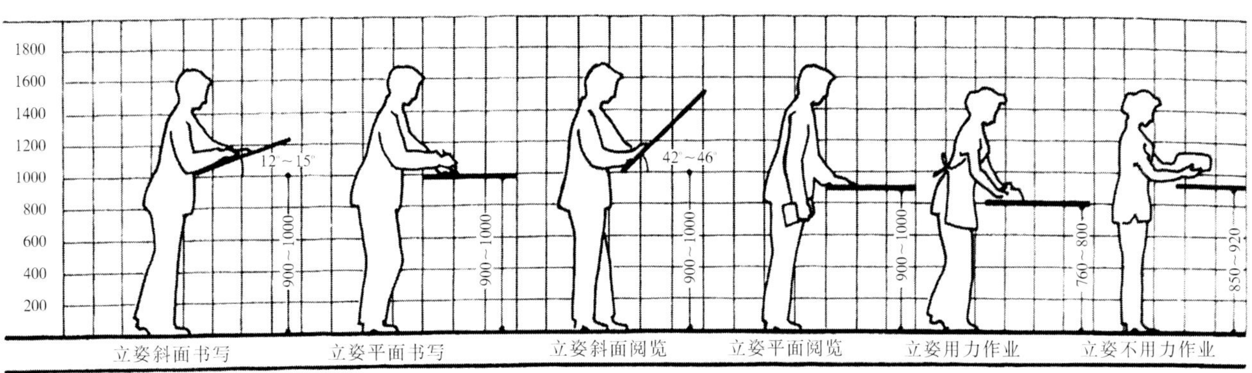

桌、台的尺寸、尺度之一

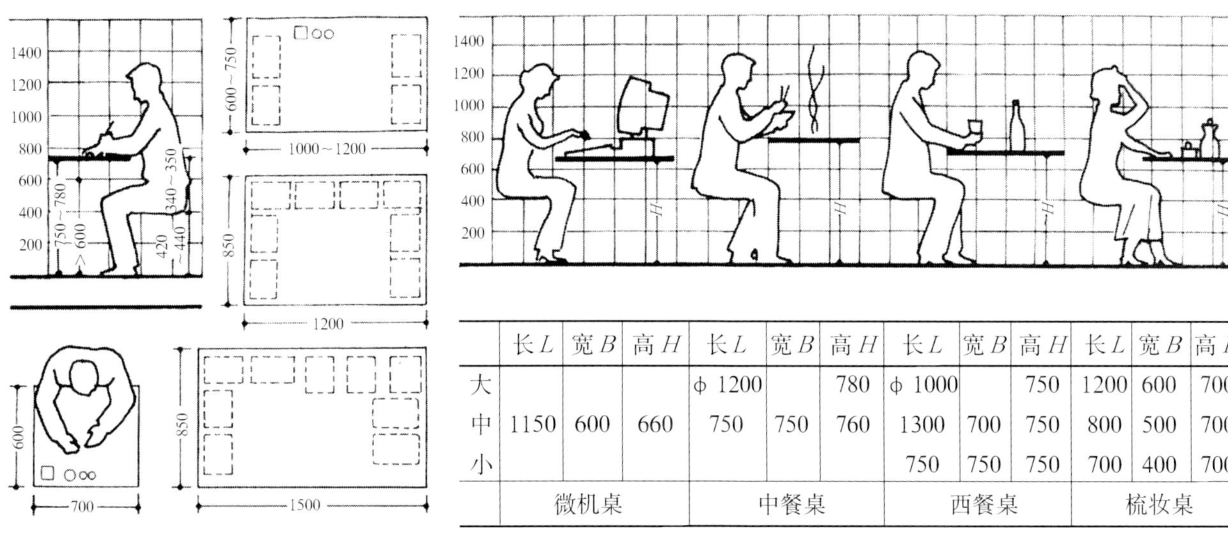

	长 *L*	宽 *B*	高 *H*	长 *L*	宽 *B*	高 *H*	长 *L*	宽 *B*	高 *H*	长 *L*	宽 *B*	高 *H*
大				ϕ 1200		780	ϕ 1000		750	1200	600	700
中	1150	600	660	750	750	760	1300	700	750	800	500	700
小							750	750	750	700	400	700
	微机桌			中餐桌			西餐桌			梳妆桌		

桌、台的尺寸、尺度之二

常用单人床尺寸

	长 *L*	宽 *B*	高 *H*
大	2000	1050	450
中	1900	900	420
小	1850	850	420

常用双人床尺寸

	长 *L*	宽 *B*	高 *H*
大	2200	1800	450
中	2000	1500	420
小	1900	1350	420

床的尺度

图 2-6　人体与家具关系尺度部分常用图例　（参考《建筑设计资料集》第二版 1 P10 蔡吉安）

4.城市的无障碍环境还应确保活动不便者能方便安全使用城市道路和建筑物，残疾人的人体活动尺度区别于常人，供人们行走和使用的道路、建筑物的相应设施和建筑物的无障碍设计应符合乘轮椅者、拄盲杖者及使用助行器者的通行与使用要求。

2.1.2　使用要求与建筑空间

建筑空间的设计主要是根据使用要求决定的，使用要求根据人体工程学的原则规定了建筑空间基本的大小与形状，这是建筑空间设计最基础的工作。然而，人的使用要求千差万别，不同使用需求对建筑空间设计提出了不同的要求，所以建筑空间千变万化，多种多样。例如卧室的功能主要是满足人们休息、睡眠的空间，是私密的。私密的空间是只对一小群体和一个人决定可否进入的场所，并由其对它进行维持。办公室、剧场观众厅的主要功能主要是满足办公和观演使用，是公共的空间，是一定群体的人在一定时间可以进入的场所，并由集体负责维持的。卧室、办公室和剧场观众厅对建筑空间的要求各不相同，从而产生各种不同大小、形式和类型的建筑空间。公共和私密也是相对的，起居室对于家庭成员是公共的，但对于外人又是私密的。即使是同类使用性质的空间，由于建设标准高低不同，使用对象、使用方式和使用人数的差异，对空间的形状、大小、高低、内部布置等要求也不一样。同样是居住建筑的休息睡眠空间，住宅的卧室、学校的宿舍和旅馆的客房，其布置、设计完全不同。

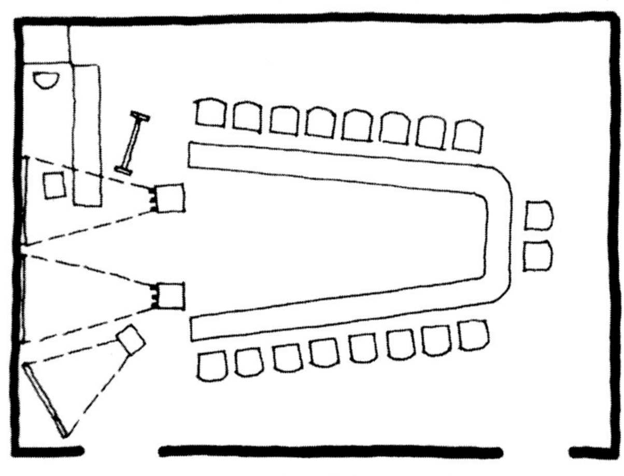

图 2-7　某标准决策室平面示意图
(《建筑学报》1999　09　P6　周庆琳)

某智能大厦的标准决策室设计要求标准适当，要有足够大小的面积、形状和空间，以满足应有的座席容量和包括设备在内的使用要求。例如，考虑能安装影像、声音、会议、电脑与会外联系的通信系统等设备的使用空间，布置音响时应注意防止产生反馈现象，决策室的照明要考虑到开会和放映图像时对照度的要求，并注意到调整照度要方便操作，要注意到设备产生的热量对房间温度的影响，最好采用架空地面，以满足布线要求等都是建筑空间要考虑的因素（图 2-7）。

北京国家大剧院室内空间的转化及其简洁的体形是大剧院最为独特之处。国家大剧院实际上是一个由巨大壳体覆盖下的功能复合体，是一个“微观城市”。它的组成空间的大小和形状都是由现代国家级的观演使用要求决定的。由较低矮的入口大厅，经过水下长廊到达高 50 多米、长 200 多米的北侧公共空间。三个剧场毫无遮掩的展现在观众的面前，创造了一种大、小、明、暗、张、驰的多变空间。大剧院占地面积 11.89hm^2，主体建筑面积达 17.28 万 m^2，另外还有为天安门地区服务的地下车库 4.6 万 m^2。北侧公共大厅将歌剧院、戏剧场与音乐厅串联在一起。歌剧院在三个剧场中是最大和最重要的一个，位置居中。音乐厅与戏剧场居轴线两侧，与外部空间呼应。歌剧院包括站席和乐池中的座位可容纳 2416 人（不含站席及乐池座席为 2094 座），观众厅设有三面围合的三层楼座。位于歌剧院东侧容 2017 座（包括站席）的音乐厅，采用了传统的鞋盒式布局的变种形态，略带圆弧形的长方体与歌剧院和戏剧场的圆形

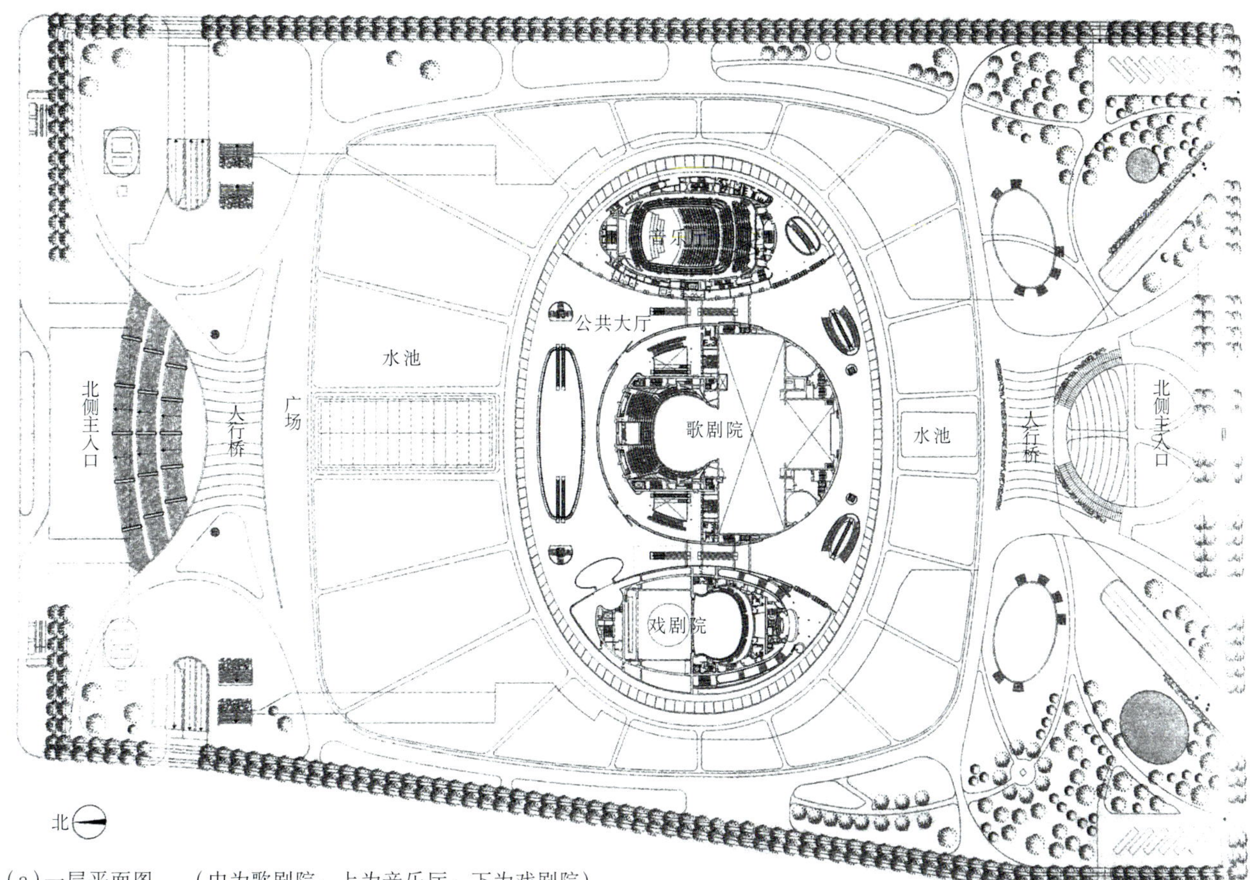

(a)一层平面图　（中为歌剧院；上为音乐厅；下为戏剧院）

(b)歌剧院观众厅内景

(c)座落在绿地和水池中的大剧院

体形形成对比。戏剧场位于歌剧院的另一侧，容953座，供话剧与地方戏剧演出。采用了伸出舞台的形式，不用伸出式舞台时也可以作为观众席或乐池使用（图2–8）。

德国柏林爱乐音乐厅的外观独特，但却与建筑物的内部使用要求相吻合。音乐厅的建筑形式体现着设计者“音乐在其中”的设计思想。演奏厅的形状近乎六边形，中心是演出场地，观众席围绕在四周，正面有四层，侧面各三层，后面两层，共有2218个席位，分布在不同大小和形状的梯台上。所有视距均

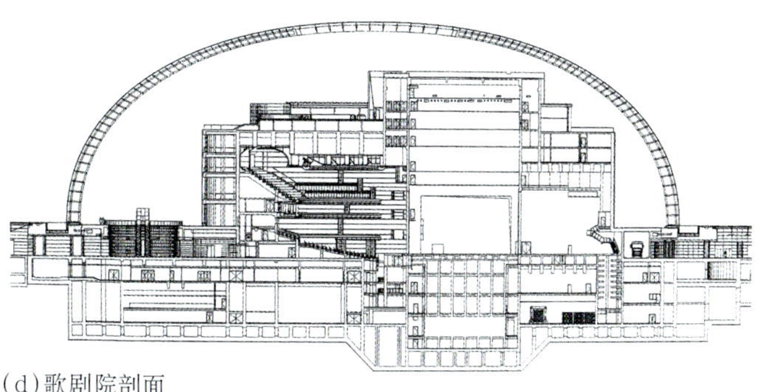

(d)歌剧院剖面

图2–8 北京国家大剧院

(《建筑学报》2008　01　P1–11　周庆琳，摄影：凌风，傅兴)

(a)西面外观

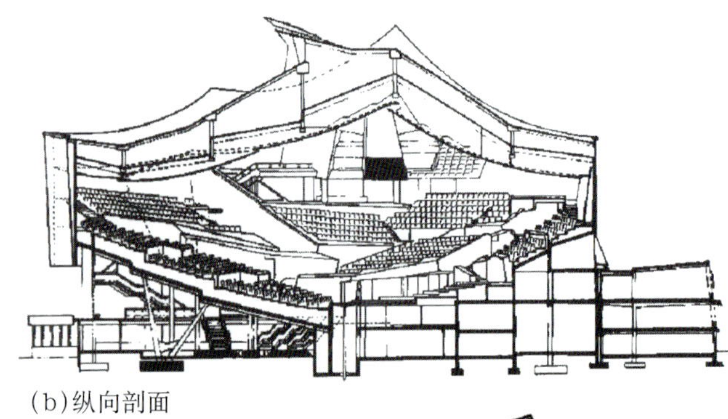

(b)纵向剖面

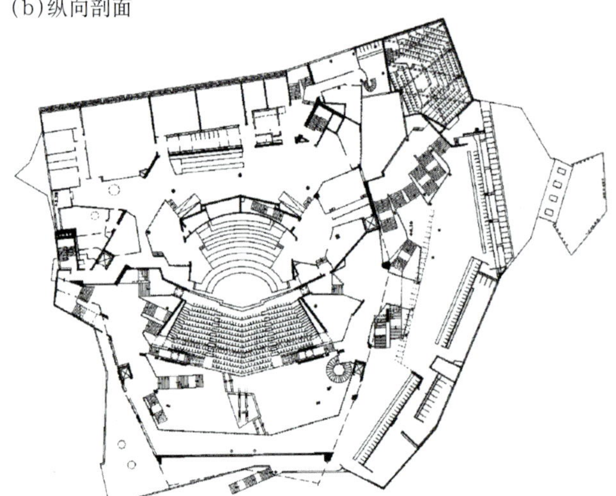

(c)听众席平面

图2-9 德国柏林爱乐音乐厅

(《20世纪世界建筑精品集锦》3卷 P164-165 W·王，H·库索利茨赫 建筑师H·夏隆)

不超过30m，演奏者和听众的交流非常直接。为避免回声，顶棚设计成一系列的凸曲线，等同帐篷覆盖着音乐厅，使音乐厅的外观呈现独特的轮廓。休息厅则很少装修，墙面和柱子上留有模板的痕迹，地面和楼梯上铺设的地毯都是蓝灰色的。惟一有色彩的是四片彩色玻璃墙面，起着重点装饰的作用。设计者主张既讲究功能、技术和经济，又要形式自由。爱乐音乐厅不是靠装饰和纹样求得丰富和自由，而是靠多变的空间和形态创造了动人的建筑形象。建筑空间的大小、形状和使用要求契合（图2-9）。

现代数字图书馆技术的发展向图书馆提出了新的要求，对图书馆建筑设计的模式产生了新的影响。数字化图书馆所具有的"零距离"效能、"无载体"的传播及人机合作获取信息的全新的阅览方式等特征改变着图书馆传统的人工操作的工作服务模式，也导致了图书馆建筑空间的变化及设计模式的改变。这种变化具体表现在：目录厅作用的淡化，书库空间的缩小，阅览空间的扩大，入口区空间功能的增加和交往空间的增多等。21世纪之初建成的我国北京中国科学院等图书馆（中国国家图书馆）可视为当今我国适应信息社会需要的现代化图书馆的代表（图2-10）。

2.1.3 自然采光、日照与建筑空间

1.自然采光

建筑空间通过窗户获得的天然光线称为自然采光。人眼作为视觉器官最能适应的是天然光，再完美的人工光源也无法替代天然光，天然光能够提供更为健康的光环境，有利于使用者的生理和心理健康。天然光还是大自然赐予人类的宝贵财富，具有清洁安全的特点，充分利用天然光可节省大量能耗。自然光明亮而富有变化的特性使人意识到昼夜与节气的自然规律，意识到太阳的移动、季节与每天天气的情况，通过窗户同时可以欣赏窗外景观，不受阻隔的户

(a)外观

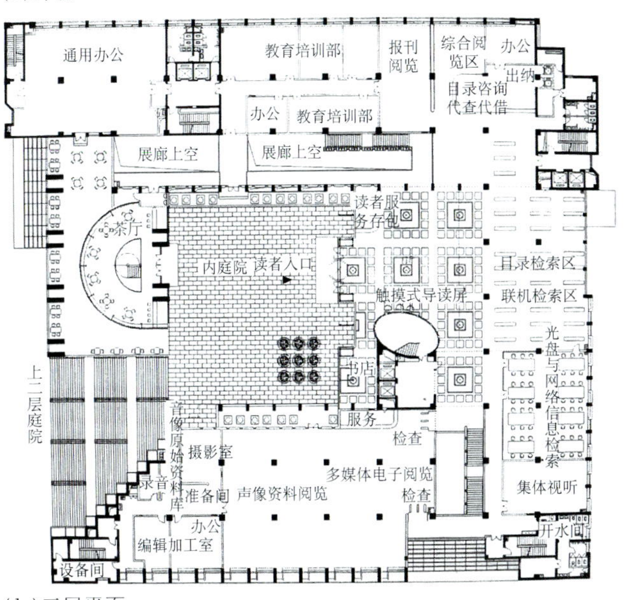

(b)二层平面

图2-10 北京中国科学院文献情报中心图书馆
(《建筑学报》2006 09 P44 崔彤 白小菁 高林)

外景致，与户外环境的自由衔接，使人在心理上更接近自然，扩大空间感。这种意识上的转移可以有效地缓解长时间工作给人带来的紧张状态，成为创造心理健康的重要方面。光环境不仅给建筑外观还能给建筑内部空间带来不同特点的艺术效果，创造舒适、美观、经济的光环境。所以，除了某些特殊建筑空间如电影院、剧院观众厅不要求自然采光；有的博物馆建筑室内以人工照明为主，展品区域高亮而观众区照度很低，有利于观众把注意力集中于展品上，因此建筑的立面很少开窗；之外，一般建筑都应通过窗户获得自然光线，充分利用日光资源，为建筑空间提供高质量的采光条件。

自然采光应保证有合理的采光方向，适宜的采光水平，光线均匀，使人感到舒适。设计中，应避免自然光带来的直射、眩光。采用自然采光，建筑的窗户的大小、位置、形式以及玻璃的选用直接决定建筑空间内的采光效果。新型采光玻璃可以保证在合理的采光量的前提下，在需要时将热量引入室内，在不需要时将天然采光带来的热量挡在室外。有的新型玻璃窗不必开启便可以实现自然通风。现在，以往“洞口镶嵌玻璃”或“结构外粘玻璃”的简单窗户已发展为可根据环境变化而具有自我调节的智能系统。

建筑空间自然采光的形式通常分为侧面采光和顶部采光两种。

(1) 侧面采光

侧面采光在外墙面上开采光口进行采光，是最常见的一种采光形式。侧面采光的光线具有明确的方向性，人的视线一般不受阻挡，可通过窗户看到室外景物，为人们开拓了一个有趣而多变的视野。侧面采光还具有便于布置、构造简单、造价低廉的优点，外观也比较明快。需要扩大采光面时可采用落地窗或向外突出的阳光窗。为了争取更多的可用墙面或其他专门要求的使用空间有时设高侧窗。高侧窗如开设在走廊上，应使窗扇开启时不碰到行人。角窗也属于侧窗，其形式多样，在建筑设计中应用也较多。

(2) 顶部采光

顶部采光也称天窗采光，是在屋顶上开采光口，以透明材料为透光部分及金属框架等作为支撑结构所组成的采光顶的总称。随着新材料、新技术的不断涌现，玻璃采光顶已成为集采光与艺术性或装饰性于一体的新型屋盖。

图2-11 美国某商场顶部采光

顶部采光常见的形式有竖天窗，如矩形天窗、平天窗、斜屋顶天窗以及玻璃采光顶等，一般仅限于单层或顶层建筑使用。它的采光效率较高，采光效果好，照度分布均匀，采光口设置比较灵活，不占室内墙面，而且具有良好的室内空间效果和形式。但顶部采光构造较复杂，有的还会形成眩光。在南方阳光照射强烈地区，采光顶要考虑适当的遮阳措施，不需要直射光的顶部采光可用调节板对直射光加以遮挡。顶部采光适用于展览馆、体育馆或者有些建筑的四季厅、中庭等，在住宅建筑的阁楼层，斜天窗也具有良好的采光、日照效果。为了保证采光效果，有些顶部采光需通过采光计算确定其采光面积（图2-11）。

（3）自然采光设计

采光是影响人工环境质量的一项重要指标，可以将其分为自然采光和人工照明两种方式。采光的低能耗要求就是在人工照明和自然采光之间形成一种平衡，即充分利用自然光，尽量减少人工照明。

各种建筑自然采光设计主要是根据建筑的使用功能和视觉作业的特征确定采光等级，结合建筑设计方案选择采光口的形式或采光方式，根据规范要求的采光标准进行采光系数计算（采光系数标准值应符合有关规定），确定必需的采光口面积大小，合理布置其位置，并注意控制眩光。眩光是在视觉范围内出现光源、反光物体或有强烈的明暗对比，一次反射、二次反射引起的现象。在博览等建筑设计中尤其要注意防止眩光的出现。一般情况下侧窗采光的设计可以窗洞口面积与房间地面面积的比值按规范要求的采光标准确定。住宅卧室、起居室（厅）、厨房外窗的窗地面积比不应小于1／7。或者按规定进行采光系数的计算。其采光系数标准应符合民用建筑设计的有关规定。表2-2～表2-4为部分民用建筑窗洞口面积与房间地面面积的比值。

综合医院主要用房的窗洞口面积与地面面积之比　表2-2

房间名称	窗地面积比
诊察室、检验室、医生办公室、病人活动室	1/6
候诊室、病房、医护人员休息室	1/7
更衣室、厕所、浴室	1/8

学校主要用房工作面或地面上的采光系数最低值和窗地面积比　表2-3

房间名称	采光系数最低值（%）C min	窗地面积比
普通教室、美术教室、音乐教室、阅览室	（课桌面）1.5	1/6
实验室、自然教室	（实验台面）1.5	1/6
计算机教室	（机台面）1.5	1/6
厕所、浴室、饮水处	(地面)0.5	1/10

图书馆主要用房采光系数最低值和窗地面积比　表2-4

房间名称	侧面采光	
	采光系数最低值 Cmin(%)	窗地面积比
阅览室、开架书库、装裱整修间	2	1/4
目录室、视听室、微缩阅览室、业务办公室、陈列室（展示面）	1.5	1/6
书架（闭架）、厕所、门厅、走廊、楼梯间	0.5	1/10

（引自《建筑设计资料集》第二版2　P169）

在进行采光窗户设计时，为了保证房间最深处有足够的照度，一般应使房间的进深小于或等于采光口上缘高度的2倍。根据设计规范的规定，内走道长度不超过20m时至少应有一端采光口，超过20m时应有两端采光口，超过40m时应增加中间采光口，否则应采用人工照明。在采光设计中还可以利用遮阳板及反射面，以避免室内直射阳光，提高室内照度和均匀度。为了提高室内的光照，有时在采光口设各种反光、折光及调光装置，以控制与调整光线（图2-12）。有些用房不需要采光，要求设计成暗室，开设窗户主要是为了日常通风换气。同时，还应了解同样的窗户面积由于地区不同，朝向不同，窗户的形式不同直接影响采光的效果。同样面积开一个大窗比开几个小窗采光效果好。而采光口上部有宽度超过1m以上的挑阳台等遮挡物时，其有效面积仅相当于一般采光口面积的70%左右。竖向长方形窗子，容易使房间深度方向照度均匀，横向长方形窗子，在宽度方向的照度较均匀。

2.日照

和自然采光相联系的是建筑空间的日照。日照是物体表面被太阳光直接照射的现象——太阳光直接照射到建筑地段、建筑物围护结构表面和房间内部。日照起杀菌与干燥潮湿房间的作用，日照所产生的辐射热，能提高室内温度，改善室内热、光环境，适宜的日照对于人的生理和心理健康都具有重大的卫生意义。但夏季烈日的暴晒有使人感到炎热难耐；过量的日照，容易造成室内过热，增加空调能耗；且阳光直射工作面上会产生眩光，损害视力。阳光直接照射对物品有褪色、变质的作用，有些化学药品被晒，还有发生爆炸的危险。医院的药库和药房配方室等都不宜受阳光直射。日照设计要求充分利用直射阳光的有利因素，满足室内光环境和卫生要求，限制不利因素，防止室内过热。

与建筑空间设计直接相关的主要是建筑方位、日照标准和日照间距。我国大部位地区建筑主立面最佳方位是南和南偏东或西，这样冬季阳光可以照入室内，夏日中午阳光容易被阻挡。日照标准是太阳照射建筑物的最低日照时数日照质量，也是确定日照间距的依据。不同性质的建筑物具有不同的日照标准，而不同的日照标准要求建筑物之间保持不同的日照间距。

日照间距是指满足日照要求的建筑外墙面之间的距离。为了简化计算，一般日照间距采用系数法。日照间距系数是指根据日照标准确定的房屋间距与遮挡房檐高的比值。例如，向阳方向建筑的计算高度为10m，日照间距系数为1.5，则向阳方向的建筑与北面的建筑两墙面之间的距离应为15m。日照要求因地球纬度不同而存在差异，所以不同地区日照标准、日照间距要求不一样。建筑方位不同，日照间距根据

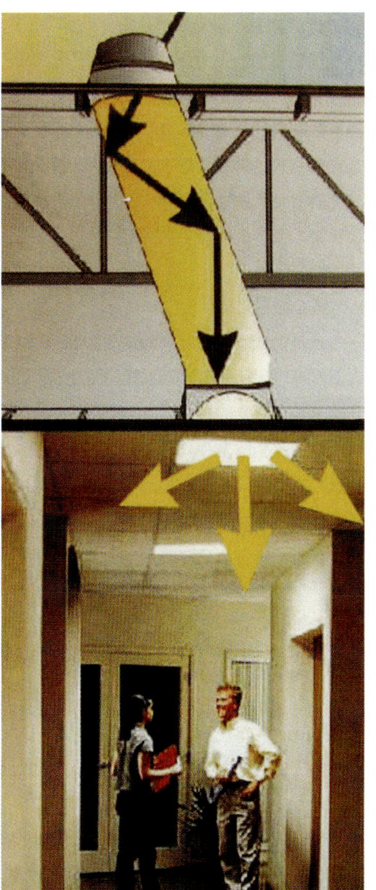

图2-12 天然采光导管的使用及其效果
（《建筑学报》2003 03 P65 王爱英 时刚）

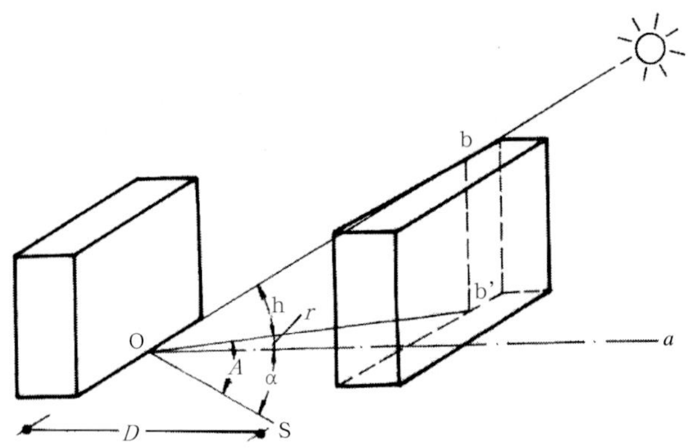

日照间距计算公式

$D = H_0 \cdot \mathrm{ctg}h \cdot \cos r$ (1)

$\iota_0 = D/H_0 = \mathrm{ctg}h \cdot \cos r$ (2)

式中：D —— 日照间距

ι_0 —— 日照间距系数

H_0 —— 前栋建筑计算高度

r —— 后栋建筑方位与太阳方位所夹的角

A —— 太阳方位角

OS —— 南向

α —— 建筑物方位角

bb' —— 建筑计算高度 H_0

Oa —— 墙面法线

图 2–13 建筑物日照间距计算示意图

（《建筑设计资料集》（第二版）1 P191 张志勇）

其朝向角度的不同要相应调整，通常采用不同方位间距折减系数进行换算。如需要更准确的取值，则可通过日照间距计算公式进行计算，如图 2–13 所示。

建筑空间对日照的要求根据建筑的不同使用性质而有所区别，如居室、病室、幼儿活动室等需要争取较多日照的建筑空间。我国设计规范要求老年人住宅、残疾人住宅的卧室、起居室，医院、疗养院半数以上的病房和疗养室，中小学半数以上的教室应获得冬至日不少于 2h 的日照标准。托儿所、幼儿园的主要生活用房应能获得冬至日不少于 3h 的日照标准。病房和婴儿活动室主要要求中午前后的阳光，因这时的阳光含有较多的紫外线。需要避免阳光直接照射的主要是避免产生眩光和防止有起化学作用物品的建筑空间，如博物馆、展览馆、绘图室、阅览室、书库、某些化学实验室等，这些建筑空间需要限制阳光直射造成的影响和危害。办公建筑应进行合理的日照控制和利用，避免直射阳光引起的眩光。因此，在考虑建筑日照时，要相应地采取建筑措施，正确选择建筑的朝向和布置形式，做好窗口的遮阳处理。尤其是住宅建筑的间距，应以日照要求为基础，综合考虑采光、通风、景观、消防等要求确定。为争取日照，我国多数地区建筑朝向宜朝南或南偏东、西一定角度，各地不同，需要限制阳光直射的房间以朝北为宜。在设计中朝向是体现建筑质量的重要指标。

北京奥运会国家游泳中心“水立方”将建筑理念与结构形式完美地结合在一起，选择了由 ETFE（乙烯—四氟乙烯共聚物）气枕模拟水的形态的幕墙。气枕总面积达 10 万 m^2，是世界单个气枕最大并拥有内外两层的独一无二的建筑物。ETFE 立面及屋面系统的设计寿命为 30 年。它的可见光透光率高达 94%，抗紫外线和化学物质侵袭能力强、自洁性好。ETFE 幕墙是建筑表面密封系统并作为主要防水层。带图案的半透明的涂层能够实现一定程度的热能和日光控制，两层表面共同控制太阳能射入、热损失和日光水平与眩光。经过轻薄的像泡泡一样的表面可以看到游泳中心的有机框架，形成广泛的室内外视觉联系。它可以根据空间的用途来进行自然光的调节，控制比赛大厅内泳池岸上方采光的均匀性，日光透过大面积的淡色表面使空间显得更加明亮。由于围护结构全部采用透明的膜结构，与常规建筑的围护结构相比，具有可以充分利用自然光的优势，从而节约照明费用（图 2–14）。

勒·科布西耶设计的法国朗香教堂的墙面既弯曲又倾斜，开着大小不一的门窗，墙体与屋顶除几处支点外互不相连，阳光从窗户和空隙射入室内，产生神秘的宗教气氛。朗香教堂意味着纯粹经典现代主义的结束，是以后被称为“后现代主义”建筑的第一个作品（图 2–15）。

图 2-14　北京奥运会国家游泳中心"水立方"内景

经历了长达15年之久设计与施工过程的卢森堡现代艺术馆不仅是一个构筑在最初环绕着箭头形的内堡垒防御墙遗迹之上，和基地丰富得历史融为一体，而且在采光的设计方面同样有独到之处。建筑里所有的公共空间都充满了从大面积天窗进入的阳光，明亮而开敞。光线被支撑天窗的空间网架结构和结构构件之间起遮阳作用的细管筛滤过，在平实均质的暖色石灰岩上打下图案化的影子，光、影、时间构成了一曲随时间变化的无声的交响乐。最重要的公共集会空间——中央大厅，其多角的几何形式主要是由向天空攀升的天窗系统和向地面延伸的窄条玻璃窗，以及均质的石灰石覆盖的地面和少量墙面共同塑造出来的。以一种宏伟的姿态，在暖色的石灰石表面构成的谦和背景下，天空、云彩、古堡垒偶尔一闭的身影都进入到空间的戏剧里来（图 2-16）。

英国伦敦大英图书馆新馆占地 108000m²，耗资 4.5 亿英镑，藏书 1200 万册，每年服务人数达 40 万人。新馆书库和阅览室书馆长达 300km，大部分藏书在深达 23m 的 4 层地下室。新馆的采光设计使室内各处都尽可能优先使用自然光。自然光的使用成为了建筑竖向组织的首要决定因素：所有的阅览室都安排在顶层，自然光可以从楼顶天窗直接照进大楼中央，这样可以最多的获得自然光；而综合公共部分的主要区域安置在地面层；藏书室、后勤服务与机械设备安置在地下层（图 2-17）。

英国伦敦地区政府大楼采光设计则是另一种例子。1999 年斯特林在设计竞赛中获得了英国大伦敦政府市政厅大楼的设计权。大楼位于泰晤士河沿岸。

(a) 教堂外观

(b) 在教堂内部向后看

图 2-15　法国朗香教堂采光

(《20 世纪世界建筑精品集锦》4 卷　P135-136　V·M·兰普尼亚尼　建筑师勒·柯布西耶)

(a) 以卢森堡为城市背景的博物馆鸟瞰

图 2-16　卢森堡现代艺术博物馆（一）

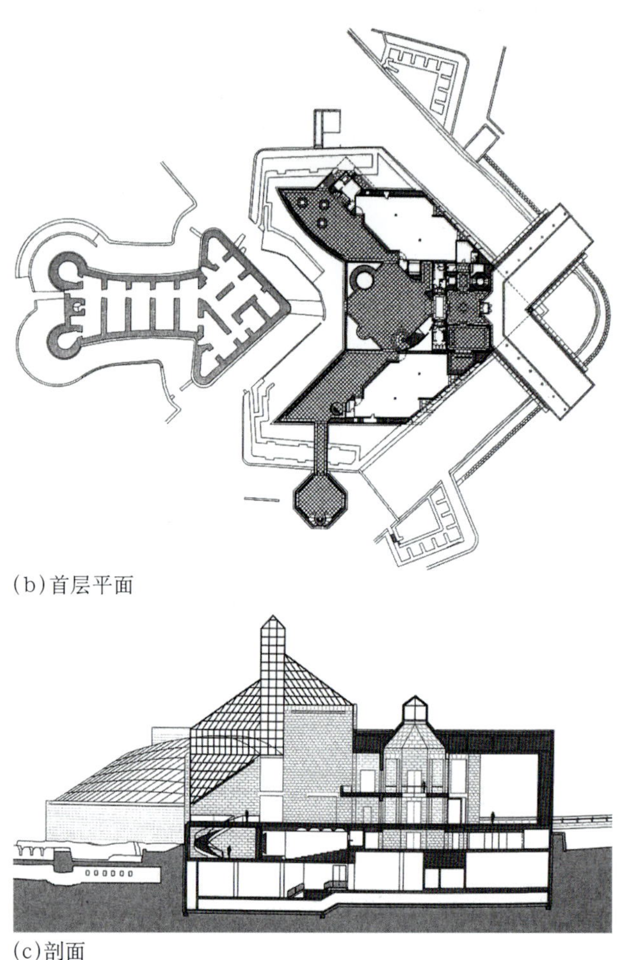

(b)首层平面

(c)剖面

(e)内景

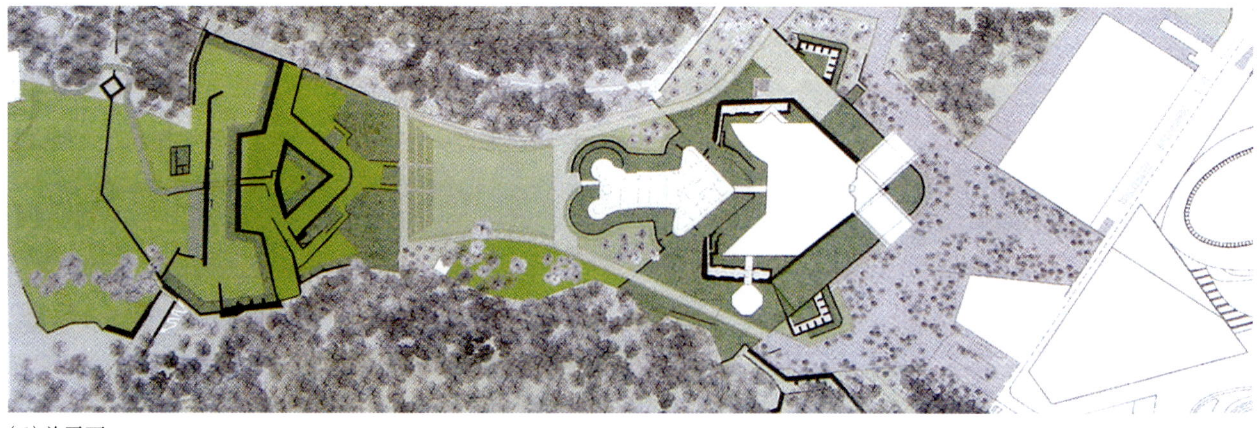

(d)总平面

图2-16　卢森堡现代艺术博物馆（二）　（《世界建筑》2007 05 P106-111 黄文菁）

图 2-17　英国伦敦大英图书馆新馆天窗的自然光
（《世界建筑》1998　02　P63　设计：[英]科林 · 威尔逊）

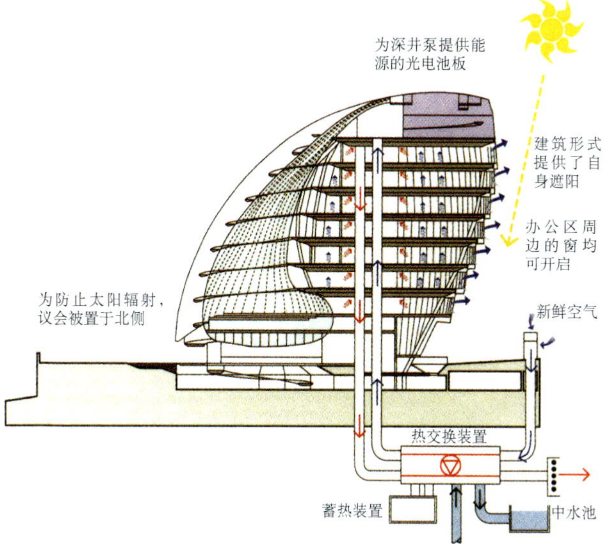

（a）自然采光（含通风及建筑节能）概念图

（b）外景

图 2-18　英国伦敦地区政府大楼　（《世界建筑》2002　06　P31-32　设计：福斯特及合伙人事务所）

斯特林的方案是一个蛋形大厦，原拟全部采用透明的玻璃立面，但在设计中发现阳光摄入量可能超标，因此设计者将原来的玻璃蛋壳进行了修改，每个标准层仅设1.2m高玻璃墙，立面颜色也改为银灰色基调。整个大厦具有节能、自然通风等优点，其造型也很有创新（图 2-18）。

20世纪90年代改建的德国柏林国会大厦增筑穹顶，既维护与保存了建筑原型，又拓展了新的功能空间，同时在这座建筑“传统与现代的连接点”上找到了一种适当建筑语汇，将技术、科学与人文有机地协调成和谐整体。议会大厅与一般会堂不同，主要依靠自然采光，而且具有顶光。通过透明的穹顶和倒锥体的反射将水平光线反射到下面的议会大厅，议会大厅两侧的内天井也可补充部分自然光线，基本上可以保证议会大厅内的照明，从而减少了平时的人工照明。穹顶内还有一个随日光方向自动调整方位的遮光板，它的作用是防止热辐射和避免眩光。沿着导轨缓慢移动的遮光板和倒锥形反射体均有极强的雕塑感，有人把倒锥体称作为“光雕”或“镜面喷泉”。日落之后，穹顶的作用正好和白天相反，室内灯光向外放射，玻璃穹顶成了发光体，有如一座灯塔，成为柏林市独特的景观（图 2-19）。

(a)穹顶大厅（右为倒锥体，左为可移动遮光板）

(b)议会大厅自然采光的效果

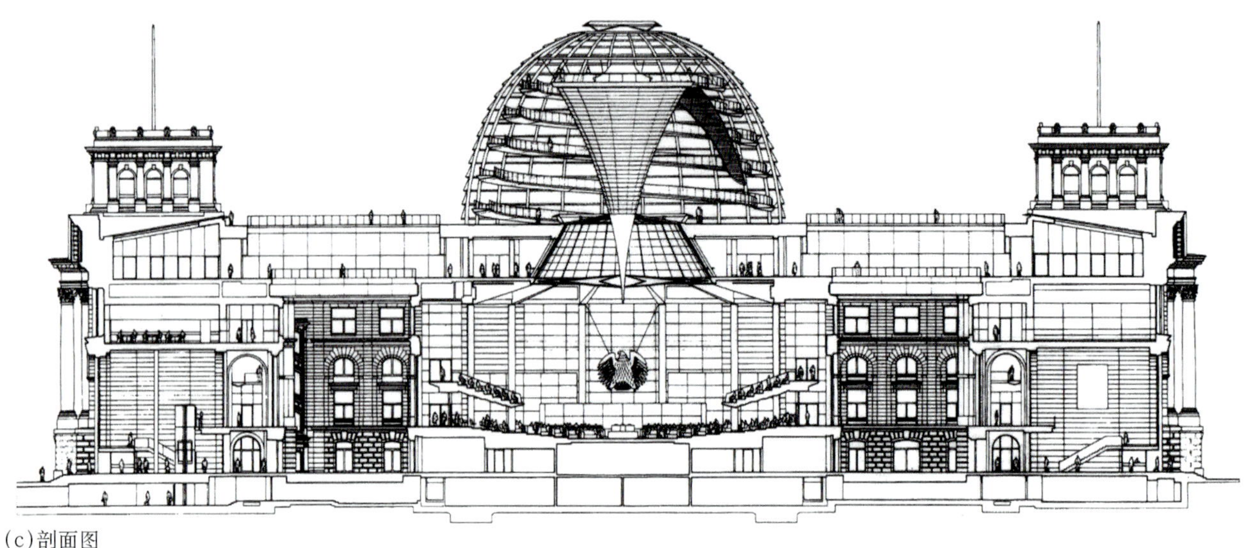
(c)剖面图

图 2-19　德国柏林国会大厦改建后的议会大厅自然采光　（《世界建筑》2000 04 P27 薛恩伦）

清华大学美术学院教学楼与博物馆，如何使6万m^2的房间，尤其是大量画室与工作室获得充分的自然光是设计的成败关键。为此，加强了原设计的两个中厅采光，以利于周边教室与图书馆采光。中部的“L”形室外庭院加宽，一则满足消防要求，二则为两侧的大小画院提供更充分的自然光。整墙通透的壁画工房为大型壁画的创作提供了优越的光环境。而泥塑工房采用了半开敞空间，以满足不同区域的光线要求（图 2-20）。

重庆大足石窟，一缕光线从洞顶入口上部射入，洞窟不仅获得采光，而且使光线较暗的洞室显得更加神秘（图 2-21）。

美国华盛顿犹太人大屠杀纪念馆是用于悼念二战期间死于法西斯大屠杀的所有牺牲者。见证厅是纪念馆的核心部分，粗糙的红砖墙面，上面用角钢和铆钉固定着各类支撑构件，硕大粗重的钢屋架与玻璃组成了屋顶，阳光透过玻璃把钢屋架的影子折裂变形，不规则地印在大厅的墙面和地面。四周墙面较

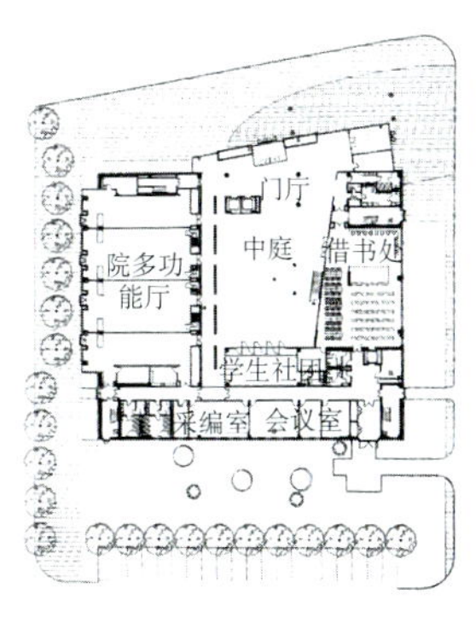

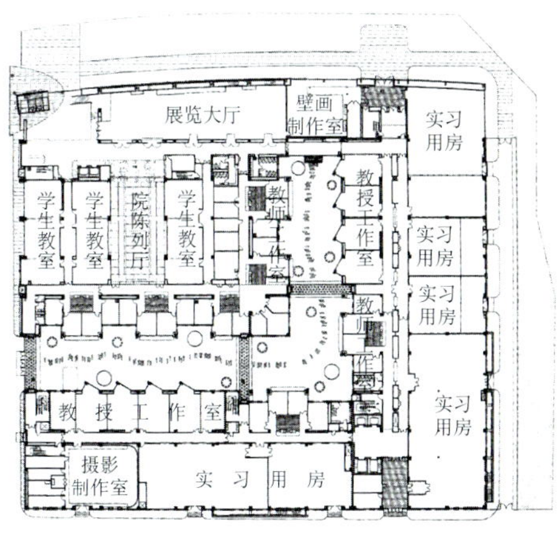

(a)东北侧全景　　(b)一层平面

图 2-20　北京清华大学美术学院教学楼与博物馆利用自然光的设计　（《建筑学报》2005 12 P49 李卫 杨鹏）

高部位均布着一些通风百叶窗，从百叶后面射下了隐秘的探射灯光，好像暗示着百叶从中喷出的滚滚毒气。杂乱的光影、扭曲的构图、冰冷的材质构成了一种不安定的气氛，仿佛回到了那惨绝人寰的历史之中。顶部的砖塔是惟一顶部自然采光的展室，沿着塔内通高的四壁，满满地悬挂着无以计数的亡者的相片，好像要从四面八方而来，或者沿着塔顶射入的阳光升腾而去（图 2-22）。

图 2-21　重庆大足石窟某洞内景

旧金山现代美术馆对光的运用也十分成功。这栋建筑以其体量和体积使人联想到埃及金字塔。顶部太阳似的斜切圆面给建筑带来某些宗教的神秘色彩。但是当你进入这个现代殿堂时，从屋顶撒下的非物质阳光又减轻了建筑的重量感（图 2-23）。

芬兰牧人教堂在自然光的运用方面有其特点。在水平面上对光有着精密的控制，墙体简直是一个复杂的光控制系统。自然光或自上、或而下、或经侧面、或从背面，经墙面反射后由狭长的竖直通窗漫漫而入建筑内部。光的进入有两种方式：一是漫反射，各段破碎而斜度不同的墙阻止了光线的直接进入，使光源隐藏，神坛的方向也没有直接的外部照射。另一种方式是折射，四条玻璃砖柱镶嵌在墙缝的背后，光经折射而入，玻璃砖产生的聚散在墙面上形成斑斓的纹理。竖直向的天光自穹顶而下照在神坛上。光线的角度随光的时间而改变能给空间带来戏剧性的变化（图 2-24）。

图 2-22　美国华盛顿犹太人大屠杀纪念馆内景（《世界建筑》1998 02 P36-37　设计：[美]詹姆斯·英格·费瑞德）

瑞士孔吉温塔雕塑陈列馆是一座收藏雕塑家创作的浮雕和人体雕像的陈列馆，其建筑风格内向。来

(a)外景

(b)采光

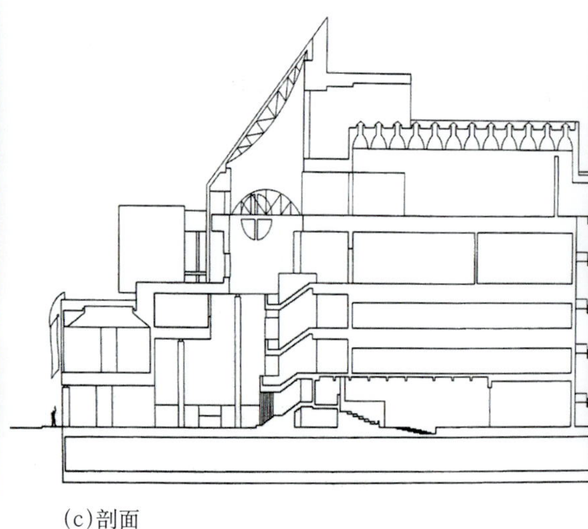
(c)剖面

图 2-23　美国旧金山现代美术馆的采光处理（《建筑学报》1998 04 P25 张钦楠）

(a)教堂内景

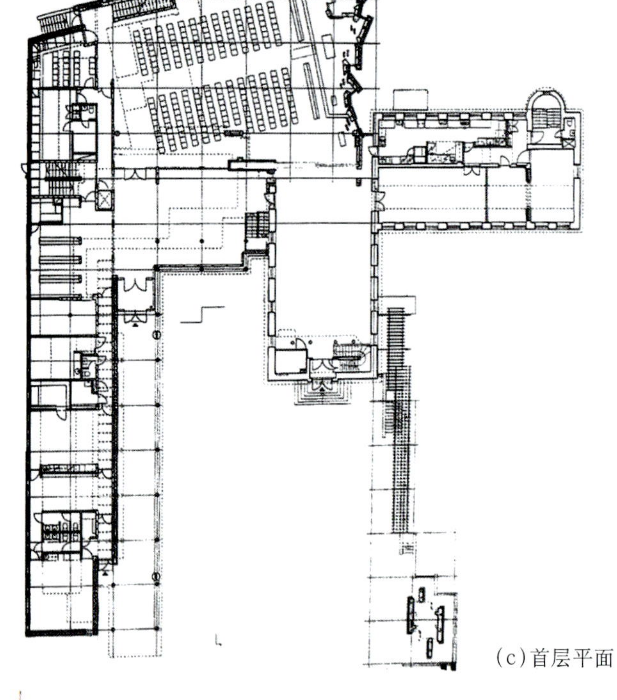
(c)首层平面

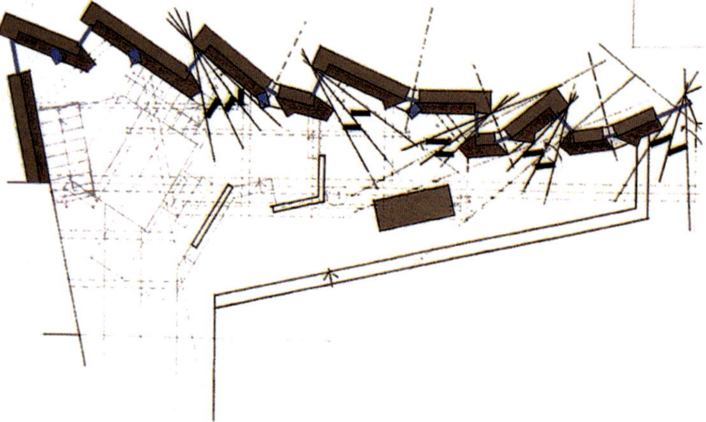
(b)牧人教堂墙体采光分析

图 2-24 芬兰牧人教堂自然光的利用
（《世界建筑》2006 11 P116 黄东 内景摄影：冯金龙）

图 2-25 瑞士焦尔尼科孔吉温塔雕塑陈列馆内景
（《20 世纪世界建筑精品集锦》3 卷　P243　W·王，H·库索利茨赫　建筑师 P·马尔克利）

(a) 外景

(b) 展厅室内效果图

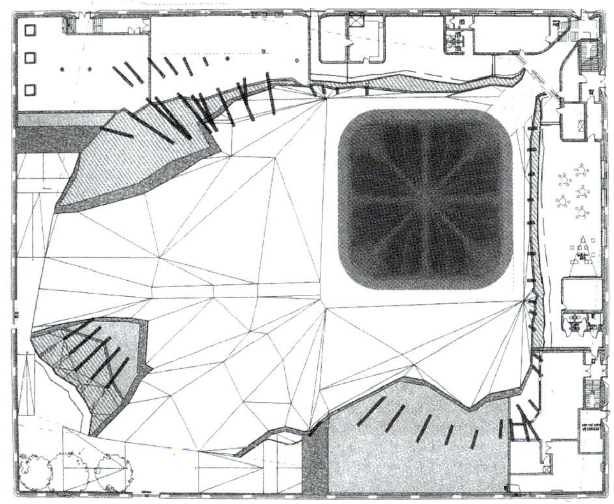

(c) 总平面图

图 2-26 上海世博会英国馆
（《时代建筑》2009.04　P93　顾英　主创建筑师托马斯·希瑟维克　外景摄影梁鼎森）

自屋顶天窗的光线均匀地布满在墙壁的表面上。陈列馆内的空间是按从雕塑家创作的浮雕到比较立体的造型的次序排列的，因此最后的四个侧面的陈列室展示的是三维作品的最高潮（图 2-25）。

2010 年上海世博会英国馆《创意之馆》设计的基本概念是：作为“礼物”的主展馆放置在刚刚被打开的“包装纸”里面。主展馆结构部分为木质材料，类似一个双层的木盒子，宽 15m × 长 15m × 高 10.4m。楼板为钢桁架结构，由 8 根钢柱支撑，距地面约 5m，大约 6 万根亚克力细长管，依照一定构图规律，固定于木盒结构，组成了主展馆的外部特征——一个可以随风摆动的毛茸茸的物体，一个“活”的建筑。每一根亚克力管子长约 7.5m，安置在 6m 长的铝套管内。亚克力具有极好的导光性，被用到光线设计。白天，这些亚克力管像光线丝一样将阳光引入黑暗的场馆内部；夜晚，安装在每根管子一侧的 LED 灯将整个场馆亮起来，璀璨夺目，展馆的新颖造型及奇特外观与结构、采光有机统一，加上“包装纸”上满铺色彩独特的草坪绿色环境，都体现了英国先进科技的发展与自然环境和谐统一。城市环境优美，绿色宜居的理念（图 2-26）。

2.1.4 热工、自然通风与建筑空间

由于太阳辐射、空气温湿度、风、雨、雪等室外气候因素以及室内空气温度、人产生的热量与水分的双重作用，直接影响建筑的室内小气候，即建筑空间的冷与热、潮湿与干燥等。为保证室内正常的温湿度环境，夏天不致过热，冬天也不太冷，使建筑空间获得合乎标准的室内气候，必须做好建筑热工设计。当然，在大多数的情况下，单靠建筑措施不能完全满足对室内气候的要求，往往需要配备适当的设备，进行人工调节，如在寒冷地区设置采暖设备，在炎热地区采用空调设备等。但应指出，只有在可持续发展原则的指导下，充分发挥各种建筑节能措施的作用，再配备一些必不可少的设备，才能做出技术上和经济上都合理又节约能耗的设计。生态建筑的发展在这方面开辟了新的途径。

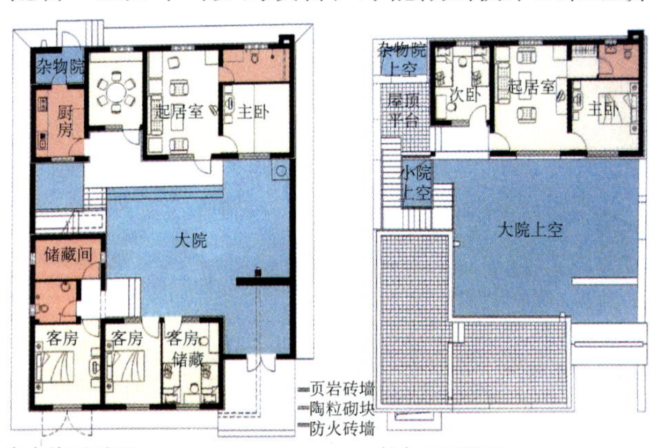

(a)首层平面 (b)二层平面

(c)外观

图2–27 北京平谷区某农村住宅

(《建筑学报》2006 05 P26 赵钿 耿沛 陈霞)

1．保温、防热

(1) 保温：在寒冷地区，建筑必须采取保温措施，满足人居环境的要求，同时使房屋的能耗降低到较低水平；减少热损失，以降低采暖设备的供热量，从而减少设备投资费用和使用费用。建筑的外表面面积越大，热损失越多。为此，首先要争取建筑空间有良好的朝向，同时选择合理的平面形式、建筑体形和体形系数，以便既尽可能得到充分的日照，又降低建筑外表面积。增强房屋的密闭性，使建筑满足保温要求，并使能耗降低到规定的标准。

(2) 防热：在炎热地区，建筑防热的主要任务就是改善热环境，减弱室外热作用，使室外热量尽量少传入室内，并使室内热量能很快地散发出去。主要办法是除正确地选择房屋的朝向和布局，防止西晒外，组织好房屋的自然通风，引风入室，带走室内的部分热量，帮助人体散热；对屋面、外墙、特别是西墙等外表面，采取隔热防晒技术措施，如设置遮阳措施或利用绿化等都十分有效。

北京市平谷区农村住宅，把保温、蓄能和供暖结合起来。首先，保温采用了外墙外保温技术，在240mm厚的砖外贴60mm厚的聚苯保温板，使传热系数大大降低。屋面加强保温，采用150mm厚聚苯保温板，上卧铺小青瓦。门窗采用塑钢门窗、双层中空玻璃。重点处理楼板处、屋面与墙体相交处和屋脊处的冷桥。优化户型，降低外表面积，减小体型系数。这些技术的采用使得建筑物能耗热量降低约50%。其次，由于采用砖混结构本身有很强的蓄热能力，供暖采用了以太阳能采暖为主，辅助薪柴加热取暖相结合的采暖方式，保留了传统的火炕，使大多数村民家庭冬季室内温度维持在13～18℃。太阳能采暖系统非常成功（图2–27）。

(a)从海面看全景，左为停车库

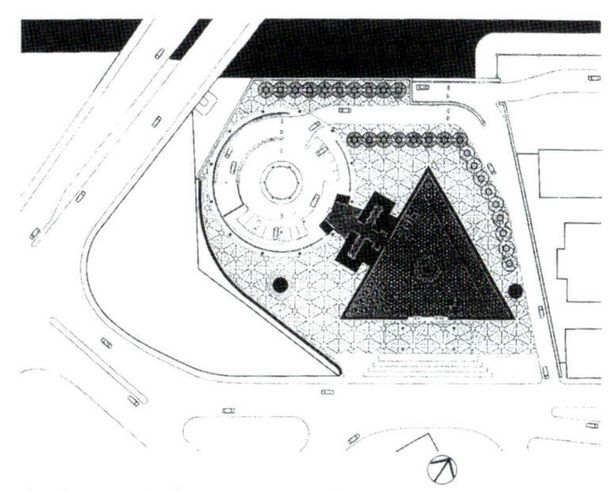

(b)银行主营业厅和圆形车库的底层平面

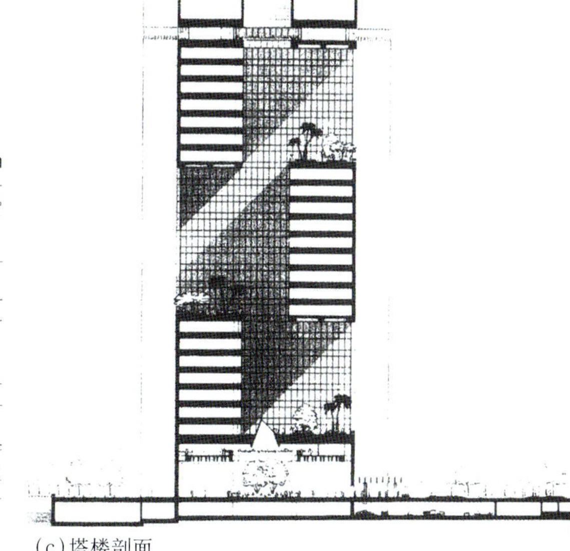

(c)塔楼剖面

图 2-28 沙特阿拉伯吉达的国家商业银行

(《20 世纪世界建筑精品集锦》5 卷 P180-181　H-U·汗　建筑师 SOM 事务所)

沙特阿拉伯吉达的国家商业银行，是一个三角形整体板式大楼，高 122m，在城市环境中显得很突出。这是一个内向的建筑，适应了严酷的干热气候，并与阿拉伯建筑传统相符。它避免了形式上的模仿，以其体量和抽象性创造出一种场所感，在大楼的每一外立面上各有 7 层和 9 层高的硕大开口，可窥见隐蔽的中庭。蓝灰色的吸热窗墙和绿化庭院，使得内部因外部而得以体现。朴实无华的外墙石材，只有拿它与四周低矮的建筑物相比较方能体现其尺度感。三角形塔楼共 27 层，面积约为 57400m^2。它与相连的 500 车位 6 层圆形车库一起布置在 1.2hm^2 的广场上。金库和保安设在地下。房间都有遮阳设备，使得内部墙面的热量吸收保持在最低水平，同时热空气可以从宽敞的开口处发散，这样能降低制冷负荷。塔楼为钢结构，净跨 15m。底层是壮观的银行大厅，高 13.5m。中间有隔层，每一办公层呈 V 形，含有 3 组内部空间，形成一个三角形竖井，从底层的天窗顶棚直升到塔楼屋顶。大理石楼板搁置在蜂窝式钢台上，其图案为绿白相间三角形组合，与顶棚的图案相呼应。小办公室多沿厚重的外墙布置，面向绿化内庭。与此相反，顶层的高级人员办公用房四周均设窗，可眺望城市和红海。它是一座处于干热地区既有节能意识，并达到恰当文化品质的高层建筑设计的范例（图 2-28）。

在智利圣地亚哥，朝西的建筑都会有夏天炎热的问题，这就使得建筑在空调使用上加大了费用。而建筑师通过自然和技术手段，为圣地亚哥维达保险公司大厦防晒处理制造出双层立面：里面是隔热板，外层是植物；外层的绿色植物墙可以对阳光的吸收减少 40%，这可以使大厦的能量消耗降低 10%左右。另外，外层的植物墙还是一座 3000m^2 的垂直花园，可以为大厦平添意趣，并使大厦在不同的季节显现不同的风貌（图 2-29）。

深圳市联想集团研发中心大厦的顶部及侧立面均以攀援植物为主题，可遮挡东、西、南的强烈日光辐射。所以，从总图上看下去，除了道路和广场外，其余均呈绿色，是一座绿色与环保节能的建筑（图 2-30）。

2. 自然通风

自然通风是由于存在空气压力差（风压、热压）而形成的。自然通风的风象由风向、风速和风频组成。风向即风源的方向，风的速度以米 / 秒为单位，风频即风向的频率，用风向玫瑰图表示。一个地区的风向并不一定完全相同，在某些地区因地形、地物会

图2-29 智利圣地亚哥维达保险公司大厦外观
(《20世纪世界建筑精品集锦》2卷　P190　J·格鲁斯堡　建筑师E·布朗恩和B·惠多布罗)

图2-30 深圳联想集团研发中心大厦绿化
(《建筑学报》2001　08　P9　乐民成　朱宣)

引起风向、风速的改变，形成局部地风、山谷风、水陆风等。有效的自然通风不仅可以创造一种清新自然的人工环境，而且降低依靠机械通风、空调器运转的能耗，对于自然通风的利用是体现可持续性与生态设计的一个重要方面。

一般建筑的自然通风是由于建筑物的门、窗、过道等开口处存在着空气压力差而产生的空气流动，并与风向、风速、风频有关。利用风压组织建筑空间的自然通风是建筑自然通风的首要方式。正常气温下，自然通风可以降低室内温度和排出湿气，并给房间提供新鲜清洁的空气。房间有一定的空气流动，可以加强对人体湿度的对流和蒸发散热，提高使用者的舒适感，有助于健康和改善工作、生活条件。由于一般建筑的自然通风是靠开设门窗来组织的，因而在建筑空间设计中应重视门窗的布置，不仅要考虑通风开口面积大小，而且要考虑门窗开口的相对位置、高低等。门窗口垂直主要来风向时通风最好，平行主要来风方向时通风较差。在北方寒冷地区，为满足冬季换气的要求，应保证有一定的通气窗面积。在布置进气口和排气口时，应尽可能拉大两者的高差，使室内获得更加全面的换气效果。有效组织自然通风，尤其是“穿堂风”——即较直接由房间穿流而过的自然风或称“穿越式风”，有利于最小化通风能耗，而又有良好的通风效果(图2-31)。在暖湿地区，气候特点是白天温度高、热辐射强，而雨量充沛，这种气候要求建筑的首要任务是遮阳、通风和防潮。因此建筑时而采用开敞平面、架空坡顶以利热气通过等手段，即使在无自然风的条件下，也具有良好的隔热和自身散热的调节性能。而且架空坡顶也是一种生态和可持续的建筑形式语言（图2-32)。

利用热压组织通风的方法是自然通风的另一种方式，一般是采用排气天窗或利用抽气罩加强局部抽风排气，改善室内的通风换气效果。在干热地区，由于影响气候的主要自然因素为强烈的太阳辐射，贯通几层的窄而高的天井像烟囱一样的拔风，自然地形成室内空气的流动，营造出舒适凉爽的微气候环境。

为了使自然通风系统最小化通风能耗，有的建

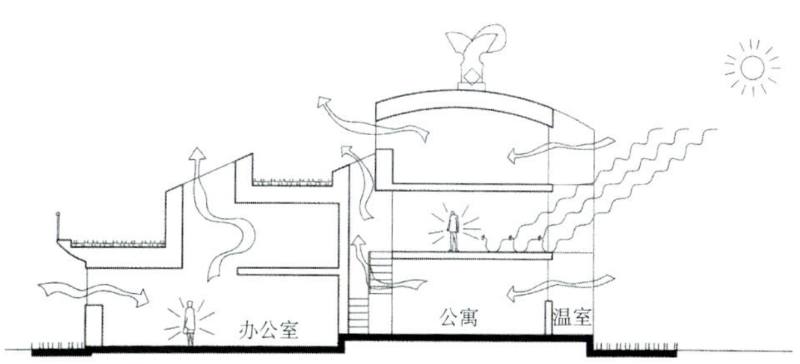

图 2-31　英国某零能耗发展项目建筑夏季自然通风散热图
（《世界建筑》2004　08　P77　夏菁　黄作栋）

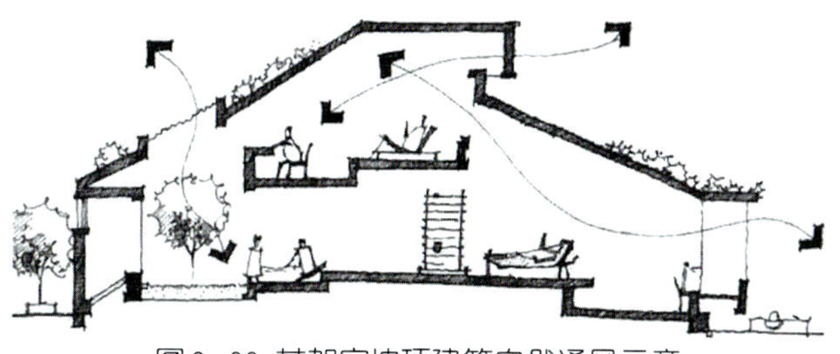

图 2-32　某架空坡顶建筑自然通风示意
（《建筑学报》2007　01　P10　石孟良　彭建国　陈亮）

筑经特殊设计的“风帽”可随风向的改变而转动，利用风压给建筑内部提供新鲜空气，同时排出室内的污浊空气。而“风帽”中的热交换模块利用废气中的热量来预热室外寒冷的新鲜空气。

德国盖茨总部大楼是一栋两层高的建筑，造型是一个简洁透明的立方体，建筑面积 3400m^2，中央是开敞的两层高的中厅，建筑内部强调开敞明快的气氛，中庭植树。中庭顶部是一个开闭式的玻璃屋顶，建筑立面是双层玻璃幕墙。幕墙中间是可以灵活控制的百叶。这栋建筑的做法是以大面积的玻璃覆盖确保自然采光、暖房、通风，使自然能源有效化（图 2-33）。

对于自然风的利用是体现可持续性与生态设计的一个重要方面，有效的自然通风可以创造一种清新自然的人工环境，同时减少机械通风的能耗。英国诺丁汉大学朱比丽分校设计所采用的通风策略可以称作：热回收低压机械式自然通风。它是一种混合系统，即在充分利用自然通风的基础上辅以有效的机械通风装置。这一通风系统的使用，在建筑上表现为两个明显的特征，把太阳能集热片集成在中庭屋顶的 6mm 厚的吸热强化玻璃中，用于提供驱动机械通风扇的能源，同时起到一定的遮阳作用。另一个是“风塔”，其主体为楼梯间，在顶部是集成的机械抽风和热回收装置，在建筑外部呈一造型独特的金属“风斗”，通过其旋转，以确保排出气流总是朝下风向，从而形成最大的正负压差，加强抽风效果（图 2-34）。

英国牛津大学利纳克尔学院亚柏拉罕楼，面积 986m^2。由于地段处于大学公园的东南侧，位置相当显著。校园规划委员会规定，新建部分必须采用原有建筑群的风格，譬如形态、色彩等，因此该楼并无太

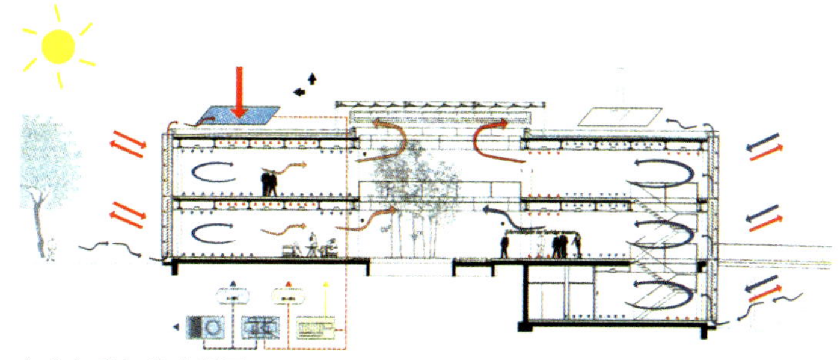

（a）冬季气流分析图

（b）夏季中庭内景

图 2-33　德国盖茨总部大楼
（《世界建筑》1998　01　P43　设计　维布拉 + 盖斯勒）

图2-34　英国诺丁汉大学朱比丽分校风塔与风斗
（《世界建筑》2004　08　P68　窦强）

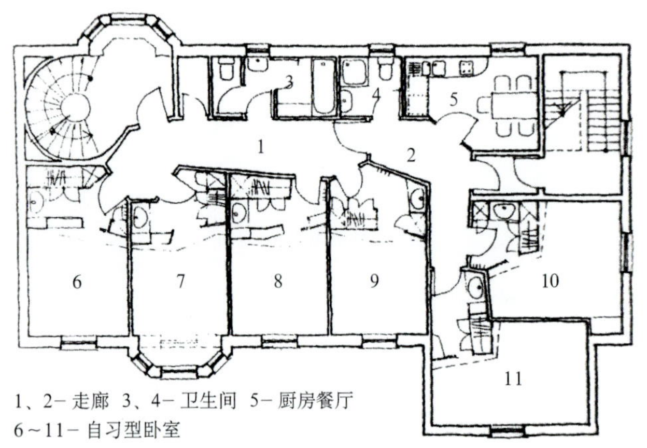

图2-35 英国牛津大学利纳克尔学院亚柏拉罕楼标准层平面
(《世界建筑》2003 10 P81 郝林)

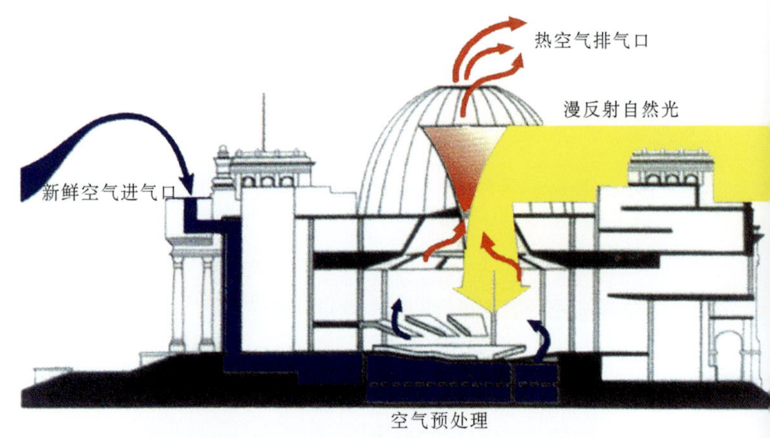

图2-36 德国柏林国会大厦改建后的议会大厅通风示意
(《世界建筑》2000 04 P64 王鹏 谭刚)

多创新之举。但该楼却实践了可持续建筑的理念，包括充分利用被动太阳能设计，加强保温隔热措施，利用自然通风，利用厚重楼板和内外墙调节室内环境。设计平面具有短进深的特点。自习型卧室置于朝阳的南侧，呈不规则平面形式，增添了空间的趣味。把诸如厨房、贮藏、卫生间等空间置于北侧。房间南墙开大型高窗，配合百叶遮阳，减少冬季供热量，并充分利用自然采光，减少照明用电。卧室夏季简单地通过开窗自然通风，冬季依靠上、下推拉窗的细部设计

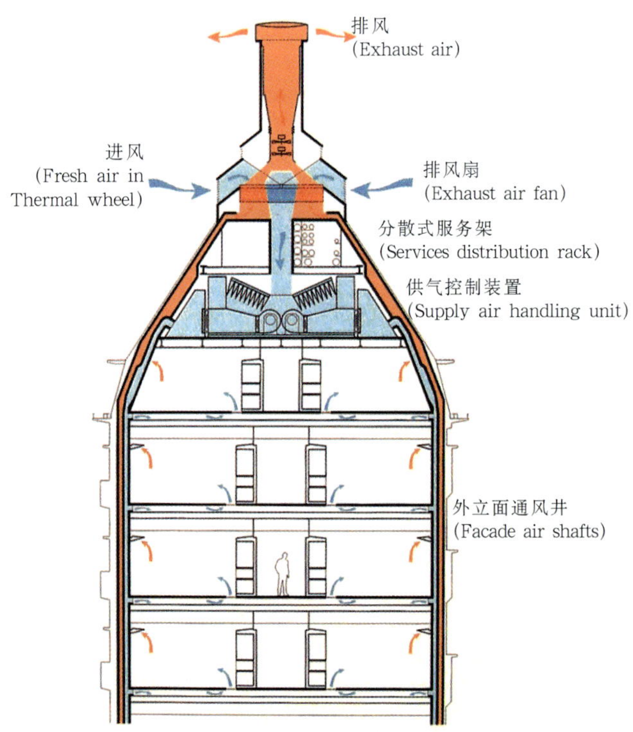

图2-37 英国伦敦英国新议会大厦通风设计示意图
(《可持续建筑设计实践》P137 纪雁/[英]斯泰里奥斯·普莱尼奥斯)

实现微量通风，厨房与卫生间平时可利用烟囱效应拔风，一般状态下，通风效果良好（图2-35）。

德国柏林国会大厦改建后的议会大厅通风系统的进风口设在西门廊的檐廊，新鲜空气进来后，经大厅地板下的风道及设在座位下的风口低速而均匀地散发到大厅内，然后再从穹顶内倒锥体的中空部分排出室外。此时，倒锥体成了拔气罩，这是极为合理的气流组织。大厦的侧窗均为双层窗，外层为防卫性的层压玻璃，内侧为隔热玻璃，两层之间为遮阳装置。侧窗的通风既可自动调节，也可人工控制。由于双层窗的外窗可以满足保安要求，因此内侧窗可以随时打开（图2-36）。

伦敦的英国新议会大厦采用一种机械辅助式的自然通风系统。该系统有一套完整的空气循环通道，辅以符合生态思想的空气处理手段(预热、地下水降温等)，并借助一定的机械方式来加速室内通风，把维持大厦运营的能耗降低到一座使用空调的传统办公楼能耗的25%，也优于采用自然风的最节能的办公楼（图2-37）。

2.1.5 视觉、声学与建筑空间

有些民用建筑的使用空间，对视线和视角、声学还有特定的要求，以保证达到正常使用功能。所有民用建筑都有声环境的要求，包括抑制噪音源、远离噪音和防护噪音，使建筑环境和内部空间达到有关规范要求的标准。

人们是通过视觉感受建筑形象以及人和物等观察对象，如识别建筑轮廓、距离、尺度、明暗、色彩

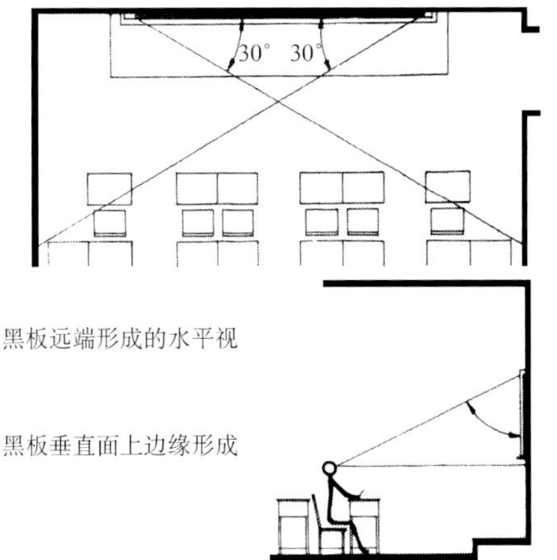

1. 水平视角
　前排边座的学生与黑板远端形成的水平视角大于30°。
2. 垂直视角
　第一排学生眼睛与黑板垂直面上边缘形成的夹角大于45°。

图2-38　教室座位与视角

（《建筑设计资料集》（第二版）3　P170　张泽蕙等）

及质地等，因此视觉感受于人眼的最小视力、视角和视野密切相关。

在理论上，人视觉的最小视力视角为1'，也就是识别对象或细节对观察点所形成的张角，通常用弧分来度量，又称作人眼的最小明视角。由此可知，理论上在5m远的距离可以看见物象的尺寸为1.5mm。实际上，由于光线、环境、空气条件的影响，人的视力视角达不到1'，物象的清晰可见度的视角，通常在室外多在4'～5'之间，能清晰观察物象，物象大小不失真。室内，由于光线条件不同，观察物象的视角为5'～7'。常见物象与视距的关系如表2-5。

常见物象与视距关系表　表2-5

物象尺度(cm)	观察对象	视距(m)	建筑中应用范围	视角大小
1	细小尺度	5.73	展览品、美术品欣赏	a＝6'
2	教室板书	11.5	教室最大视距	a＝6'
4	化妆后的眼神	23	话剧院最大视距	a＝6'
6	嘴形	34.3	歌剧院最大视距	a＝6'
22	足球直径	126	观看足球比赛最远清晰视距	a＝6'

（引自余卓群《建筑视觉美学》）

视野，则是当人头和眼睛不动时，人眼能观察到的空间范围，通常以眼睛观察物象时视锥开角的大小表示。多数人的双眼水平视野约为120°，垂直视野眼水平线以上50°，水平线以下70°。水平视野和垂直视野结合汇成的视野图显示了两眼注视范围。其中，实线为静视野，虚线表示动视野，57°视锥范

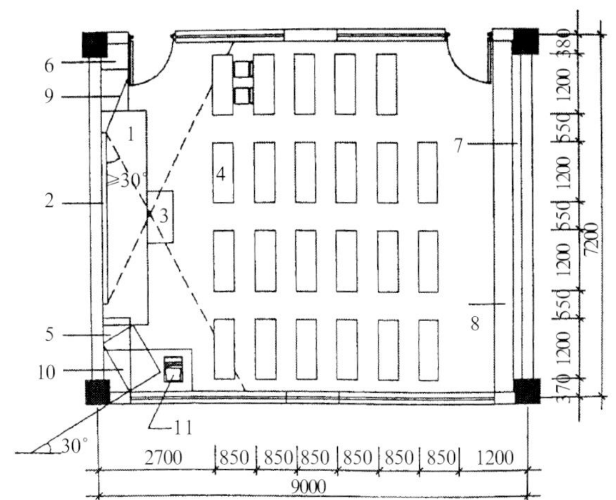

（a）小学普通教室平面布置示意图

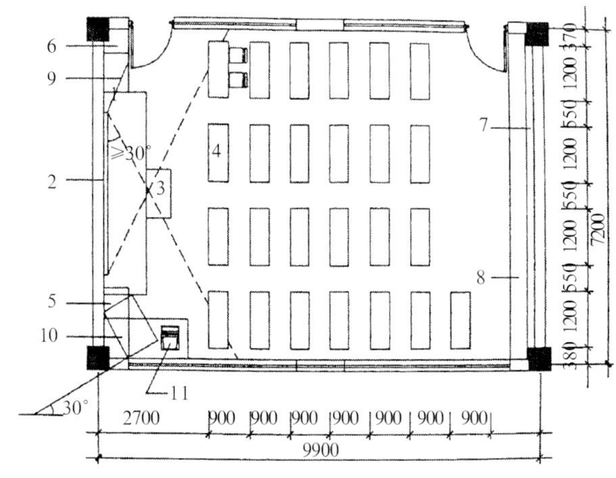

（b）九年制学校、中学普通教室平面布置示意图

1.讲台；2.上下推拉黑板；3.教师讲桌；4.学生课桌（1200×400）；5.墙柜；6.清洁组合柜；7.学习园地组合栏；8.学生存物柜；9.幻灯投影幕；10.电视机位置；11.计算机位置

图2-39　视觉与中、小学普通教室平面布置

（《城市普通中小学校校舍建设标准》建标[2002]102号　P105-106）

围内是最佳水平视角。这时的最佳垂直视角眼水平线以上为27°，以下为35°（图2-38）。

为使学生获得良好的视、听条件，学校教室讲台、黑板的位置、教室的大小和课桌的布置等均应按视、听要求设计。根据视觉要求，为保证教室内前排的学生能看清黑板字，前排边座的学生视线与黑板远边形成的水平视角应大于30°，第一排学生眼睛与黑板垂直面上边缘形成的夹角应大于45°，头排学生距黑板的距离一般不小于2m。因普通人的直达声超过9～12m时明显减弱，以及人眼的清晰视角所限，为保证最后排学生能听清教师讲授，看清黑板书写，一般中小学教室使用长度控制在9～10m，普通教室的层高一般为3.6～3.9m为宜。这些视听要求决定了教室的学生座区范围（图2-39）。

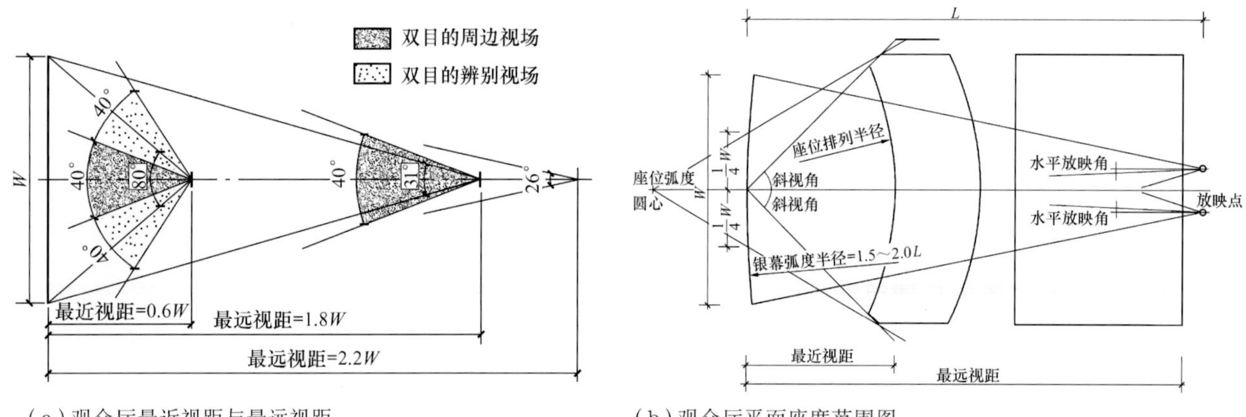

（a）观众厅最近视距与最远视距

（b）观众厅平面座席范围图

图 2-40 电影院观众厅座席区范围、最近与最远视距（《电影院建筑设计规范》JGJ58-2008 P9-46）

观演建筑中的观众厅对视线和厅堂声学也有相应的设计要求。为保证电影院有好的视听条件，要求电影院座席区头排座席距银幕的距离（即最近视距)取 0.6～0.5W(电影院等级：特级～丙级，W 为银幕最大画面宽度)，最远视距不大于 1.8W～2.7W，并不宜大于30m，长度与宽度的比例宜为（1.5±0.2):1。水平斜视角应小于 35°～45°，仰视角应小于 35°～45°，观众可以获得很好的视觉临场感。同时对包括放映工艺的其他参数作了规定（图 2-40)。

剧院观众厅座席区范围的最近及最远视距都和水平视角紧密相关。在镜框式台口剧院观众厅中，观众眼睛与台口两侧边缘连线形成的夹角称为水平视角，通常以头排和最后排观众厅中轴线上的观众为代表。人眼不动时的水平清晰视野为 30°，眼睛转动的最大清晰视野可达 60°，人头部舒适转动角度为 90°。因此，观众观看演出时，其座席的水平视角宜在 30°～60°之间。大于 90°的座席，观众需转动头部才能看清台上各部分的表演。水平视角小于30°的座席，观众虽然能看全整个舞台的表演，但台口以外的景象同时进入人的视野，而且水平视角越小，台口以外的景象进入视野的比例越大，也会减弱身临其境感。同时，水平视角越小，视距越远，不容易看清演员的动作和表情。显然把座席全部布置在最佳水平视角范围内是不可能的，所以，一般剧院观众厅座席的水平视角最大不宜超过 120°。其次，对过偏的座席也要有所控制。最偏座席的观众应能看到 80% 的表演区。对于楼座，其俯角将成为视线设计的重要指标。俯角一般是指座席的最后排观众眼睛至大幕线在舞台面投影线中点的连线与水平台面形成的夹角。通常以楼座最后一排正中座位的俯角为代表。因为人眼的正常俯角是 15°，转动眼睛时为 30°。俯角越大，景物的变形越大，所以对俯角有所限制。镜框式舞台观众视线最大俯角，仅有一层的楼座后排不宜大于 20°，靠近舞台的包厢或边楼座不宜大于 35°。伸出式、岛式舞台剧场俯角不宜大于 30°（图 2-41）。

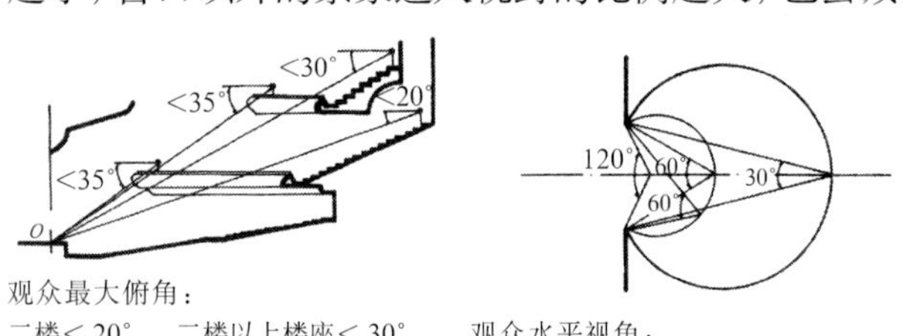

观众最大俯角：
二楼＜20°，二楼以上楼座＜30°，
楼座边排或包厢＜35°

观众水平视角：
30°～60°，前排最大不大于 120°

图 2-41 镜框式台口剧院观众厅水平视角与座席区范围、观众最大俯角（《建筑设计资料集》（第二版）4 P74 成城等）

剧场观众厅的声学设计应保证这些区域没有音质的缺陷和噪音影响，具有合适的混响时间、响度、一定的清晰度和丰满度，声能分布均匀，避免因体形不良而产生回声、声聚焦等声学缺陷。在大空间建筑设计中，一般都应考虑声学的效果，特别是要注意混响时间适当，并消除有害声。在一些并不大的使用空间，如会议室、高等级住宅的客厅，实际上都存在声学的质量问题，在设计过程中都应给予重视。有声学要求的建筑空间都应该有良好的隔声，以免受环境噪声或房间之间声音的干扰。广播、电视建筑的演播厅、播音室等对音质和隔声的要求更严格，观演建筑的音质和视线应经过设计和测试，以保证达到相应的标准和满足使用要求。

2.1.6 建筑艺术要求与建筑空间

建筑空间不仅是使用要求的必然，满足人体的生理、结构需求，建筑空间还要适合人脑的思维方式，满足人的精神方面的需求，应该有美的形式。正如场所是具有场所精神的地方，任何一个空间离开了人就不能成为一个场所，而只能是冷漠空洞的物理空间。我们居住的环境应当超越物质和功能的因素，与周围的景致相融合，成为一个独一无二的场所，如同人一样，每一个环境也应当是独特的。作为特定文化和场所的延展，提高生活品质的设计既不模仿也不玄妙，而是将自己摆在超越风格的更深层次上，使场所的精髓通过个人体验展现出来。对周围环境、地形、植被、气候、地方风物、文化历史和人及信仰诸多因素的刻意强调和回应，可以充分展现某一场所内在的独特风范。无视对特定场所、用途和使用者最为恰当的要素，就否认了我们的环境是神圣的，否认了我们生活中所具有的心理、物质和精神方面的特别意义。

图2-42 法国凡尔赛宫镜厅内景
(《建筑学报》2001 08 P15 张钦楠)

在进行建筑空间设计时，一般在考虑使用要求和技术经济条件的同时，就必须考虑空间的美学和精神方面的要求，特别是空间的环境以及空间大小、形式、高低等，做好各个界面的处理，材料的质感和色彩的运用以及环境氛围的营造等。如教室、居室的空间感要求朴实、安静，幼儿园活动室要求轻快活泼，纪念馆、陈列馆的空间要求庄严肃静等。西方古代教堂为体现宗教的神秘性和上帝至高无上的感觉常常空间修建得很高。法国凡尔赛宫的“镜厅”以豪华为荣(图2-42)。办公建筑的景观办公室采取比较灵活的布局方式，工作位置的设置既反映组织方式的结构和工作方法，同时也采用植物和家具等用以划分路线与边界。各办公席位利用“办公隔间”划分开来，人们在站立状态时，视线不受遮挡，可看到景观办公室全貌，图2-43是中档办公室布局形式之一。

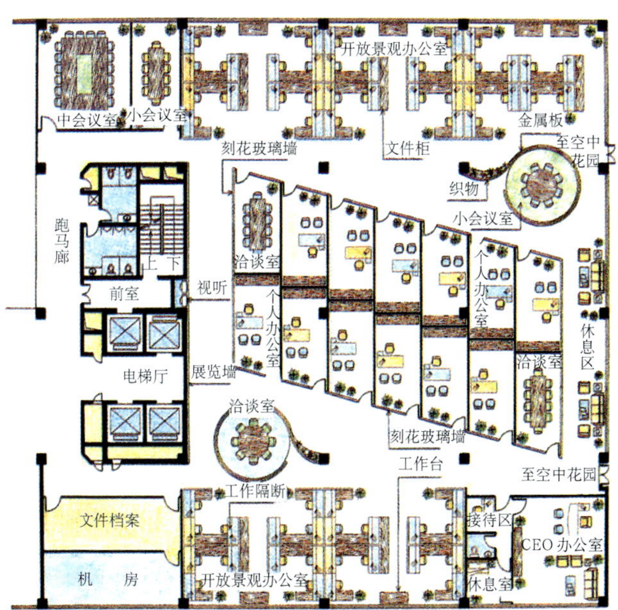

图2-43 某景观办公室灵活布局方案之一
(《建筑学报》2001 08 P8 乐民成 朱宣 麦脉奕绘)

2.2　单一建筑空间设计

建筑各组成部分不论是主要使用空间还是辅助使用空间，不论是多么复杂的建筑，无不是由单一空间——房间或厅堂组成。单一建筑空间的设计首要的是形状与大小。建筑空间的形状和大小如同日常生活的容器。容器的功能在于盛放物品，不同的物品要求不同的容器。容器首先应有合适的大小和足以容放物品的形状。所以，单一建筑空间的设计首要的是确定其大小和形状。建筑师应力求不留下一些毫无用途的角落，不浪费空间，哪怕是某一个角落。由于同样大小的建筑空间其形式可能多种多样，不同形式的空间使人产生不同的感受。在选定空间的形式时，必须把功能使用要求与美观要求统一起来考虑，做到形式、大小、高低、比例、尺度适当，使用合理、经济、美观。窄而高的空间，竖向的方向性比较强，会使人产生超常、崇高的感觉。一个细而长的空间，由于纵向的方向感强，会使人产生一种深远的感觉。一个低而大的空间可能使人感到压抑，而一个圆穹的空间一般可以给人以向心和内聚的感觉等。

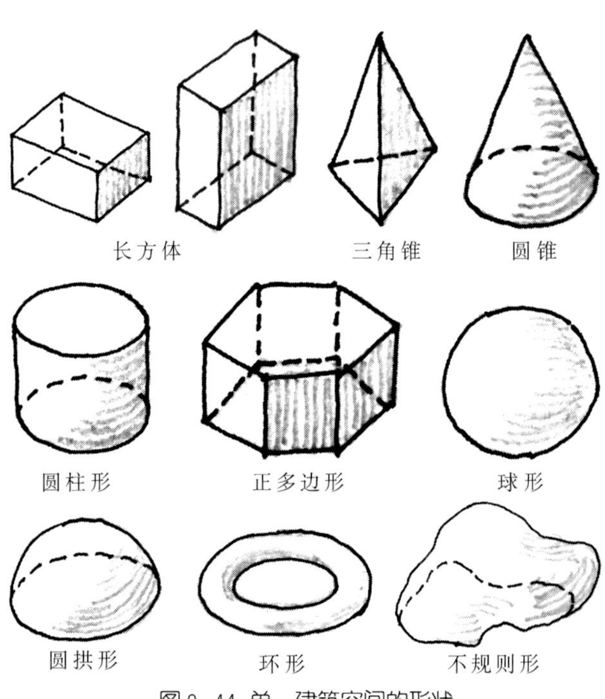

图2-44 单一建筑空间的形状

单一建筑空间的形状有以下几种最为常见：长方体空间。这种形状的空间有明显的方向性，水平长方体有舒展感，垂直长方体有向上感。三角锥形空间有强烈的上升感，在任一表面上可以呈稳定状态。相对于圆锥，它是带棱角比较硬的形式。圆柱形空间有向心性团聚感，呈一种静态的形式。当它的中轴倾斜时就变成一种不稳定的状态。正多边体空间无明显的方向性，各向均衡，呈庄重严谨的静态。球形空间有内聚性和强烈封闭压缩感，在它所处的环境中可以产生以自我为中心的感觉，在水平面上呈稳定的状态。环形空间还具有明显的指向性和流动感。拱形空间有沿轴线集聚的内向性。不规则空间构成不拘一格，具有自由开放的动感（图2-44）。

2.2.1　单一建筑空间的平面形状

1.矩形

长方体空间的矩形平面是建筑空间最普遍也是最有生命力的一种形式。它的形式简洁、规整、便于布置家具、设备，便于与其他空间相互组合，能充分利用建筑面积，结构简单，施工方便，是一种使用、美观、技术经济都比较好的空间形式。它有明显的方向性，一般可以构成水平长方体和垂直长方体。住宅的卧室、客厅，写字楼的办公室，学校的教室、实验室等建筑，多是以矩形平面为基本形式。我国古代著名殿宇故宫的太和殿，虽然它看起来非常复杂，它的平面基本形式仍然是矩形（图2-45）。苏州拙政园的总平面极富变化，但它组成建筑的平面形式也多是矩形（图2-46）。现代主义建筑大师的作品大多数也是矩形，简洁明了，逻辑性强，表现出理性的特点。

矩形平面的长宽比例如何掌握，是长一点好，还是宽一点好，主要取决于使用空间的功能要求。例如教室，如果面积定为50m²，其平面尺寸可以是

7m × 7m，6m × 8m，5m × 10m，4m × 12m 等多种形式，哪一种比例的尺寸更适合于教室的功能特点呢？必须以保证教学视听效果为依据，从而对以上几种长、宽比不同的平面作出合理的选择。例如，7m × 7m 的平面呈正方形，听的效果较好。但由于前排两侧的座位太偏，看黑板时有严重的变形。5m × 10m 的平面狭长，虽然可以避免看黑板时过大的变形，但后排座位距黑板、讲台较远，对视听效果有一定影响。通过比较，在这两者之中取长补短，以 6m × 8m 的平面形式，能较好地满足视、听两方面要求。平面形状不同直接影响家具布置和使用效果，窄而长的平面，一般交通面积增多，而 1：1～1：1.5 比例的平面形状，使用空间较集中，使用方便。以容纳人数为 30 人的幼儿园活动室为例，活动室面积约 50～60m^2，其视、听的要求一般，考虑到幼儿活动的形式灵活多样，不论采取正方形或矩形平面形式，都能很好地满足使用要求（图 2–47）。

北京奥运会游泳馆选择了方形，从环境要求的角度是对奥运主体育场“鸟巢”既有事物最好的尊重，而且可以与其内在的浪漫产生更强烈的对比，从而激发出更多的趣味。方形也是中国古代城市建筑最基本的形态，在方的体制之中，体现了中国文化中以纲常伦理为代表的社会生活规则（图 4–5）。

2. 多边形平面

由三个边到八个边或更多边组成的平面形式都是多边形，常见的如：三角形、六边形、八边形、菱形等。多边形平面形式富有变化，有明显的个性，在古今中外建筑中不乏应用。我国古代的塔多应用多边形的平面形式，它具有较好的抗风性能和对环境的适应性。现代教育、体育、观演等建筑中，也有应用。但多边形不容易与其他形式平面组合，构造也较复杂，需要从总体布局上加以考虑。

早在 1936～1937 年间为美国斯坦福大学一位教

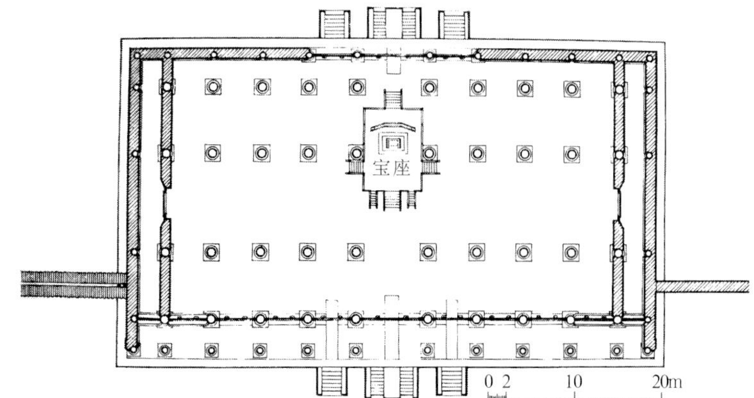

图 2–45 北京故宫太和殿平面
（《中国古代建筑史》第二版　P297　刘敦桢）

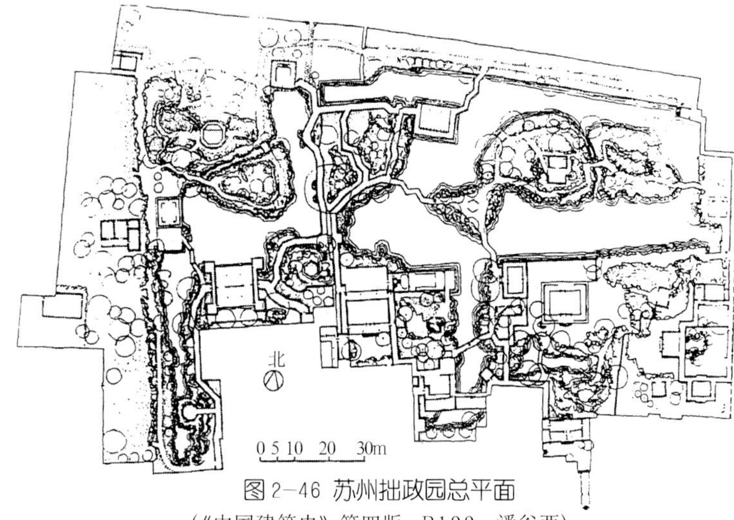

图 2–46 苏州拙政园总平面
（《中国建筑史》第四版　P199　潘谷西）

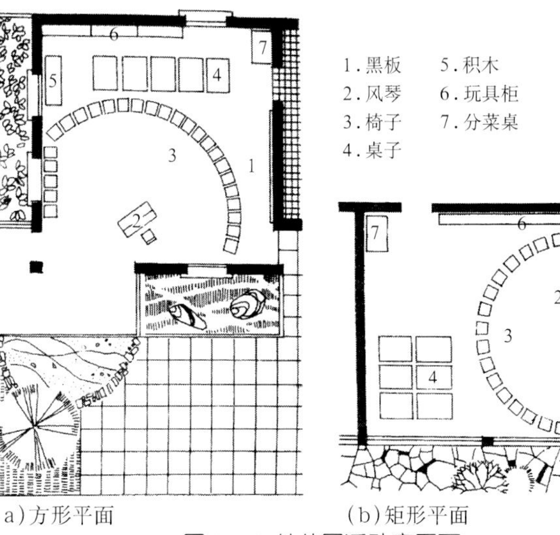

(a) 方形平面　(b) 矩形平面

图 2–47 幼儿园活动室平面
（《建筑设计资料集》（第二版）3　P156　李春新　葛庆华）

(a)外观

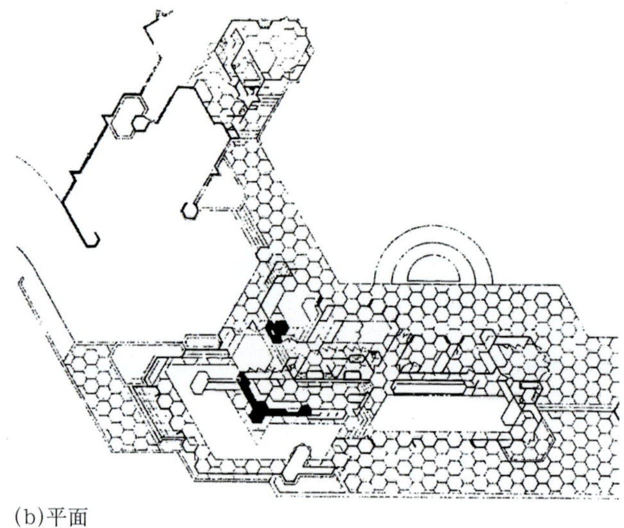
(b)平面

图2-48 美国加州斯坦福汉纳住宅（《20世纪世界建筑精品集锦》1卷 P84-85 R·英格索尔 建筑师F·L·赖特）

授设计的汉纳住宅，是赖特在平面中第一次运用六边形网络，但却总是遭遇到60° 和120° 角而造成空间上复杂得多的情况。同时，它要求建筑面积限制在450m²。三个儿童室的内隔墙是胶合板的，当孩子们离开家后，它可以拆掉和重装。住宅坐落在一处灌木丛的缓坡上，周围是栎树，其深深的屋檐和凉棚阻碍着在一堆体量中想看出可辨认形式的任何企图。同时，其立面的主要部分都由落地玻璃扇所组成，它们随着六角形母题的轮廓而里出外进，使人一时难以确定外墙的位置。该住宅在立面的每个转角处都有铺地的平台，便于主人充分利用好气候在此休憩。少量实墙是红砖的，它们像是在斜角处张开的板片，造成分裂的感觉。在六角形系统中没有轴线参照造成一种丰富的模糊性，所以坐汽车从后面到达后，似乎有三组房间的后阳台都可以进去。象赖特住宅的一贯做法，壁炉是住宅的中心，在这里是一个六边形的炉坑，原始的正六边形，入口门厅、书房、起居室和用餐处以及小房间，都可以由曲折的路线互相连接。该路线通过阻挡和地坪变化，既提供交通，又不用门或走廊而提供分隔的感觉。从壁炉后面挖出来的厨房，越过对面空间，通过门口与主要社交空间相连。一所独立的客房连接在六边形的体系中（图2－48）。

北京清华大学附小六角形的教室，室内空间感觉宽阔自由，与长方形的教室很不相同。六角形教室的走廊一侧是曲折的，使景象变化，另一侧是直线的凹入部分，形成了开阔的场所，一连串凹入的场所接在直线形的廊道上，使廊道有了明显的节奏感。同时六角形教室并列布置，在一侧自然形成了曲折起伏，给立面带来了变化。为了打破六角形120° 角的厚重形象，设计去除了转角柱，120° 转角墙连续开窗。窗外反光板的处理也增添了“锐利”和“飘”的特点（图1-96）。

杭州西湖雷峰塔新塔考虑了新塔与历史上雷峰塔的呼应，采用五层八边形阁楼式塔的形象。下部需要容纳范围较大的遗址，因此需要大跨度无柱空间，必须采用新型钢结构。最后新塔下部八角形柱网的最大跨度达到了48m。结构钢柱的最大倾斜度几乎达到了最大可能性（图2-49）。

北京大学百年纪念讲堂包含一个容纳2220座的讲堂和400人多功能排练厅。讲堂可供北大集会、放电影及大型文艺演出使用。根据周围现状环境及总体规划的要求，剧场观众厅呈八角形平面。观众厅按最佳视线设计，同时在空间上充分满足声学要求，创造严谨、宏大、热烈的百年纪念讲堂气氛（图2－50）。

地处亚热带城市的布里斯班河边中心占有河岸的2hm²土地，内有证券交易所和40层的写字楼。精心设计的带圆角的三角形平面使建筑的三分之二窗口都能看到河景。另一个特点是阳光控制，在南半球的北和西立面每扇窗上都用固定的铝板遮阳，处于阴影的南立面则没有任何处理。场地的环境设施如零售商店、台阶、喷泉和码头，显示出了河岸再生的前景（图2-51）。

3.圆形平面

圆形平面是一种集中性和内向性的空间平面形式。这种平面的特点是无棱无角，和谐、完整、无方向感，却具有很强的向心性，通常在它所处的环境中

(a)南侧全景

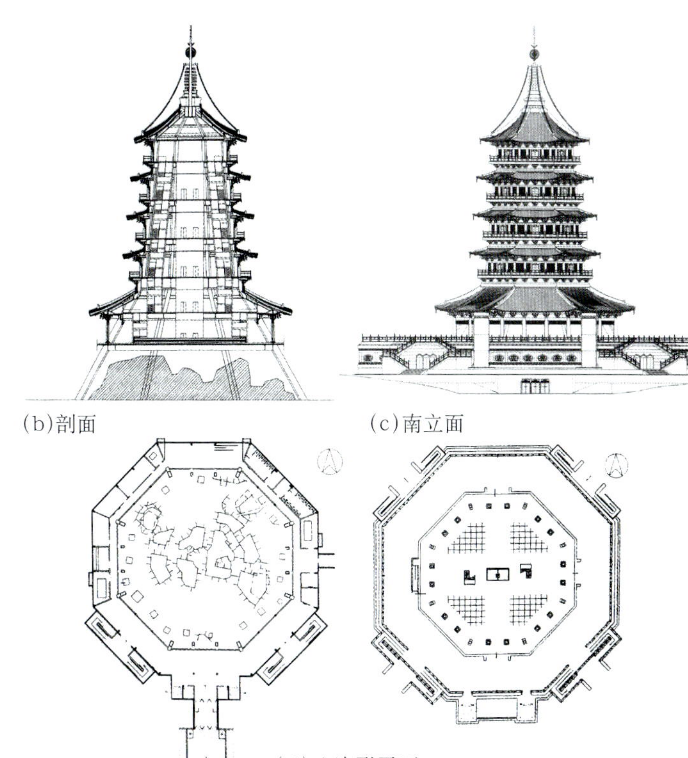

(b)剖面　(c)南立面

(d)八边形平面

图 2-49　杭州西湖雷峰塔　(《建筑学报》2003 09 P52-53 郭黛姮 李华东)

(a)外观

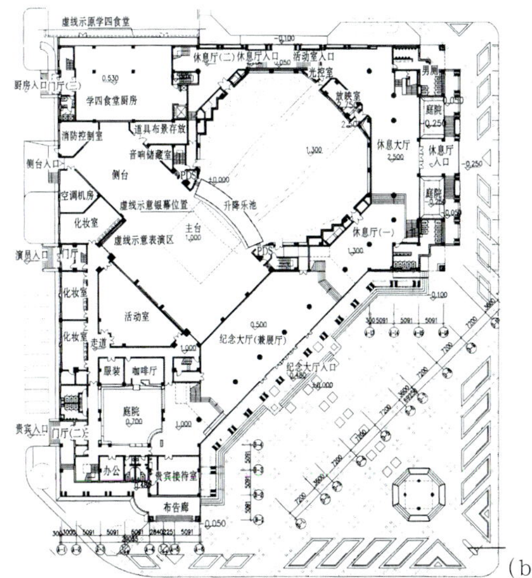

(b)首层平面

图 2-50　北京大学100周年纪念堂
(《建筑学报》1998 05 P21 张祺)

(a)外观

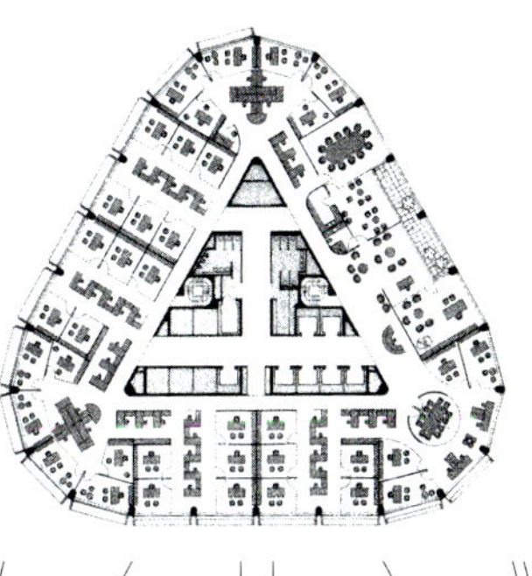

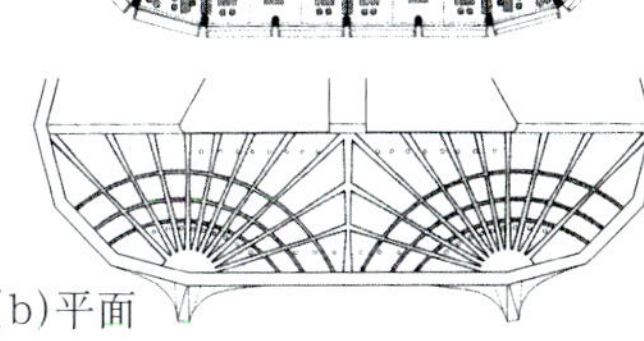

(b)平面

图2-51　布里斯班河边中心
(《20 世纪世界建筑精品集锦》10 卷 P242-243 林少伟 J·泰勒 建筑师 H·赛德勒)

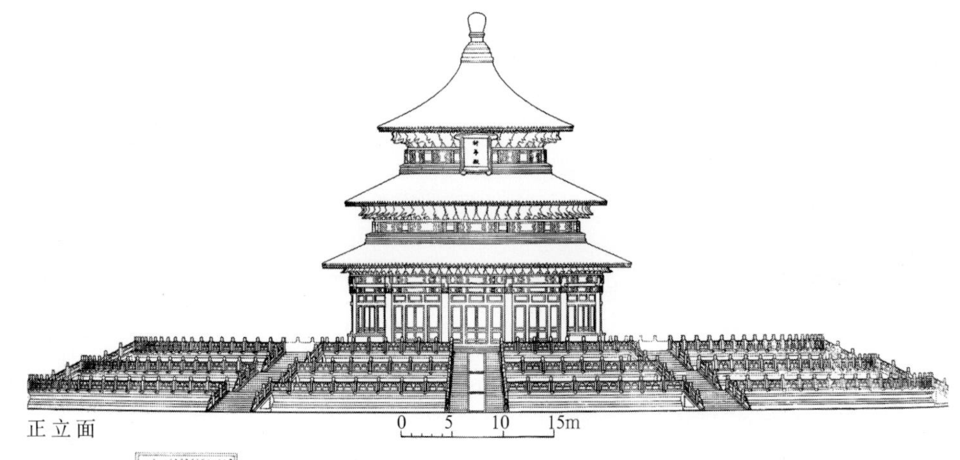

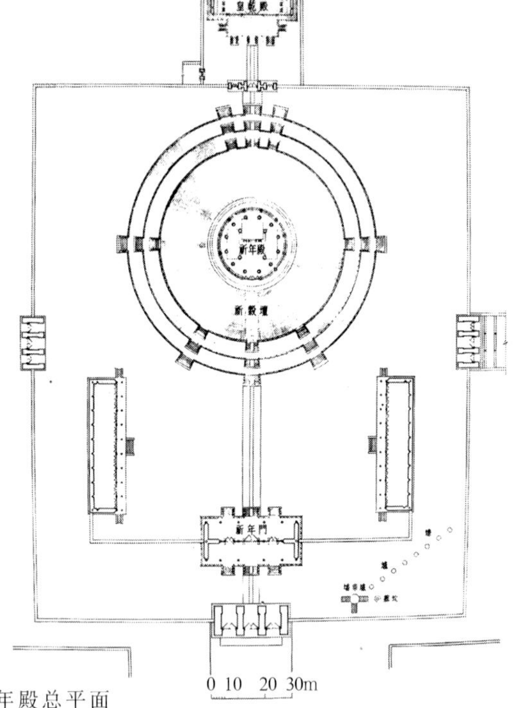

图 2–52 北京天坛祈年殿
(《中国古代建筑史》(第二版) P354～355 刘敦桢)

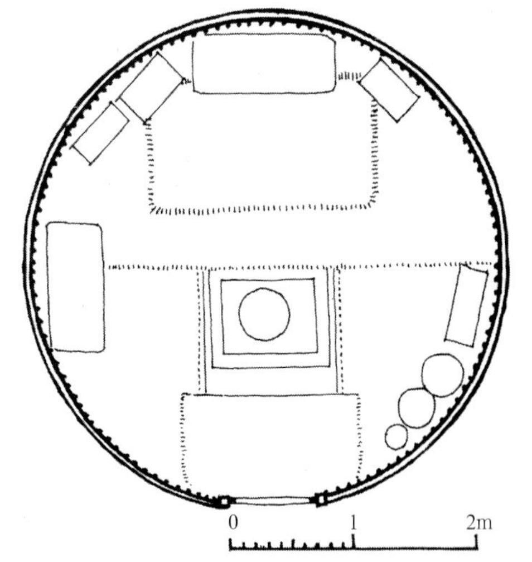

图 2–53 内蒙古锡林浩特蒙古包平面 (毡房)
(《建筑设计资料集》(第二版) 3 P30 荆其敏等)

是稳定的和以自我为中心的。用圆和圆的局部可以组成多种构图形式。从人类最原始的建筑，到现代建筑均应用较多。圆形建筑构造和施工相对复杂一些，采用时要结合建筑性质、功能等综合考虑。

始建于明代的我国古代建筑天坛祈年殿是圆形平面的精品。祈年殿为皇帝祈丰年之所，主体为直径26m的圆形建筑，建于高约6m的圆形三重白石台基上。殿身无墙体，四周全为朱红色柱及槅扇。上为三重檐圆攒尖顶，顶逐层向上收小，并以攒尖顶高高矗立向天空。这既使建筑稳定庄重，并具有"向天感"，又以三重蓝色琉璃瓦顶来象征青天，在天坛建筑群中具有无可争辩的构图重心地位 (图 2–52)。

我国蒙古族建筑蒙古包 (毡房)，是圆形可移动的住房，已有两千多年的历史。直径小者 5～6m，大者 7～8m，最大可达 30m。门南向，进门处附有防风门斗。室内正中为火塘，四周为坐卧处，上有圆天窗，顶上起气楼供通风和采光。其内部装饰陈设讲究，外观洁白，在大草原上别具一格 (图 2–53)。

现代球幕电影院观众厅，由于它的特殊工艺及观看需要，每个方向要求有相同的放映距离，必须采用圆形平面 (图 2–54)。

中科院物理所凝聚态物理综合楼的设计者从北京天坛和意大利佛罗伦萨教堂等历史建筑原型中得到启示，选用中心感极强的圆形柱体建筑，从而使建筑主体具有了全方位的观赏角度，使周围散落无章的现状建筑有了景观中心控制点，从而产生了明确的"次序感" (图 2–55)。

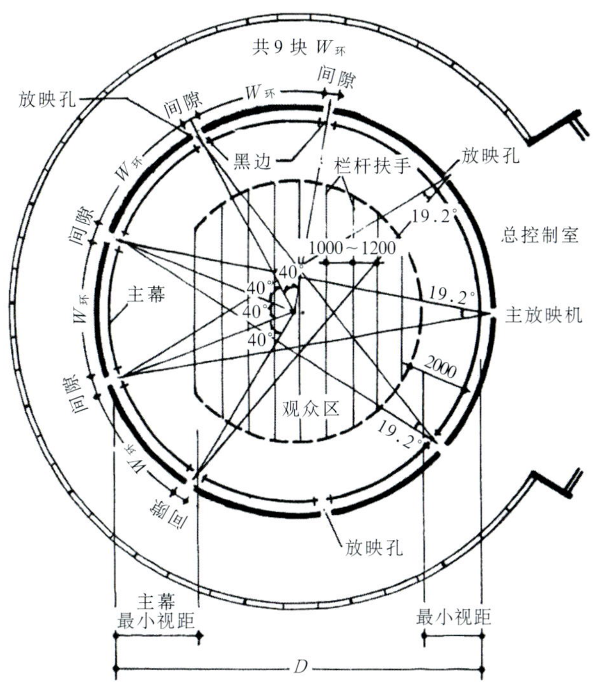

260 站席环幕观众厅平面

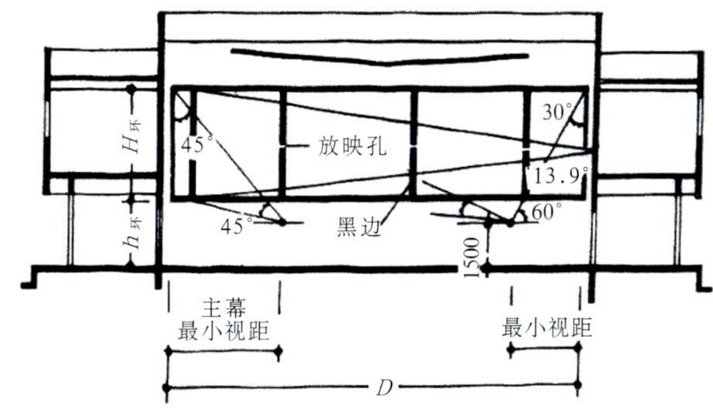

260 站席环幕观众厅剖面

图2-54　260站席环幕观众厅平面、剖面　（《建筑设计资料集》（第二版）4 P59　张韦等）

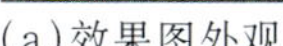

(a)效果图外观

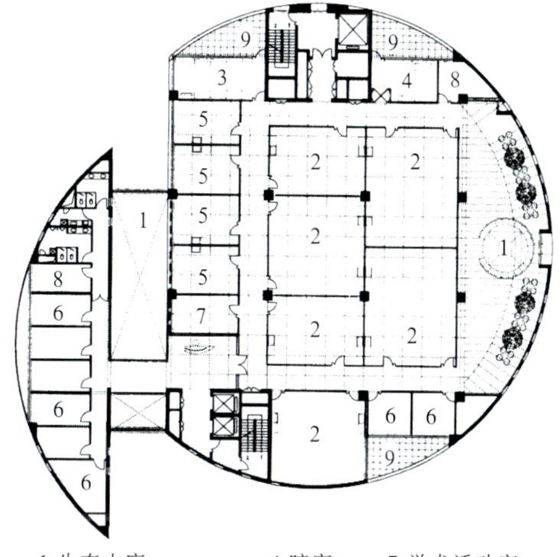

(b)六层平面

图2-55　北京中国科学院物理所凝聚态物理综合楼　（《建筑学报》2000 06 P17-18　刘力　王尉）

辽沈战役纪念馆全景画馆平面为圆形，直径43m。画面底部做成大沙盘，近处陈列实物，远处为沙盘布景。与画面结合，配以灯光、音响效果，使观众犹如身临战场。中间设看台，观众沿着螺旋式楼梯或坡道逶迤而上，顺时针方向绕行一周，就可以领略到画面周长120m、高15m的巨幅油画——锦州攻坚战全景（图2-56）。

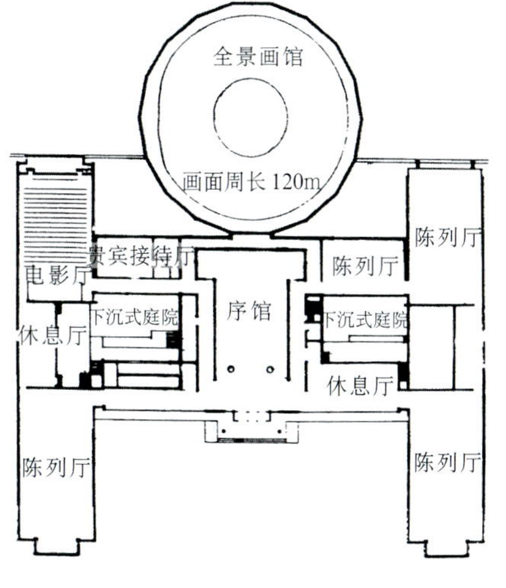

图2-56 辽沈战役纪念馆一层平面（《建筑学报》1992 03 P14　毛梓尧）

巴西里约热内卢尼泰罗伊现代美术馆（1996年）伫立于海角的岩石顶端，面对大海。它带有一根茎干支撑起圆形顶冠的杯子形状，像一个混凝土花朵

图2-57 巴西里约热内卢尼泰罗伊现代美术馆外景
（《世界建筑》2006 03 P122 王育林 于文波）

(a)鸟瞰

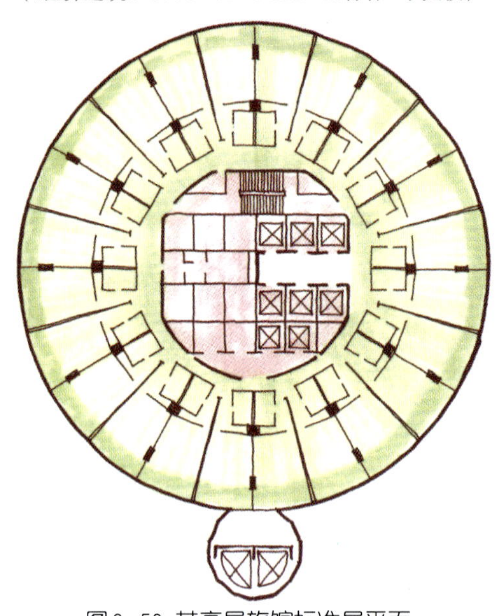

图2-59 某高层旅馆标准层平面
（《世界建筑》2002 11 P50 SOM建筑师事务所）

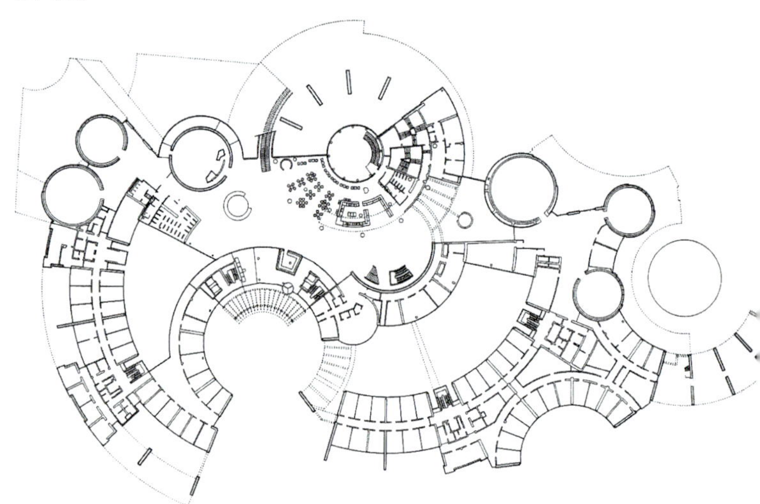

（b）以圆形为基础的建筑平面

图2-58 德国杜塞尔多夫北莱茵——威斯特伐利亚政府议会大楼（《世界建筑》2006 11 P94-96 埃勒+埃勒建筑事务所）

或者一个巨大的新型柱式，是拉美独特的“巴洛克”的建筑文化（图2-57）。

德国北莱茵——威斯特伐利亚政府议会大楼坐落于杜塞尔多夫市区的南部，临近一座横跨莱茵河的大桥。这个设计被称为是一个“圆的游戏”，由圆柱体和不完整的圆柱体组成。圆形的议会大厅是中心，通过星形的钢结构支撑，周围像卫星一样，环绕着政治家和各党派的办公室。同时，它与一个巨大的休息厅相连。195m × 105m的建筑平面被圆形控制。还有大礼堂、接待厅、5个会议室和图书馆。入口广场向城市开放，侧面和下院议员办公区相连。有两个主立面——面向城市和面向水面的立面覆盖着铜和黄色的砂岩。这个德国人口最多的州的议会有2.6万m^2的建筑面积。这栋建筑应该具有象征性和实际性，它是提供人民和他们的代表之间的“捷径”（图2-58）。

在高层建筑中，圆形平面也不乏应用，图示某一超高层旅馆建筑的标准层平面采用圆形平面（图2-59）。

4.不规则形平面

不规则形平面既不同于矩形、多边形，也不同于圆形，而是一种不拘一格的构图形式。在满足使用要求的前提下，不规则形的平面形式更富有动态、变化和自由构图的特色。随着现代科学技术的发展，特别

(a)教堂后面可以看到做成几何体的雨水盆

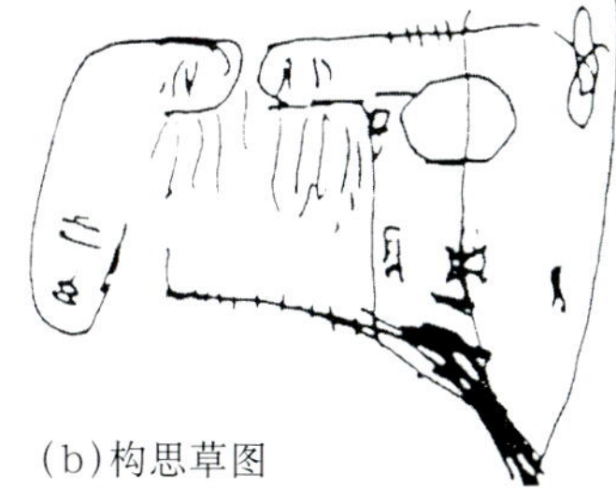
(b)构思草图

(c)总平面草图

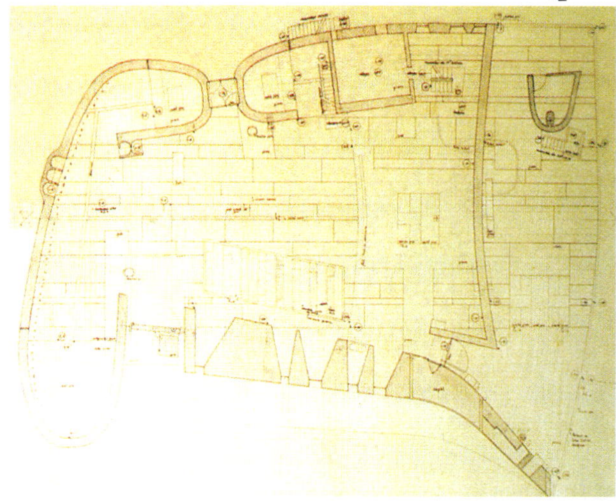
(d)平面草图

图2-60 法国朗香教堂
(《20世纪世界建筑精品集锦》4卷 P135-136 V·M·兰普尼亚尼 建筑师勒·柯布西耶)

是材料和结构技术的进步，以及人们对建筑空间的新企望，采用不规则形的平面形式的建筑空间日渐增多。

勒·柯布西耶设计、1955年建成的朗香教堂的平面是典型的不规则形。朗香是法国东部山区的一个古村庄，原有一个小教堂，二次大战时毁于战火。新建的教堂为钢筋混凝土结构，规模不大，约能容纳百余人。教堂造型奇特：平面呈不规则形，设计者将其解释为人的耳朵，用于聆听上帝的声音。沉重的屋顶向上翻卷，墙面既弯曲又倾斜，开着大小不一的门窗，墙体与屋顶除几处支点外互不相连。阳光从空隙射入室内，产生神秘的宗教气氛。教堂入口处墙面有抽象的壁画，色彩鲜艳。郎香教堂实际上是一件混凝土的立体派雕塑，已成为举世公认的建筑艺术的杰作，体现了勒·柯布西耶从纯净的功能主义向粗野主义的转变（图2-60）。

德国弗莱堡两个教派建一座共同的教堂，不仅仅是功能方面的一个尝试。建筑平面本身呈不规则形，并运用特殊的灵活空间分区解决了为两个教派建造同一座教堂时不可避免的冲突。其赋予表现力的空间形式，有意处理得难于归为一个整体（图2-61）。

一个200座的报告厅为了取得自由生动的效果，将平面形式处理成一种不规则的平面形式，但它的

(a)外观

(b 平面划分方式

图2-61 德国弗莱堡某教堂 (《世界建筑》2005 12 P49-51 设计：苏珊·格罗斯)

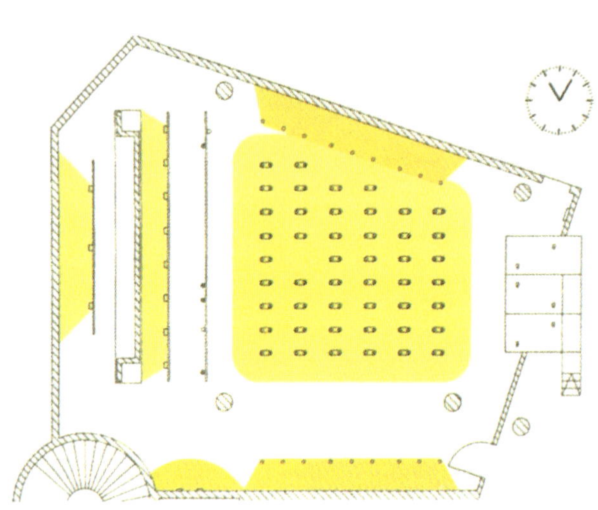

图2-62 某报告厅不规则平面

(《世界建筑》2000 06 P24 哈拉尔德·霍夫曼，傅磊)

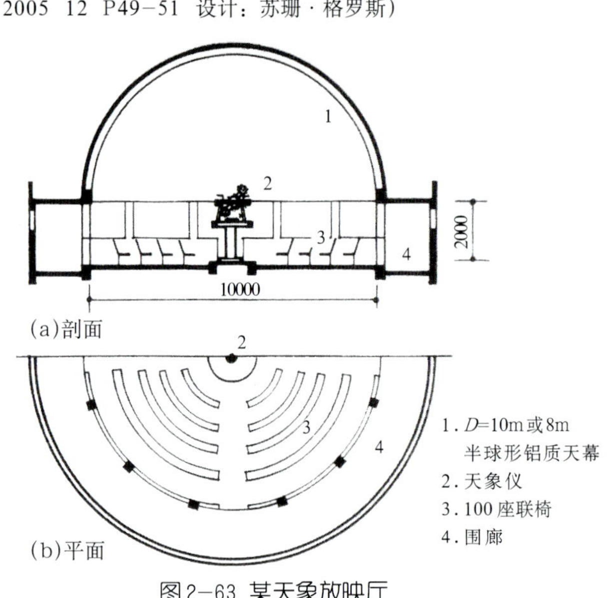

图2-63 某天象放映厅

(《建筑设计资料集》(第二版) 3 P183 张泽蕙等)

座席及视听布置能很好的满足使用要求，均匀照亮的幕墙给人以开放的感觉（图2-62）。

2.2.2 单一建筑空间的剖面形式

1.矩形剖面

与长方体的平面基本形式类似，矩形同样是长方体剖面最基本的形式。同样具有便于布置家具、设备，便于相互或与其他空间组合，结构简单，施工方便等优点，为一般民用建筑广泛采用。多边形、圆形平面建筑中一般也使用矩形剖面。一般建筑矩形剖面的设计高度主要是依据使用需要，包括通风换气等卫生要求决定，净高的盲目提高将造成设计的巨大浪费。

2.弧形或拱形剖面

弧形或拱形剖面形式主要是由于造型或结构需要而形成的，在窑居建筑和某些公共建筑中不乏使用。球幕电影厅、天文馆的天象厅等为了适合特殊的功能需要采用半球形的剖面形状。半圆形和拱形剖面在矩形、多边形、圆形平面中都有所采用。弧形和拱形剖面空间造型有一定特色（图2-63）。

3.梯形、三角形剖面

梯形和三角形剖面空间形式稳定、庄重，在建筑中虽应用较少，但由于其外形有特色仍不失为一种不可忽视的剖面形式。其代表作尤以法国巴黎卢浮宫玻璃金字塔为典型。建筑师在设计中很好地解决了现代建筑与受重点保护的传统建筑的结合问题，以及建筑构图的对称与非对称问题。它的以三角形为母题的几何构成给人以深刻印象（图2-64）。

4.不规则形剖面

不规则形不仅是建筑的平面形式，而且在剖面中也不乏应用。它主要是由于建筑造型或某些使用

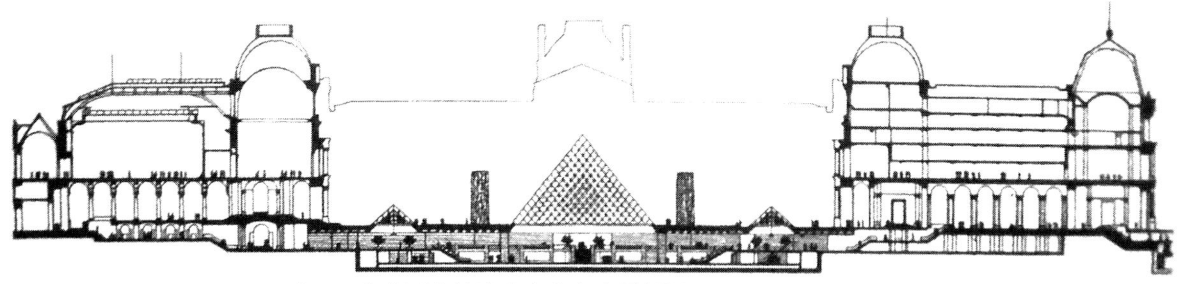

图2-64　法国巴黎卢浮宫扩建中心中央大厅剖面（《世界建筑》1996 01 P63勉成）

的需要而产生的，具有显著特色。如美国洛杉矶迪斯尼音乐厅的剖面形式是由它的造型和声学要求的结果（图2-65）。

2.2.3　单一建筑空间的大小

首先要明确建筑空间的大小主要是根据人在使用空间时的需要，含使用活动及交通需要的空间以及家具、设备所占空间决定的，这同时决定了该空间的比例，并赋予该空间以适应的尺寸。建筑使用特点不同，其空间的大小随着变化。其次，建筑空间的大小还要考虑通风、换气等人的舒适健康以及心理、美观等方面的要求。也就是不仅要考虑人的生理需求、人体尺寸及其动作规律、家具设备的需要，而且要考虑人的精神方面与社会文化的需求。包括人怎样感知和认知建筑室内环境，怎样占有和使用空间，怎样满足人的社会交往需要，以及怎样理解建筑空间、形式表达的意义和象征。建筑空间的大小还要考虑技术经济因素，特别是结构布置的合理性，房间的开间、进深和层高的选择对建筑设计具有全局性的影响。建筑空间就像人的衣服，大小、色彩、用料要和人相适，既不能小使人穿不上，也不是越宽松越好，过分宽松同样使人感到不适，也不美观，这是同样的道理。

1.几种建筑类型主要使用空间的大小

（1）居住建筑使用空间的大小

这类空间主要是满足人们睡眠、学习、起居（会客、团聚及日常家务活动）、就餐等之用。根据活动内容可以分为卧室、起居室、书房、餐室等空间。卧室又可分为主卧室、次卧室等。居住空间的常用家具尺寸（长×宽×　高）参见表2-3。

卧室

以主卧室为例，主卧室一般为夫妇共同居住，其基本家具一般除双人床外，还有衣柜、床头柜、梳妆台或电视柜等。床作为卧室的主要家具，其布置方式对卧室大小的合理性有主要影响。根据人的活动、家具设备以及心理空间等要求，主卧室的适宜面积大小一般在15m²左右，少数标准高的主卧室达20～25m²。室内净高2.6～2.8m左右。对于兼作书房的主卧室还需为放置书架、书桌等提供空间。次卧室以及客房、保姆室等居住空间，由于其在住宅套型中居于次要地位，在面积和家具布置方面要求低于主卧室（图2-66）。

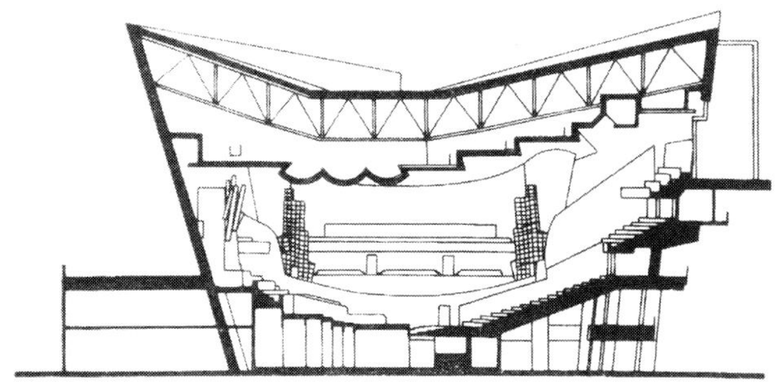

图2-65 美国洛杉矶迪斯尼音乐厅纵剖面
（《当代观演建筑》P19　刘振亚）

起居室

起居室是供家庭团聚、待客、休息娱乐等使用的空间。家具布置最基本的有沙发、茶几、电视柜、音像柜、储物柜、平柜等。起居室的适宜面积一般在15～25m²之间，有的达30m²以上，其室内净高应不低于卧室。起居室的空间大小还与住宅套型建筑面积、家庭成员的多寡、看电视、听音响等设备布置的适宜距离以及建筑标准有关（图2-67）。

餐室

餐室是供家庭就餐的使用空间，一般餐室的主要家具为餐桌、椅、橱柜等。根据家具布置及人体活动空间需要，餐室最小面积不宜小于5m²，以保证就餐和通行的需要（图2-68）。

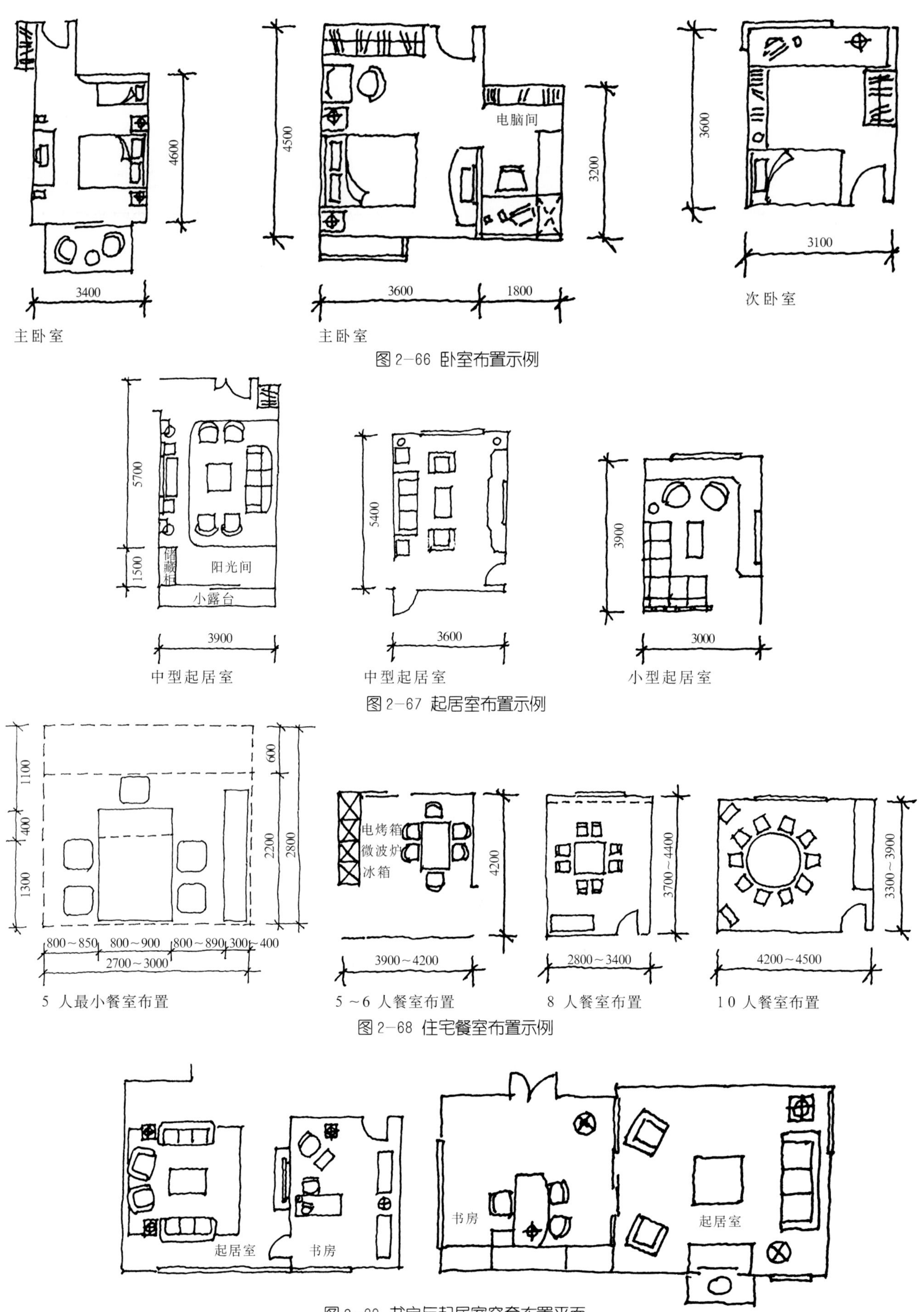

图 2-66 卧室布置示例

图 2-67 起居室布置示例

图 2-68 住宅餐室布置示例

图 2-69 书房与起居室穿套布置平面

书房（亦称学习室）

在有些住宅套型中，要求单独设置书房，其主要家具有书桌椅、书柜、计算机桌椅、或沙发躺椅等。普通书房的面积一般可参照次卧室大小考虑。图 2–69 为与起居室穿套布置的书房平面。

（2）学校建筑使用空间的大小

教室是学校建筑中最重要的教学活动使用空间。教室主要类型有平地板常规教室，更多座位的阶梯教室。平地板教室最持久的优点就是它的适应性。它是一个用于学习的开敞环境，能够迅速而方便地重组，以满足不同的教室规模和使用类型，长宽比约 3 : 2（图 2–39）。阶梯教室是学生人数超过人们在平地板教室内能够看清楚彼此面孔的极限人数的情况下使用，缺点是不能更改家具布置，以满足不同的要求。教室的坡度 10% 以下时不需设台阶。150 人的阶梯教室能够形成很好的亲密感。250 人的阶梯教室可以保证师生之间的互动，超过这个尺度的被认为是多功能厅或会堂（图 2–70）。普通教室的大小应综合考虑以下因素：容纳学生人数、教学方式、视听要求、课桌椅尺寸及排列方式（排距、座宽、走道宽度）、课外活动的使用要求等。课桌、椅尺寸随学生年龄及身高的增长而改变。我国普通中小学常用课桌、椅尺寸及教室尺寸与面积参见表 2–6。

（3）医疗建筑使用空间的大小

一般医疗用房是医院建筑中为病人诊断和治疗使用的空间，医院等级、规模不同，建筑空间的组成也不完全相同，一般包括诊察室、病房、手术室、放射室、药房等。

诊察室

诊察室是医生对病人进行病情诊察的空间。由于各科诊察要求不同，平面大小各异，一般内外科多为分间式或少量的套间式组合。内科除了诊室外，还有治疗室。内科诊察室的家具设备一般有诊察床、诊察桌、医师座椅、病人座凳、洗手盆等。诊察桌的尺寸一般为 750cm × 1050cm，诊察床的尺寸为 600cm × 1800cm。根据使用要求，一般诊察室的面积为 12～18m²（图 2–71）。外科诊察室的病人多为行动不便者，检查治疗的工具器械也较多，室内家具设备除包括与内科室相同的设备外，还布置有器械桌、柜等，面积一般不小于 15m²。外科换药处理室应与诊察室相邻。诊察室的层高一般为 3.0m～3.6m（图 2–72）。

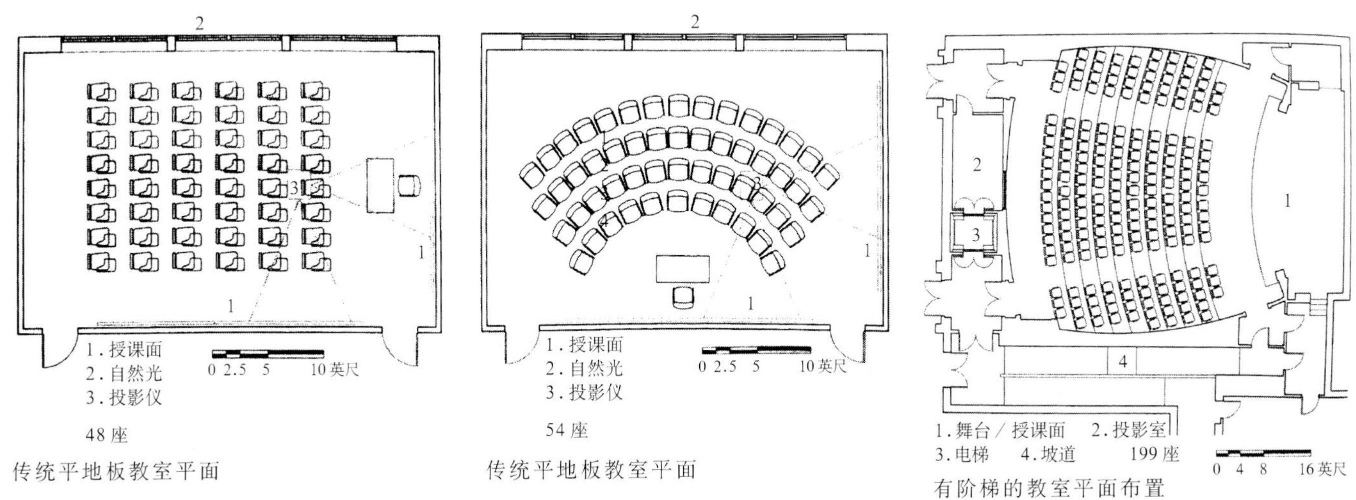

图 2–70　传统平地板教室平面、有阶梯的教室平面　（《学院与大学建筑》P96 113 ［美］戴维 · 纽曼著 薛力等译）

教室课桌、椅尺寸及教室面积 表2–6

类别	容量（人／班）		序号	单人课桌尺寸(mm)	双人课桌尺寸(mm)	单课椅尺寸(mm)			双课椅尺寸(mm)			教室轴线尺寸（进深×开间）(mm)	使用面积(m²)	每生占使用面积（m²/人）	
	近期	远期				长	宽	高	长	宽	高			近期	远期
小学	45	40	1	550 × 400	1100 × 400							6600 × 8400	51.90	1.15	1.30
			2	600 × 400	1200 × 400							6900 × 8400	54.35	1.21	1.36
			3	600 × 400	1200 × 400							7200 × 8400	56.79	1.26	1.42
			4	600 × 400	1200 × 400							8100 × 7200	54.71	1.22	1.36
			5	600 × 400	1200 × 400							8100 × 8100	61.78	1.37	1.54
中学	50	45	1	600 × 400	1200 × 400							6600 × 9300	57.62	1.15	1.28
			2	600 × 400	1200 × 400							7200 × 9000	60.97	1.22	1.35
			3	600 × 400	1200 × 400							8100 × 8400	64.14	1.28	1.42
			4	600 × 400	1200 × 400							8400 × 8400	66.69	1.33	1.48

引自《建筑设计资料集》第二版 3 P170

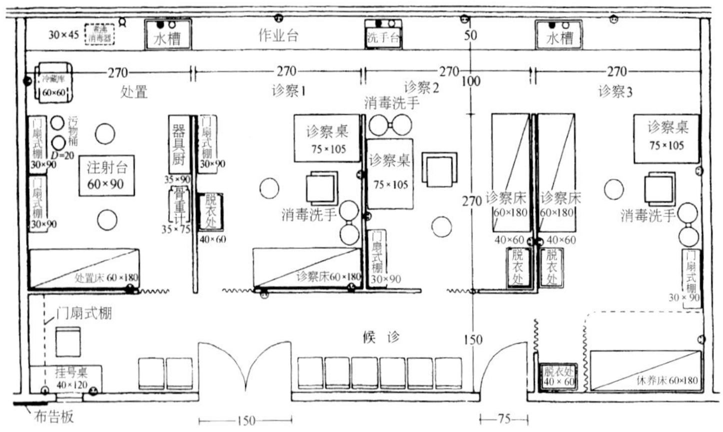

图2–71 某内科诊察室处置室平面

（《现代医院建筑设计》P137 罗运湖）

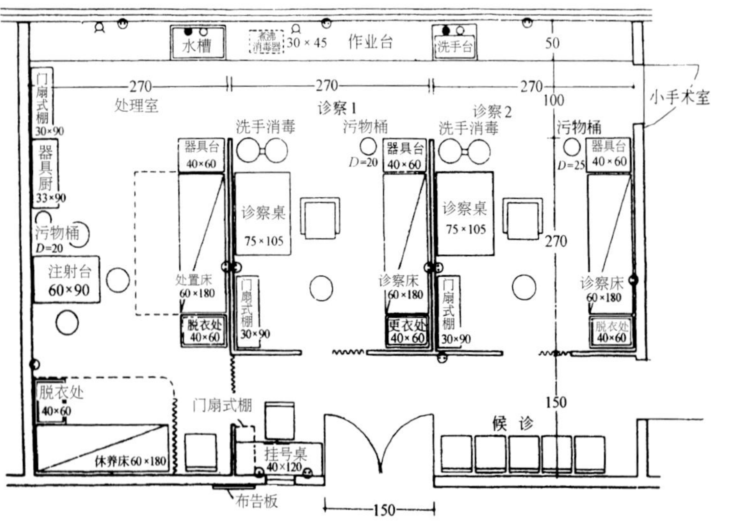

图2–72 某外科诊察室处置室平面

（《现代医院建筑设计》P137 罗运湖）

病室

病室是病人治疗、疗养住宿的房间。病室的大小一般取决于病床的数量及医护活动的使用空间。病室的病床数量以2~6床居多。在一般综合医院中病床多与外墙平行排列。病室宜设卫生间和阳台。一般医院的病床尺寸为900mm × 2000mm × 500mm~750mm。为保证医疗护理推车及医疗设备的通行，以及病人与医疗活动需要，按我国成人的标准，床周空间为长3.3m，宽1.8~2m，高3.3m。病床间的净距需在1.2m以上，考虑急救复苏、帘幕分隔等因素，病床间净距宜为1.5~1.8m。病床长边距内墙应为600mm，距外墙应为800mm。床头距墙应留出100mm空隙，以便清洁擦洗，靠窗部位最好能留出起坐空间。根据以上要求，2~3床病室净宽应≥3.3m，净长应≥4.5m、6m。4、6床病室的开间应≥6m（图2–73）。

意大利某乡镇医院通过门窗平面布置的凹凸变化，扩大了走廊宽度和室内的使用空间，利用凸窗布置休闲座椅，实际增加面积不多，但提高了室内使用率，保持室内空间完整（图2–74）。

(4) 观演建筑使用空间的大小

观众厅是电影院、剧院、音乐厅、礼堂等观演建筑的主要组成空间。它的大小主要是根据观众的容量和视听两方面的要求来确定。观众厅应该有良好

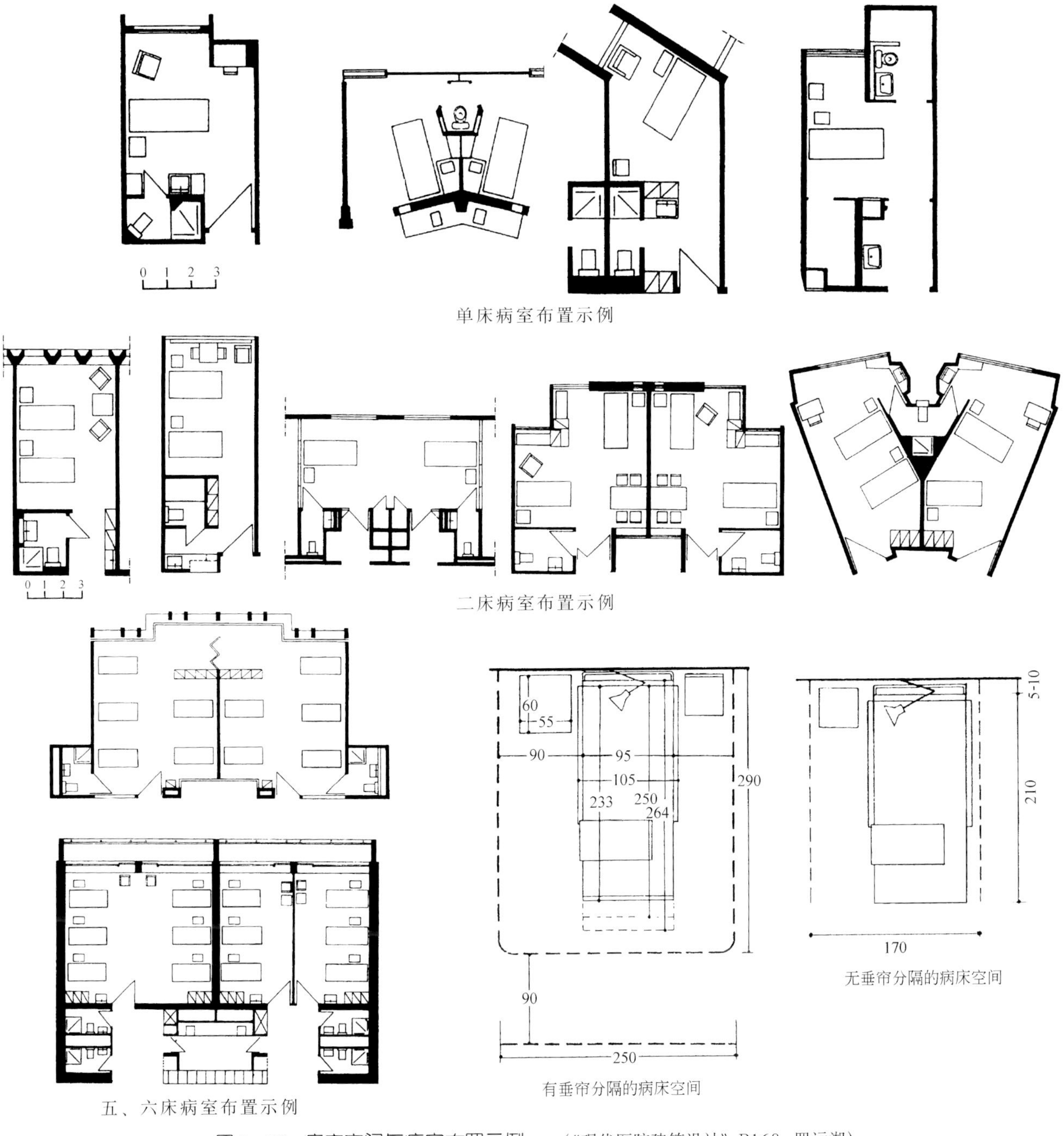

单床病室布置示例

二床病室布置示例

五、六床病室布置示例

有垂帘分隔的病床空间

无垂帘分隔的病床空间

图2-73　病床空间与病室布置示例　（《现代医院建筑设计》P168　罗运湖）

的视听条件，满足看得清、听得好、流线畅通、安全、卫生、舒适、美观、技术经济等要求。

电影院观众厅

普通电影观众厅的大小根据观众厅的规模、工艺要求和技术经济条件确定。在视听方面主要是由规范对观众席头排到银幕的距离、水平斜视角和最远视距决定的，这样才能保证观众座席看到的图像不致太近、太偏、太远而失真或产生畸变。其次，电影院观众厅还须考虑纵、横走道的宽度及布置方式。

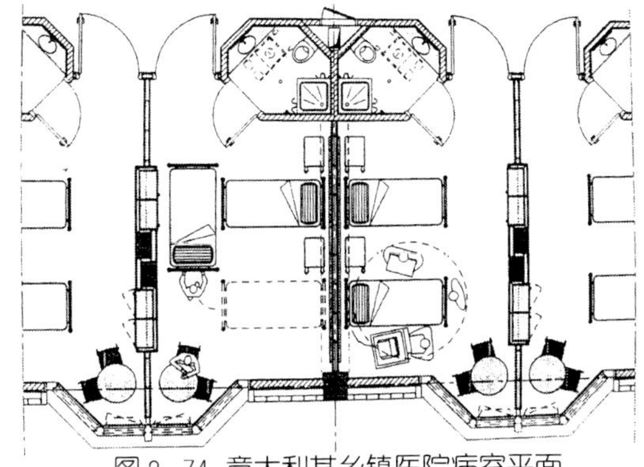

图2-74　意大利某乡镇医院病室平面

（《乡镇卫生院建筑设计》P127　张九学　王禄生　科学出版社）

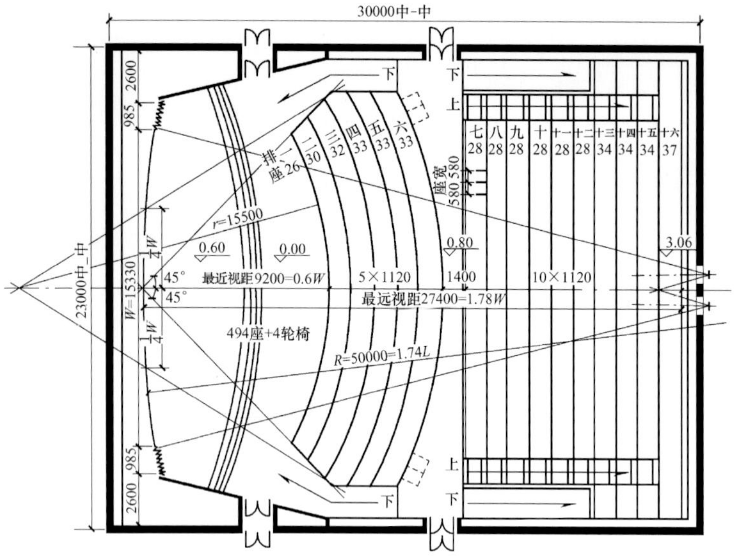

图2-75 电影院大、中观众厅座席布置示意图
(《电影院建筑设计规范》JGJ58-2008 P51)

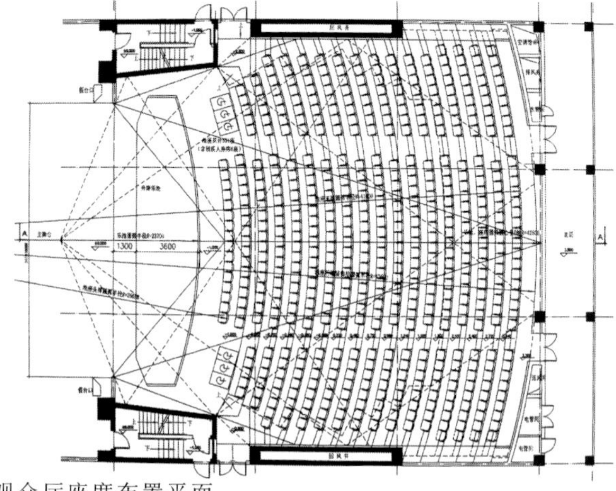

观众厅座席布置平面

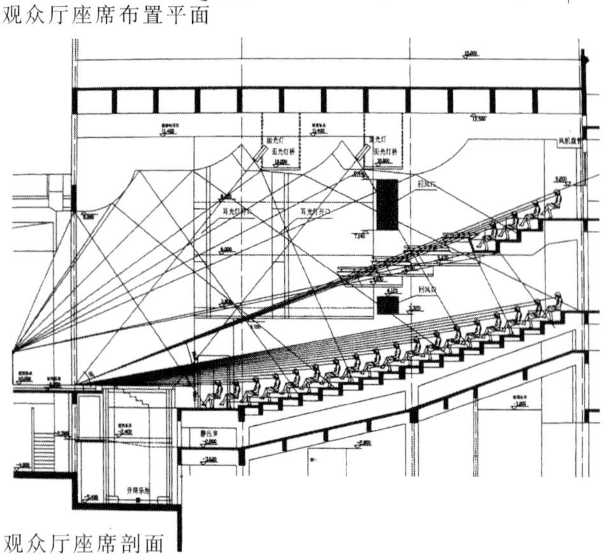

观众厅座席剖面

图2-76 重庆川剧艺术中心

银幕距离后墙的距离一般按还音设备要求决定，约1.2～2m。观众厅建筑面积401m²以上为大厅，201～400m²为中厅，200m²以下为小厅。电影院观众厅的剖面形式及高度主要根据规模、工艺设计确定的银幕高度以及视线设计、地面坡度、室内声学等各方面的要求而形成的地坪与顶棚形式等确定。图2-75为大、中厅观众厅座席平面布置示意图。

剧院观众厅

剧院观众厅的大小，在视听方面也是由最近、最远视距规定和偏斜座席控制角要求决定的。但由于戏剧与电影不同，电影的银幕图像是平面画面，而戏剧表演为立体形象，因而和电影院观众厅相比较，剧院又有不同的特点与要求。

在剧场观众厅设计中，要看清面部表情及化妆细部，不考虑其他因素。从视力角度，最远视距不超过20m，即最后排正中座席观众眼睛与舞台面上大幕线在中轴的投影的距离为理想，一般要看清表演，最大不宜超过30m。一般歌舞剧院观众厅的视距不宜超过33m，话剧和戏曲剧场的最远视距不宜超过28m。不论是电影院或剧场，为保证观众有畅通无阻的视线，视线升高差“C”值一般应达到0.12m，视点在电影院观众厅一般选择银幕画面的正中下沿点，在镜框式台口剧场选择舞台大幕线台面正中点。剧院观众厅剖面的大小，主要由舞台台口高度、地坪升起坡度或楼座升起高度等要素以及视线和声学设计、顶棚形式等要求决定（图2-76）。

（5）辅助用房使用空间的大小

辅助用房使用空间一般包括卫生间、设备用房及车库等。

卫生间

卫生间虽然不是建筑的主要使用空间，但却是各类民用建筑不可缺少的组成部分。卫生间根据使用性质的不同，可以区分为公用卫生间和专用卫生

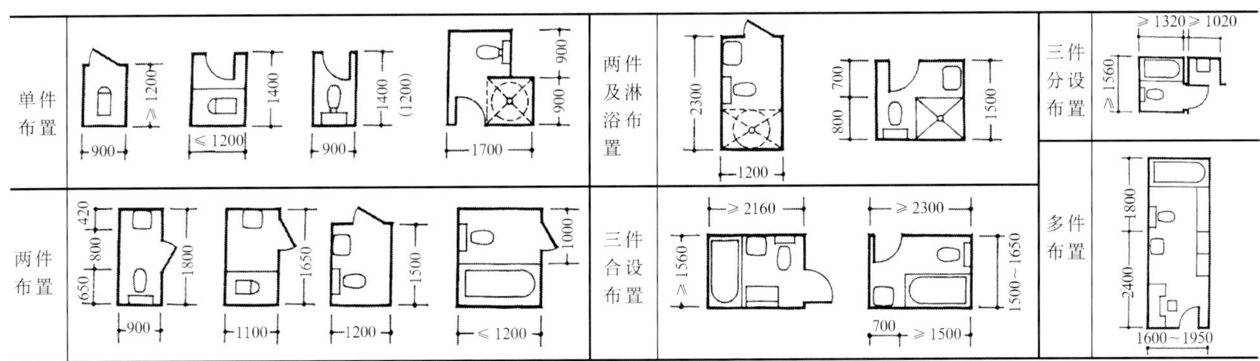

图2-77　住宅不同布置方式的卫生间平面　(《建筑设计资料集》第二版　3　P142　班焯等)

间，同时供多人使用的卫生间如学校、火车站、影剧院的卫生间属于公共卫生间。设在宾馆客房、医院病室、办公室内以及住宅的卫生间为专用卫生间。

公共卫生间同时有多人使用，它的建筑面积的大小及卫生器具的数量主要取决于使用建筑的人数和建筑的不同使用特点。学校学生多集中在课间休息时使用卫生间，影剧院的观众多集中在开演前后或场间休息时使用卫生间，而办公、商店等另外一些建筑卫生间的使用概率相对比较均匀。学校、影剧院卫生间的使用时间比较集中，写字楼、商店等卫生间的使用时间比较分散，使用特点各不相同。公共卫生间的位置宜布置在人流活动的交通线上，使用要方便，又注意隐蔽。为了分散人流，也可将男女卫生间分散布置。中小学校建筑，因为课间使用厕所比较集中，采取分开布置的方式可以分散人流。为了节约管道和方便施工，在垂直方向应尽可能把卫生间布置在上、下相对的位置上。男女公共卫生间还应按规定设置供残疾人使用的无障碍隔间厕位或无障碍专用厕所。公共卫生间的入口、通道、与门扇、洗手盆等的布置均应符合无障碍设计规定，满足其特殊使用要求。

卫生间的面积大小不仅要设备布置合理，还必须充分注意人体活动空间的需要。专用卫生间使用人数较少，一般住宅卫生间的建筑面积以3～5m²为宜，但不应小于3m²。图2-77为住宅各种不同布置方式的卫生间平面图。旅馆客房的卫生间面积大小须根据旅馆的等级、设计标准确定，一般建筑面积约4～6m²（图2-78）。公共卫生间应设前室，以遮挡门开启时的视线。设有前室的公共卫生间，其前室可作为盥洗之用，可以男女分别设置，也可以合用。卫生间的前室应有足够的面积，特别是短时间内集中使用的卫生间，以免形成拥挤。无论是何种卫生间其净高均应大于2.1m。无障碍厕卫面积，新建不应小于1.8m×1.4m，改建不应小于2m×1m（图2-79）。

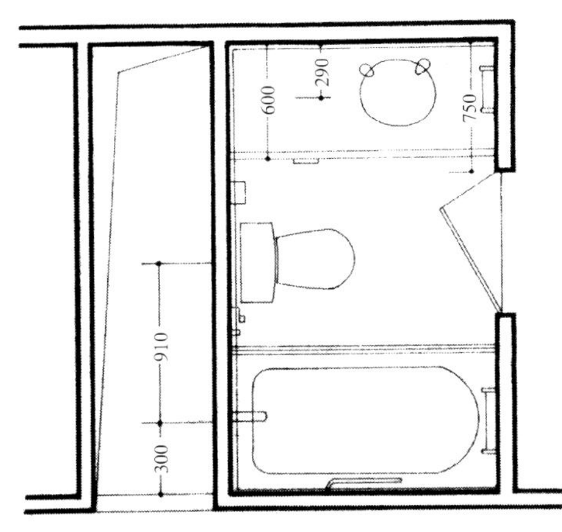

图2-78　旅馆普通客房卫生间布置示意
(《建筑设计资料集》第二版　4　P159　张桦等)

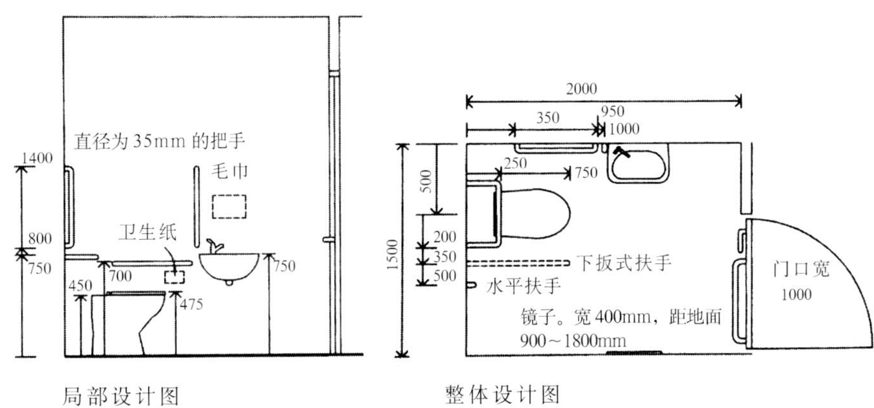

图2-79　专用无障碍厕卫布置示意
(《城市道路和建筑物无障碍设计规范》JGJ50　2001　J114-2001　P44)

停车库

停车库的面积大小是根据停车的数量和停车位的面积决定的，一般按当量小汽车的停车泊位估算。停车位面积除包括车体本身所占空间外，还包括汽车与墙、柱之间留有的一定安全距离，以及车道面积。停放小客车的地下车库平均每辆车约需建筑面积30～40m²，停车位尺寸为2.8m × 6m。停放4～5t载重车的地下车库平均每辆需要建筑面积约50～70m²。停车库的行车通道可分成单车道和双车道，通道和停车位的关系有一侧通道、一侧停车；中间通道和环形通道两侧停车等形式。设计停车库时除选好通道位置外，在平面设计中，主要是选择好柱网的尺寸。结构柱网布置应考虑车型、停车方式、停放角度和通道布置方式等因素。地下车库还应使主要使用空间的柱网和车库柱网相一致。

设备用房如配电房、水泵房及空调机房等，其面积大小主要根据工艺设计提供的要求决定。

2.单一建筑空间的开间、进深、层高与门的开设

单一建筑空间的开间、进深与层高是建筑设计中的三个重要参数，必须统一权衡，不能只强调其中一个要素。开间、进深失当，或者造成使用不便，或者造成能耗与经济上的巨大浪费。例如增大进深有利于节地，但却不利于采光、日照。如果层高过低会使人感到压抑，超大尺度的层高只是在有特殊需要时才采用。

（1）单一建筑空间的开间和进深

单一建筑空间开间和进深大小是由以下因素决定的：首先是取决于使用的需要和室内家具、设备大小及布置。开间和进深还要考虑日照、采光、热工以及结构布置的技术经济合理性，并满足节能的要求。虽然建筑组成部分中许多建筑空间的大小常常要求不一，为了保证技术经济的合理，减少结构构件规格，便于制作与安装，在一个一般工程项目中，通常是按照一定的模数，确定一种或几种基本开间和进深，例如2.7m、3m、3.3m、3.6m、3.9m、4.2m、4.5m、4.8m、6m、7.8m、8.1m、9m等。或者根据实际需要选用几种柱网尺寸，但以少为宜。如住宅卧室的开间和进深尺寸应考虑床的布置，提高适应床位布置的灵活性。起居室的空间由于需满足家庭团聚、待客、娱乐和看电视以及美观等要求，除家具所占面积，还应留出足够的活动空间、视觉空间、心理空间。其开间一般不宜小于3.6m。医院病房根据医护活动与病床等设备要求，如2病床室进深不宜小于3.90m，开间宽不宜小于3.30m。同样道理3～6床病房进深不宜小于6m，3床室开间净宽不宜小于3.30m，6床室开间净宽不宜小于6m。

（2）单一建筑空间的层高

单一建筑空间的高度有层高、净高之分。层高是指楼地面到上层楼地面之间的垂直距离，而净高是指楼地面的完成面至吊顶、楼板或梁底的垂直距离。单一建筑空间层高的确定主要应考虑以下几个方面的因素：首先是使用活动特点和家具设备的使用要求，考虑使用空间的不同用途和长、宽、高比例关系。面积大的使用空间，应该相应地高一点，设备方面尤其要注意空调管道和电气、给排水管到所占空间高度。其次要有利采光、通风和保暖。进深大的建筑空间为了采光等需要，往往增大层高，室内需保证足够的人均空气容量。室内空间过高将增加建筑造价和能耗。一般居住空间从家具、人的活动空间、空气质量及经济等方面考虑，以净高2.8m左右为宜。高等学校学生宿舍的层高主要受床的类型的影响。使用双层床铺的房间，层高要考虑上铺到顶板的距离，坐着叠被要求距离1.05m，跪着叠被要求距离1.3m，床高约1.75m，因此室内净高一般应不低于3.1m。

（3）单一建筑空间门的开设

开门以沟通内外或此一空间与另一空间联系，

有些门同时有通风和采光的作用。一般单一建筑空间的门，其形状、宽窄、高度主要取决于人体高度、人流量以及通过门的家具设备的大小、建筑的性质等。门的大小和开启方向还必须同时满足安全疏散与防火要求。供单人或单股人流通过的门高度不应低于2m，其宽度在0.7～1m之间。如：普通教室、办公室的门宽度不得小于1.0m；通行较多人数门的宽度，应按人流股数计算，一般为1.2m、1.5m、1.8m或更大；病房的门应方便病床的出入，宽度不应小于1.1m；公共活动空间的门可开双扇、四扇或四扇以上；为车辆出入而设的门，其大小和形式应按车的尺寸和行驶要求来确定。

一个使用空间应开多少门和在什么位置上开门，开什么形式的门，同样主要取决于使用空间人的容量、人流活动特点，容量愈大，人流活动愈频繁、愈集中，门的数量则愈多。门的数量、位置和开启方向同时必须符合疏散与建筑防火要求。供少数人出入的使用空间，公共建筑一个房间面积不超过60m²，且使用人数不超过50人，可开设一个门。超过60m²的房间必须开设两个门。此外，门的开启方向还决定了当人进入房间的一刻是否能一眼就看清房间的一切，或者让室内的人能有一点时间准备好等人进入。开门的位置也必须与家具的布置和人流活动的情况相结合。如：医院6床病房的门位置一般选择在内墙中央；居室的门位置宜偏于一角布置；起居室作为户内公共空间，通常需要联系卧室和其他房间，极易造成起居室墙面的洞口过多，如门的位置选择不当，就可能影响室内有效使用，给家具布置造成困难。一般洞口位置宜相对集中，以便留出尽可能完整的墙面供家具布置。

单一建筑空间之间的联系并非仅仅是门，还有开敞处理。不同场所的开敞和分隔同样是设计的基本要素，开敞和封闭的程度必须仔细加以考虑。空间的开敞把另一个空间或外部世界引入使建筑空间得以延展，这比仅仅表现产生快感的外观和装饰更有意义。空间的感受不仅包括看到的，还包括听到的、感觉到的、甚至闻到的——如果开敞的门外是花园的话。

图2-80 美国华盛顿杰弗逊纪念堂外观
（《欧美建筑外观与环境空间》P50　吴焕加）

美国华盛顿市中心的杰克逊纪念堂，不设门，其纪念空间完全开敞，方便了造访者的进入，使纪念堂与外部空间融为一体（图2-80）。

2.3　交通联系空间设计

交通联系空间包括廊道、入口、门厅、过厅、楼梯间、电梯间、坡道等，可以概括为水平交通、垂直交通和交通枢纽三个部分。它的功能主要是把建筑各组成部分，各个独立使用的空间有机地联系起来，组成一栋或一组完整有序、使用高效的建筑。交通联系空间首先要保证流线明确通畅（包括人流、物流、车流）、不曲折迂回，应对人流活动起导向作用，符合安全疏散与防火要求，适当的采光与通风。在建筑总面积中，交通联系空间面积不仅所占比例较大，例如在学校建筑中有的交通面积约占20%～35%，在

图2-81 某园林爬山廊
（《中国园林之旅 皇都园林大观》P36 本卷主编 罗哲文 赵光华 朱杰）

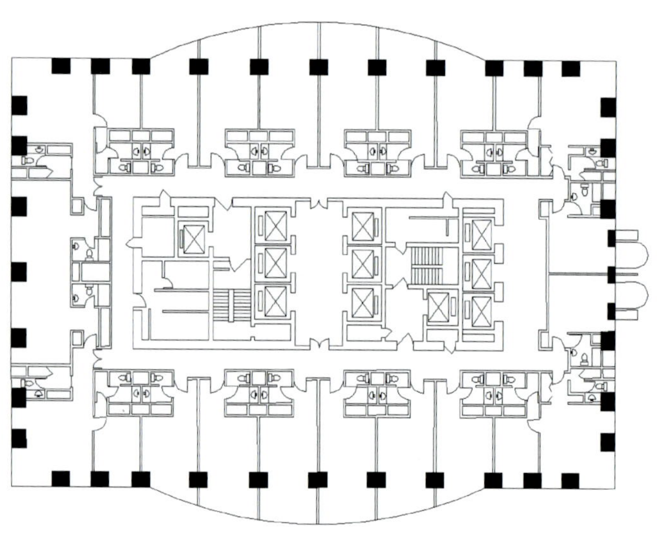

图2-82 某大厦复廊式平面
（《高层建筑设计与技术》P144 刘建荣）

办公建筑中有的约占15%～25%，在医院建筑中有的约占20%～38%。而且门厅、过厅、楼电梯厅是人进入建筑内部后的第一个场所，在建筑美观方面具有重要的地位。交通联系空间的设计手法多种多样，设计者不必拘泥于传统形式，而应结合工程实际，探求新的手法。

2.3.1 水平交通联系空间设计

1.水平交通联系空间的类型

水平交通联系空间主要是用来联系同一层或接近同一标高各部分使用空间的交通联系形式：主要有走道或称走廊。走道一般指两侧有墙的通道，比较封闭；走廊一般比较开敞，一侧或两侧临空，其长、宽设计较少受限。习惯上也有把内走道称为内廊或中间走道，一侧临空走道称为外廊或单面走道。按使用性质的不同，水平交通空间可区分为以下类型。

（1）完全为交通联系而设置的走道或走廊，同时具有安全疏散的功能，不安排其他从属功能。

（2）主要作交通联系，同时兼有其他从属功能的走道或走廊。如：学校教学楼的走廊或走道，适当加宽后可兼作课间休息活动场地，也可布置陈列橱窗观摩交流；医院门诊诊查室的走廊或走道加宽后可兼作为候诊之用；博览建筑的走道加宽后可成为展览廊。

（3）主要作为其他功能而同时兼有水平交通联系性质的走道或走廊，如某些画廊、园林建筑中的景廊、游廊等。它的路线主要是按陈列或观景、游憩、休闲的需要布置的，有的蜿蜒起伏，点缀以水池或花木，增加了层次或景深。还有一些柱廊主要是建筑造型的需要并无使用功能。

2.廊道的形式、长度与宽度

廊道一般为直线型。根据建筑形体的变化，也有折线、“之”字形和各种曲线等形式。特别在风景建筑中，有直廊、曲廊、爬山廊、桥廊等，形式多种多样（图2-81）。合院式民居内庭院四周围以相互连通的廊道为内回廊。现代建筑中，由于功能的需要形成的回廊也称复廊（图2-82）。大厅周边架空设置的走廊俗称走马廊，尤以剧院常见。设计采用何种廊道形式取决于建筑的性质与整体布置的需要。廊道布置一般要直截了当，方便通畅，应力求减少面积和长度，提高使用效率与节约投资。廊道的长度主要是根据建筑平面布局的要求以及廊道的类型、使用人数、安全疏散、防火要求等因素确定。为了缩短走道的长度，有时可以采取减小开间、加大进深，或在走道的尽端设置较大的房间等办法。在高层建筑中，无自然通风，且长度超过20m的内走道，或虽然有直接自然通风，但长度超过60m的内走道应设置机械排烟设施。

廊道的宽度主要按人体的尺度和人流的股数决定，并应满足使用高峰时段人流通行需要的宽度，保

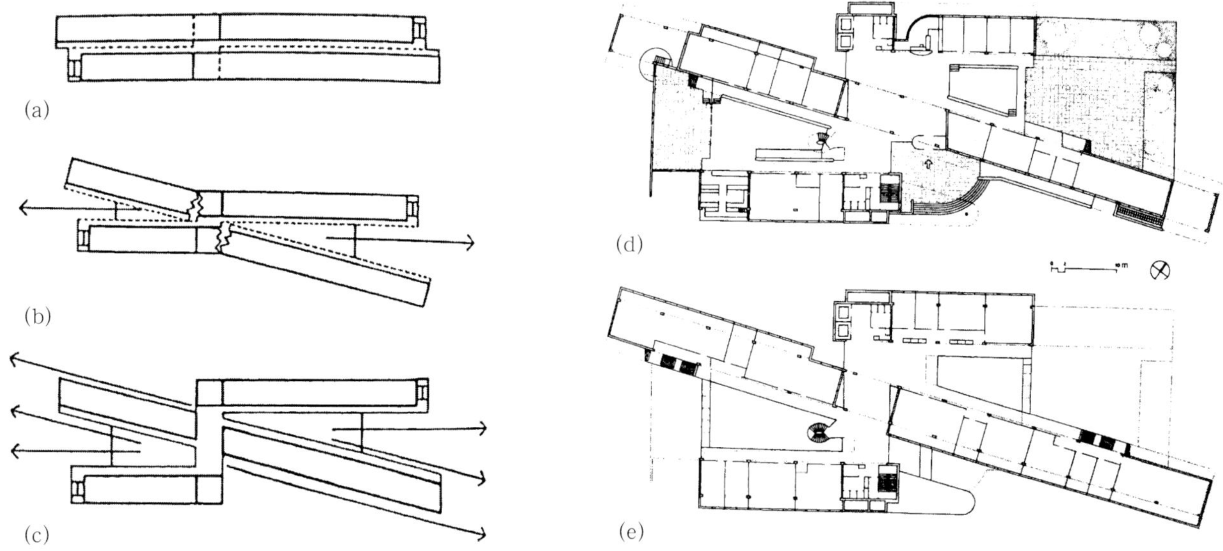

图 2–83　荷兰海牙三国联盟专利办公室平面及其分析图

空间产生于一个普通的办公平面；(a) 被打破，走道扩大成一个大厅 (b)；各部分从组合中脱离，大厅区域就敞开了 (c)；形成平面 (d)、(e)。　(《建筑学教程 2：空间与建筑师》P112～113 赫曼·赫茨伯格著　刘大馨、古红缨译　天津大学出版社)

证紧急状态下人流疏散和消防安全。人体的肩宽约为55cm，因此，一般廊道的最小宽度应能满足两人通过，即1.1m宽。此外，廊道还需要满足家具、设备和人携带物品以及货流通过的需要，其宽度可在人体尺度需求的基础上适当加宽。如：住宅建筑中的走廊和公共部位通道的净宽不应小于1.2m，局部净高不应低于2.0m；公共建筑疏散走道的宽度应按有关规定确定；办公建筑中的走道长度超过40m时，单面（一侧有房间）走道的净宽不应小于1.5m，中间走道（两侧有房间）的净宽不应小于1.8m；在医院建筑中，为满足单面候诊及推床调头的需要，其通道净宽不应小于2.1m；中小学校教学建筑中单面有房间的走道宽不应小于1.8m，中间走道不应小于2.1m，3m以上的过道同时可兼作课间休息和布展等使用。

走道的宽度除考虑通行能力外，还应考虑房间门的开向。一般的门多开向室内，而有些门要开向走道。这时走道的宽度就要加大，或者采取将门后退等其他处理方式。

3. 走道的采光和通风

在一般中小型民用建筑中，外廊或半外廊形式走道的自然采光与通风良好。采用内走道时应尽量在走道的端头开窗，或者利用门厅和楼梯间窗采光通风，或者在过道侧面布置开敞空间，以改善过道的采光、通风条件，有利于建筑的防烟与排烟。

荷兰海牙的荷兰、比利时、卢森堡三国联盟专利办公室设计采用了传统的标准办公室形式，并以一个鲜明的插入手法设计室内空间，使整个建筑显得开敞。纵看这座建筑，它有两条走廊，每条走廊中只在一侧布置房间。这样，在视觉上外部空间融入了建筑内部。于是出现了一个新的概念，在这样一幢有着特殊品质的建筑中获得了一个更适合交流的概念。这一插入手法不仅使建筑内部的使用者之间产生了视觉接触，还取得了从中央空间观赏外部世界的景观。走廊逐渐加宽成为两个三层通高的内部中庭，部分顶部用玻璃覆盖。中厅从两个方向都通向一个休息平台，休息平台下面是餐厅或附带等候室的接待大厅。所有的房间都朝向走廊开门。一切外部因素就是通过这两个中庭伸入建筑之中的。结果是缓解了人们对迷宫一样走廊产生的窒息感。在这里，你一旦步出了自己的房间，整幢建筑便尽收眼底，同时你还要被其他人观察。这种空间的组织形式，可以对一幢建筑中的交流活动发挥积极的影响，摆脱了传统办公建筑的形式（图 2–83）。

英国伦敦皇家芭蕾舞学院灵感之桥是一个完全为交通而设的通道。在女修道院花园（伦敦中部一个蔬菜、花卉市场）的花街，高高在上的、形状扭曲的“灵感之桥”为那些皇家芭蕾舞学校的少女们提

(a)外观

(b)平面

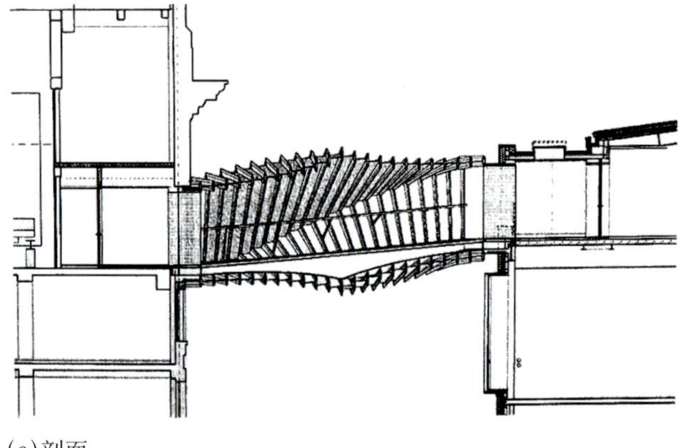

(c)剖面

图2-84 英国伦敦皇家芭蕾舞学院灵感之桥 (《世界建筑》2006 04 P40-42 设计威尔金森·艾尔建筑有限公司)

图2-85 美国纽约某办公空间的走廊
(《室内光环境》P14 赵思毅 东南大学出版社)

供了一个直接通往一级皇家歌剧院的路径。这个成功动人的设计致力于对复杂基地文脉上的连续，同时清晰地呈现它于所连接的建筑的完整性。而它本身也作为一个独立的建筑元素。连接点水平和高度上的错位决定了桥跨的形状。它是一个形式和结构结合的典范。被玻璃间隔的23个像风琴一样的方框，由一个铝制的脊梁支撑起来。它们为了对准着陆点而旋转的次序，沿着整座桥的长度而旋转了1/4周。这个结果使这条街上方多了一个雅致的装饰，唤起了一种流动的、优美的舞姿（图2-84）。

美国纽约某一个办公空间的走廊，为了避免单调，设计师把它做成展示长廊。长廊顶部为大面积玻璃顶，自然的天光给展示区充分的采光（图2-85）。

2.3.2 垂直交通联系空间设计

垂直交通联系空间是联系不同标高建筑空间必不可少的设施，有楼梯（含爬梯）、电梯、自动扶梯和坡道等。

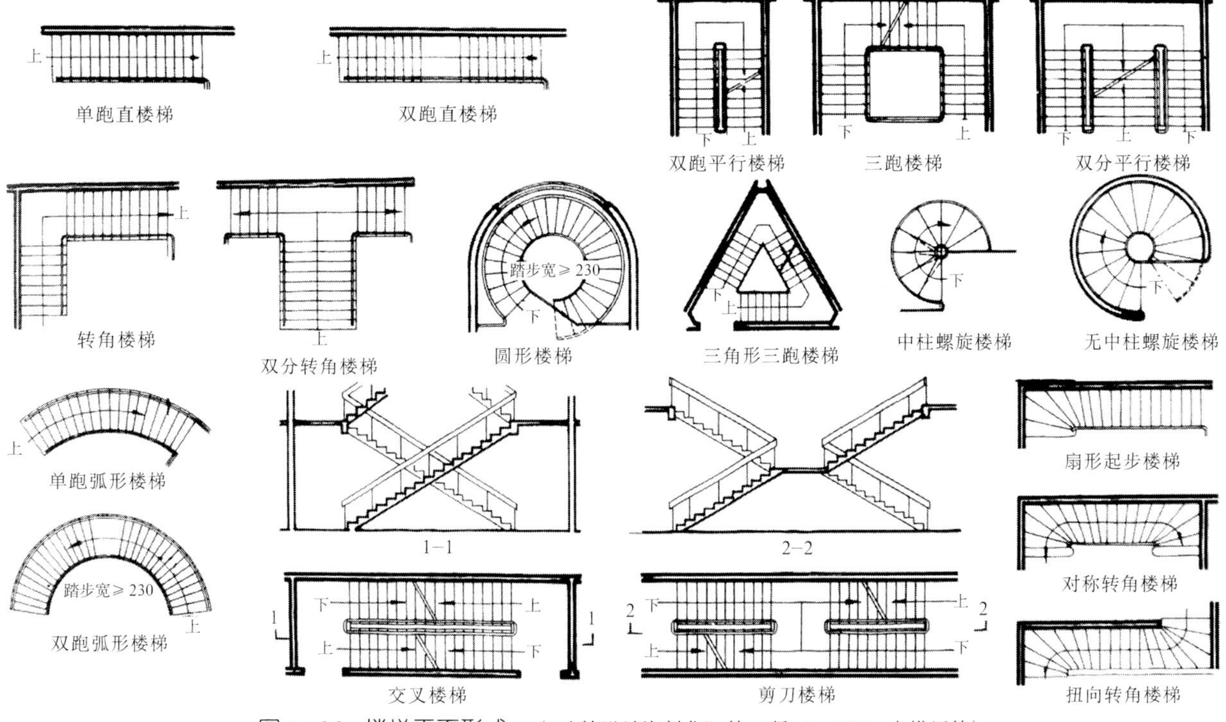

图2-86　楼梯平面形式　（《建筑设计资料集》第二版　1　P83　李拱辰等）

1.楼梯

楼梯是民用建筑中最主要的垂直交通联系空间和安全疏散设施，是建筑内部空间的重要构成要素和装饰装修构件。楼梯的数量、位置及形式应满足使用方便和防火、安全疏散的要求，符合相关设计规范的规定。在高层建筑中，虽然设置了电梯，但楼梯并不能省掉，它仍然是垂直交通与防火、安全疏散必不可少的组成部分。

(1) 楼梯的类型、形式和组成

民用建筑中的楼梯按其使用功能分为主要楼梯、次要楼梯和辅助楼梯。主要楼梯联系建筑的各主要使用空间，位于主要人流线上，起组织交通和分散人流的作用，并常常设于建筑入口附近，或直接布置在交通枢纽空间，成为枢纽空间视线的焦点。法国巴黎歌剧院的楼梯厅与观众厅面积相近，通过入口壮观且富有动感的三折楼梯，把人流引导并分散到各层。其设计装修精美细致，富丽堂皇（图4-29）。次要楼梯的位置不如主要楼梯那么明显，往往是基于消防的需要，或为了分散人流而设置的，所服务的人流相对较少。辅助楼梯主要作为联系建筑中某些内部空间之用。

布置楼梯的空间为楼梯间，楼梯间按其布置的形式可区分为开敞式或称普通楼梯间、封闭式楼梯间和防烟楼梯间。开敞式楼梯形式多样，通透、流畅、布局灵活，有的还有较强的装饰性，尤以一二层大厅中的开敞式楼梯更是建筑艺术处理的重点。普通楼梯间、封闭式楼梯间和防烟楼梯间都应满足疏散与消防要求。

楼梯由梯段和平台组成。无论是哪种楼梯，为使行人不感疲劳，以及安全需要，每个梯段连续的踏步数不应超过18步，也不应少于3步。室内台阶不应少于2级。仅有1级台阶因为不够显明极易造成安全事故，是设计之所忌。

楼梯按梯段布置的特点通常区分为以下几种形式（图2-86）：

直跑楼梯：

直跑楼梯是将梯段布置在一条直线或弧线上，具有导向性强，直接贯通上下空间的优点。直跑楼梯多数采用单跑直跑式和双跑直跑式，三跑以上的直跑楼梯使用较少。在层高小于3m的建筑中，采用单跑直跑楼梯可一次连续走完，联系局部空间的辅助楼梯也常采用直跑式。在大中型公共建筑中，布置在大厅中轴线上宽敞明亮的直跑楼梯能够创造一种庄重、严肃的氛围。

图2-87 北京人民大会堂步入宴会厅的大楼梯
(《20世纪世界建筑精品集锦》9卷 P97 关肇邺 吴耀东 建筑师赵冬日 张镈)

图2-88 北京国家剧院开敞楼梯
(《建筑学报》2008 01 P5 周庆林摄影)

北京人民大会堂通向宴会厅的开敞式直跑大楼梯，布置在北门厅的中轴线上，采用对称的形式，不仅使用方便，而且极大地加强了内部导向感和庄重、严肃的效果（图2-87）。

在一些文化娱乐与商业建筑中，直跑楼梯一方面要直接迅速地运送人流，而且又要取得轻快、活跃的气氛，常将开敞式直跑楼梯布置在门厅、休息厅或交通枢纽。采用弧形或折线直跑楼梯，不仅可使楼梯起点和终点更符合主要人流的流线方向，而且能使室内空间更加生动、舒展，产生更加美观的装饰效果(图2-88)。

双跑楼梯：

图2-89 某曲线形楼梯
(《法国建筑环境设计》 P89 陈永昌)

双跑楼梯由两个梯段组成，和直跑楼梯不同处是它的两个梯段的人流方向不同。等长的双跑梯段平行楼梯，人流的起止点在同一垂直线位置，面积紧凑，便于组织空间，利于使用和紧急疏散，特别适宜于3～4m层高的建筑，是民用建筑中应用最多的楼梯形式。两个梯段长短不等的双跑楼梯，可以适应不同的组合需要。开敞式双跑楼梯的两个梯段可以不平行布置。

三跑楼梯：

三跑楼梯是由三个梯段组成的，有对称和不对称等布置形式。对称的又称双分平行楼梯，实际使用是双跑，其气氛较庄严，多用于公共建筑。不对称的三跑楼梯适宜于层高较高的建筑或多边形平面空间的需要，既可作为主要楼梯，又可作为辅助性楼梯布置在次要部位，但梯段之间形成的空洞需要采取安全保护措施。

此外，剪刀梯和交叉楼梯不仅可用于人流疏散，还可以有效利用空间。在住宅建筑中，特别是高层住宅中，设一部剪刀楼梯，取得两个方向的疏散口是一种常用的形式。螺旋梯可以增加空间的轻松活泼气氛，并起到装饰作用。而旋转楼梯不仅有很好的使用价值和装饰效果，而且可以显示楼梯人流的动感（图2-89）。

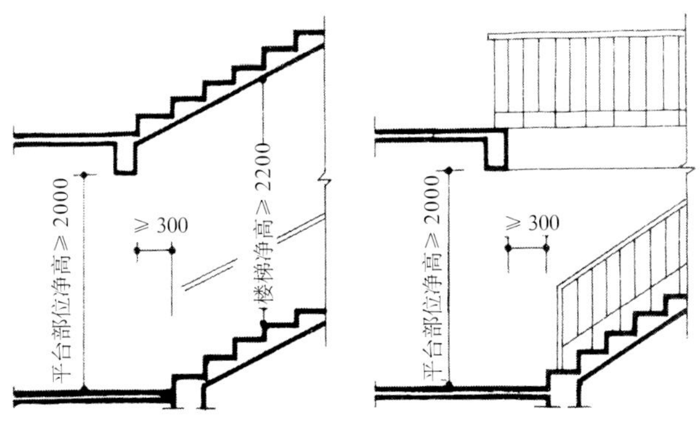

图2-90 楼梯梯段及平台部位净高要求示意
(《建筑设计资料集》第二版 1 P84 李拱辰等)

A B B A

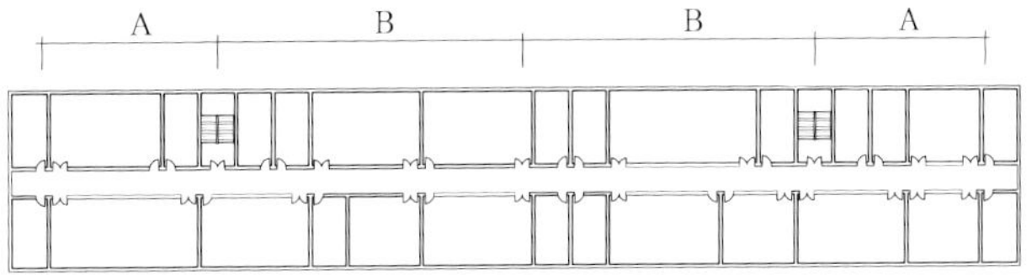

A ——位于袋形走道两侧或尽端的房间至疏散楼梯间的最大距离
B ——位于两部疏散楼梯之间的房间至楼梯间的最大距离

图2-91 民用建筑安全疏散距离要求示意图

(2) 楼梯的布置

楼梯的布置原则首要的是位置显著，易于发现。主要楼梯要防止过分隐蔽或距主入口过远。其次楼梯要起引导、组织人流的作用，满足使用和疏散距离的要求。楼梯间尽量不占好的朝向面。主要楼梯由于人流较集中，要有适当的缓冲停留面积，所以常常布置在交通枢纽空间。次要楼梯则布置在相对次要的位置，以分解主要人流和方便各部分空间人员使用。当一幢建筑有多部楼梯时，其位置分布要均匀，符合防火规范的要求。建筑物中的疏散楼梯间在各层平面位置不应改变。地下室、半地下室和地上层不应共用楼梯间。当必须共用楼梯间时，应采取规范要求的相应措施。楼梯平台上部及下部走道处的净高不应低于2m。楼梯自踏步前缘至上方突出物下缘间的垂直高度不宜小于2.2m，初学者应予注意（图2-90)。直接通向疏散走道的房间疏散门至最近的安全出口的距离应符合建筑设计防火规范对民用建筑的安全疏散距离的规定，见表2-7及图2-91。

表2-7

名称	位于两个安全出口之间的疏散门			位于袋形走道两侧或尽端的疏散门		
	耐火等级			耐火等级		
	一、二级	三级	四级	一、二级	三级	四级
托儿所、幼儿园	25	20	—	20	5	—
医院、疗养院	35	30	—	20	15	—
学校	35	30	—	22	20	—
其他民用建筑	40	35	25	22	20	15

(引自建筑设计防火规范GB50016-2006)

当走道为开敞外廊时，由于通风、采光、排烟等方面一般均比内廊式建筑有利，在执行上表时可将最大距离增加5m。设有自动喷水灭火系统的建筑物，其安全疏散距离按上述表增加25%。当楼梯间为非封闭楼梯间时，位于两个楼梯间房间的安全疏散距离应按上表减少5m，而位于袋形走道两侧或尽端的安全疏散距离应减少2m。

(3) 楼梯的宽度

楼梯的宽度一般指梯段的净宽度。楼梯的宽度根据建筑物的使用性质、人流股数和防火安全疏散等要求确定。一般每股人流按人体尺寸0.55m＋(0～0.15)m宽计。供单人通行的楼梯宽度不应小于0.9m，可满足单人携带物品通过的需要。双人通行楼梯的宽度为1.1m～1.4m，三人通行的宽度为1.65～2.1m（图2-92)。疏散楼梯梯段的最小宽度不应小于1.1m，高层民用建筑的疏散楼梯最小宽度除高层居住建筑为1.1m外，其他建筑均不得小于1.2m。综合医院主楼梯梯段的宽度不得小

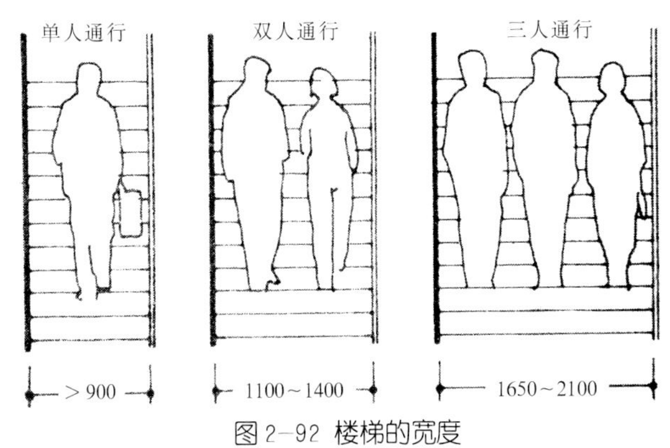

图2-92 楼梯的宽度
(《建筑设计资料集》第二版 1 P84 李拱辰等)

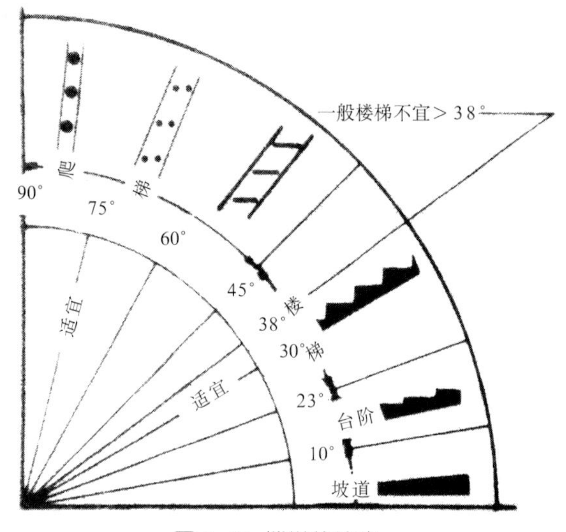

图2-93 楼梯的坡度
（《建筑设计资料集》第二版 1 P83 李拱辰等）

于1.65m，商店建筑的共用楼梯以及电影院主楼梯梯段宽度不应小于1.4m。住宅套内的楼梯净宽，当一面临空时不应小于0.75m。封闭楼梯和防火楼梯的楼层平台净深不得小于梯段净宽。直跑楼梯的楼层平台不小于1.1m，医院主楼梯和疏散楼梯的平台深度不宜小于2.0m。

根据防火要求，封闭楼梯间宜靠外墙布置，并能直接天然采光和自然通风，应设乙级防火门并向疏散方向开启。楼梯间的首层紧接主要出口时，可将走道和门厅等包括在楼梯间内，形成扩大的封闭楼梯间，但应采取乙级防火门等措施与其他走道和房间隔开。除楼梯间的门外，楼梯间的内墙上不开设其他门窗洞口。防烟楼梯间必须在楼梯间入口处设置防烟前室，或开敞式阳台、凹廊。其前室的使用面积，公共建筑不应小于6m²，居住建筑不应小于4.5m²。前室和楼梯间的门均应为乙级防火门，并应向疏散方向开启。

（4）楼梯的坡度

楼梯坡度的选择应根据一般人的步距，使人们行走方便舒适，并尽量缩短梯段的水平长度，以节约建筑的交通空间。楼梯坡度过陡使人多耗体能，年老体弱者上下困难。在人流量较大、安全标准较高或面积充裕的场所，楼梯坡度应较平缓。舒适的楼梯坡度以30°以下为宜，不宜大于38°。辅助楼梯可取坡度的高值。有关测定表明，住宅楼梯踏步采用155mm × 290mm或166mm × 280mm比较舒适。而175mm × 270mm疲劳感较显著。一般民用建筑应用最多的室内楼梯踏步高度为150mm，宽度为300mm。住宅共用楼梯踏步的最小宽度不宜小于260mm，最大高度不宜大于175mm。住宅套内楼梯踏步的最小宽度和最大高度可以适当放宽。一般公共建筑楼梯踏步的最小宽度不宜小于280mm，最大高度不宜大于160mm。托儿所、幼儿园的楼梯踏步高度一般为120～150mm，并不得大于150mm。踏步宽度一般260～300mm，并不应小于260mm。爬梯的最大坡度不宜超过75°（图2-93）。

2．电梯

电梯是建筑物楼层间垂直交通运输的快速运载设备。根据一般人的登高能力及老年人的需要，民用建筑当层数较多时就需要设置电梯，以解决垂直运输的需要。在高层建筑中，电梯是主要的垂直运载工具，楼梯为辅助交通，与电梯共同组成垂直交通运输系统。各个国家和各种不同类型的建筑对必须设置电梯的建筑层数和高度的规定不完全相同，例如在欧美一些国家，一般规定住宅四层起应设电梯，我国住宅规范要求七层以及七层以上的住宅或住户入口层楼面距室外设计地面的高度超过16m以上的住宅必须设置电梯。顶层为跃层的住宅，跃层部分不计入上述层数。由于医疗救护与运送病床的需要，我国综合医院规范规定，四层及四层以上的门诊楼或病房楼应设电梯。旅馆建筑，由于等级的不同设置电梯的层数也不同。标准较高或为旅客携带行李方便，2～3层旅馆也宜设电梯。六层以上的办公建筑应设电梯。

电梯的组成包括机器间和滑轮间、电梯井三部分，在电梯井内安装乘客轿厢及平衡锤，机器间通常设在电梯的上部，也可与电梯井并列设于底层（图 2–94）。

（1）电梯的种类

电梯根据拖动形式不同有交流、直流和液压三种。一般乘人电梯用交流调速电梯，直流电动机拖动的电梯用于高速电梯，而液压电梯主要用于顶层不设机房的建筑。它的机房通常设置在井道下部或下部附近。第二代可调节式双层轿厢电梯，可以满足大厦不同层高的停层要求，还提高了高峰时段电梯的运能，充分利用了电梯井道。

由于使用性质不同，电梯分为乘客电梯、货运电梯、病床电梯等。承担消防疏散功能的电梯为消防电梯。

乘客电梯：适用于大多数民用建筑，其载重量常用 1000kg 或 1500kg，载客十余人至二十人不等，是应用量最大的电梯类型。在满足规范的有关条件下，它也可兼作消防电梯。住宅电梯除采用上述乘客电梯外，还有一些适于住宅乘客较少的专用电梯，其载重量有 630kg、750kg、800kg 等各种形式。

观光电梯：是乘客电梯的又一形式。观光电梯具有垂直运输与观光的双重功能，可供乘客在轿厢内凌空观赏室内外景物。适用于旅馆、商业建筑、游乐场等公共建筑。

病床电梯：医院建筑中运送病人和医疗设备使用的电梯。其轿厢可以满足运送病床的使用要求，其载重量一般为 1600～2500kg。

货运电梯：有人伴随的运货电梯，在公共建筑中应用甚多，如商店、多层库房的货运电梯。其载重量一般为 630～5000kg。

消防电梯：消防电梯是供消防人员携带消防器械，迅速从地面到达火灾区灭火及抢救受伤人员的专用交通工具。为满足消防需要，在高层建筑中均须设消防电梯。乘客电梯也可兼作消防电梯，但必须满足消防电梯的有关规定。

（2）电梯的数量

乘客电梯数量的确定需根据不同建筑类型、层数、每层面积、人数、消防要求、电梯的主要技术参数等因素综合考虑，做到安全可靠，使用方便，经济。多设电梯会增加一次性投资和经常性管理使用费用，少设电梯会给使用人带来不便。以电梯为主要垂直交通工具的每幢建筑物或每个服务区乘客电梯一般不少于2台。除中高层及其层数更少的单元式住宅建筑可设一台电梯外，十二层及十二层以上的高层住宅每单元设置电梯均不应少于两台。公共建筑设置电梯的数量按使用要求和运载量通过计算确定。通常，住宅建筑每 60～90 户设置 1 台，旅馆建筑按每 100～120 间客房设置 1 台，办公建筑按每 5000m^2 建筑面积设置 1 台，医院住院部按每 150 床设置 1 台。

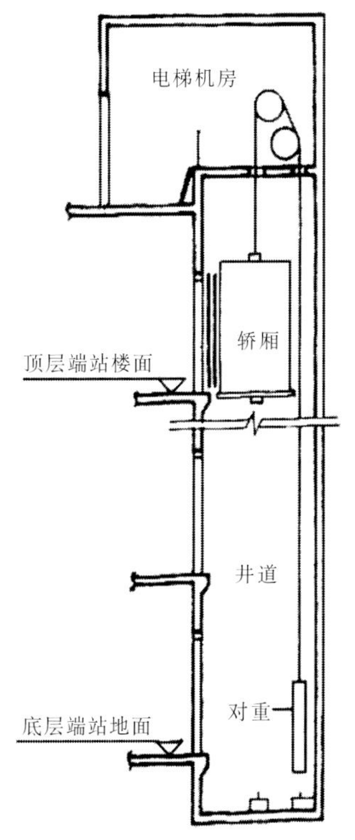

图 2–94　电梯组成
（《建筑设计资料集》第二版　1　P91　李拱辰等）

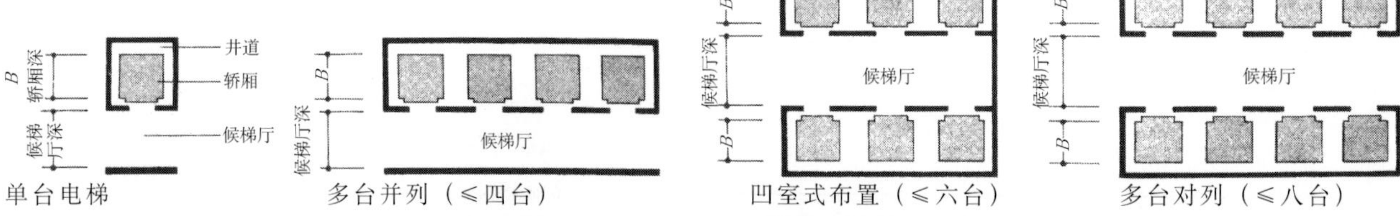

图2-95　电梯的布置示例　（《建筑设计资料集》第二版　1　P89　李拱辰等）

此外，许多国家规定了定量的客观标准，也称为服务水平。其值等于在电梯运行的高峰小时里，乘客等候电梯时间的平均值，单位是秒。不同的国家，其标准也不同。在住宅建筑中，美国认为，等候的时间小于60秒较理想，小于75秒尚可，小于90秒较差，以129秒为极限；英国和日本则规定在69～90秒之间。

在高层建筑中，消防电梯的设置要求与数量按有关防火规范决定。当每层建筑面积不大于1500m²时可设一台，大于1500m²但不大于4500m²时，应设2台。随着建筑面积增加，消防电梯数量也相应增加。

（3）电梯的布置

电梯的位置主要根据交通联系是否方便确定，一般应布置在建筑的交通枢纽，并明显易找部位，如门厅、中厅附近。电梯应尽可能集中在一个区域设置，以便乘客在同一地方候梯，并协调使用。观光电梯位置还要考虑景观要求。高层建筑布置电梯时应注意以下几点（图2-95）：

1）在设置电梯的同时，必须配置辅助楼梯，以供电梯发生故障时和近层垂直交通使用。而且因为电梯不计作安全出口，所以设电梯的建筑楼梯间也是发生火灾时人员疏散和消防的重要垂直交通通道。

2）在六层左右的建筑中，电梯与楼梯起着几乎同等重要的作用。将电梯和楼梯靠近布置，可以相互协调使用，方便人流集散。

3）在楼层电梯出入口前，如电梯的候梯厅，乘梯人员等候的交通建筑面积应满足使用要求，以免人流拥塞。候梯厅不应成为非乘梯人员的交通通道。候梯厅的深度应符合规范有关要求，并不得小于1.5m。

4）当规模较大的公共建筑中电梯数量较多时，可将电梯成排、成组集中布置。布置方式有单侧排列和双侧排列等形式。单侧排列的电梯不宜超过四台，双侧排列的电梯不应超过2×4台。

5）除观光电梯外，电梯本身不需要天然采光，所以电梯间的位置不受采光面的限制。

6）由于造型的需要，某些公共建筑要求电梯机房不高出屋面。这时可选用液压电梯。但液压电梯的升高一般不大于30m。

7）消防电梯间应设置前室。居住建筑的消防前室使用面积不应小于4.5m²；公共建筑的消费前室使用面积不应小于6.0m²。当与防烟楼梯间合用前室时，居住建筑不应小于6.0m²，公共建筑不应小于10.0m²。

8）电梯井道或机房不宜与有安静要求的用房紧邻布置。住宅建筑不应与卧室、起居室紧邻布置。受条件限制出现与紧邻布置时，必须采取有效的隔振、隔声措施。

3．自动扶梯、自动人行道

自动扶梯是建筑物楼层间连续运输效率最高的载客设备，舒适快捷安全，既可上升，又可下降。它的运送能力每台每小时可达4500～9000人，它不必像电梯那样需要一定的等候时间。发生故障时，也不会像电梯那样完全中断使用，仍然可以像一般性楼梯暂时供人使用，故多用于交通频繁、人流量大的商场、车站、航空港、地铁等场所。自动扶梯乘客的流动还给大厅空间带来动感，透过玻璃显示的临街自动扶梯能产生商业性的宣传广告效应。色彩美观的现代化自动扶梯还是大厅空间的装饰要素。虽然自动扶梯比电梯的行驶速度缓慢，但由于是连续行驶，对年老体弱及携带大件物品者也有不便之处。

自动扶梯的梯级宽度最小为600mm，一般采用宽度为810～1000mm的扶梯。在乘客经常有手提物品的场所，以选用1000mm以上为宜。为了保证人们在使用自动扶梯过程中的舒适与安全，一般自动扶梯的坡度不应超过30°。当提升高度不超过6m，且额定速度不超过0.50m／s时，倾斜角允许增至35°。地铁车站，由于埋深大，自动扶梯的坡度常常

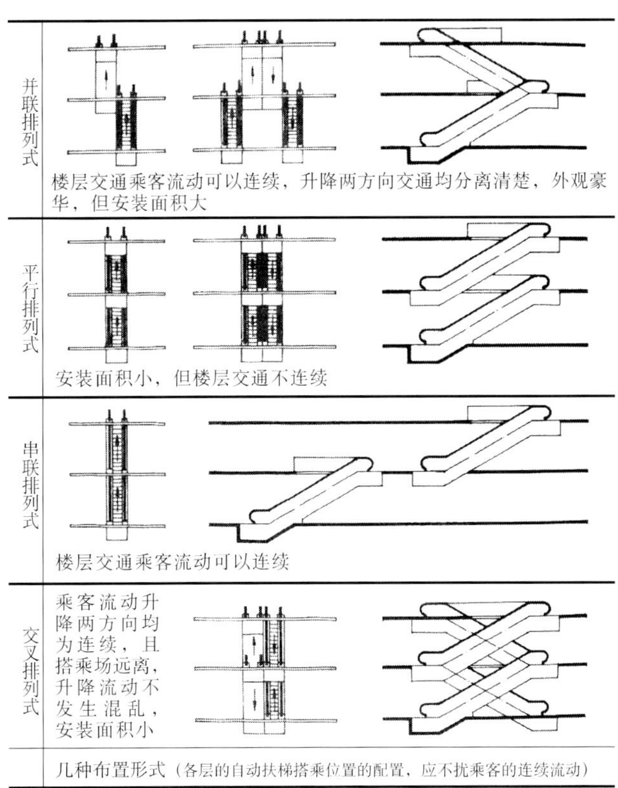

图2-96 自动扶梯布置示例
（《建筑设计资料集》第二版　1　P98　李拱辰等）

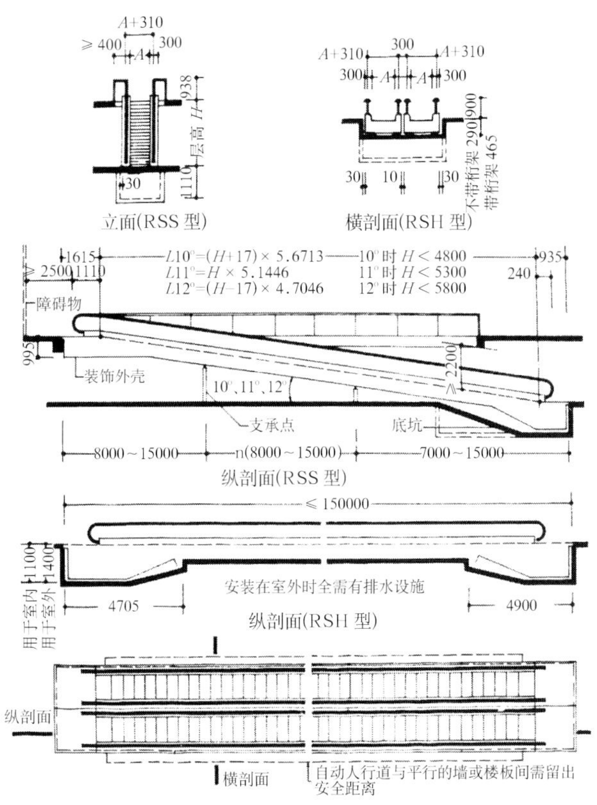

图2-97 自动人行道
（《建筑设计资料集》第二版　1　P97　李拱辰等）

很陡。自动扶梯的提高高度一般为3～11m之间，运行速度一般为0.5～0.65m/s。

（1）自动扶梯的布置形式：

单排单向和双排双向排列比较经济。但对连续升降的使用者，其衔接的步行距离远，增加不便，有时形成层间衔接部分的人流拥挤。

单向交叉排列，使用方便，但使用者方向单一，应用较少。

双向交叉连续排列，乘客流动升降两方向均为连续，且搭乘场地保持一定距离，升降流动不易混乱，不增加安装面积，为运量较大的公共建筑常用排列形式，但投入及运转费用较大(图2-96)。

（2）自动扶梯的布置

自动扶梯的布置应位置明显，避免隐蔽或登梯距入口过远，使用应方便，符合大厅空间交通流线的程序。自动扶梯两端应留有一定的缓冲待机面积。自动扶梯不计作安全出口，所以在布置自动扶梯的同时，仍需考虑电梯或楼梯作辅助性的垂直交通工具。

自动人行道的性能与自动扶梯相似，多用于大型商业、交通建筑的水平或倾斜运输，如航空站旅客水平自动人行道。倾斜式自动人行引道，其倾斜角不应超过12°（图2-97）。

4．坡道

随着电梯与自动扶梯等的广泛运用，作为民用建筑垂直交通运输形式之一的坡道使用已较少。但在某些建筑高差不大的室内、外空间，坡道仍然是必不可少的。在无电梯的多层医院建筑中坡道仍然是输送病人、餐车和医疗用品的有效方式。某些高差不宜采用楼梯或自动扶梯时，也不乏采用坡道形式，便于使用推车或有轮行包车。作为多层车库建筑或设在民用建筑地下层、屋顶的坡道式停车库，坡道是上下层间的主要交通运输形式。室内坡道的坡度不宜大于1/8，室外坡道不宜大于1/10。室内坡道水平投影长度超过15m时，宜设休息平台，平台宽度应根据使用功能或设备尺寸所需缓冲空间而定。自行车推引坡道每段坡长不宜超过6m，坡度不宜大于1∶5。汽车库内最大纵向坡度，小型车不应大于15%，中型车不大于12%，大型车不大于10%。在人流比较多的部位应取较缓的坡度。不论是人行或车行的坡道都应考虑防滑设施。

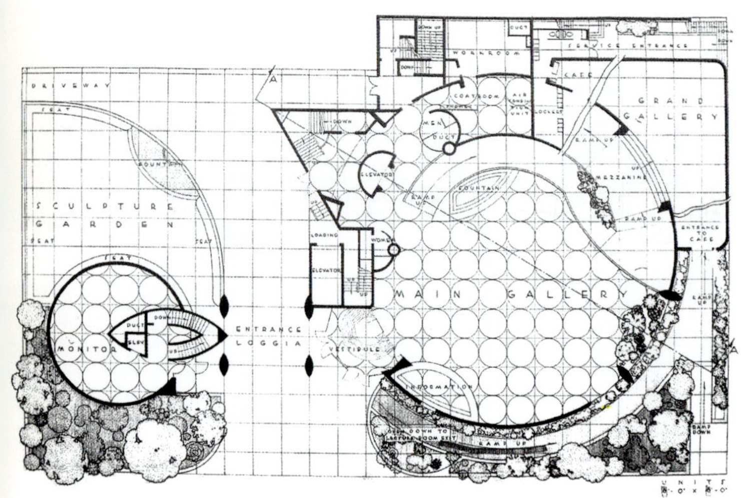

(a)首层平面图

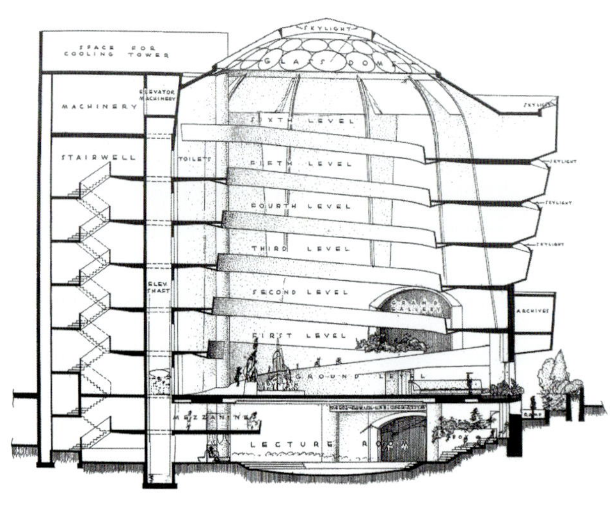

(b)纵剖面图

(c)坡道内景

图2-98 美国纽约古根海姆博物馆坡道

(《弗兰克·劳埃德·赖特》 P67、102 [意]詹卢卡·杰尔米尼编著 王忠英译 大连理工大学出版社)

图2-99 某无障碍坡道

赖特大师在美国纽约设计的古根海姆博物馆，建筑主体包括一座穹顶且有顶窗的圆厅，由一螺旋面的坡道环绕着，坡道有5° 倾斜，共转5圈，螺旋的直径向上逐渐加大，绘画挂在周围斜墙上展出。观众乘电梯直达顶部，再由顶部沿坡道环形参观。这是一个在建筑中少有运用坡道空间形式的成功实例(图2–98)。

为了给残疾人和老年人创造正常生活或参与社会活动的便利条件，消除人为环境中不利于行动不便者的各种障碍，使全体社会成员都有参与社会建树的机会，并享有社会发展的成果，民用建筑应进行无障碍设计，其中包括设置轮椅坡道和扶手。无障碍设计坡道的坡度由于升高的高度不同而异，例如我国规范规定坡度1/12时，最大高度0.75m。采用 1/8坡度，最大高度为0.35m。乘轮椅者通行的走道和通路最小宽度应满足有关规定要求(图2–99)。

2.3.3 交通枢纽空间设计

民用建筑的组成部分，不仅有走道等水平交通空间和楼梯、电梯、自动扶梯等垂直交通空间，还需要有把它们与整幢建筑空间互相衔接起来的交通枢纽空间，例如门厅、过厅、中厅等。交通枢纽空间主要起接纳、引导、分配人流等作用，大部分交通枢纽空间同时还具有休息、交往或其他使用功能。

1.门厅

门厅是建筑的主要出入口和重要组成部分，不仅具有接纳与组织分配和疏散人流的作用，有的还具有多种其他不同的使用功能。不论是哪种类型功

图2-100 日本滋贺县美秀美术馆北馆门厅
（《建筑学报》2002 06 PC8 沈三陵）

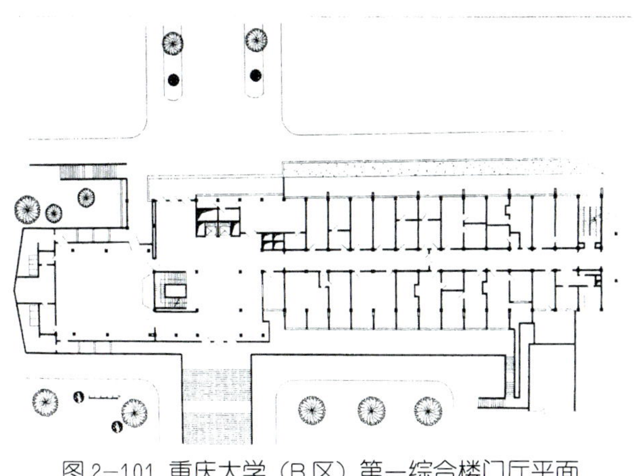

图 2-101 重庆大学（B 区）第一综合楼门厅平面
（白佐民　罗裕锟提供）

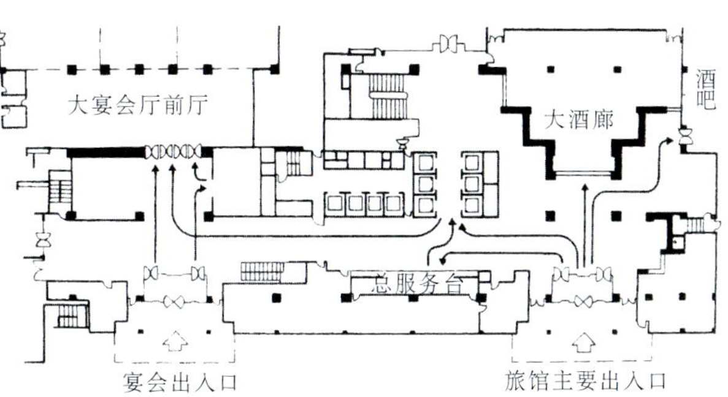

图 2-102 北京香格里拉饭店门厅人流示意
（《建筑设计资料》第二版　4　P163　张桦等）

能的门厅，首先要创造一个欢迎和温馨的场所。门厅的类型可以区别为独立使用、有明确界面的门厅以及与其他厅室合用的门厅。有些合用的门厅也称为大堂、大厅。办公建筑的门厅，常常仅具有接纳问讯、组织分配人流的功能。中小旅馆建筑的门厅，一般同时具有接待、等候、休息、会客、商务等厅室功能。中小医院门诊部的门厅一般同时接待病人、问讯、挂号、收费、取药等的场所。在一些现代观演建筑中，为减少层次，不设置专用门厅，将门厅与休息厅合并设置。在寒冷地区或某些建筑中，门厅入口需要设置门斗，以节约能耗。

门厅的布置要使用方便、空间得体、结构合理、经济，同时兼顾空间意境的创造。门厅应居于建筑突出的位置，通常面向通往建筑入口的引道和主要道路，不论是正对引道或呈一定角度，都应内外空间联系方便。门厅空间大小要适宜、美观、有个性。应体现一定的空间构思意境，如有的门厅要高大宏伟，有的门厅要亲切宜人或小巧曲折。这些氛围的形成，和门厅的空间形状、大小及其环境密切相关（图 2-100）。

门厅的交通流线应符合使用程序的要求，特别要注意避免或减少流线交叉。门厅水平方向与周边走道紧密相连，垂直方向一般设主要楼梯间或邻近电梯厅。门厅应能看见或方便地到达主要的楼梯间和电梯厅，起引导人流作用。当门厅内的人流线较多时，要保证有足够的直接通道，避免拥挤和人流交叉。通向主要使用空间的通路应较宽敞，并且布置在主要位置或主轴线上。重庆大学 B 区第一综合楼门厅内有四个人流方向，1 和 2 为主要人流方向，借助于宽敞的楼梯和处于主轴线上的电梯而突出其重要性，分别通向各层的教室。人流 3 是通向实验室的次要人流方向，入口相对退后。人流 4 通向报告厅，由两个方向入口进入的流线都很短捷，既明显而又避免形成人流交叉拥塞（图 2-101）。在功能较多的门厅中，应把交通流线组织在一定空间范围，给辅助使用创造相对独立的活动空间。旅馆建筑应留出一些可供旅客短暂停留、等候休息或会客的空间（图 2-102）。医院建筑门厅的合理布局已经不再是给人以拥挤和乱杂感的场所，挂号、交费、取药等功能可以不完全集中在门厅，而采取分散布置的方式，或将其功能分解到各组成部分。重庆西南医院约 10 万 m^2 的门诊楼门厅已经成为一个有条不紊、舒适宜人的医疗环境（2-103）。

采用自由构图形式的门厅，没有明显的轴线，楼梯布置在门厅的一隅，空间布置比较灵活(图2-104)。

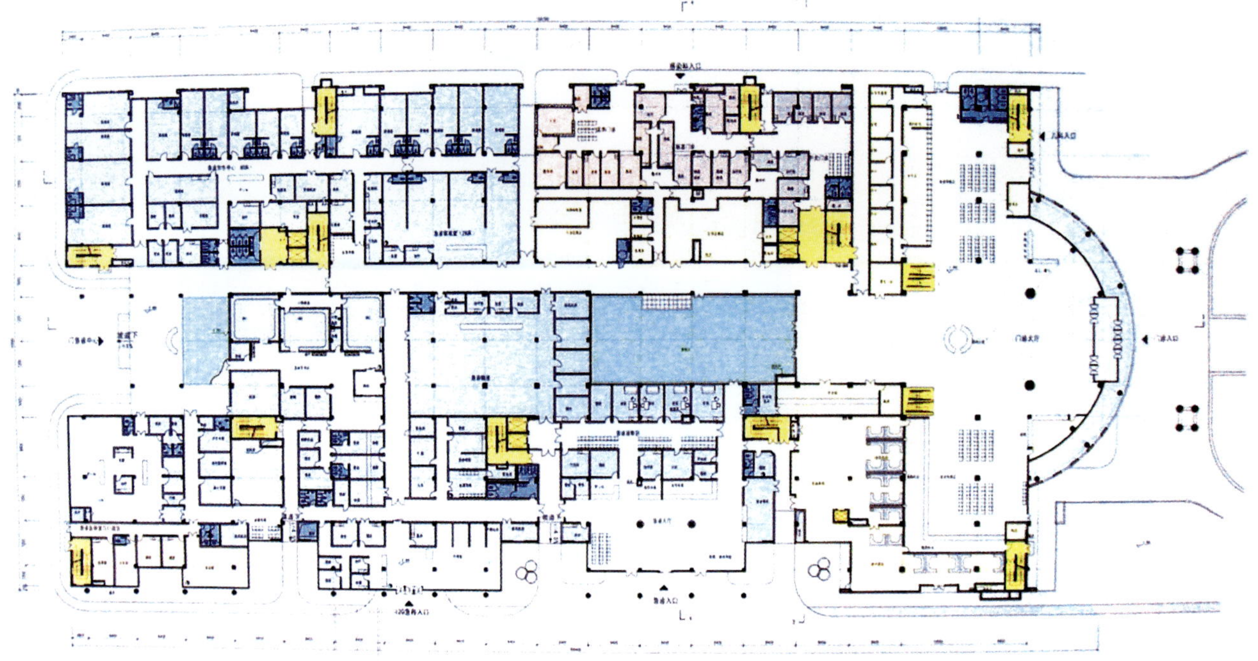

图 2-103 重庆西南医院门诊楼一层平面（何洪建 周智伟提供）

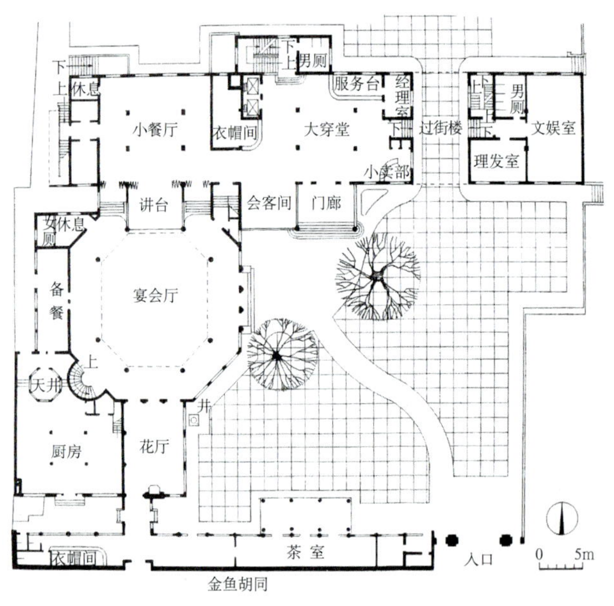

图 2-104 北京原和平宾馆一层平面

（《杨廷宝建筑设计作品集》 P182 南京工学院建筑研究所）

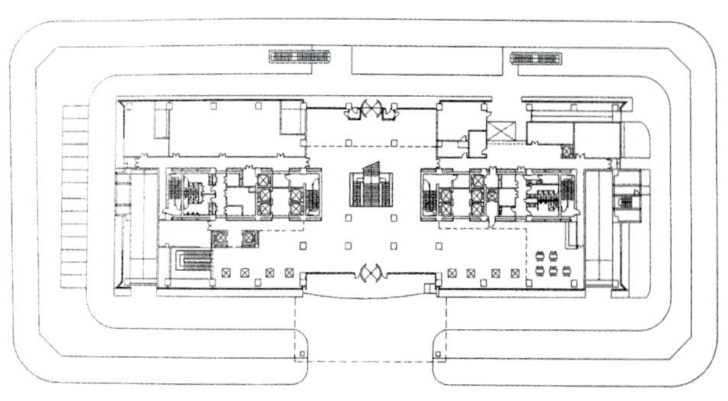

图 2-105 某办公建筑一层平面

（《建筑学报》2005 07 P73 中国电子工程设计院）

当门厅平面左右两侧呈对称布置或基本对称形式时，其空间庄重大方，主轴线常表示人流的主要方向，次轴线多表示人流的次要方向。为了强调门厅空间主轴线的重要性，可将主要楼梯或自动扶梯等交通设施设置在主轴线附近，以突出空间导向性（图 2-105）。

在中小型建筑中，门厅的层高与同层的主要使用空间的层高一般基本相同。而在一些重要公共建筑或者建筑面积较大的门厅，可将门厅增高甚至贯通多层或者设置夹层。在影剧院建筑中，把门厅与休息厅结合起来，既利用了空间，也有利于营造了开敞、热烈的氛围。

门厅面积的大小，根据各类建筑的使用性质、规模以及标准等因素决定，一般民用建筑可参考有关设计定额。

入口为门厅与室外的衔接及建筑内外的过渡空间，为人与人的交往、人员出入缓冲停留之处。设置门廊、雨篷等，可增加入口边界感，强调门厅的标志识别作用和入口的特征。门廊可以突出于主体建筑之外，也可以凹入主体建筑。在阳光下，可以取得很好的光影效果，有助于强化建筑的入口标识。巴黎某办公楼入口用金属构架和玻璃组成的入口门廊，作为与主体建筑相对独立的构件和建筑整体环

图2-106 法国巴黎某办公楼入口门廊外观
(《法国建筑环境设计》P39　陈永昌)

图2-107 美国洛杉矶某宾馆入口门廊外观

境互相协调（图2-106）。现代建筑门廊同时也是停车上下客的遮阳避雨之处。美国洛杉矶某宾馆建筑的门廊其规模大，使用方便，成为建筑的“点睛之笔。”（图2-107）。出入口悬挑的雨篷，不仅遮阳防雨，也是强化出入口的标志，形式灵活多样。重庆西南医院门诊楼入口雨篷为了与庞大体量主体建筑相协调，采取了巨大的尺度（图2-108）。

为了突出门厅的标志性，根据地形条件或空间组合的需要，在门厅入口前设置的大台阶，既是入口的引导和过渡，还能起到烘托主体建筑的作用。大台阶沿门厅轴线布置的，其性格较庄重。自由布置的台阶，性格显得活泼。

为了保温、节能、隔热，常将建筑入口设计为门斗。作为室内、外的过渡空间。门斗应便于人流出入，避免过于曲折，也可采取冬、夏两种灵活布置方式。

2．过厅

如果说门厅是建筑内外空间的咽喉、吞吐人流的中枢，那么过厅则是门厅人流再次分配或缓冲的过渡性建筑空间，是人流较为集中的公共建筑中经常被采用的一种组织水平交通的空间形式，有的过厅兼有休息或其他使用功能。过厅一般位于几个方向走道的交汇空间或不同功能空间交接处，有的设于门厅与大厅之间，或大厅与大厅之间，起大厅间联系和空间过渡的作用（图2-109）。

3．中庭

中庭本是古希腊住宅正中由回廊或房间围绕而成的庭院，与中国四合院的庭院类似。中庭作为一种公共空间，在旅馆、购物中心、办公、科教及医疗等

图2-108 重庆西南医院门诊楼入口雨篷外景（自摄）

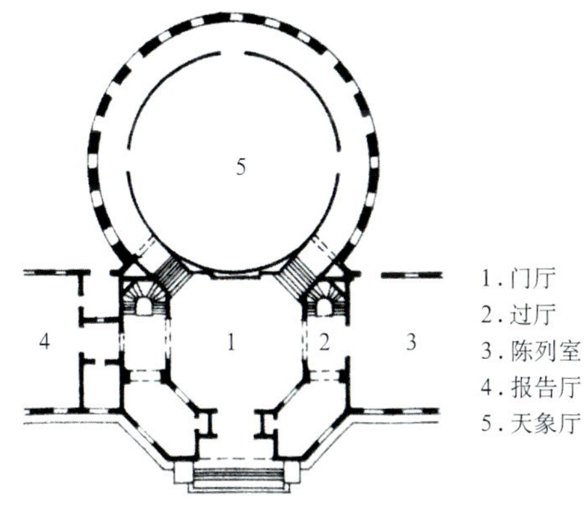

图2-109 某天文馆过厅平面
(《建筑设计资料集》第二版　4　P115 唐林等)

各类公共建筑中得到广泛应用，又称四季厅或共享大厅。中庭在吸收太阳辐射、改善自然采光、促进室内通风等方面的生态效应已被人们所认识，它不仅是现代建筑室内空间的精彩演绎，也是生态建筑、绿色建筑的重要设计策略，既丰富了生活，也创造了新的空间和文化。有的中庭贯通多层建筑，形成高大空间。其采用顶面采光，四周由房间和界面围合，建筑

图2-110 美国亚特兰大海特摄政饭店中庭（《建筑学报》2005 06 P59 傅娟 肖大威）

图2-111 英国某太阳能集热片屋顶中庭内景（《世界建筑》2004 08 P68 窦强）

空间布置比较自由。中庭底面一般布置绿化、铺地、灯饰、水景等。置身其中，如同绿色外部空间。为避免夏季过热和眩光，中庭设计应注意选择适宜的朝向，顶部布置遮阳措施。独立式中庭与门厅虽然毗连，但一般明显分隔成两个空间。

在20世纪70年代前后，美国建筑师波特曼设计建造的几座高层旅馆，如美国旧金山“海特摄政饭店”(1974)等建筑中都加入了一个十分华丽、气氛热烈的大中庭。这种中庭无论从行为心理学等理论分析还是从大型商业建筑的建筑实践来看，都是组织复杂功能与多重流线以及创造舒适、愉快的商业环境的有效手段。中庭既起组织和流线的作用，又是人们休闲交往的场所。22层高的中庭空间中，五部观光电梯如活动的雕塑般上下穿梭。首层分为几个不同形态的休息区域，中庭被客房的廊道环绕，自然光线从天顶射下来，人的多方位的活动被展现和被观看。巨大尺度的中庭由于人的活动而充满活力。中庭内设置的喷泉、叠水、各种植物，创造出一种激动人心的欢快氛围，这在美国拥挤的城市中心如同世外桃源，让人震撼。所以它一出现便深受人们喜爱，并很快风靡全球，成为一种久盛不衰的空间组织（图2-110）。

广州白天鹅宾馆在室内、外环境设计中强调了与所在环境的联系与沟通。相比之下，白天鹅宾馆的中庭更为含蓄和让人意味深长。它的空间轴线与旅客的路线重合，从入口处尺度适宜的门庭，经过过渡的廊道空间，最后到达四层高的中庭。空间层次递进，呈现的是展开式的渐进空间序列。中庭被各种餐厅、休息厅和商场围绕。中庭内缀以假山、瀑布、水池、植物组成的岭南园林，自然光从顶棚撒下；中庭北面的玻璃镜面透过休息厅，把南面珠江水景引入中庭，使“厅堂空间与庭园空间相互穿插，里外渗透，上下沟通，寒潭峭壁，飞瀑鸣谷，山溪绕流，蕨丛上下”，一派自然景象。加上“故乡水”的画龙点睛之笔，不大的中庭空间在浓郁的地方传统文化和自然意境中扩展和升华，令归来的海外游子顿生“天涯归来意，祖国正风流”之叹。这些现代化高层宾馆所具有的地域和民间氛围，正是岭南和中国特色的具体体现（图1-6）。

20世纪80年代以后，受高层旅馆的影响，一些办公大楼为了追求气派和空间变化，便在入口附近设置一个中庭。随着人们环境观念的增强，提供自然化的休息空间、改善封闭的室内环境和可持续发展成为建筑设计必须解决的重要问题。于是，在英国出现了把太阳能集热片集成在中庭屋顶的6mm厚的吸热强化玻璃中，用于提供驱动机械通风扇的能源，同时它们起到一定的遮阳作用。图2-111为有太阳能集热片的中庭。同时，在高层建筑中插入一个或在不

(a) 中庭内景

(b) 中庭屋顶木构架

图 2-112　英国伦敦新议会大厦中庭　(《可持续建筑设计实践》P132 134 纪雁 /[英]斯泰里奥斯 · 普来尼奥斯)

同区域插入数个封闭或开敞中庭的设计手法陆续出现。SOM 事务所设计的沙特阿拉伯"国家商业银行"(1983) 福斯特设计的"香港汇丰银行"等，便是将中庭置于建筑之中，以取代中央核心筒的实例。

英国伦敦新议会大厦主体六层结构，主入口朝向泰晤士河，狭长的四边围合的玻璃顶中庭为工作人员提供了餐饮、阅读和交流的公共空间 (图 2-112)。

贝氏建筑事务所设计的北京中国银行总部大厦实现了中国传统与现代民用建筑之间的融汇。中庭花园在其中起了纽带作用，花园的重心是七组岩石，每块重 5～10t，呈不对称摆放，坚实牢固的岩石与四周的柔水形成鲜明的对照，天空的倒影在水中不断变化。花园之中有一道高 15m 的毛竹构成天然屏障，加上周围成对的月窗，彰显了中国园林之精华 (图 2-113)。

利用中庭空间还使楼层间的自然通风换气成为可能。福斯特设计的德国"法兰克福商业银行大楼"建筑平面呈三角形，办公室分散布置在三个边上，中间是通高的中庭，周边的办公空间每隔四层设有围绕中庭螺旋上升的空中庭院。中庭和空中庭院既有通风采光的作用，又为建筑内部创造了丰富的景观，

(a) 中庭内景

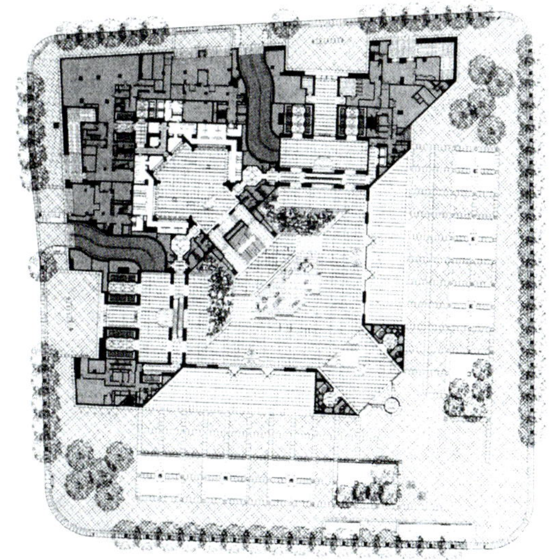

(b) 地面层平面

图 2-113 北京中国银行总部大厦中庭　(《建筑学报》2002 06 P6-7 贝氏建筑事务所)

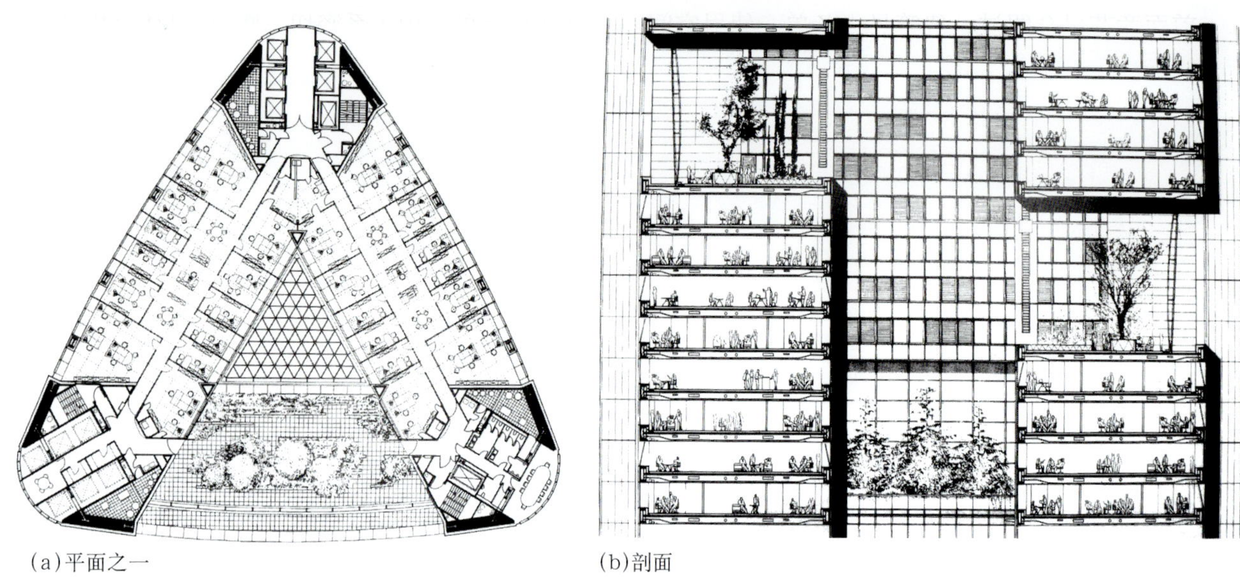

(a)平面之一　　(b)剖面

图 2-114 德国法兰克福商业银行大楼中庭 （《英国建筑》P118 计划出版社）

(a)中庭内景

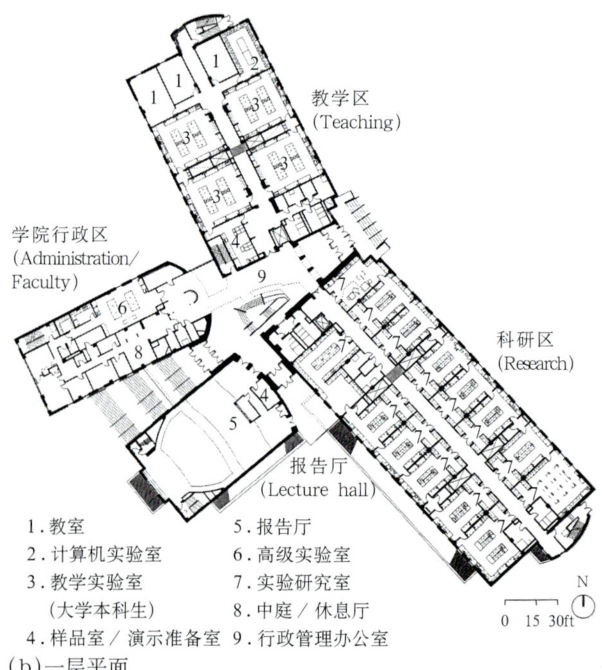

(b)一层平面

图 2-115 美国康涅狄格州康涅狄格大学化学楼中庭

给每一个角落都带来了绿色和阳光。大楼内的办公室都有可以开启的窗户，鲜花盛开的一些玻璃暖棚绕着塔楼盘旋而上，成为4组楼面的办公室群的视觉焦点。这些暖棚都连接至中庭，中庭向上延伸到大楼楼顶，对于办公室来说，它的作用就像一座自然通风的烟囱。气流从窗户和空中庭院进入，在中庭形成对流，自然通风明显地减轻了环境负荷（图 2-114）。

美国康涅狄格州康涅狄格大学化学楼的中庭有装饰优美的浅浮雕，同时成为建筑的交通枢纽（图 2-115）。

第3章　建筑空间组合设计

前面章节已介绍过，建筑是由各单一使用空间和交通联系空间组合而成的。各空间之间存在着功能的分隔与联系、行为秩序与交流、结构技术与环境景观等相互关系。建筑空间组合设计就是要对这些空间进行联系和分隔，研究把建筑各组成空间组合起来的原则和组合方式，使其很好地满足适用、经济及美观等方面的要求。尽管建筑用途和环境多种多样，建筑体形千变万化，但究其空间组合的基本原则和组合方式仍有可参考之处。创新也有赖于对旧形制的了解。由于建筑空间组合不仅与使用功能、技术经济以及防火安全等密切相关，而且涉及建筑造型与美观，人的心理、社会文化等，所以同样的功能与结构技术而建筑呈千姿百态。关于建筑空间组合与建筑艺术的关系将在第4章叙述。

3.1　建筑空间组合的原则

3.1.1　建筑空间组合与使用要求

在进行建筑空间组合时首先要根据建筑各组成部分按不同使用要求将空间进行分类，明确建筑空间组成部分之间哪些功能上联系紧密，哪些联系一般，并根据各类自身和相互间的联系要求将其区位加以组合与划分，做到联系方便、分隔适当，主、次、闹、静、公、私关系安排合理，各得其所。空间组合要求要以主要空间为核心，次要空间的安排要有利于主要空间的功能发挥。当各要素的矛盾难以调和时，则应权衡其主次，首先保证其主要功能要求。

3.1.1.1　空间组合与使用程序

人们使用建筑有一定的程序，在进行建筑空间组合时，就要按照这种使用程序进行安排。一般为了更清楚，更简明地表示建筑物内部的使用关系，常以简明的功能关系图进行分析。功能关系图不仅表示出使用程序，也表示各组成部分在平面空间布局中的位置和相互关系。有的部分对外联系的功能居主导地位，有的对内关系密切一些，应具体分析各使用空间功能的内外关系。一般按人流活动的顺序将对外联系多的空间尽量布置在出入口等交通枢纽的附近；而将对内联系多的空间，布置在比较隐蔽的部分，并使其靠近内部交通的枢纽区域。例如影剧院建筑，一般观众看戏或看电影的基本使用程序是：购票、等候休息、观看、退场。因此售票处、门厅、休息厅、观众厅以及舞台等各有关部分就要按这一程序安排。售票处虽然不是影剧院的主要组成空间，但从使用程序上应安排在明显、对外联系方便的位置。图3-1为一般剧场的功能关系流线分析图。其他如商店的营业厅、博物馆的陈列室等主要功能为对外营业和接待观众，而且人流量大，入口应靠近营业厅和陈列馆布置或直接对外，而将商店的库房，办公室等布置在比较靠内的部位，对内有方便的交通联系。库房

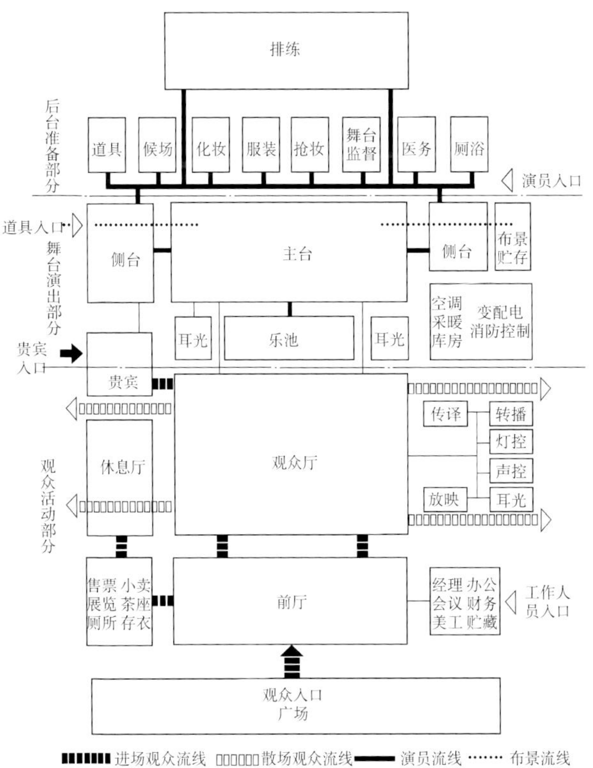

图3-1　剧场功能关系及流线分析示意图

（《建筑设计问答实录》P142　朱向东等　机械工业出版社）

(a)外观

1.门厅 2.中庭目录大厅 3.总出纳台 4.综合阅览室 5.阅览室 6.外借书库 7.近代目录 8.近代出纳 9.近代阅览 10.地方文献阅览 11.研究室 12.近代工作室 13.办公用房 14.存物 15.接待室 16.复印 17.展览 18.展览前厅 19.空调机房 20.门厅上空 21.中式庭园

(b)一层平面

图 3-2　上海图书馆新馆　(《建筑学报》1997　05　P39　张皆正　唐玉恩)

和办公室虽然也有进货、对外洽谈和对外联系等业务，但与营业比较，仍处于比较次要的地位。医院门诊的挂号室及火车站的售票厅等的布置都是同样的道理，违反使用程序将造成功能与组合的混乱。

3.1.1.2 空间组合与使用分区

组成建筑的各类空间，按其使用性质的差别，有主要使用空间和次要使用空间（或称辅助空间）之分。在进行建筑空间组合时，这种使用要求的差别安排会表现在位置、朝向、采光、通风、交通联系等方面。显然，应把主要使用空间布置在总图较好的区位，有良好的朝向、采光、通风、景观以及环境等条件；而把次要使用空间安排在相对次要的部位上，做到主、次关系恰当。为了保证工作、学习、休息等主要使用空间有安静的环境，要按建筑物各组成空间在“喧闹”与“安静”方面所反映的功能特征进行分区，使其既分隔、互不干扰，又有适当的联系。例如中、小学校的音乐教室与其他教室、办公室设计时要适当划分。在旅馆建筑中，客房应布置在景观较好又比较安静的部位，而公共活动空间如餐厅、商店、娱乐设施则应相对集中地安排在便于接触旅客的显著位置，并与客房有一定隔离。次要使用空间的公共卫生间的位置宜布置在人流活动的交通线上，使用要方便、又注意隐蔽。为了分散人流，也可将男女卫生间分散布置。中小学校建筑因为课间使用厕所比较集中，采取分开布置的方式有利分散人流。为了节约管道和方便施工，在垂直方向应尽可能把卫生间布置在上、下相对的位置上。男女公共卫生间还应按规定设置供残疾人使用的无障碍隔间厕位或无障碍专用厕所。公共卫生间的入口、通道、与门扇、洗手盆等的布置均应符合无障碍设计规定，满足其特殊使用要求。

上海图书馆新馆为高层图书馆建筑，其阅览、书库和采编三大功能部分采用竖向功能分区的方式：底层有采编部分，便于新书进入和编目，还有汽车库、自行车库；公共阅览布置在建筑的1～9层主要部位，大量读者由大台阶可直上一层门厅；书库部分布置在5～23层。三部分之间的书流通则由各种竖向运书设备解决，分隔与联系统一协调（图3-2）。

5.12地震后异地重建的都江堰聚源中学建筑有普通教室，实验室，行政办公，体育场馆，学生宿舍，教工宿舍等组成部分，很明显，从使用性质上看，作为主体建筑的教学用房首先要有良好的朝向和通风条件，并居于总图的最优部位，教室行列与城市主干道呈倾斜排列，形成总图布置的显著特色。行政部分居前列，便于对外联系。连廊等辅助部分居于东侧。面向运动场，主体与辅助部分在功能分区上，有明显的主次之分，为教学创造最好的条件，防止外环境及校内各部分间干扰，同时各部分之间又保持了方便的联系（图3-3）。

在住宅建筑中，起居室、卧室是主要使用空间，而厨房与卫生间是次要或从属部分空间，在布置平面时应把主要使用空间布置在朝向、景观、通风好的方向，而将厨房、卫生间布置在较次的一面。初学者由于某一局部原因而将两者颠倒的情况经常发生，就是由于违反了使用分区的“主”、“次”关系（图3-4）。

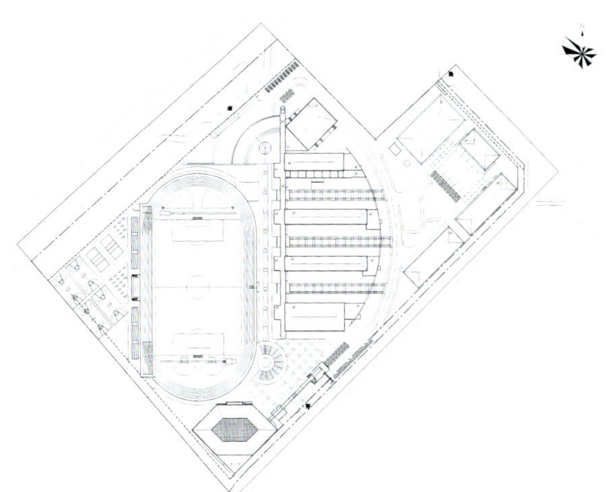

图3-3 四川省都江堰市聚源中学总平面
（重庆大学建筑设计研究院设计 段晓丹提供）

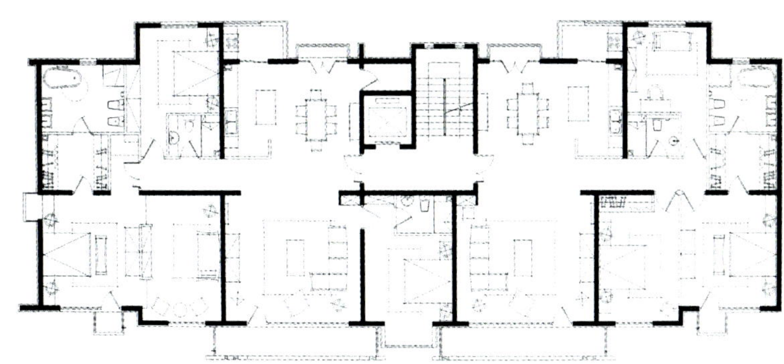

图3-4 某住宅平面使用分区
（《建筑学报》2007 04 P68 李促进 姚晓哲）

3.1.1.3 空间组合与“洁”“污”处理

有些建筑在空间组合时还需要进行按“洁”、“污”要求进行处理。建筑组成空间的“洁”指的是干净、无污染的空间。“污”指的是肮脏、有气味或有传染的空间。例如医疗建筑为防止传染扩散，一般病区与传染病区二者要隔离布置，并将传染病区置于常年主导风向的下风向。为防止放射性物质对人的伤害，医院中的某些放射治疗也需要与一般治疗室、诊室分开，或独立设置。公共建筑的某些附属用房如洗衣房、锅炉房、厨房等使用过程中产生气味、烟灰、污物及大量垃圾，在保证必要联系的条件下，也要与主要用房相互隔离，尽可能将其置于下风向，医院运送污物的流线应不在公共人流的主要流线上，以免对主要使用空间造成污染（图3-5）。

3.1.2 建筑空间组合与流线组织

人和物在建筑空间内部的流动，构成建筑的流线组织或者交通组织问题。人流如车站建筑的旅客流线，商店建筑的顾客流线，观演建筑的观众、演员流线等。物流如商业建筑中的货运流线，航空站的行李流线等。此外，同样是人流线，根据人数量的多少还可区分为主要流线和次要流线。如体育馆建筑的观众流线是主要流线，而运动员流线是次要流线。在大中型建筑中，流线有时还需要进一步分解，铁路旅客站的旅客流线可分解为普通旅客流线、贵宾流线、进站旅客流线和出站旅客流线等。一栋建筑各部分之间，如主要使用空间与辅助空间之间、主要使用空间各部分相互之间、辅助空间相互之间、楼层上下之间、室内外之间等都需要组织良好的流线联系。交通流线组织的目的是安排好人和物在建筑物内部流动的方向和流量，是空间组合的重要依据。流线的分析和组织是建筑设计过程中一个重要程序和组成部分，是形成建筑方案设计的基础工作之一，直接影响建筑空间组合的形式，流线组织的合理与否是评鉴建筑功能以及总体布局好坏的重要标准。对于有大量人流，特别是人流集散的时间比较集中的火车站、航空站、影剧院、体育场馆等流线组织显得更为重要。

3.1.2.1 流线组织的主要要求

现代建筑追求效率、功能。流线的组织要以人为主，以最大限度地方便使用者为原则，达到简捷、舒适、安全、高效。在组织流线时应考虑以下几点：

与使用分区同样道理，流线的组织应符合使用程序，既保证各组成部分之间的流线相互联系方便，又要有必要的分隔，使流线简捷明确，要尽可能地缩

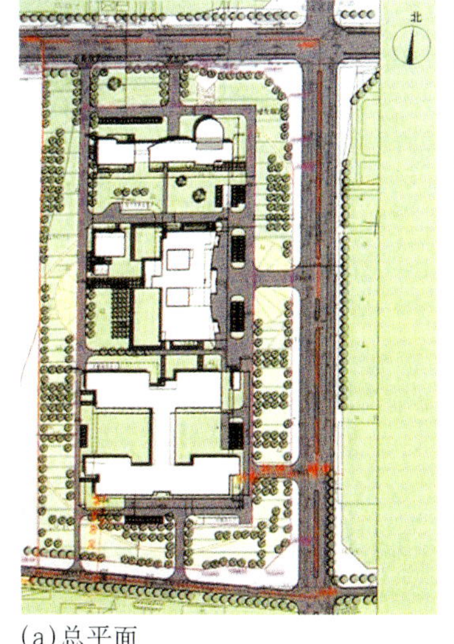

(a)总平面

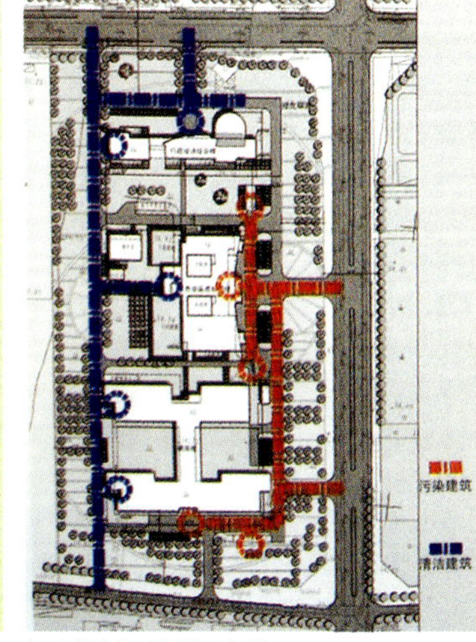

(b)“洁”“污”流线

图3-5 北京地坛医院 （《建筑学报》2007 10 P81 郭春雷）

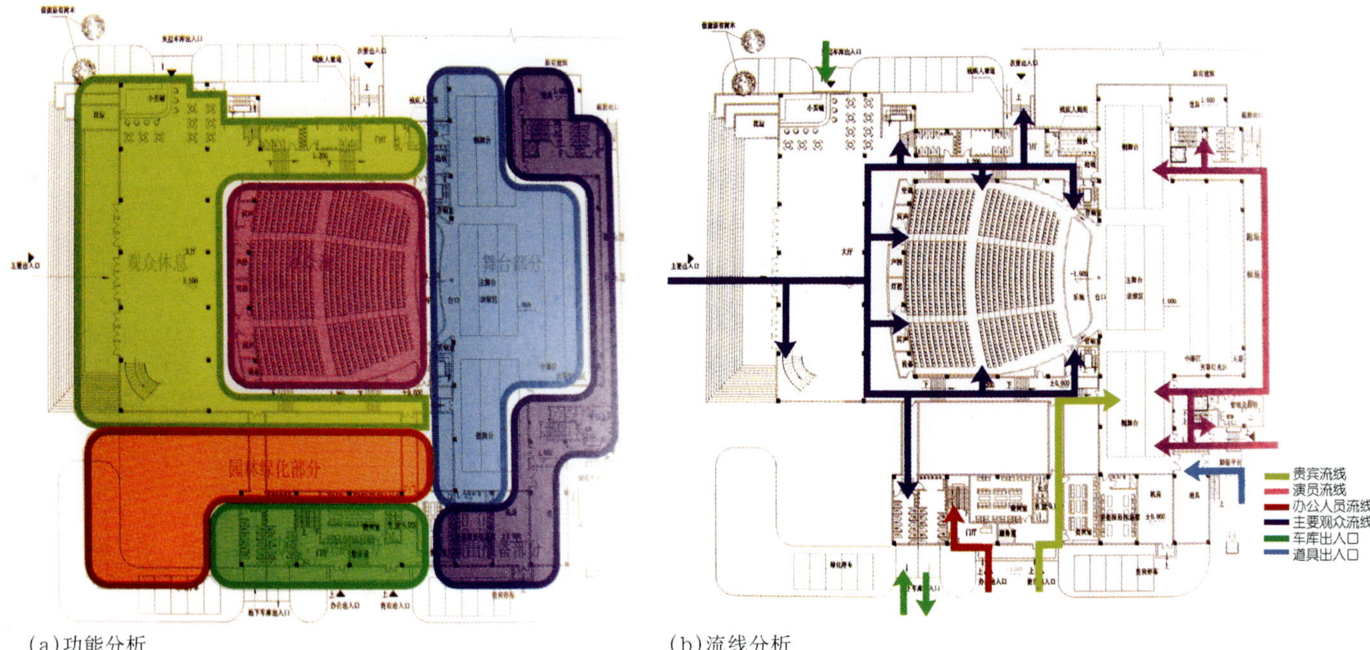

(a)功能分析　　(b)流线分析

图 3-6　广州友谊剧院改造工程　(《广州设计招标作品精粹》(2002-2007) P229 主编赵振东　王宏伟)

短流线的长度，不迂回，不交叉。如各类交通建筑的流线，应该符合先买票、验票、再进站的程序。医院门诊建筑人流线一般应符合先挂号后看病的程序。图书馆人流路线要使读者方便地通达目录、借书厅和阅览室，并尽可能地缩短运书的距离和借书的时间。

由于建筑的使用性质不同，人流线组织并非都要简捷，有时还有一些特殊的要求与处理方式。如园林建筑中常采取迂回曲折、曲径通幽的流线组织方式。每经过一次曲折，便产生一种新的境界，同时曲折还可能导致意境的深邃。山地建筑结合地形组织流线也有自己的特色。在博物馆建筑中，可采取减少观众疲劳的对策，除展品布置使用“中断”手法打破连续，合理安排展品的复杂程度，改进空间布局，在交通流线上还可以采取敞廊、花园连接等方式丰富流线的空间。

3.1.2.2 不同性质流线的处理

首先不同性质的交通流线要明确分开，互不干扰。主要流线是组织交通流线的主要依据，同时要处理好主要流线和次要流线的关系。在剧院建筑中，主要流线观众与次要流线演员的流线常常分别在剧院的前后分开布置。体育场馆建筑中，主要流线观众与次要流线运动员的流线在平面上和空间上都要严格划分。医院建筑中的洁污流线也要力求分开，以避免流线的交叉造成相互干扰和污染。其次，虽然同样是主要流线，但有方向的不同，也要严格划分开。如交通建筑中的进站流线与出站流线，电影院建筑中的进场与退场流线虽然都是主要流线，但方向不同，必须划分开。

流线组织直接关系建筑的安全疏散。人流疏散一般分为正常疏散与紧急疏散两种情况。正常疏散可分为连续疏散、集中疏散和二者兼有的疏散方式。连续疏散如商店建筑的顾客流线，在相对均匀的时间段内即时疏散。集中疏散如剧场建筑的观众流线，在散场时段相对集中地疏散。以上二者兼有的疏散方式如展览馆建筑的观众流线。紧急疏散一般都是集中的，其布局应满足有关规范的要求，疏散通道宽度应符合安全疏散计算要求。

广州友谊剧院改造工程将剧院规划分为观众区和演出区两大块，中间是办公区和贵宾区，观众入口是一个 800m² 的大厅，结合服务功能布置。交通流线在原有交通模式的基础上，对内部交通流线进行了优化，剧院西南面为观众出入口，南面为办公和贵宾出入口，东南角为演员及道具出入口，结构明晰而高效（图 3-6）。

3.1.2.3 流线组织的灵活性

在组织流线时，由于建筑的使用特点，有的流线

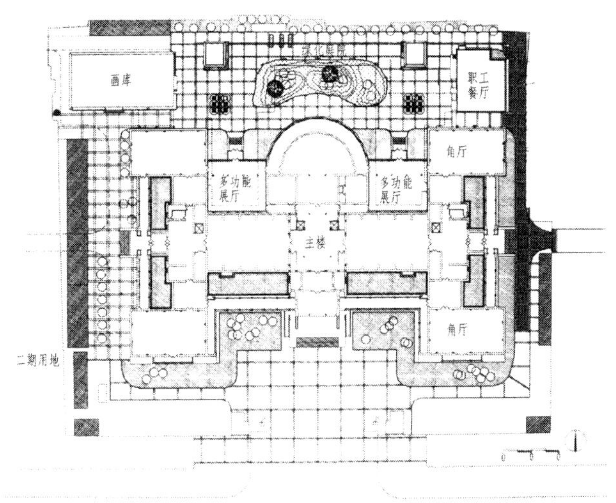

图3-7 北京中国美术馆总平面
(《建筑学报》2003 08 P30 庄惟敏 宿利群)

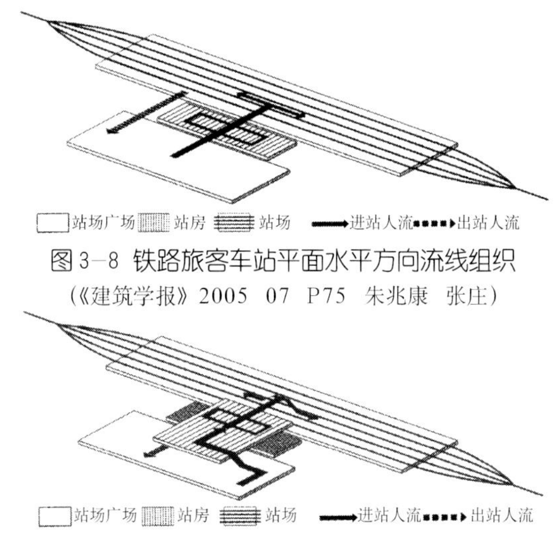

图3-8 铁路旅客车站平面水平方向流线组织
(《建筑学报》2005 07 P75 朱兆康 张庄)

图3-9 铁路旅客车站平面和垂直方向流线组织
(《建筑学报》2005 07 P75 朱兆康 张庄)

要有一定的灵活性。在博览建筑中，流线组织的灵活性要求观众能按一定的流线顺序全程参观各个陈列室，又要使观众能有自由取舍的可能，既要便于全馆开放，也要有单独使用局部陈列室的可能，不致造成因某一陈列室内部调整布置而影响全馆的开放。北京中国美术馆除设正面主要出入口外，两侧还开了两个辅助入口，全馆不仅可以统一安排陈列展出，部分展厅也能独立的对外开放（图3-7）。

民用建筑的室外场地、建筑入口、走道、楼梯、公共活动用房和公共服务设施等还应满足无障碍设计的要求。

3.1.2.4 流线组织方式

民用建筑流线一般有平面水平方向组织方式和平面水平与垂直方向相结合的组织方式两种。在小型建筑中，流线一般比较简单，常采用平面水平方向组织流线的方式，即把不同的流线组织在同一平面的不同区域。如一些小火车站站前广场、站房和站场一般都在同一水平面上，采取平面水平方向的流线组织方式，旅客进站与出站分开，候车休息、小卖及售票联系方便，没有垂直交通，避免了人流上下楼带来的不便（图3-8）。有的建筑人流线有大量的转折点，要求人们在行进和寻址时不断对空间定向作出选择，因而把建筑的易识别性作为判断建筑设计优劣的依据之一。

平面和垂直方向流线组织，即既在平面上划分不同的流线区位，又按楼层组织交通流线，在垂直方向把不同流线分开组织在不同的楼层上。这种水平与垂直方向相结合即立交方式的流线组织，流线分工明确，广泛地应用于大中型公共建筑。这种方式一般应将人流多、荷载大的流线布置在下层，而将荷载小、人流少的流线布置在上层。特别是规模较大，功能要求较复杂的公共建筑，尤其需要综合平面和立体方式组织人流的活动，以利缩短流程，并且互不交叉。对于规模较大的铁路旅客站，首先要把进出建筑空间的两大流线，从立体关系中将它们错开，将旅客大量使用的空间如售票厅，行包作业和部分候车布置在一层，另一部分候车厅、旅客餐厅等布置在二层，在二楼经高架厅至各站台上车，而下车旅客则经地道至出站口，进出站旅客流线及交运行李流线组织明确互不干扰。其次，在平面方向也要将进站流线和出站流线分开，旅客流线和行包流线分开，以避免互相交叉干扰，并最大限度地缩短旅客流程距离（图3-9）。随着旅客旅行经验的丰富，一些流动性较大的人员，如公务、商务、营销以及旅游等，不再需要到车站长时间候车，而是在车站放客后才适时到达。与车站配套的商业、餐饮面积也成为候车室的补充。分流了部分候车旅客，这些旅客都需要车站设置“通过式”进站空间提供服务，因此，即使在“等候式”车站中，设置直接进站的“绿色通道”已成为普遍要求（图3-10）。在航空站建筑中，基本流线有出港旅客及行李流线，进港旅客及行李流线。常将进港流线和出港流线分别布置在底层和二层，并通过水平方

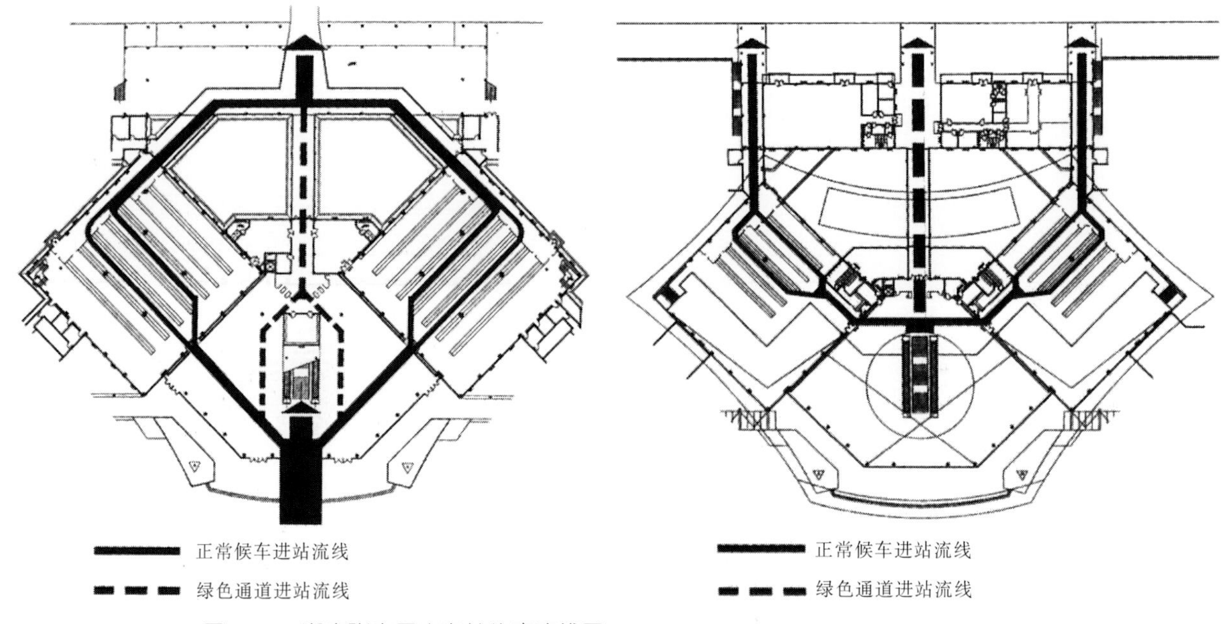

图3-10 湖南张家界火车站旅客流线图 （《建筑学报》2005 07 P77 朱兆康 张庄）

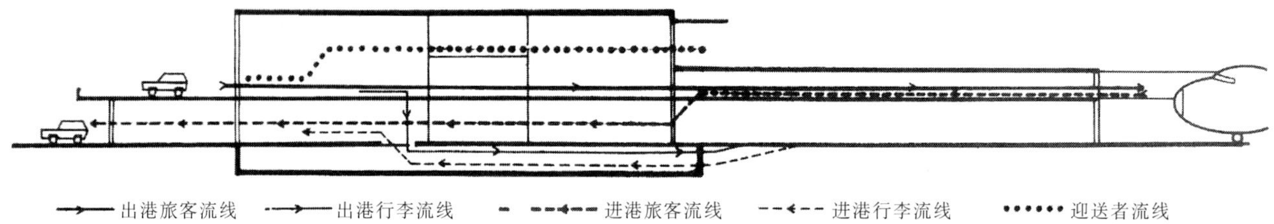

图3-11 航站楼内流线关系示意 （《建筑设计资料集》第二版 6 P65 刘国昭）

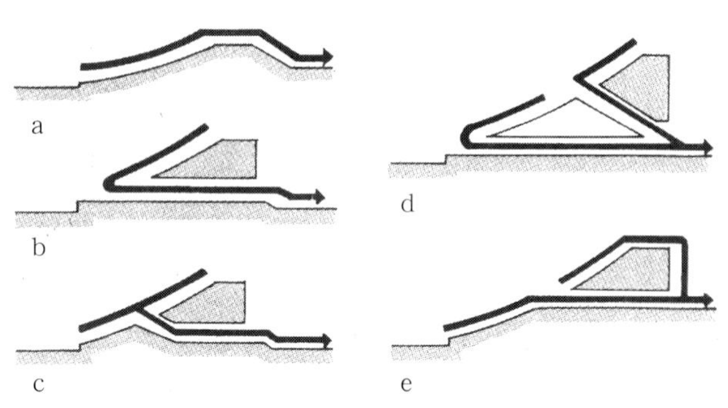

图3-12 体育场观众疏散流线的几种类型
（《建筑设计资料集》第二版 7 P126 单可民 马国馨）

向的组织，使不同目的地的流线分开（图3-11）。体育场馆建筑的流线包括观众，运动员，贵宾及裁判等不同部分，也需要采用平面和立体综合分析组织的方式来解决。观众一般是通过楼梯进入座席区。运动员、裁判、贵宾入口及休息厅、检录厅一般设在底层。由于体育场馆观众数量多，疏散时间集中，设计应有畅通的交通道和均匀分布的出入口，以保证观众在一定时间内全部疏散。图3-12为体育场疏散路线的几种类型。由于医院一般门诊每日就诊的病人类型较多，就诊的时间比较集中，为减少病人之间接触造成相互感染，一般要将普通门诊、儿科门诊、急诊等的出入口及流线分别设置。在医院建筑中，医院的发展与分阶段建设的灵活性，很大程度上依赖于医院的流线布局形式。集中式总体布局采用网格式流线具有一定优点。首先是可以向任意方向发展，各发展方向又都服务于主网格；其次，各功能部门联系方便，有利于布置防火分区，还可以产生许多有利于自然采光通风的小庭院（图3-13）。

成都铁路客运站站房属特大型站，但却抛弃了大广厅、大天井的布局手法，而采用了较小尺度广厅连结两翼大候车厅的“一”字形布局手法——横向贯通式流线组织。由于布局的简洁，减少了交通面积，带来流线短捷、少占用地、简化建筑、节约投资、紧凑经济的效果。大楼梯和自动扶梯，顺应横向流线，候车使用面积大，节省交通面积（图3-14）。

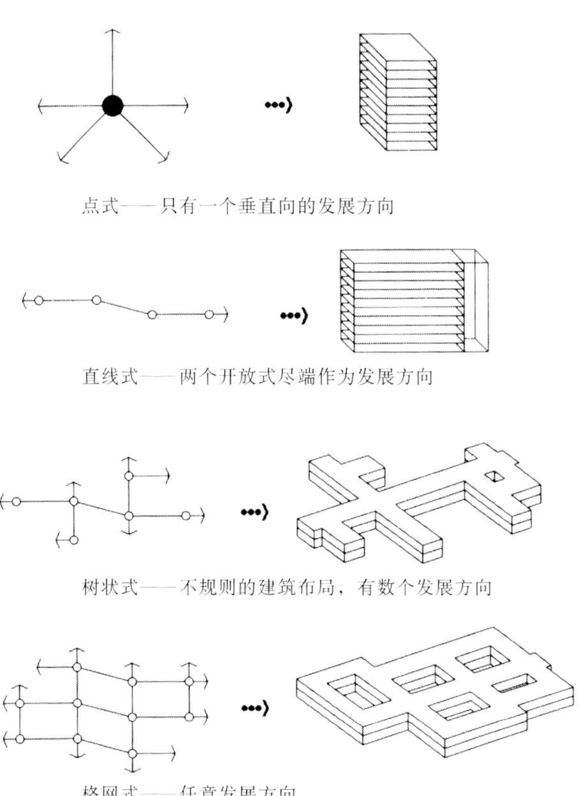

图3-13　集中式总体布局医院的流线模式
(《建筑学报》2001　04　P33　张春阳　孙一民　姜增斌)

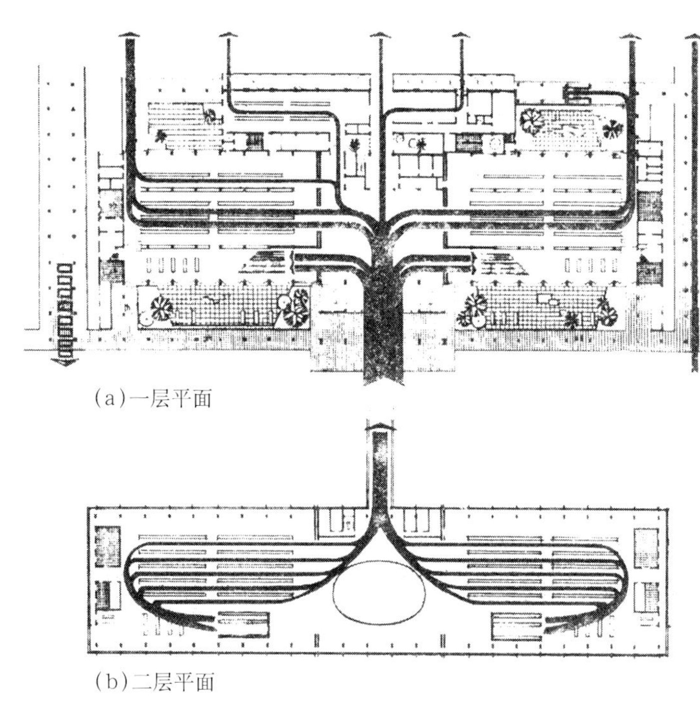

图3-14　四川成都铁路客运站流线组织示意
(《建筑学报》1989　06　P39　卢小荻)

3.1.3 建筑空间组合与结构技术

3.1.3.1　建筑空间组合与结构技术的统一

建筑空间与体形的形成，是以一定的工程技术条件为手段而实现的。建筑与纯艺术不同，建筑的形式要受到一系列技术因素的影响和制约，结构因素就是其中最重要的一类。所谓结构指的是必须承重，且将重量传至地基的建筑形式以及分隔内外的屋顶等元素。各种结构形式都有其适用范围，并非万能和有求必应。建筑空间组合不可能抛开结构独立完成，总是要与结构构思相伴而行。结构构思也不等于简单的结构选型。由于原型结构不可能处处门当户对，为适应不同的空间和形象的需要，尚需建筑师对其加工改造。结构形式的选择，不仅关系到空间的布局与划分，同时还关系到造价，影响建筑形式的最终实现。建筑材料、结构理论和施工技术水平对建筑的空间组合的发展起着决定性的作用。大凡著名建筑，任何优秀设计，其形式空间总是与合理的结构形式融为一体的，建筑形式既不是简单的取决于功能，也不是被动的取决于结构技术，而是要把它们巧妙地结合起来，不断创造新的形式。结构设计的精髓依然植根于美学，显露结构形式是建筑造型的重要手法之一。建筑功能空间与结构技术的统一是建筑创作永恒的原则。密斯曾说过："当清晰的结构得到精确的表现时，它就升华为我们所称的建筑艺术"。由建筑的结构直接构成建筑独特的外观元素，是20世纪后半叶以来国际建筑发展中值得关注的重要特征。这既是设计原则也是设计手法。

我国现存最早的木结构建筑：山西应县佛宫寺释迦塔，建于辽代（公元1056年），八角形平面，高九层，其中有四个暗层，所以外部看只有五层，再加下层是重檐，共有六重檐，高67.3m，底层直径30.27m，雄壮华美。建于北魏年间（公元523年）的河南登封嵩岳寺15层密檐砖塔高39.5m，底部直径约10.6m，是我国现存最早的砖塔，也是唯一的十二边形平面塔，壁体厚2.5m。它的材料及结构不同于上述木结构，造型也随着发生了变化。它们无不是结构技术与建筑功能、空间高度统一的极品（图3-15）。

19世纪末以来，科学技术的进步，以及新材料、

(a)外景

(b)剖面

图3-15（a）山西应县佛宫寺释迦木塔 （《中国美术全集》建筑艺术编4 宗教建筑P61 孙大章 喻维国）

(a)外景

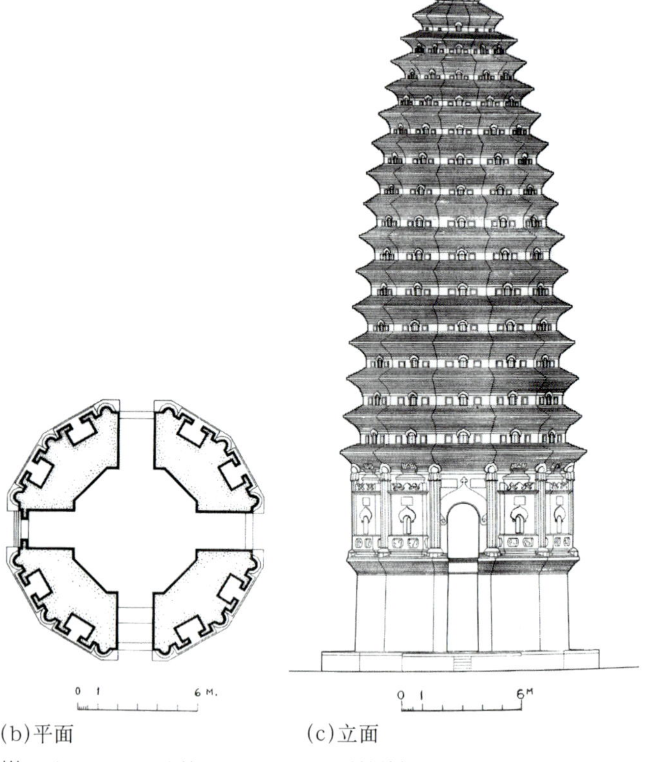

(b)平面 (c)立面

图3-15（b）河南登封县嵩岳寺砖塔 （《中国古代建筑史》P92-93 刘敦桢）

图3-16 法国巴黎埃菲尔铁塔夜景
（《法国建筑环境设计》　P52　陈永昌）

(a)钢结构内景

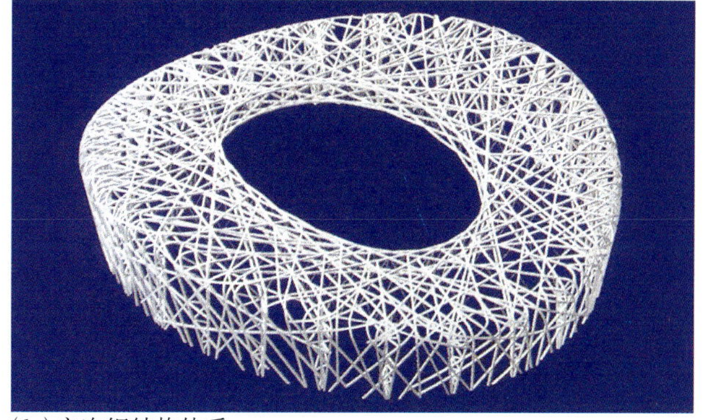

(b)主次钢结构体系

图3-17 北京国家体育场“鸟巢”　((a)《建筑学报》2009 02 P8 张溪泉摄影 (b)《建筑学报》2008 08 P5 李兴钢)

新结构的发展，特别是钢铁和钢筋混凝土的广泛应用，促使建筑发生了巨大的变革。由于钢和钢筋混凝土在抗拉和抗压方面都有很大的强度，因此几乎适应建造各种类型的结构构件，这为现代建筑结构提供了空前的自由度。出现了如1889年建在法国巴黎的世界博览会新建筑，高度达328m的埃菲尔铁塔。在这座空心的结构中，有一个美的条件，以简约的方式反映出自然法则，包括重力和材料的载重力。其空间、造型与结构技术高度统一，至今屹立于巴黎市区，成为巴黎的标志（图3-16）。

20世纪后半叶以来，随着材料与结构技术的不断进步，轻质高强材料的出现，建筑空间的构成有了更大的自由，出现了许多更为庞大和新颖的建筑空间。但是，建筑毕竟无法完全摆脱结构和材料的束缚，实现随心所欲的创造。否则，形式最终即使能够实现，也要付出高昂的经济代价。20世纪70年代法国蓬皮杜中心的建成，以及80、90年代香港汇丰银行、日本关西国际机场，21世纪初的北京奥运场馆——“鸟巢”、“水立方”以及阿联酋迪拜塔等的建成则把结构技术推向了一个新的高度。

2008年6月建成投入使用的北京中国国家体育场“鸟巢”，主体建筑南北长333m，东西宽298m；最高处高69m，最低处高40m；中间开口南北长182m，东西宽124m，主体钢结构形成整体的巨型大跨度交叉旋转编织式“鸟巢”结构。体育场看台为钢筋混凝土框架支撑的碗形结构。屋顶围护结构为钢结构上覆盖的双层膜结构，即固定于钢结构上弦之间的透明防雨上层、ETFE膜和固定于钢结构下弦之下的半透明下层、PTFE声学吊顶以及内环侧壁的半透明防水PTFE膜。大跨度屋盖支撑在24根桁架柱之上，屋盖结构采用交叉平面桁架体系。开敞的钢结构网格包围着宽阔的集散大厅，环绕着碗形看台，是一个开放的巨大城市“灰空间”，设有餐厅、商店、休息区。碗形看台分为上、中、下三层坐席。场内观众坐席约91000个，临时坐席11000个。“鸟巢”以竞赛和观赛为本，结构即外观。在一个编织式主体结构的基础上，再增加次一级的结构来加强主结构，立面上斜向的大楼梯梁也被编织进来，并延伸到屋顶，于是最终形成了“鸟巢”特有的结构和外观。由功能而产生结构与外观的完善统一（图3-17）。

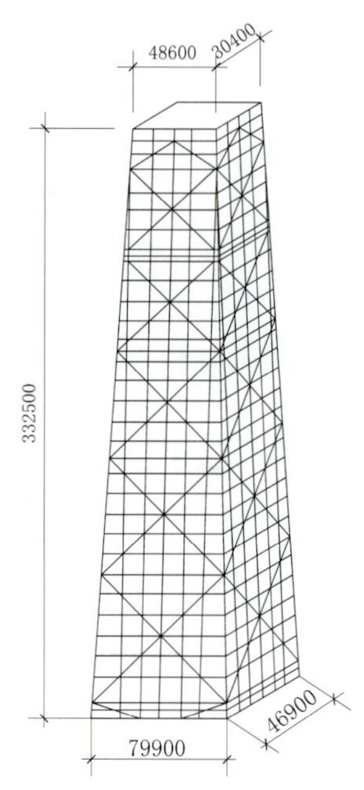

图3-18（a） 美国芝加哥约翰·汉考克大厦巨型支撑框筒体系示意及外景 （《高层建筑设计与技术》P43 刘建荣）

图3-18（b） 美国某轻钢结构住宅
（《建筑学报》2000.10 P59 马树新、曹涵棻）

20世纪的著名建筑澳大利亚悉尼歌剧院自如地利用了结构技术，使该建筑在满足建筑空间要求的前提下，展示了壳体结构技术在造型上达到的新水平（图4-48）。美国芝加哥100层方尖碑式的约翰·汉考克大厦是20世纪最后一批显示结构的国际式摩天楼之一（图3-18a）。与此同时，建筑师们在中小型项目中，也把钢结构技术发挥得淋漓尽致，如美国ABC公司制造的轻钢结构住宅（图3-18b）。

由巨大的几何体构成塔体的上海东方明珠广播电视塔造型具有独特性和丰富的内涵。它将建筑艺术与结构及工程技术有机结合起来，既是一种功能性很强的构筑物，又是一种建筑艺术性很强的标志性建筑。电视塔的塔基部分设计成半地下建筑的形式，避免出现一个明显的基座。电视塔的结构形象雄劲有力，塔高468m，总建筑面积65000m^2，塔身由三根直径9m的圆柱作支架，内部设置了5台电梯及各种管线。在塔体下部有三根直径7m的斜撑和三根直径5m的斜撑，所有的柱体均为等断面，既有利于施工，也使得塔身的构图简洁明了。球体分上球、中球、下球和太空舱，最上端的太空舱直径16m；上球直径45m，设有广播、电视发射机房，公用设备机房及观光、娱乐设施；中球共5个，直径约12m，内设太空旅馆客房；下球直径50m，为观光、娱乐空间。东方明珠电视塔是上海的重要标志性建筑（图3-19）。

图3-19 上海东方明珠广播电视塔
（《20世纪世界建筑精品集锦》9卷 P230 关肇邺 吴耀东 建筑师 上海市城市规划设计院 华东建筑设计院）

图3-20 广州新城亚运体育综合馆方案效果图
（《建筑学报》2009　02　P19　广东省建筑设计院）

广州亚运馆作为第16届亚运会的主场馆包括体操馆、台球馆、壁球馆等，总建筑面积6万余平方米。设计方案以“飘逸彩带”为建筑意念，飘逸的造型象征亚运友谊纽带，亚运和平之舟的寓意强调与珠江水系的密切交融，表达了诗意般的岭南山水意象。这些建筑造型都是和结构技术巧妙结合的新成果(图3-20)。

黑龙江省速滑馆建筑面积22200m²，跨度86.2m，长191.2 m，观众席2000座。设计将空间划分为主、副两部分，比赛厅为主体，观众休息、运动员、贵宾等用房及设备间为副体，从比赛厅拉出，形成两条裙房贴附在比赛厅南北两侧。速滑馆比赛厅屋盖选用筒状钢网壳和球形钢网壳的组合屋盖；工厂制作杆件和螺旋球，现场拼装；屋面用彩色钢板铺底板，加岩棉保温层。屋面以乳白色为基调，间以长短交替的天蓝色带（原为天窗）做划分，尺度有所缩小，节奏有所加强，给人以时代感。速滑馆屋顶如果一落到地，其底盘将达到101.2m × 206.2m，而在6m高处用环梁将屋顶走势拦断，推力由伸出的斜腿传到地下，可将体量限定在86.2m × 191.2m之内，外观体量显著减少，裙房对主体又作了一次分解，尺度宜人（图3-21）。

挪威哈默尔冬奥会滑冰馆可以说是一首木结构的诗篇，滑冰馆总建筑面积22000m²，为适应比赛，设计成椭圆形。建筑师为使这一庞大的建筑物获得轻快的感觉，采用轻型木结构网架体系，最大跨度超

(a)外景

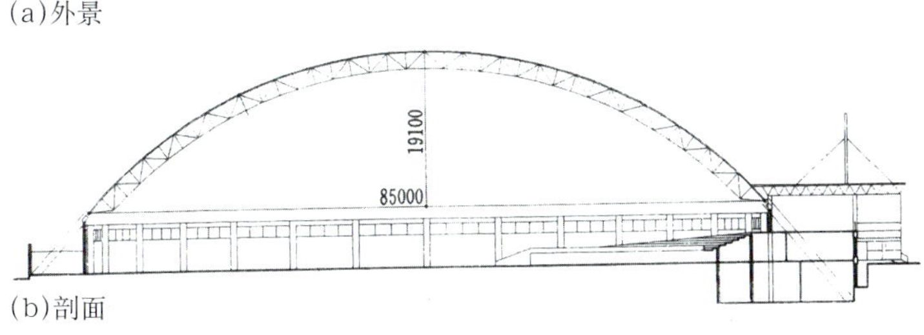

(b)剖面

图3-21 黑龙江省速滑馆
（《建筑学报》1996　08　P13　梅季魁）

过100m。由于其杆件细巧，在室内光带的衬托下，能产生“飘浮在空中”的效果。三层叠落的屋面和中央屋脊不仅丰富了建筑的外观，而且可以构成一条弧形的采光带。有效地解决了大空间内部的通风采光问题。木拱架都经过特殊化学处理，表面涂有防火和耐腐蚀材料。建筑体形新颖，屋面的蓝色涂料与周围天空、湖水相映，显得格外和谐秀美（图3-22）。

英国伦敦滑铁卢国际列车终点站是泰晤士河以南的爱德华车站的扩建部分，是连接欧洲大陆的国际高速列车的终点站。看不见的新车站大厅被玻璃和钢构成的拱形屋顶所遮蔽，它和站台一样具有弯曲的轮廓。屋顶是借助结构受力图发展出最终形式的一个典型范例。设计者选用钢制的三铰弓弦拱作为屋顶的主要结构。由于站台空间的不对称性，结构在一侧陡然升起，而另一侧则较为平缓。这种非对称形式在承重力荷载作用下，两侧的结构要分别产生上下不同方向的弯矩。设计师顺应这一结构力学特征，因势利导地将两侧拱形桁架的受拉弦和腹杆布置在结构弯矩一致的位置，同时借助非对称的结构形式活跃了建筑形象，比简单的结构更有表现力（图3-23）。

(a)外观

(b)滑冰馆内部

图3-22 挪威哈默尔冬奥会滑冰馆

(《世界建筑》1999 01 P73 刘先觉)

(a)屋顶夜景

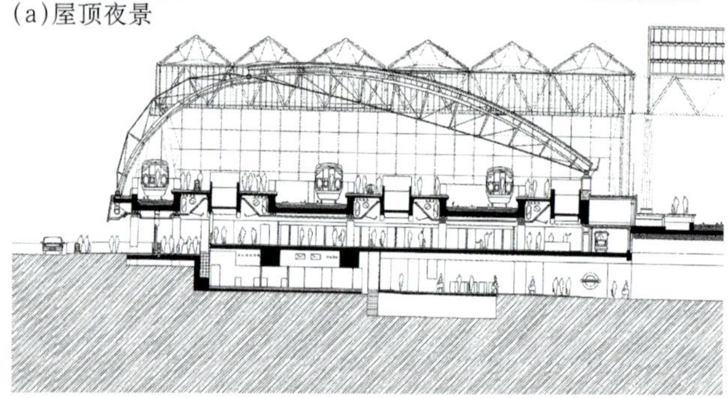
(b)剖面

图3-23 英国伦敦滑铁卢国际列车终点站

(《20世纪世界建筑精品集锦》3卷 P248-249 W·王 H·库索利茨赫 建筑师N·格里姆肖联合建筑事务所)

3.1.3.2 常用建筑结构形式

1.墙体承重结构

以墙为主要竖向受力构件的结构称为墙体承重结构。墙体承重结构的内外墙、柱等一般由砖、石、砌块砌成，又称砌体结构。在选用墙体承重的民用建筑中，以配合钢筋混凝土梁板系形成的混合结构形式最为普遍。这种结构形式的特点是外墙和内墙既用来围护、分隔空间，同时起着支撑上部结构荷载的双重作用。砖、石、砌体结构具有耐火、隔热、保温和良好的隔声性能，且易于就地取材，是一种比较经济适用的结构形式。由于受梁板结构的制约，这种结构形式的缺点是自重大，消耗材料及能源多，分隔空间不够自由灵活，不能获得较大和开敞的室内空间，比较适合于那些空间不太大、层数不太多但建造量大而广的低层或多层建筑，如住宅、中小学、医院、办公楼等。由于开窗受到较大限制，给立面处理带来不便。由于墙厚增加，特别是底层墙厚增加，有效空间减少。墙体承重结构的刚度、抗震、胀缩方面对空间划分也带来较大的制约。在墙体承重结构建筑中，除承重墙之外，还有非承重墙（也称隔断墙），因其不承受荷载，只起分隔空间的作用（图3-24）。

承重墙的平面布置方式多种多样，在进行空间组合时，应注意以下几点：

(1) 结合建筑功能和空间布局的需要，选择承重墙布置方式，并应使承重墙的布置保证墙体有足够的刚度。一般纵墙承重结构抗震性能较差。

(2) 承重墙的开间、进深类型尽量减少，以利结构配件规格的统一和屋顶的合理布置。

(3) 为了使墙体受力合理，上下层承重墙应尽可能对齐，开设门窗洞口的大小应控制在规范规定的限度内。

(4) 墙体的高、厚比（自由高度和厚度之比）应在合理的允许范围内。

由纵横承重墙体组成的剪力墙结构体系，一般

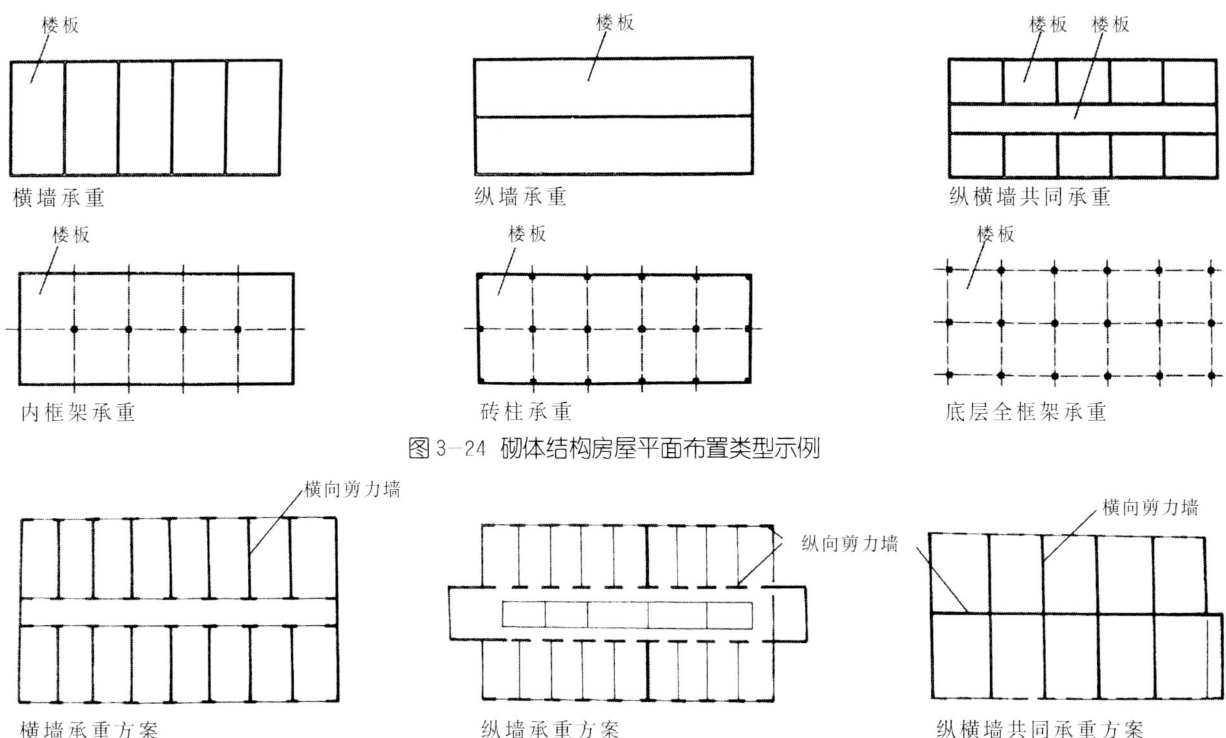

图3-24　砌体结构房屋平面布置类型示例

图3-25　剪力墙结构体系类型示例　（《建筑设计资料集》第二版　2　P13　陈远椿等）

以横墙承重为多，它的空间整体性好，刚度大，抗侧力强度高，水平力作用下侧向变形小。它的缺点是不易布置大开间，使用不十分灵活，墙上开门受限制(图3-25)。

2.框架结构体系

框架结构是由梁、柱等线形杆件组成骨架承受全部荷载作用，且梁柱之间采用刚性连接的一种结构体系。现代框架结构一般用钢筋混凝土或钢质柱和梁作为承重构件，而分隔室内外空间的围护结构和内部空间的分隔墙均不作承重构件。承重系统和非承重系统明确分开是框架结构的主要特点。它不仅强度高，而且整体性也很强，具有较好的抗震性能。框架结构内墙自重小，外墙开窗自由，墙的布置比较灵活，建筑内部空间的划分也获得较大的灵活性，不仅适应复杂多变的建筑功能要求，同时还极大地丰富了空间的变化，有利于外部形式的处理，所以被广泛应用于各种类型的建筑。框架结构建筑的室内空间可以根据功能要求布置为封闭型，也可以是半封闭或开敞的形式。隔墙可以是直线，也可以设计成曲线或折线，其空间形式多种多样。框架结构承受水平荷载的能力较低，刚度较小，所以随着房屋高度的增加造价相应增多。框架结构建筑还为采用大面积的玻璃窗和幕墙的建筑创造了条件（图3-26）。框架结构的柱网尺寸主要是根据不同类型建筑的功能要求与技术经济因素综合考虑的，如一般旅馆主要根据客房的需要，采用7.2～8m的开间可分为两个客房开间。而商业建筑按营业柜台的布局、尺寸和人流活动的要求决定的，多采用6～8.4m。

在框架结构体系中布置剪力墙，组成框架与剪力墙协同工作的结构体系。它既有框架结构的特点，

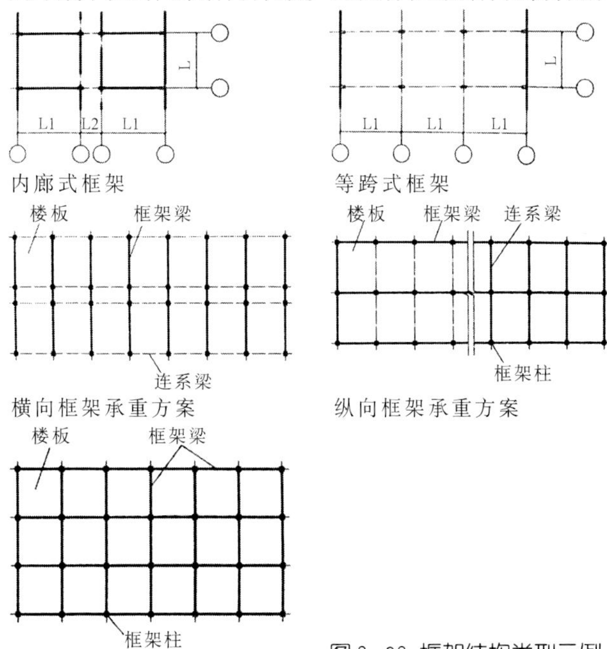

图3-26 框架结构类型示例

(a)全景

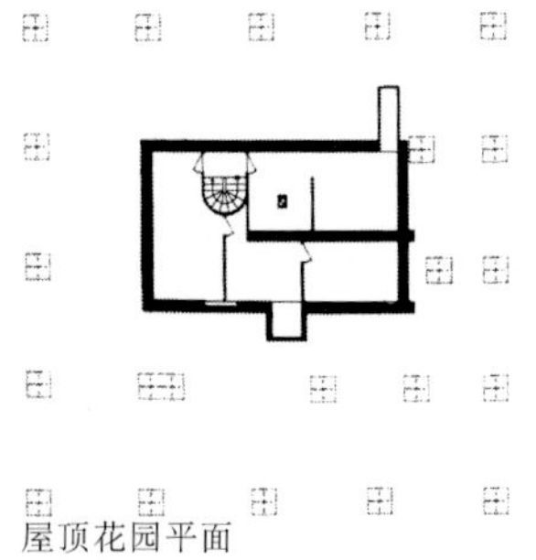
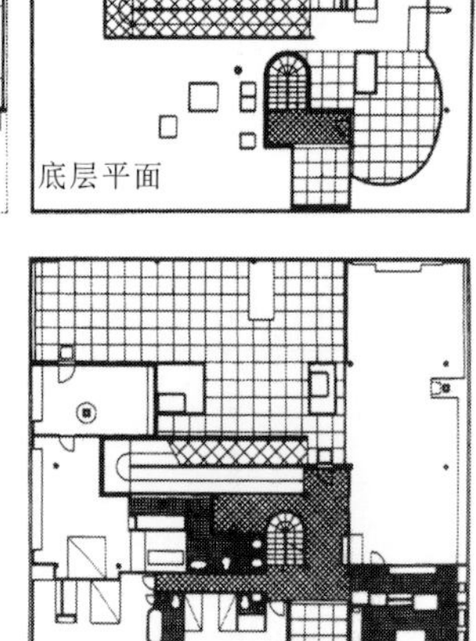

(b)各层平面

图 3-27 法国普瓦西萨伏伊别墅

(《20 世纪世界建筑精品集锦》4 卷 P62、65 V·M·普兰尼亚尼 建筑师勒·柯布西耶与P·让纳雷)

又有较强的抗震性能和刚度。板柱结构是由楼板(屋面)、柱等构件组成的、承受垂直与水平荷载的空间结构体系，也常用于民用建筑。它除具有框架结构优点外，还有结构高度小，顶棚平整，采光、通风、卫生条件好，施工简单等优点。它的缺点是承受水平荷载能力较差，宜在建筑物中适量布置剪力墙，或利用楼梯间作为抗侧力构件。

勒·柯布西耶设计的萨伏依别墅，1931 年建于巴黎附近的一个占地约 4.8hm^2 的花园中，宅基为矩形，长 22.5m，宽 20m。是一个典型的钢筋混凝土框架结构，由立柱支撑，共三层。起居室、卧室等主要房间均安排在二层，底层三面立柱架空，仅设门厅等一些次要的辅助房间。由于底层处理比较通透，整个建筑似乎漂浮于空中，从而使建筑物完全融合于大自然的环境之中，被认为是一个“浮现在果园草坪晨雾中的方盒子”。它综合了勒·柯布西耶所发展的建筑理念和方法——底层的独立支柱、横向带形窗、屋顶花园、“自由平面”与“自由立面”，反映了他在 1926 年所提出的新建筑五点。勒·柯布西耶认为，房屋是一架“居住的机器”，别墅的功能在外观上的体现以及具有特征的建筑要素的运用都是源于建筑师的这种理解（图 3-27）。

苏州博物馆新馆建筑采用了钢结构技术，建筑布局自由，明亮畅通，彻底改变了传统建筑的气氛。屋顶采用了几何形态的坡顶取代传统的坡屋顶。立体几何框架内的金字塔形玻璃天窗时断时续，使室内空间充满情趣（图 1-26）。

3．筒体结构体系

对于高层建筑来说，侧向荷载——风荷或地震的惯性力，常常成为破坏建筑的一种不可忽视的因素。为了提高抗侧向荷载能力，在高层建筑中，往往以剪力墙结构体系取代一般的框架结构。由于采用剪力墙结构体系的缺点是内部空间分割不十分灵活，所以现在一些高层、超高层建筑采用筒体结构体系。筒体结构是将建筑物内的墙体围成筒构，形成空间薄壁筒体，或将框架柱的间距加密，形成密封的框筒。采用一个或多个这类的筒体作为主要抗侧力构件的结构体系，既提高了结构的刚度，又为内部空间的分隔提供了较多的灵活性。筒体还可用作电梯井或管道井等交通或辅助空间。常见的筒体结构有框筒结构、框架——核心筒结构、筒中筒结构、束筒结构、多筒体结构、多重筒结构等（图 3-28）。对于超高层建筑来讲，为了进一步提高刚度，还可以把外层结构也当做筒体来考虑，这样就形成了双层井筒

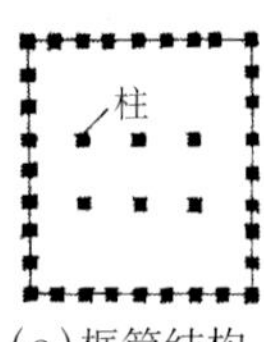

(a)框筒结构

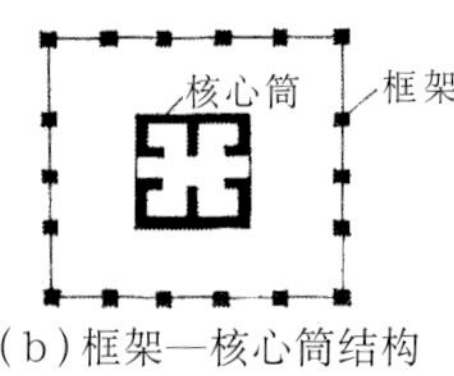

(b)框架—核心筒结构

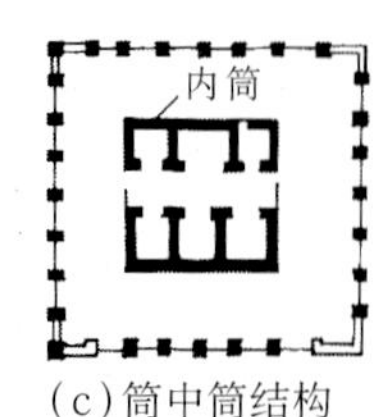

(c)筒中筒结构

(d)成束筒结构

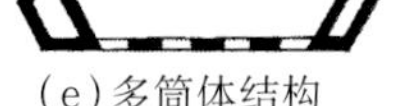

(e)多筒体结构

(f)多重筒结构

图 3-28 常见筒体结构类型示例 (《建筑设计资料集》第二版 2 P14 陈远椿等)

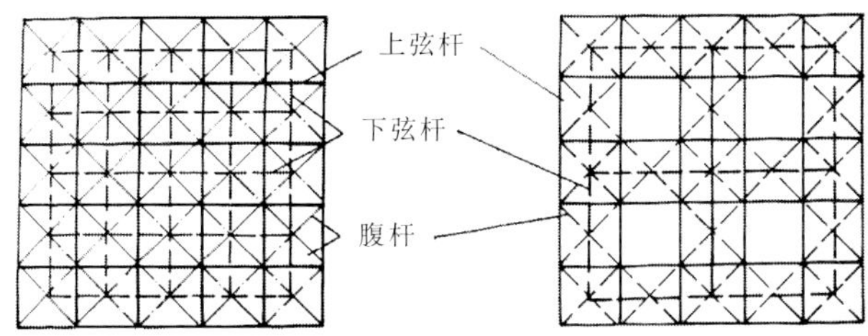

这种网架的上下弦杆均为正交正放，构造简单，上、下弦杆也等长，无竖杆，屋面板规格统一，受力均匀，适用于接近正方形的平面。周边支承或四角点支承均可。为适应建筑功能或工艺要求，可以有规则地抽空形成抽空四角锥网架。

a　正放四角锥网架　　b　正放抽空四角锥网架

上弦为正交斜放，在平面图中腹杆与下弦重叠，特别适用于矩形平面且周边支承的情况。

c　斜放四角锥网架

正放四角锥　斜放四角锥

d　正放和斜放四角锥网架构成示意图

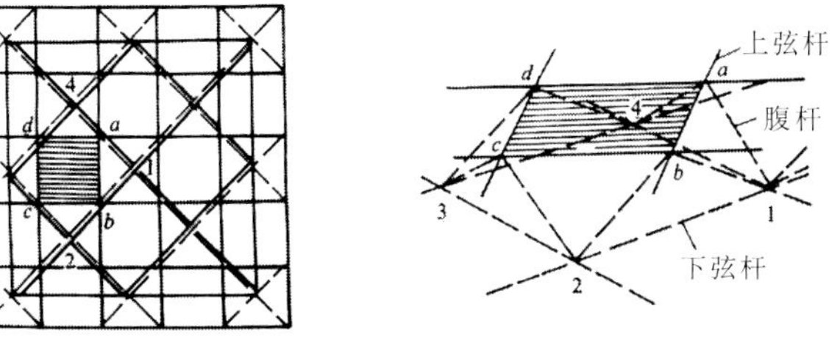

e　棋盘形四角锥网架　　f　棋盘形四角锥网架构成方法

g　星形四角锥网架　　h　星形四角锥网架构成方法

图3-29　四角锥网架形式示例　（《建筑设计资料集》第二版　2　P29　陈远椿等）

结构，即所谓筒中筒结构。筒体结构造价高，主要用于高层和超高层建筑。20世纪著名建筑美国纽约世界贸易中心建于1969～1973年，全部用钢结构，共110层，高411.5m，平面为63m × 63m，正方形，结构体系为外柱承重，内井筒为矩形平面。外井筒由密柱组成，9层以下柱距为3m，9层以上柱距为1m，窗宽为0.5m，外表用铝合金板饰面，充分展示了高层塔楼的结构技术。2001年9月11日毁于恐怖袭击（图4-27）。

4．大跨度结构体系：

从迄今保存着的古希腊宏大的露天剧场遗迹来看，人类大约在两千多年以前就有扩大使用空间的要求，并且创造了多种多样的拱——包括各种形式的券、筒型拱、交叉拱、穹窿，在近代又出现了大跨度的桁架。这种结构可以跨越较大的空间。但是，由于它本身具有一定的高度，而且上弦一般又呈两坡或曲线的形式，所以只适合做屋顶结构。除桁架外，钢架和拱也是近代建筑所常用的大跨度结构，与桁架下弦一般保持水平不同，钢架呈中部高两边低的两坡形，但坡度较平缓，而拱呈中间高两边低的曲线形。近几十年来，新建筑材料和新结构理论的发展，促使轻型高效能空间结构突出发展，出现了多种多样的大跨度民用建筑的空间结构形式。

当前常见的大跨度空间结构主要有以下形式：

（1）空间网架结构

空间网架结构是一种应用广泛的空间结构形式，它不仅刚度大，整体性和稳定性好，而且具有良好的抗震性能和多种多样的形式，大幅地减轻结构自重和节约材料，降低造价，可适应各种支撑条件和多种形式的建筑平面和空间的需要，使用灵活方便，外形轻快美观。不仅用于大跨度结构，也可用于跨度并不大的中等大小空间。网架结构一般用钢材制作，有单层平面网架、单层曲面网架、双层平板网架和双层穹窿网架等多种形式。应用较多的是平板空间网架结构。它是一种双层的网架结构，网格有两向和三向的两种。两向的网架是上下两层网架由纵、横两组成正交（90°）的网格所组成。这种网架可以正放，也可以斜放，比较适用于正方形或矩形建筑平面。三向网架是上下层网架由三组互成60°斜交的网格组成，这种网架结构的刚度比前一种强，可用于大跨度和多边形或圆形等较为复杂的建筑平面。四角锥网架体系的网架没有竖向腹杆，上下弦错开半格，用腹杆直接连接上、下弦杆，形成一个四角锥体，适用于中等跨度。常见的有正放四角锥网架、斜放四角锥网架、星形四角锥网架和棋盘形四角锥网架等四种(图3-29)。其他还有类似的三角锥、六角锥网架等。

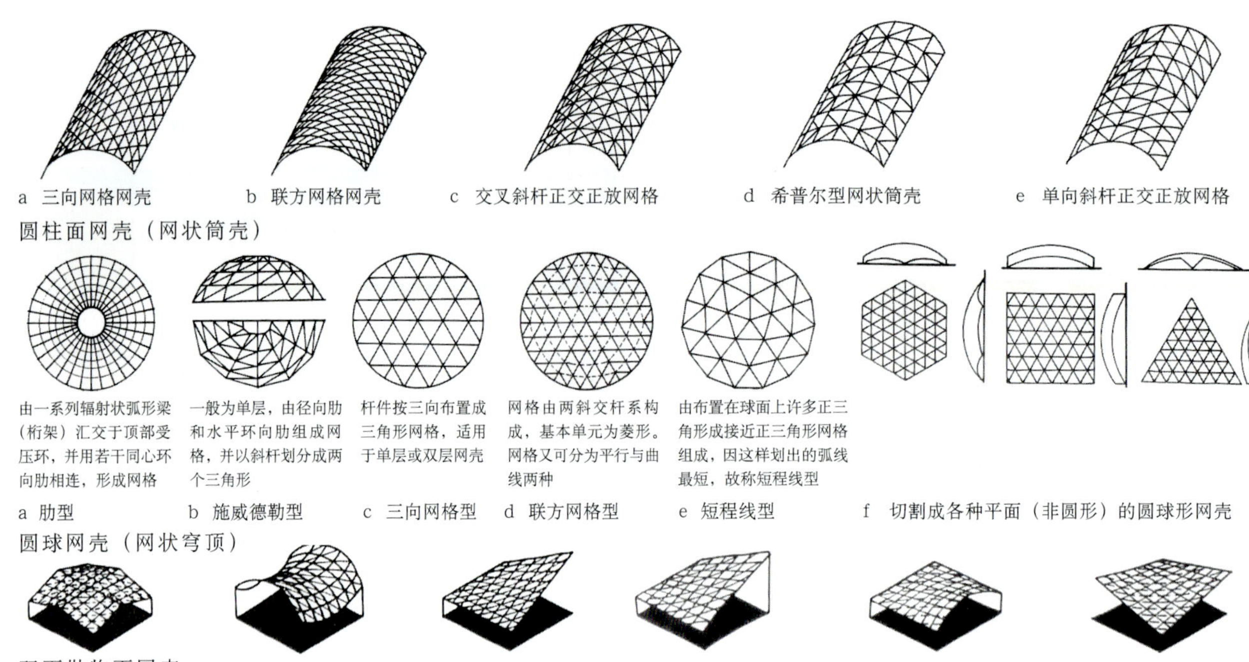

图3-30 网壳示例 （《建筑设计资料集》第二编 2 P30 陈远椿等）

与平板网架相比，网壳的受力性能好，刚度大，自重小，用钢量省，是适用于大、中型建筑屋盖的一种较好的结构形式。缺点是曲面外形增加了屋盖表面积和建筑空间，构造处理、支承结构和施工制作比较复杂。网壳结构的常见形式有圆柱面网壳、圆球网壳和双曲面抛物面网壳，前者多用于覆盖矩形平面的建筑，后者通过切割可以用于多边形、矩形和三角形平面建筑的屋盖（图3–30）。

图3-31 香港国际机场旅客候机楼鸟瞰 （《20世纪世界建筑精品集锦》9卷 P232 关肇邺 吴耀东 建筑师N·福斯特）

香港国际机场旅客候机楼建筑面积51.6万m²，平面呈Y字形布局，明确分为三层，上部的离港层，中部的抵港层和底部的服务层。它最明显的特征之一是大片的拱形屋顶，围绕着38个停靠机位和27个远程停机位，并拥有30000m²的商业空间。拱形屋顶由一系列跨度为36m，高6m的轻质格网状屋面壳体单元组成，带有玻璃的钢构件在工厂预制，并全部在现场进行装配。设计中充分利用自然光，从屋顶顶部天窗渗透进来的自然光通过拱形屋顶的反射，使得离港大厅轻快明亮，令人振奋，而巨大的悬挂物遮挡了眩光（图3–31）。

（2）空间薄壁结构

空间薄壁结构即壳体结构，按曲面生成的形式分筒壳、圆顶薄壳、双曲扁壳和双曲抛物面壳等。由于其用材钢筋混凝土具有良好的可塑性，在实际应用中，壳体结构的形式是丰富多彩的，且能适应各种平面的建筑，既适合于矩形、方形平面，也适应圆形、三角形平面乃至其他特殊形状平面的要求。壳体结构受力合理，材料消耗较少，同时具有骨架和屋盖双重作用的优越性，并可获得刚度大、厚度薄而覆盖面很大的空间。因此，壳体结构在建筑中曾一度得到广泛应用。但由于施工技术较复杂，现在这种结构形式使用已减少了。

图 3-32 尼日利亚阿布贾非洲统一组织会议大厅外观
(《20 世纪世界建筑精品集锦》6 卷　P202　U · 库特曼　建筑师 A · 斯皮尔，J · 伯杰)

图 3-33 美国华盛顿杜勒斯国际机场候机楼外景
(《世界建筑》1999　06　P34　吴焕加等　建筑师沙里宁)

尼日利亚的非洲统一组织会议大厅坐落在阿布贾的国际外交区，这个建于1991年的建筑长130m，跨度70m，采用非洲传统建筑的形式。屋顶采用薄壳结构，并用两排粗大柱子支撑。整个建筑非常现代化。在会议大厅短边的入口处，是一面巨大的玻璃幕墙，透过它可以看到阿布贾市中心的景色。主会议大厅能容纳1800人，装备有现代化的视听设备。委员会议室、贵宾会议室、总统休息室、餐厅以及其他辅助设施，都安排在与主会议大厅相邻的附属建筑内(图 3-32)。

(3) 悬索结构

悬索结构主要靠钢索耐拉的受力特性，可获取大跨度空间。悬索结构除跨度大、自身轻、用材省外，还具有以下一些特点：平面形式多样，除可覆盖一般矩形平面外，还可以覆盖圆形、椭圆行、正方形、菱形乃至其他不规则平面形式的空间，使用范围广，灵活性大。由多变的曲面所形成的内部空间既宽大宏伟又富有动感；主剖面呈下凹的曲线形式，曲率平缓，如处理得当既能顺应功能要求又可以大大地节省空间和空调费用；外形变化多样，可以为建筑体形和立面处理提供新的可能性。但悬索结构屋面的刚度较差，受动荷载及不对称荷载的作用后易产生大的变形，或因风力和地震产生共振作用，使整个结构破坏。常见的悬索结构有单层悬索、双层悬索和索网结构三种类型。单向悬索的稳定性差，特别是在风力的作用下，容易产生振动和失稳。双层悬索结构，索分上、下两层，受力状况均衡对称，具有良好的抗风能力和稳定性。索网结构也称为鞍形索网结构，也具有良好的稳定性和抗风能力。以上结构形式现在已少使用。

建于20世纪中后期的美国华盛顿杜勒斯国际航空站候机大楼为单向悬索的结构，候机楼前后有两列巨型钢筋混凝土柱墩，前面一列稍高。大厅屋面为预制钢筋混凝土悬挂式轻型板，每3m有一对直径2.5cm的钢索挂在前后两排柱顶现浇板上，形成自然的凹曲线形屋顶。柱墩向外倾斜，具有动势。候机楼为矩形平面，长182.5m，宽45.6m (图 3-33)。

(4)其他大跨度结构形式

除以上基本结构体系外，还有一些大跨度结构类型，如帐篷结构和膜结构等。

帐篷式结构，主要由撑杆、拉索、薄膜面层三部分所组成，为了把薄膜面层紧紧地张拉于空中，并利用它来覆盖空间或防雨、遮阳，必须一方面把薄膜面层上的若干点固定于地面，另一方面再把薄膜面层上另外若干点通过拉索紧紧地系于秤杆的顶端。它的特点是：结构简单、重量轻、便于拆迁，比较适合于用做某些半永久性建筑的屋顶结构或永久性建筑的遮篷（图 3-34)。

膜结构始于1970年大阪博览会上一座气承式膜结构的美国馆，但近40年来膜结构却经历了巨大的变化。膜结构不仅跨度大，覆盖面积广，而且它的特点之一就是形状的多样性，对于气承式空气膜结构

图3-34 上海昆山体育场帐篷式结构 （《建筑学报》2008 03 P52 吴炜 潘海迅 孙宇）

来说，充气之后的曲面主要是圆球形或圆柱面，可能没有太多的选择余地。而对于索或者骨架支撑的膜结构，其曲面就可以随着建筑师的想像力而任意变化。经过多年发展，膜结构从临时性帐篷、不够牢固、不能防火又不能保温和隔热而发展为可作永久性建筑使用的结构形式。

美国丹佛国际机场1994年建成使用。此航厦是美国最大航厦之一，当时也是世界上最大的封闭型张拉膜结构建筑。航厦造型独特，远远望去像是丹佛外缘白雪覆顶的洛基山的延续，又宛若印第安人居住的帐篷。设计者将造型与自然环境和地方文化相结合，使进出丹佛的人们能感受到独特的地方特色。航厦以高透明度的布膜覆盖，白天无需人工照明，自然光使室内植物生长茂盛，给大厅提供了清新的空气，也缓和了公共建筑中难以处理的喧嚣。布膜70%的透射率，又使大厅光线柔和，形成良好的庭院效果。机场占地13.25km^2，设5条跑道，一栋6层航厦，建筑面积23225m^2，每层都有停车库，设有12000个车位。该机场每年旅客流量达7200万人次（图3-35）。

3.1.4 建筑空间组合与设备布置

在进行民用建筑的空间组合时，还必须深入研究设备技术问题。民用建筑的设备主要包括给排水、采暖、空调、燃气、照明、防雷以及通信系统设备等。

3.1.4.1 设备用房位置与空间组合

处理建筑空间组合与设备布置的关系，首先要恰当地安排各种设备用房位置，如锅炉房、水泵房、空调机房、冷冻机房等；解决好建筑、结构与设备不同专业间的各种矛盾，注意减噪、防火、隔热。对大量性中、小型民用建筑的空间组合；卫生间和设备上、下水的房间在满足功能要求的同时，宜使设备位置尽可能地集中，并使上、下层布置在同一竖向位置上，以利管道配置。当住宅、宾馆与商业建筑组成综合建筑时，由于上部有管线较多的房间，下部为大空间或需要转换为其他功能，需要考虑在上下部之间布置设备层。设备层是用于集中布置设备和铺设水平管道的楼层。建筑高度超过100m的超高层民用建筑，设备层也可结合避难层（间）布置。避难层有敞开式和封闭式等不同形式。设备层的净高根据设备和管线的安装检修需要确定。但有人正常活动的设备层（架空层）其净高不应低于2m。这些要求都对建筑空间组合产生影响。

在给排水方面，首先要求用水房间在平面上应尽可能地集中布置，争取自然通风采光，并使上、下层布置在同一位置上，以方便使用和管道配置。厕所、洗手间、浴室不应直接布置在有严格卫生或防水、防潮要求用房的上层，如餐厅、药房、配电间等。除本套住宅（独立式、联排、跃层住宅）外，住宅的卫生间不应布置在下层卧室或厨房等的上层。其次，卫生设备配置的数量应符合有关规范的规定。公共厕所要做好前室视线遮挡设计，初学者往往疏忽于此。

图3-35 美国丹佛国际机场膜结构远景
（《世界建筑》1996 03 P34 设计C·W·芬特雷斯）

图3-36 葡萄牙埃武拉昆塔·达·马拉古伊拉住宅区外观
（《20世纪世界建筑精品集锦》4卷 P196-197 V·M·普兰尼亚尼 建筑师A·西萨）

对于主要采用集中式采暖或空调的用房，首先要选择好采暖或空调方式，要妥善安排相应的设备用房和多种管道及设备的位置，建筑层高要考虑设备和管道占用的空间，使装修后的室内环境高度适宜。

3.1.4.2 建筑设备的隐藏与裸露

在进行建筑空间组合时，现代建筑设备并非都要隐蔽，裸露的设备技术常常会给建筑增添新颖的技术美，并便于维修，降低造价。

黑龙江省速滑馆的空调管道、散热器、灯具和灯桥、吸音体一一暴露，做了有序排列和适当的艺术加工，使其成为技术美学的有力组成部分。灯具依使用需要和便于维修，集中布置在冰道上空的灯桥上；侧墙的散热器片也以有规律的方格网形式均衡地布置，明显的凹凸为平淡的墙面带来层次感（图3-21）。

葡萄牙昆塔·达·马拉古伊拉住宅区分为南北两个区，每幢住宅地块为8m × 11m，布置住宅（有两类，1室至5室户）和前面或后面的小院。L形住宅用地方上惯用的白色材料建造，水、电、煤气、电话等基础设施全部经过混凝土的架空“水泵”引向各户，这也是对文艺复兴时期这座城市曾经使用过的饮水设施的一种隐喻（图3-36）。

法国巴黎蓬皮杜国家艺术和文化中心的结构、交通设施和设备管道大部分暴露于建筑的外侧，构成了立面上的组成要素，传统的建筑立面不复存在，取而代之的是表现内部活动的透明外壳，表现了20世纪60年代技术理想主义的追求（图3-58）。

3.1.5 建筑空间组合与防火

建筑防火在现代建筑设计中占有极其重要的位置。为了防止和减少民用建筑火灾的危害，保护人身和财产的安全，在建筑空间组合时要充分研究防火的要求，确保建筑达到有关规范要求。

空间组合涉及防火要求是多方面的，例如耐火等级、层数、建筑面积，某些厅室位置如歌舞厅、夜总会、放映厅、卡拉OK厅、网吧、桑拿浴室以及易燃、易爆用房位置的确定，安全疏散与楼梯的布置，高层建筑防火的特殊要求等，都会对建筑组合产生很强的制约。以下主要从两个方面进行讨论。

3.1.5.1 建筑空间组合与防火分区

无论是低层、多层或高层建筑，为了避免火灾扩大，在空间组合时都应考虑面积过大的部分用防火分隔物分开，划成若干个防火分区，并使空间组合与防火要求相一致。尤其是高层建筑，如处理不当，一旦发生火灾，救助极为困难，故对防火分区要作周密的考虑。防火分区包括水平和竖向防火分区。水平防火分区是指为阻止水平方向火灾蔓延，同一水平面内，利用防火分隔物将建筑平面分成若干防火单元，防止火焰通过。防火分隔物为防火墙壁、防火卷帘、防火门及防火水幕等。竖向防火分区指上、下层分别用耐火极限不低于1.5h或1.00h的楼板等构件进行防火分隔（图3-37）。表3-1为现行建筑设计防火规范GB50016-2006对民用建筑的耐火等级、最多允许层数和防火分区最大允许建筑面积的规定：

(a)水平防火分区示意

(b)竖向防火分区示意

图3－37 水平与竖向防火分区示意 (《建筑防火工程》李引擎主编 化学工业出版社)

民用建筑的耐火等级、最多允许层数和防火分区最大允许建筑面积 **表3–1**

耐火等级	最多允许层数	防火分区的最大允许建筑面积（m^2）	备 注
一、二级	1.9层及9层以下居住建筑（包括设置商业服务网点的居住建筑）；2.建筑高度小于24m的公共建筑；3.建筑高度大于24m的单层公共建筑；4.地下、半地下建筑（包括建筑附属的地下室、半地下室）	2500	1．体育馆、剧院的观众厅，展览建筑的展厅，其防火分区最大允许面积可适当放宽。 2．幼儿园、托儿所的儿童用房和儿童游乐厅等儿童活动场所不应超过3层或设置在4层及4层以上楼层或地下、半地下建筑（室）内
三级	5层	1200	1．幼儿园、托儿所的儿童用房和儿童游乐厅等儿童活动场所、老年人建筑和医院、疗养院的住院部分不应超过2层或设在3层及3层以上楼层或地下、半地下建筑（室）内。 2．商店、学院、电影院、剧院、礼堂、食堂、菜市场不应超过2层或设置在3层及3层以上楼层
四级	2层	600	学校、食堂、菜市场、幼儿园、托儿所、老年人建筑、医院等不应设置在二层
地下、半地下建筑		500	—

注：① 建筑内设置自动灭火系统时，该防火分区的最大允许建筑面积可按本表的规定增加1.0倍，局部设置时，增加面积可按该局部面积的1.0倍计算。

② 表中建筑物的耐火等级按其构件的燃烧性能和耐火极限的不同分为四级，新建的永久性建筑物的耐火等级一般不应低于二级，地下、半地下建筑（室）的耐火等级应为一级。

当建筑面积超过防火分区允许的建筑面积时，上述防火分区间可采用防火墙分隔，也可按规范采用防火卷帘或其他防火设施分隔。建筑物的地下室或半地下室应采用防火墙分隔成面积不超过500m^2的防火分区。建筑物内如为上下贯通的中庭或自动扶梯的开口部位，上下连通层要作为一个防火分区的建筑面积计算。进行空间组合时，设置跨层的空间，应考虑贯通空间的建筑面积是否超过防火分区的规定或拟采取的防火措施。当超过一个防火分区最大允许建筑面积时，通常应在其房间与中庭相通的开口部位设置可自行关闭的甲级防火窗；在与中庭相通的过厅、通道等处应设置甲级防火门或防火卷帘，并在火灾时自动关闭或降落。中庭每层回廊设火灾自动报警系统的自动喷水灭火系统；而封闭屋盖则要按规定设自动排烟设施。

北京某饭店总建筑高度约80m，中心塔楼22层，三个侧翼部分为18层，约有客房千余间。在防火分区设计中，将每一翼和中楼分为不同的防火分区，并在每一分区设置了自动关闭式防火门，起火时，该门可由消防中心控制自动关闭，使该防火分区外的人员不能进入此区，而该区内人员手动将门打开，可进入其他区（图3–38）。

超大型、特殊建筑的防火分区及设计十分复杂，采取专题论证，并按规定程序报审。

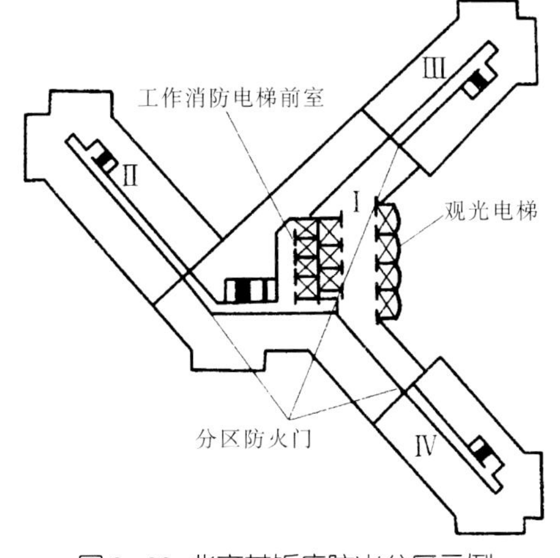

图3–38 北京某饭店防火分区示例

（《建筑防火工程》李引擎主编 化学工业出版社）

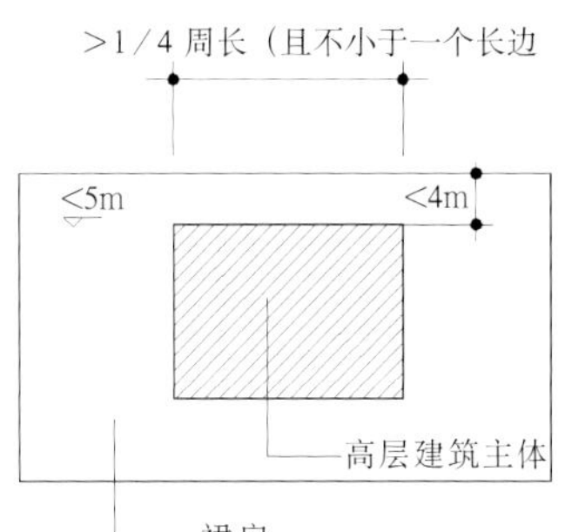

图3–39 高层建筑总平面布置防火要求

（《高层建筑设计与技术》P188 刘建荣）

3.1.5.2 高层建筑防火与建筑空间组合

高层建筑的空间组合同样受到防火要求的严格制约。根据规范：在处理高层建筑的裙房与塔楼的关系时，为了保证必要的消防扑救面，以便于消防人员尽快到达失火层，应保证高层建筑的底边至少有一个长边或周边长度的1/4且不小于一个长边长度，不应布置高度大于5m、进深大于4m的裙房，且在此范围内必须设有直通室外的楼梯或直通楼梯间出口。这是因为高度小于5m，进深小于4m的裙房不会影响登高消防车扑救作业，且在此范围内必须设有直通室外的楼梯或直通楼梯间的出口，以便消防人员进出（图3–39）。高层建筑的防火分区不应超过表3–2（引自高层民用建筑设计防火规范GB50045–95(2005年版)）的规定。

高层建筑每个防火分区的允许最大建筑面积 表3–2

建筑类别	每个防火分区建筑面积（m^2）
一类建筑	1000
二类建筑	1500
地下室	500

注：① 设有自动灭火系统的防火分区，其允许最大建筑面积可按本表增加1.00倍；当局部设置自动灭火系统时，增加面积可按该局部的1.00倍计算。

② 一类建筑的电信楼，其防火分区允许最大建筑面积可按本表增加50%。

为保证消防安全，在高层建筑的设计中，对有些厅、室在空间组合中所处的位置还有明确限定。高层建筑内的观众厅、会议厅、多功能厅等人员密集场所，应设在首层或二三层，以便大量人流能在短时间内安全疏散。上述观众厅、会议厅、多功能厅等当必须设在其他楼层时应符合以下规定：一个厅、室的建筑面积不宜超过400m^2；一个厅、室的安全出口不应少于两个；必须设置火灾自动报警系统和自动喷水灭火系统；幕布和窗帘应采用经阻燃处理的织物，以及其他有关规定。对高层建筑内的歌舞厅、卡拉OK厅、夜总会、录像厅、放映厅、桑拿浴室、游艺厅、网吧等歌舞娱乐放映游艺场所的布置同样有相应的规定。幼儿园、托儿所，游戏厅等儿童活动场所不应设置在高层建筑内，当必须设置在高层建筑内时，应该设置在建筑物的首层或二三层，并应设置单独出入口。这是因为儿童的疏散需要帮助，行动缓慢，容易造成大的伤亡事故。防火规范还要求高层建筑的消防控制室宜设在高层建筑的首层或地下一层，并应设直通室外的安全出口，以保证一旦发生大的火灾，在消防控制室坚持工作的人员能方便地撤出大楼。高层建筑的一些设备用房，如燃油和燃气锅炉房、变压器室等应布置在首层或地下一层靠外墙部位，并应设直接对外的出入口。建筑高度超过100m的公共建筑，应设避难层。自高层建筑首层至第一个避难层或两个避难层之间不宜超过15层。此外，还有其他一些规定对空间组合也具有约束性。当建筑高度超过100m，且标准层建筑面积超过1000m^2的公共建筑，宜设置屋顶直升机停机坪或供直升机救助的设施。

3.2 建筑空间组合方式

除极个别的建筑外，绝大多数建筑都是由几个、几十个、几百个乃至上千个大小不完全相同的单一建筑空间所组成。建筑空间组合方式就是指建筑组成部分的若干空间是以什么方式衔接在一起的。

现代建筑的外形使人眼花缭乱、奇异纷呈，有的形体十分复杂，如西班牙古根海姆博物馆

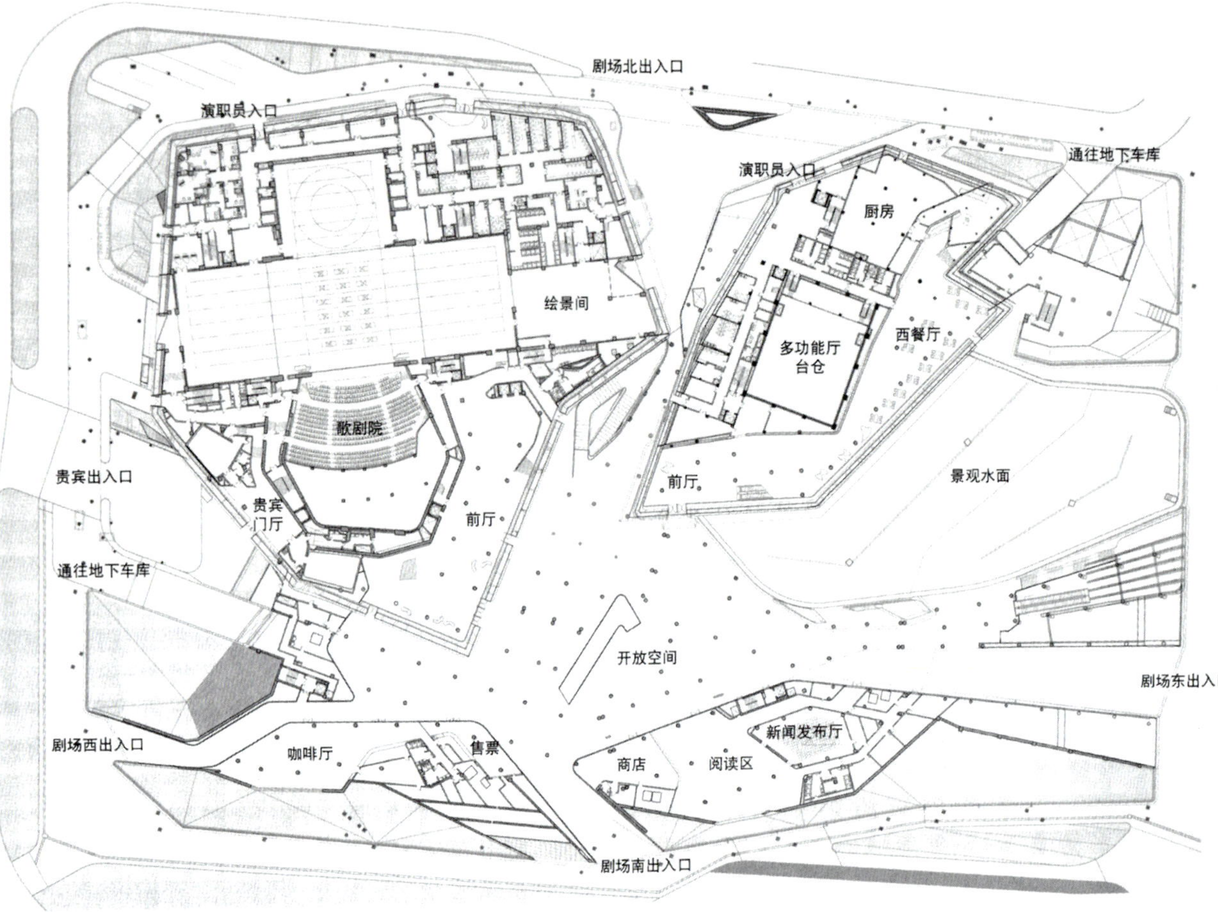

(a) 0.0m 标高平面

(b) 从东侧入口坡道望歌剧院

图 3-40 广州歌剧院（一） （《建筑学报》2010.8 P56、58）

(图 4-94)、广州歌剧院（图 3-40）等，但建筑的一般组合方式仍有序可循，在设计时需要结合特定的条件创造有个性、有特色的建筑新形式。

由于城市化的发展，城市用地日趋紧张，建筑的高度不断增高，从古代城市基本是平房或少量低层房，到现代发展成为大量的多层和高层建筑，特别是

(c)大剧场观众厅内景

图3-40 广州歌剧院（二） （《建筑学报》2010.8 P55）

我国改革开放以后建设的高层和超高层建筑之多史无前例，这既是实际的需要，也是经济与科学技术发展带来的成果。高层建筑是以垂直交通系统为主的空间体系，在结构体系上除考虑垂直受力外，还要考虑一定的抵抗水平推力的刚度。所以建筑空间组合时，要根据高层建筑空间构成的特点采取相应的空间组合方式，尤其要避免从形式出发，盲目追求建筑的高度，盲目拔高，造成远离自然，解决安全自救难度加大等问题，以及资源的浪费。因此，在选择建筑组合形式的时候，应当对不同用地状况及建设条件采取不同的组合方式。

建筑空间组合、划分要以主要空间为核心，辅助空间的安排要有利于主要空间功能的发挥，对外联系的空间要靠近交通枢纽，空间的联系与隔离要在深入分析的基础上恰当处理。由于各类建筑使用性质不同，单一空间大小、形状也不一样。因此，在进行空间组合时要根据它们不同的特点，采取不同的组合方式。

为了研究方便，将一般民用建筑空间组合的基本形式归纳为：走廊式线性组合、单元式组合、主副体组合、穿套式组合、自由灵活分隔与组合等多种方式。其中有些方式虽然老道，但在一般大量性类型建筑中仍然必不可少，即使在最现代的建筑中，也映射着这种或那种组合方式的影子。这些组合方式代表过去，但却给后人铺垫了通向未来的道路。

以上是理论上对建筑空间组合方式的简单划分。在实际工程中，这些组合方式并非互相割裂开，而是根据需要由两种或多种方式并用，如在自由灵活组合构图中，可能包含着局部走廊式、穿套式等，呈现出复杂的组合模式。

3.2.1 走廊式线性空间组合

组成建筑的各使用空间在功能和技术经济上要求保持其独立设置时，各使用空间之间需要与另一个空间：走廊、楼梯、门厅等交通联系空间取得相互联系，而组成一幢构图完整的建筑。这种组合方式为走廊式线型组合。它的构图是线型形式，特点是各使

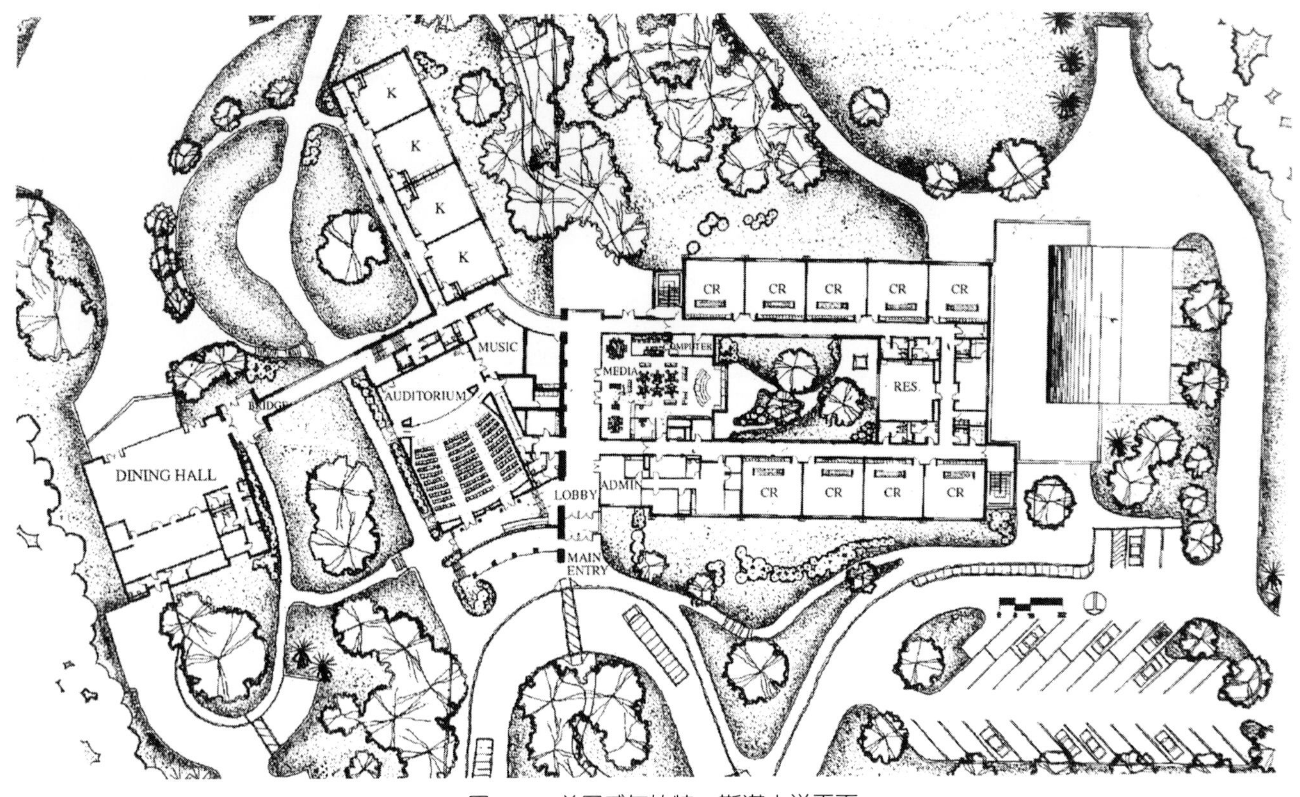

图3–41 美国威尔伯特·斯诺小学平面
(《北美中小学建筑》P26 [美]迈克尔·J·克罗斯比著 卢昀伟等译 大连理工大学出版社)

用空间呈并列关系，各使用空间互不干扰、使用灵活，使用空间和交通空间明确分开，使用空间不受交通空间的干扰，平面布局简单。由于组合体比较“长”，交通枢纽常常是这种组成方式构图的重心，除以形式与尺寸特殊表示其重要性外，也可以其位置强调：位于走廊中央、端部、转角处，或偏移于走廊序列之外。这种方式是办公、学校、旅馆、医院建筑等常常采用的方式，在低层、多层民用建筑中应用十分广泛。例如，一座普通的综合医院，拥有上百间甚至上千间的房间容量，在空间组合时，首先要根据组成情况将其分为几个部分，如门诊部、住院部、供应及管理部等。尽管空间的性质有不少差异，但仍然可以按使用部分、辅助部分及交通部分以走道式线性空间组合布局，功能分区明确、交通联系方便，使用安排合理，朝向通风良好，在建筑艺术上，仍然有不同于其他建筑的特点。

走廊式线性组合平面容易适应场地的条件，一般为直线型，也可以根据地形、环境或使用需要而变化，构成折线或各种曲线形、环形等。

走廊式线型组合，由于不同布置特点，一般还可分为外廊式、内廊式和内外廊混合式等多种组合方法。

1.外廊式线型空间组合

外廊式线型组合是指使用空间沿走廊一侧布置或走廊围绕使用空间布置，有单面外廊，双面外廊、三面外廊或周围廊等多种方式。有窗户封闭的外廊称为暖廊，无窗户封闭、开敞的外廊称为冷廊。外廊式具有良好的通风采光条件，走廊既可起交通作用，又可起采光和遮阳作用，同时是休息和与室外联系的灰空间。底层的外廊能更方便地与室外空间联系，作为室内空间的延续，使室内、外空间融合在一起。

图3–41为美国威尔伯特·斯诺小学，它的大部分建筑都采用外廊式组合。

四川江油市彰明小学是一座5·12地震后异地重建的农村普通完全小学。其教学综合楼建筑布局呈半围合的庭院。北侧一排布置普通教室，3层共18班；南侧一排布置教学辅助用房、教师办公和行政办公；西侧联廊布置卫生间。西侧二层的配楼，一层为图书室，二层为多功能教室，用联廊与主楼联系。结合当地气候条件，全部为外廊式线型组合，通

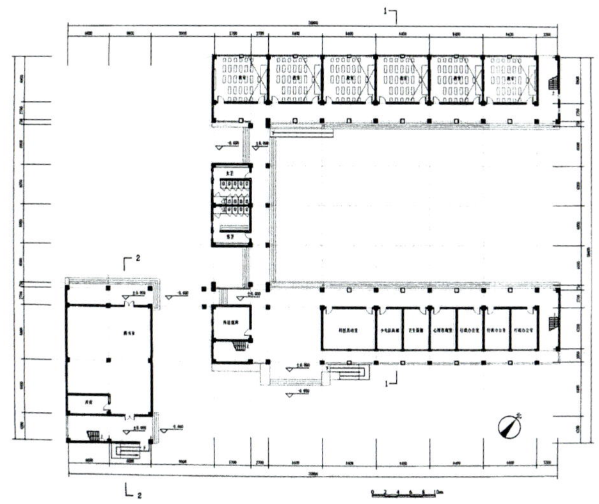

图3-42 四川江油市彰明小学教学综合楼一层平面

（《汶川地震灾后重建学校规划建筑设计参考图集》P8　清华大学建筑设计院设计）

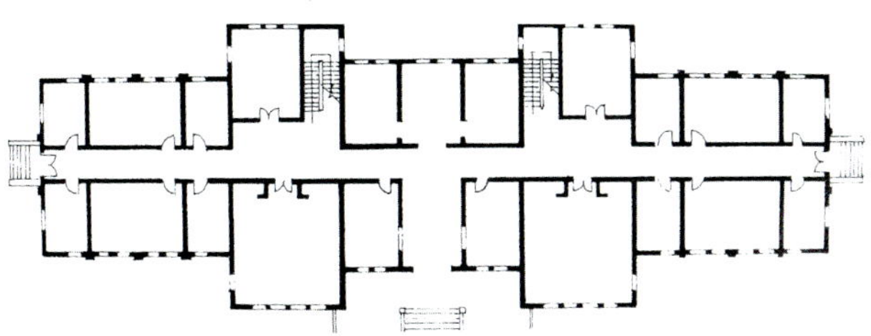

图3-44 某办公楼内廊式线性空间组合一层平面

（《当代中国建筑师——唐璞》P70）

(a)F、G、H楼外观

(b)底层平面

图3-43 葡萄牙波尔图大学建筑学院

（《20世纪世界建筑精品集锦》4卷　P246　V·M·普兰尼亚尼　建筑师A·西萨）

风采光良好，形成具有完整性与归属感的院落式校园空间，为教学，生活创造了便捷、优美、宁静的环境（图3-42）。

葡萄牙波尔图大学建筑学院大楼位于一块三角形的地段上，与原先的新生楼相邻，从大楼可以俯瞰杜罗河。整个建筑可容纳500名学生，由在入口交汇的南北两翼组成。北翼为学院办公室、礼堂、展厅和图书馆，由一条展廊连接数个形式不同、节奏不断变化的体量而成。南翼由四幢建筑组成，布置了设计室和教授办公室。其中部分建筑为内廊式（图3-43）。

2.内廊式线型空间组合

内廊式线型空间组合是指使用空间沿内走道两侧布置的组合方式。它的平面布置紧凑，内部联系距离短，走廊的使用效率高，走廊所占建筑面积相对较少，建筑进深较大，外墙长度较短，有利节能节地。它的缺点是当建筑南北向布置时，有几乎一半使用空间朝向较差。所以，在空间组织上尽可能将主要使用空间布置在朝向或景观较好的一面，将辅助空间和楼梯间等布置在朝向较次的一方。为了避免因走廊过长、光线较暗和单调感，可以将通长的内走廊通过布置过渡空间如楼梯间、过厅等而划分为较短的空间（图3-44）。

在高层建筑中，走廊往往形成围绕核心筒布置的格局，形成双内走廊或环形内走廊的形式，一般缺乏充足的直接通风采光，需要依靠人工照明和通风排烟。另外，双内走廊的平面是在单内走廊的基础上增加内廊，再加大进深，沿两条内廊两侧并列布置使用空间的方式。一般是将主要使用房间布置在外侧，而将辅助使用空间和楼梯间布置在两条内廊之间，布局紧凑，结构合理，适宜于高层建筑或有特殊要求的使用空间（图3-45）。

在苏州怡园还有被称为复廊的建筑形式。复廊位于两部分之间，界墙两面都倚墙建廊，墙上开若干与视线相齐的隽美的漏窗，漏入一幅幅林木、亭台隐现的园林画面，移步换景，变化有致。两面可以互借景色。复廊的形式往往是由于两面都利用界墙的结果（图3-46）。

3.内、外廊混合式线型空间组合

内、外廊混合式线性空间组合是将内廊和外廊组合方式结合起来布置的方式。即部分使用空间沿

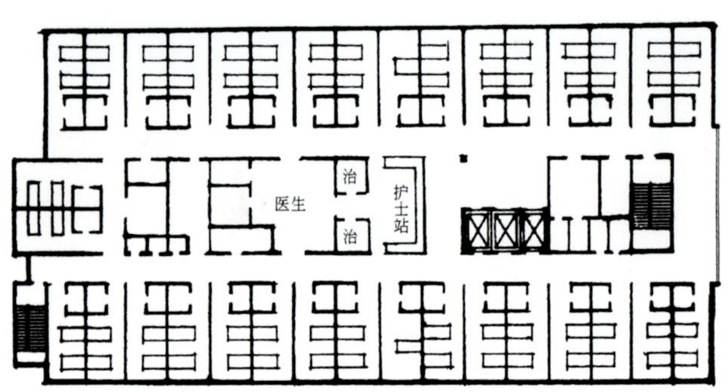

图 3-45 美国洛杉矶圣十字医院的双廊式条形单元平面
（《现代医院建筑设计》P153 罗运湖）

图 3-46 苏州怡园的复廊
（《中国美术全集》建筑艺术编 3 园林建筑 P134 潘谷西）

着走廊的两侧布置，部分使用空间沿走廊的一侧布置。它较外廊式缩短过道长度，较内廊式有利于改善使用空间的通风采光条件，组合灵活，是常见的空间组合方式之一。

位于美国某州的一个小学校建筑面积 9290m^2，专门提供幼儿园到 5 年级的课程，550 学生，校舍是一个既有外廊又有内廊的建筑。学校与周围环境和谐一致（图 3-47）。

3.2.2 单元式空间组合

在建筑设计中，将性质相近、关系紧密的使用空间组成相对独立的一个整体，或者一个标准段，称为单元。也可按建筑空间的性质将建筑组成部分划分为主要单元和辅助单元。如果说走廊式线性空间组合主要是通过水平交通空间走廊来连接各使用空间的话，单元式空间组合则主要是通过垂直交通联系空间，或通过辅助单元将各部分空间组合起来。这种方式平面组合紧凑，能适应地形条件灵活布置。

在住宅建筑中，单元式空间组合应用十分广泛。单元之间一般没有功能联系，相对独立，互不干扰，易于保持单元的安静，可以一个单元形成一幢建筑，也可将数个大小形式相同或不相同的单元组合成各种平面布局的一幢建筑。独立型单元式住宅或称点式住宅，采光景观面多，与板式单元住宅不同，建筑占地小，便于因地制宜地在小块零星地上兴建，或多

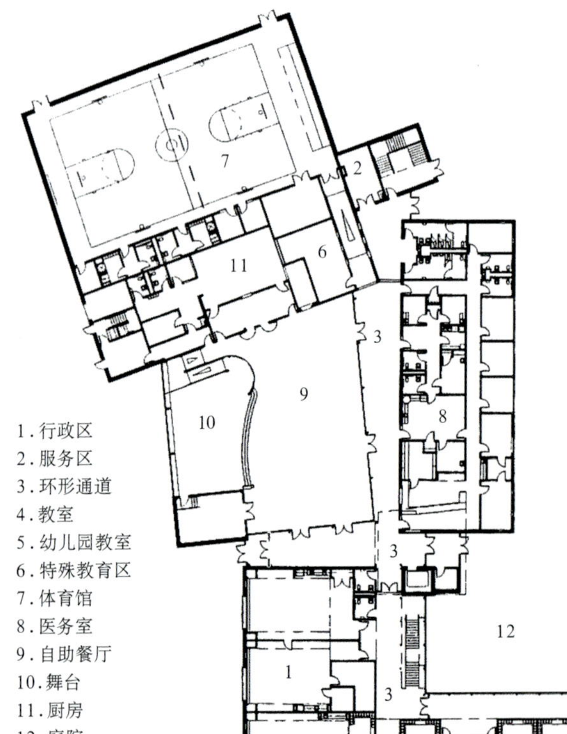

图 3-47 美国某州伍德洛·威尔逊小学校一层平面
（《北美中小学建筑》P19 ［美］迈克尔·J·克罗斯比著 卢昀伟等译 大连理工大学出版社）

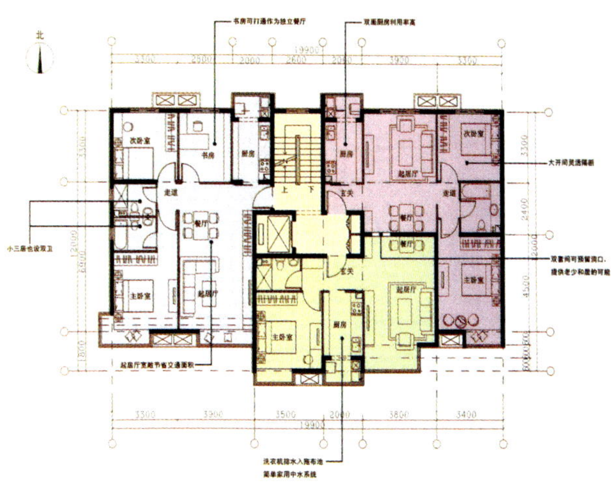

图3-48 某住宅标准层单元平面
（《建筑学报》2007 04 P7 赵冠谦）

(a)外景

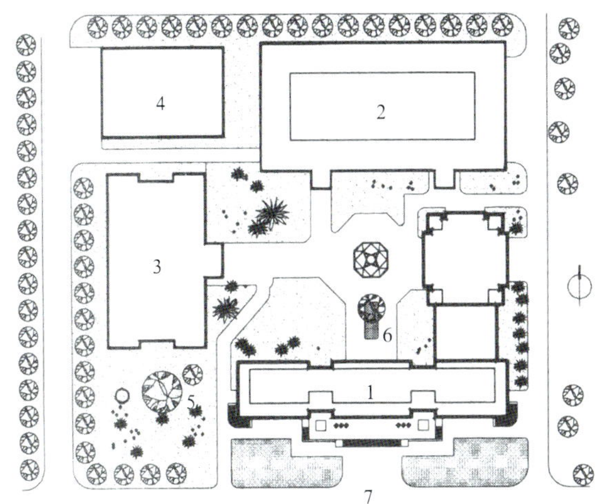

1.逸夫图书馆 2.8号教学楼 3.9号教学楼 4.计算中心 5.保留大榕古树 6.保留木棉古树 7.湖滨路

(b)总平面

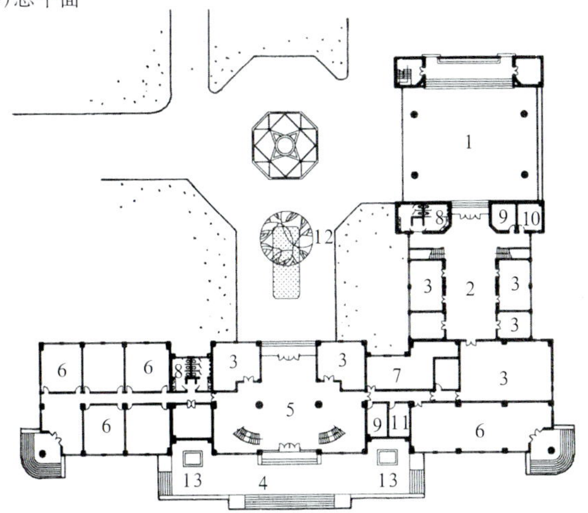

1.架空廊 2.会议群中庭 3.会议室 4.入口平台 5.门厅 6.研究室 7.空调机房 8.厕所 9.值班 10.库房 11.配电 12.木棉古树 13.雕塑

(c)首层平面

图3-49 广州华南理工大学逸夫科学楼
（《建筑学报》1995 10 P5 何镜堂）

单元组合与板式建筑相配合，以活跃建筑群的布局。单元式空间组合除了广泛应用于住宅建筑外，在学校、医院等类型建筑中，也不乏采用这种设计方法（图3-48）。

华南理工大学逸夫科学馆在规划上服从总体布局的要求，采用单元组合式布局。建筑为L形平面，使教学、科研部分与学术交流部分既能相对独立，又方便相互联系。其中教学科研部分是大楼的主体，沿湖滨路南北向布置，有利于师生使用和采光通风。而学术交流中心部分朝东布置，自成一局，比较安静，既减少对会议的干扰，也有利于汽车的停靠。在体量、高度和开窗形式上变化，使建筑体形高低错落、体量分散、化整为零。在高度上从第五层起四面后退，既丰富建筑的层次、减少体量，又避免对湖滨路的压迫感（图3-49）。

英国东英吉利亚大学康斯特布尔学生宿舍容纳近400名学生，是英国规模最大的低能耗宿舍之一，总建筑面积9100m^2。该宿舍楼基本上是英国传统联排住宅的现代宿舍版。每栋居住单元彼此相连，每单元有自己的入口，公共的厨房；餐厅和起居室布置在首层，由本单元的10名学生共用；每位学生拥有自己的标准间，（包括自习型卧室和卫生间），通过共同的楼梯连接分布在1～3层宿舍；第4层为共用走廊的公寓式宿舍。该宿舍在环境设计方面是超低能耗，造价在普通型范围。具有高质量校园建筑和高品质教育互动的传统（图3-50、图1-39）。

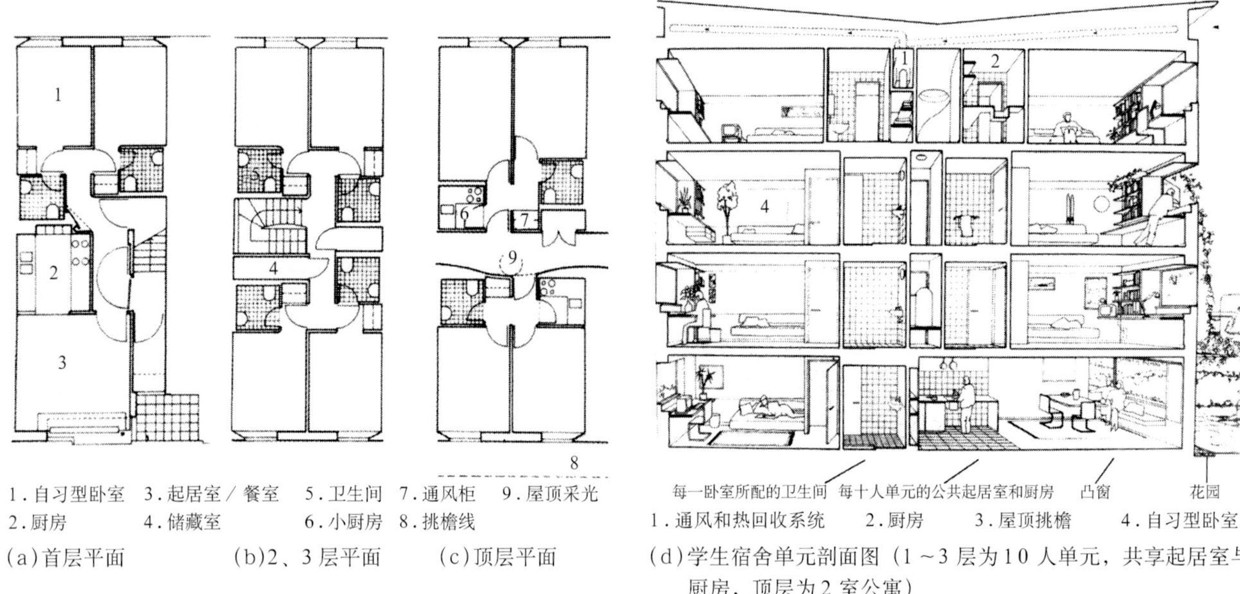

1．自习型卧室　3．起居室／餐室　5．卫生间　7．通风柜　9．屋顶采光
2．厨房　4．储藏室　6．小厨房　8．挑檐线

(a)首层平面　(b)2、3层平面　(c)顶层平面

1．通风和热回收系统　2．厨房　3．屋顶挑檐　4．自习型卧室

(d)学生宿舍单元剖面图（1～3层为10人单元，共享起居室与厨房，顶层为2室公寓）

图3-50　英国东英吉利亚大学康斯特布尔学生宿舍　（《世界建筑》2003 10 P78 郝林）

3.2.3　集中式空间组合

集中式空间组合，一种是通过广厅——一种专供人流集散和交通使用的空间把各使用空间连接成一体，各使用空间成辐射状态与广厅直接连通，使广厅成为人流集散的中心和交通联系枢纽。广厅根据建筑规模大小，可以是一个或一主几次。集中式空间组合的另一种是将建筑空间区分为主体空间和副体空间，以一个或几个主体空间为主导或组合中心，其他若干次要空间或副空间在其周围聚集、靠拢，围绕或穿插于主体空间周边或竖向，使之构成一个完整的建筑空间整体。这里的主导或称主体空间一般以大跨度、大体量为其特征，如穹顶中央大厅、共享空间等，可以置于建筑的中心，也可以布置在建筑的边缘，其他空间在不同方向进行集聚，具有空间紧凑、集中、有利于增强主体大空间的表现力的优点。而由数个主体空间组成的建筑，同样可在四周或其相间部位布置其他共用或分别使用的空间和交通空间，形成大体量群聚式组合。这种组合一般是稳定的向心式构图，作为主导的空间，在空间形式上相当突出。火车站、航空站、影剧院、体育馆、商店等现代建筑不乏采用这种空间组合方式。

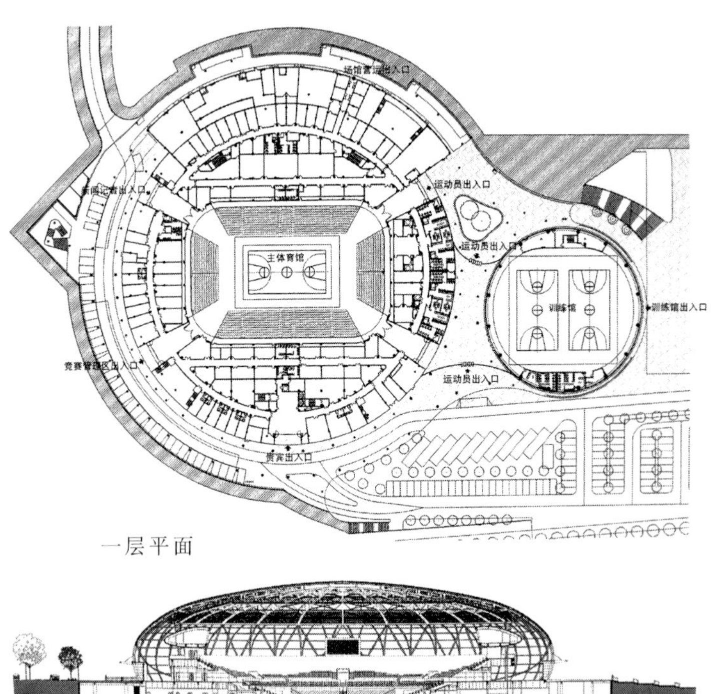

一层平面

剖面

图3-51　广州花都区亚运新体育馆

（《建筑学报》2009　02　P27　广东省建筑设计院）

这种组合方式用于体育馆建筑时，在大空间内周围一个边或多个边设看台，其他使用空间与交通空间围绕大空间看台下和周围布置，特别是利用观众席起坡下部空间布置为比赛服务的用房，如门厅、运动员用房、设备用房、商业服务用房等；平面紧凑，能充分利用空间；主体大空间外部造型能得到充分展示。同时注意体育建筑应具有的在一定时间内集散大量人流的特性，将观众与运动员等出入口分开布置，保证人流安全疏散，并解决好视线与音响问题（图3-51）。

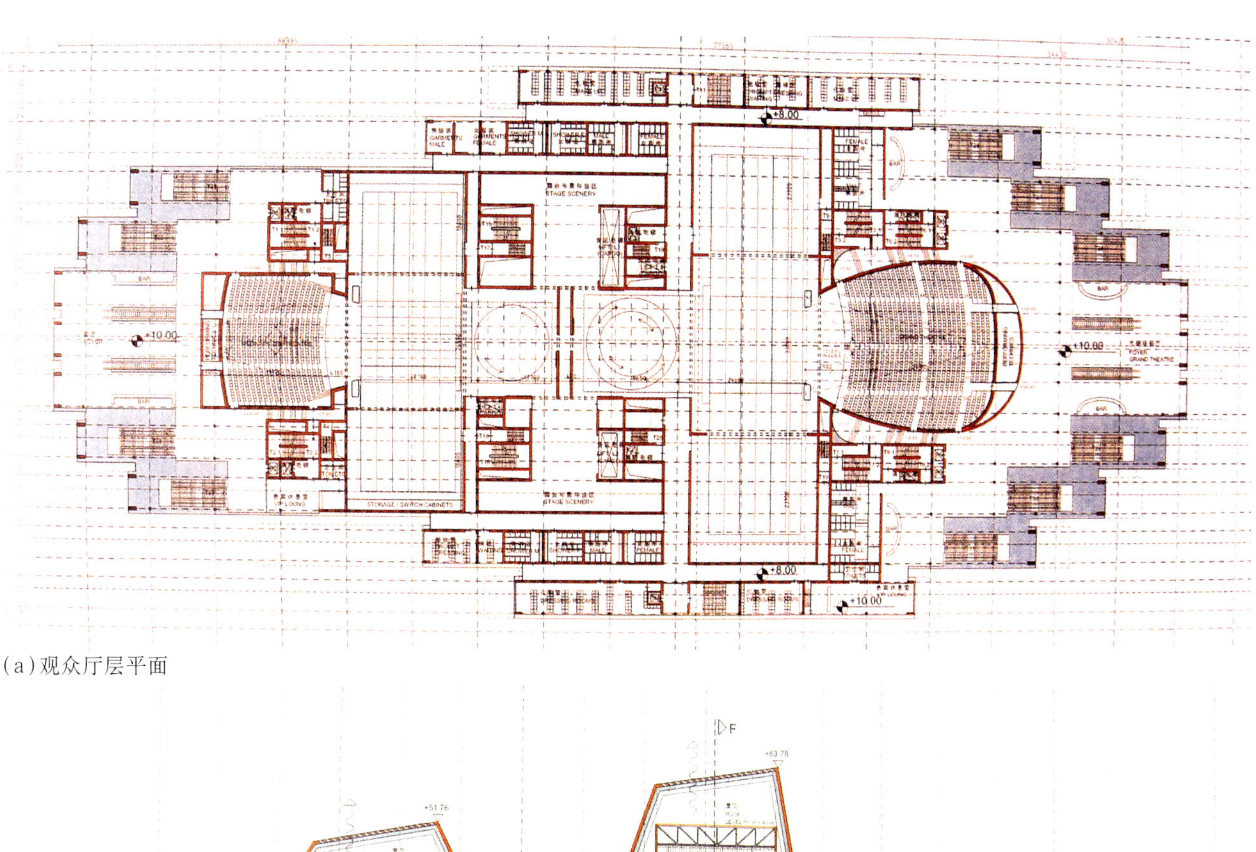

(a)观众厅层平面

(b)剖面

图3-52　重庆大剧院　（雷尊宇提供　设计　冯·格康·玛格及合伙人建筑师事务所，华东建筑设计院）

在剧院、会堂等建筑中，处理好观众厅、舞台及休息厅与相应的服务设施的关系是空间组合的核心问题。剧院和会堂建筑的观众厅和舞台是主体空间，一般采取将观众休息部分、门厅、化妆室等围绕观众厅和舞台布置的方式。有的剧院将大空间布置在二层以上，而将休息厅、设备用房或其他商业设施布置在底层，形成大空间四周及下部布置其他空间的格局。

建筑面积近10万m^2的重庆大剧院，它包括一个1800座席的歌舞剧场和一个900座席的戏剧场，共两个主要剧场空间，而休息厅、共用的后台化妆和其他用房等布置在周围或竖向，组合紧凑，具有优良的使用功能（图3-52）。

北京钓鱼台国宾馆芳菲苑具有复杂而特殊的功能，它包括1000人同时使用的大宴会厅及配套厨房，容500名观众可供小型歌舞剧演出的高规格多功能厅，200m^2的大型接待厅，2000m^2的国事谈判厅、会客厅、超豪华客房，中餐厅，西餐厅等。此外进厅、四季厅、休息厅的面积也很大，以满足集散、等候、交流等。设计通过两条相互垂直的轴线及一个内院构筑功能结构骨架。各功能用房围绕骨架布置。而轴线骨架形成公共空间，成为集散的交流场所，保证了繁复功能用房之间独立性、畅通性及使用者之间的交流性及服务的条理性（图3-53）。

(a)鸟瞰

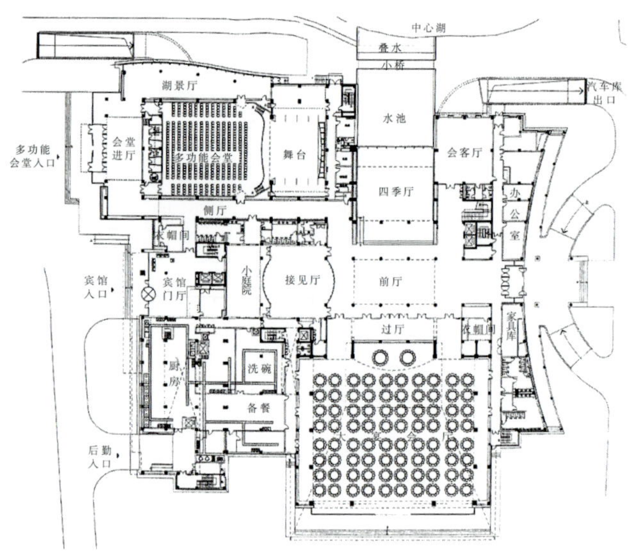

(b)首层平面

图3-53　北京钓鱼台国宾馆芳菲苑　(《建筑学报》2003 02 P37、38 曾群)

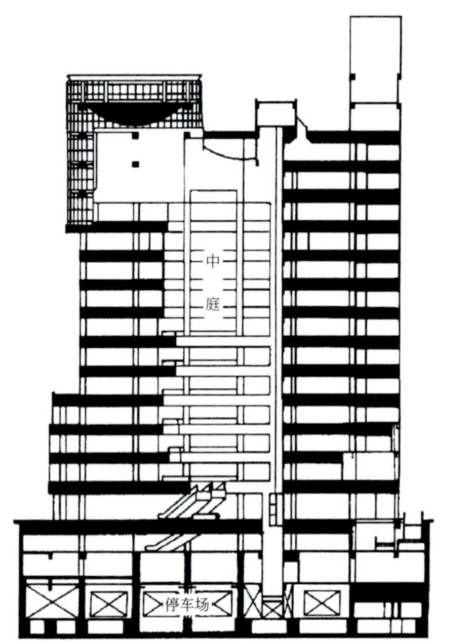

(a)剖面图

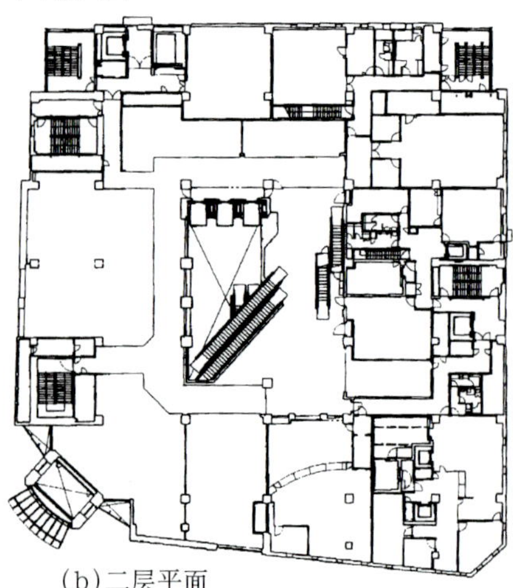

(b)二层平面

图3-54 日本八王子东急广场

(《现代商业建筑设计》P92　王晓　闫春林)

商业建筑采用集中式空间组合有不同的特点。通常由若干层营业厅构成的商业建筑的主体是最主要的使用空间，在该类型建筑中占有绝对的优势。由于其内部空间开敞，使用灵活，可形成由多层大厅重叠或贯穿多层的大厅组成体量的建筑。楼梯、电梯等交通联系空间及仓库、办公、生活服务设施等附属建筑穿插布置。如日本八王子东急广场中心就是这种组合方式。它有一个贯通的中庭，其他的服务的部分都围绕这个中庭布置。中庭就形成了一个主导空间(图3-54)。

3.2.4　穿套式空间组合

穿套式空间组合的特点是把交通空间寓于使用空间之内，使用空间同时是交通空间。使用空间有功能上的连续性，并相互串通，直接相连，具有连贯性强，交通面积小的优点，又称为连续性空间组合。

穿套式空间组合方式应用甚广，特别是使用有连贯程序要求的博物馆、陈列馆、美术馆等博览类建筑和某些交通建筑采用较多。根据穿套方式的不同特点，穿套式空间组合还可分为串联穿套、放射穿套、自由分隔等多种形式。

3.2.4.1　串联式穿套

串联式穿套为常见的一种组合形式——主要使用空间按一定使用程序彼此首尾相连，各使用空间关系紧密，并具有明确的程序和连续性，从而构成一个整体。这种形式具有人流路线紧凑，方向单一，程

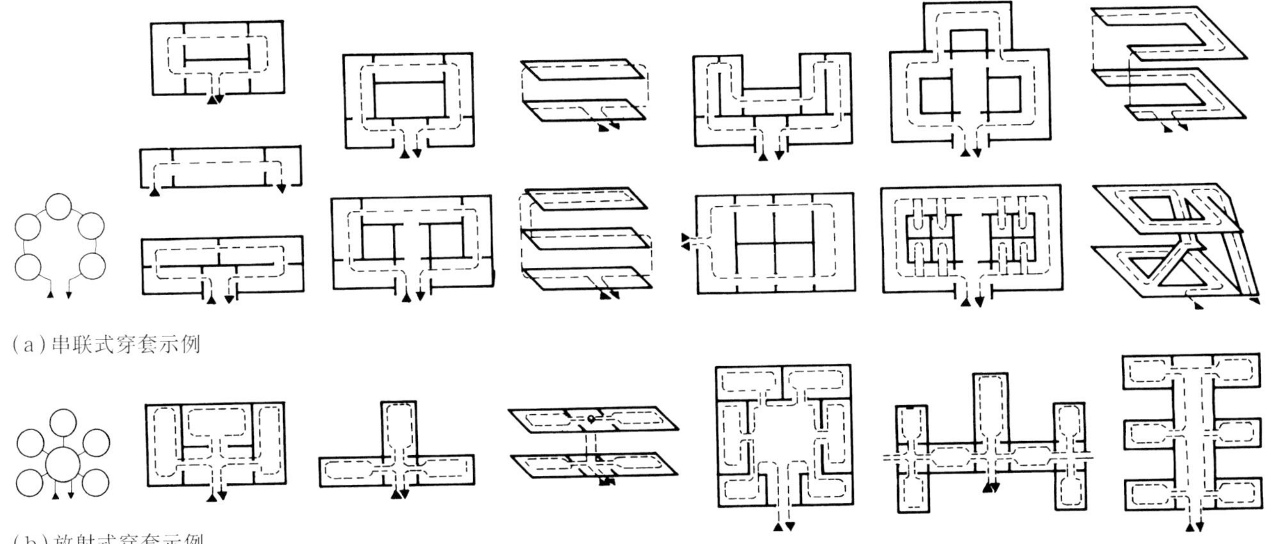

图3-55 串联式穿套与放射式穿套示例 （《建筑设计资料集》第二版 4 P116 华东建筑设计院 唐林等）

序明确，参观者流程不逆行，不重复、不交叉等优点。在博览建筑中，观众可以按照一定的参观路线通过各个展厅。在串联穿套的空间系列中，有时某一个空间特别重要，可以将其布置在开始、结尾或中部，既满足功能要求，又富有空间变化。当然一个大、中型博览建筑在应用这种方式时，也可以适当划分，以克服其房间连续性布置而不便分别开放某些展厅，缺乏灵活性的缺点。串联式除平面呈线型外，还可沿垂直方向构成塔式形体。线型可根据场地条件布置成直线式、折线式或弧线式（图3-55a）。

3.2.4.2 放射式穿套

放射式穿套是由中央主导空间向外呈辐射状伸展的组合方式，形成自核心向四周辐射和由四周向中心辐合的群体空间秩序。一般以一个专供交通联系和人流疏散的空间——交通枢纽为中心，将使用空间呈放射状布置，枢纽空间起组织和分配人流作用，并把各个使用空间连成一体。它与串联穿套不同的是每个使用空间相对独立，形式可以相同或不同，联系路线简单紧凑，各个使用空间既能连贯又能灵活单独使用。它的缺点是枢纽空间的人流路线不及串联穿套明确，各使用空间为袋形人流路线，易产生阻塞不畅现象。因此，设计时对枢纽空间的大小及流线组织尤应重视。在大、中型建筑中，可视其规模大小有一个或几个交通中枢。这种组合方式不仅适用于博物馆、展览馆，而且在图书馆等建筑中也有使用（图3-55b）。在一个建筑中，串联穿套和放射穿套也可以同时应用，使其同时兼备两者的优点。某陈列馆将中心枢纽处理成一个庭院。这个庭院是比较规则的矩形，而将陈列室簇集在中央庭院周围。庭院周围的陈列室之间有的又相互串联。参观者穿过门厅到中央庭院，再从这里进入围绕在院子三面的陈列室。路线安排是参观者在每参观完两个陈列室之后，都要回到中央庭院，然后再进入其他陈列室。中央庭院起着组织和分配人流的作用，同时参观者在参观过程中通过环境变换以获得休息调整（图3-56）。

3.2.4.3 自由灵活分隔或组合

自由灵活分隔或组合方式打破了传统建筑空间组合的机械约束概念，或者是把若干个独立的空间

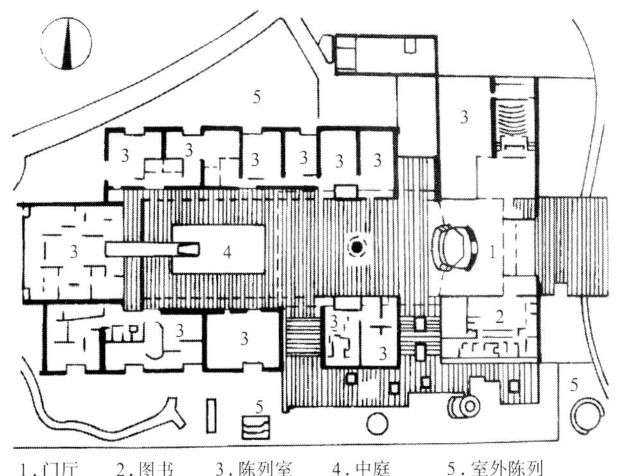

图3-56 墨西哥人类学博物馆首层平面示意
（《博览建筑设计手册》P283 余卓群）

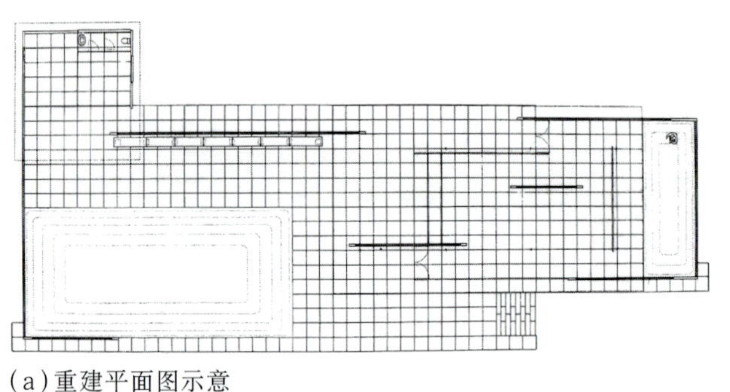

(a)重建平面图示意

(b)外观

图3-57 西班牙巴塞罗那博览会德国馆

(《20世纪世界建筑精品集锦》4卷 P58-59 V·M·普兰尼亚尼 建筑师密斯·凡·德·罗)

通过某种方式或媒介连接在一起而形成整体，或者把一个大空间分隔成若干个部分。这些部分虽然有所区分，但又互相穿插贯通。它无一定的几何规律可循，但并非杂乱无章。实际上，它或依功能关系、交通流线联系各个组成部分，或依环境特点构成既富于空间变化又不失整体感的有机空间群体。有的有轴线骨架，有的几乎没有轴线、方格系统和规则柱轴间隔。这种组合方式为创造高度灵活、复杂艺术空间形式开辟了可能性，一般在功能复杂而密度较低的公共建筑或地形变化较大的建筑中被采用。

提到自由灵活分隔就要提到巴塞罗那博览会德国馆。1928～1929年建于西班牙巴塞罗那的巴塞罗那展览会德国馆，是密斯·凡·德·罗流动空间概念的代表作之一。建成后只有三个月就随着博览会的闭幕而被拆除，1986年重建。德国馆建在一个高约1.2m的石砌平台上，全长约40m，最宽边为18.3m，是一个无明确用途的纯标志性建筑，主要为了反应德国的现代精神。它是由一个主厅和两个开间附属用房组成，两个部分平面相对独立，两者之间由一条纵向的大理石墙面联系成整体。在入口前的平台上有一个大水池，虽然整个建筑面积很小，但是平面布置自由活泼。其空间组织是用几片纵横交错的墙面把空间分隔成为几个部分，但几部分空间之间又相互贯通，隔而不断，融为一体，彼此之间根本不存在一条明确的界限。与闪闪发亮的镀铬支柱相得益彰的是展览馆内的墙板，它们不起承重作用，只是将展览馆分隔成不同的空间。墙板或由带有精美纹理的大理石制成，或由细纹理的通高玻璃构成。玻璃的颜色和质地在苹果绿透明玻璃、乳白色不透明玻璃和鼠灰色镜面玻璃之间交相辉映。在玻璃墙板和天鹅绒幕布之间，一块黑色的羊毛地毯勾勒出展览空间中心的位置，它那极具魅力的不对称性使人过目难忘。密斯行云流水般地在建筑内实现了自由导向、空间流通以及室内外空间的丰富变换……这种组织空间的形式在现代建筑中应用甚广（图3-57）。

1977年落成的法国巴黎的蓬皮杜艺术和文化中心是为纪念戴高乐总统而修建的。由意大利建筑师皮阿诺和英国建筑师罗杰斯合作的方案中选。建筑空间设计的彻底灵活性是它的设计出发点——建筑在此只是一个灵活的容器，它摆脱了任何建筑形式的限制。它不是一座传统的、静止不变的建筑，而是为活动的人们提供了一个框架。在其中，人们可以按自己的愿望改变空间，它简直像一个超级工具箱，主要的5个楼层每层的尺寸达170m × 48m，全部是可供任何活动使用的开敞空间。结构、交通和设备管道全部位于建筑的外侧，构成了立面上的组成部分。古典式的立面不复存在，取而代之的是表现内部活动的透明外壳，使建筑内部的生活真正地公共化。这一设计表现了20世纪60年代的技术理想主义。随着工程的进展，设计本身不得不面对现实，进行大规模的改动，如增加防火隔墙、固定的层高及房间的分隔等（图3-58）。

德国柏林犹太人博物馆是解构主义的一项力作。建筑的“之”字形平面和纵贯其中的直线形“虚空”片断的对话，形成了这座博物馆的主要特色。线性要素的倾斜、穿插与冲突手段的大量运用，产生了很好

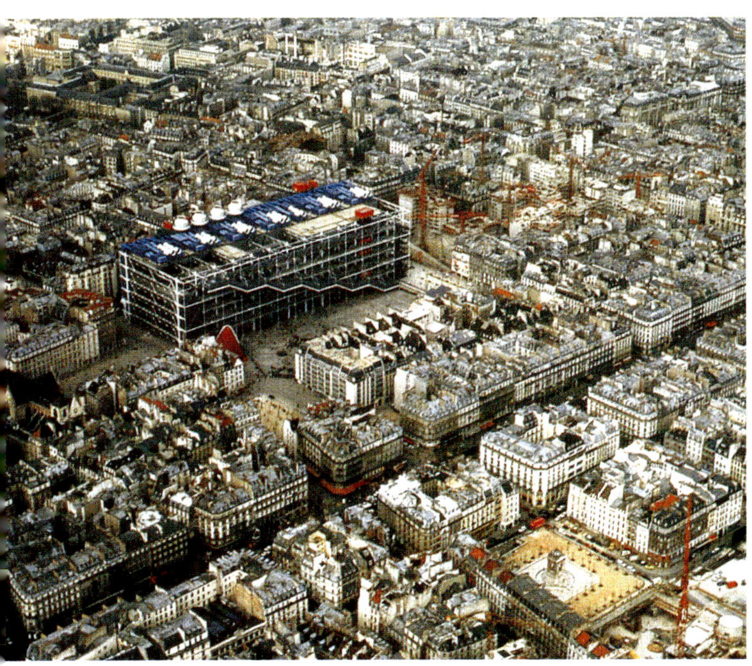
(a)全区鸟瞰

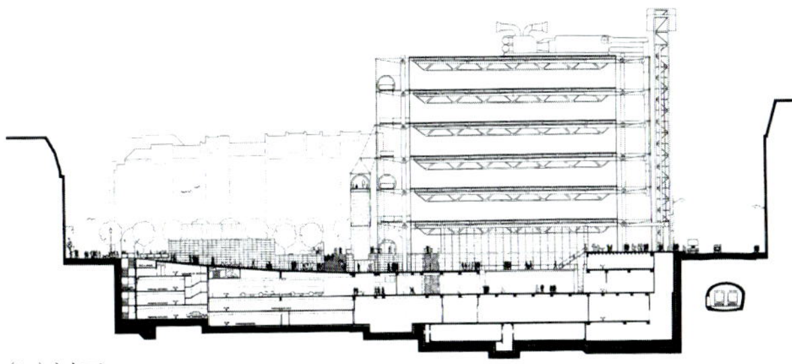
(b)剖面

(c)室内

图3-58 法国巴黎蓬皮杜艺术与文化中心
(《20世纪世界建筑精品集锦》4卷　P192-195　V·M·普兰尼亚尼　建筑师R·皮亚诺与R·罗杰斯)

的空间与视觉效果。柏林犹太人博物馆更是一种哲学的表达,设计者试图通过过去、现在和未来的精神与意义，而不是有形的物体来唤醒和融合犹太人与柏林的历史（图3-59）。

芬兰波莱尼镇的文化中心建在一座公园侧面的边缘上,从主要大街到湖边的景色在这里一览无余。这座文化中心的建筑采取了直线构型，里面包括图书馆、艺术陈列馆、表演厅和餐厅。这座建筑在总体上是这样布置的：在大门的一侧是一面不加修饰的直墙，上面开有通往庭院的大门，靠公园一侧的墙则略呈柔和的曲线形，把来访者的注意力巧妙地引向了公园和湖。在图书馆一角上的圆形塔楼是专供儿童使用的，建筑师们参照历史小说中的场景在这里创造出了一种举行公众读书会的文化氛围（图3-60）。

荷兰阿尔默洛市公共图书馆，这个新的公共图书馆位于荷兰东部小城阿尔默洛市的中心。设计方案将各个部分——包括一个信息中心、一个阅读咖啡厅、一个当地电台的工作室以及阅览室和书库——组合在一个空间、体形和选材都很复杂的建筑里。这个复合体不仅能完全满足业主的使用要求,也能对周围的环境做出恰如其分的呼应。复合体有两块主要体量,它们内部的楼板标高相错半层,中间由一个狭长的天井分开。天井里架着连接两边楼板的楼梯,从楼梯上可以看到整个图书馆的室内。不同空间的个性,通过书架摆放的位置、装饰材料的质地与颜色得到加强（图3-61）。

图3-59 德国柏林犹太人博物馆鸟瞰
(《20世纪世界建筑精品集锦》3卷　P238　W·王、H·库索利茨赫　建筑师D·贝利斯金德)

芬兰赫尔辛基总统官邸建于20世纪90年代，虽然对它的设计详情还不了解,但它自由舒展的平面构图，展示了它的特性。它没有轴线，似乎无一定规矩可寻,却展示了一种全新的美的组成空间(图3-62)。

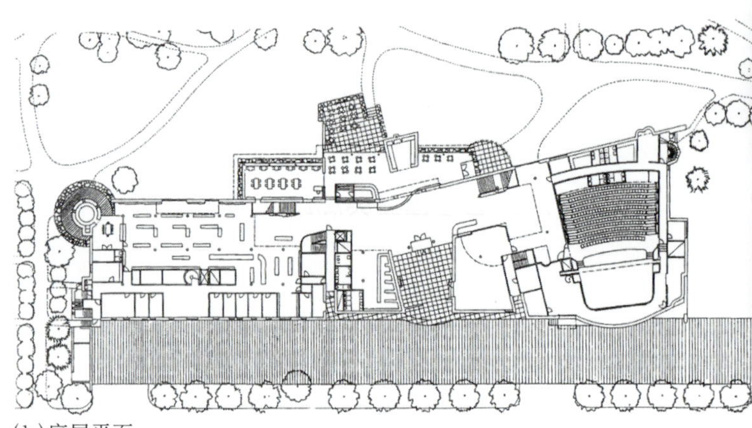

(a)从公园看外观

(b)底层平面

图3-60 芬兰皮耶克赛迈基波莱尼文化中心

(《20世纪世界建筑精品集锦》3卷 P20-21 W·王、H·库索利茨赫 建筑师K·古利克森等)

首层平面

二层平面

三层平面

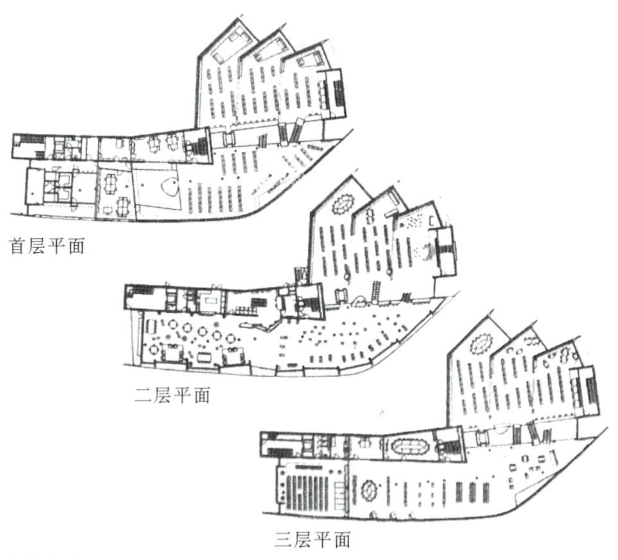

(a)平面

(b)外观

图3-61 荷兰阿尔默洛市公共图书馆 (《世界建筑》2001 05 P32-33 [荷]梅卡诺 设计 R·H·施里夫，T·兰姆、A·L·哈蒙)

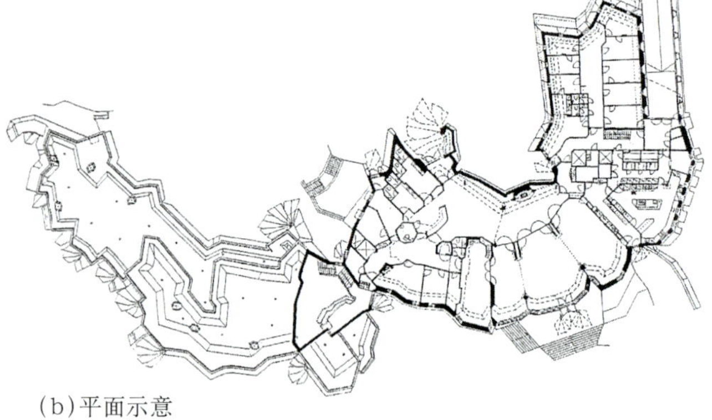

(b)平面示意

(a)外观

图3-62 芬兰赫尔辛基总统宫邸

(《世界建筑》1997 04 P30 玛丽亚—罗塔·诺里，董卫英译中)

3.2.5 高层建筑空间组合

现代意义上的高层建筑自出现以来已有100多年的历史，随着经济的发展、技术的进步和人们观念的改变，高层建筑在20世纪末又迎来了新一轮的建设热潮。在我国其发展尤其迅猛，出现了大量的高层住宅、写字楼和宾馆。近10～20年，高层建筑在造型、形式上不断翻新、高度记录一再被打破的同时，其空间构成模式和设计理念都发生了很大的变化。高层建筑与低、多层建筑之间的最大区别，就在于高层建筑的交通组织是以垂直交通系统为主，而低层建筑是以水平交通系统为主。早期的高层建筑底部空间的变化多直接面对街道，从街道进入门厅，由门厅进入电梯厅，乘坐电梯至各楼层，这是高层建筑中最为普遍的空间流线组织方式。20世纪70年代以后，高层建筑的底部空间设计已从考虑建筑与周围环境之间的关系，发展到进行整体的城市空间设计。其交通组织和公共活动领域的创造也日趋立体化、开放化。高层建筑的设计开始重视底部空间与城市环境的关系，为了解决人流集散和城市交通与建筑内部交通衔接的问题，现在的高层建筑常常采用出入口立体化组织交通流线的方法。通过首层、地下层和地上的架空廊道与不同层面的城市交通网络相连接，以达到通畅、便捷和步行、车行的互不干扰。在结构体系方面，低、多层建筑主要考虑垂直的受力系统，而高层建筑除考虑垂直受力外，更重要的是考虑水平的风力和地震力的影响。所以，高层建筑要具备一定抵抗水平推力的刚度。高层建筑常常有一个垂直交通和设备管道集中在一起的、在结构体系中又起着重要作用的“核”。这个“核”恰恰在形态构成上举足轻重，决定着高层建筑的空间组合模式。高层建筑的空间组合方式一般可以归纳为内核式与外核式两类。

1.内核式空间组合

19世纪末，在高层建筑的建设刚刚开始的时候，由于人们对结构体系认识的局限（当时最先进的结构体系是钢框架结构），设备经验的不足以及建筑功能需求的单一等客观原因，使得早期的高层建筑并没有形成“核”的概念。垂直交通、设备空间和结构体系均按各自的具体要求分别布置，带有明显的随意性和分散性。

进入20世纪后，随着高层建筑建设的发展、高度的增加和技术的进步，在高层建筑设计过程中，逐渐演化出了“内核”空间组合模式，特别是中央核心筒式的“内核”空间组合。这样的组合方式不仅缩短了水平交通的距离，使空间组合达到主次分明的效果。在建筑处理上，为了争取尽量宽敞的使用空间，将电梯、楼梯、卫生间以及设备用房等服务用房及设备管道向平面的中央集中，使主要功能空间占据外围最佳的采光位置，交通便捷，并有良好的视野景观。在结构方面，随着建筑高度的增加和筒体结构概念的出现，也希望能有一个刚度更强的筒来承受剪力和抗扭，而这些恰好与建筑师的要求不谋而合。在建筑的中央部分，有意识地利用那些功能较为固定的服务用房的围护结构形成中央核心筒。而筒体处于几何位置中心，使建筑的质量重心、刚度中心和形体核心三心重合，更加有利于结构受力、抗震与建筑的布置。

这种“内核”式空间组合模式经过长期的实践检验，以其结构合理、使用方便和造价相对低廉的优势，很快便成为高层建筑中最为流行的空间组合形式。尽管“内核”式空间组合的“核”的周围房间需要人工采光和机械通风，总会多少给人带来不适感，但是直到20世纪80年代以前，“内核”式的组合形式一直占据着主导地位。“内核”式的组合形式及其变种不仅在数量上占有绝对优势，而且大多数著名的高层建筑都采用这种形式。如美国纽约的“帝国大厦”（20世纪30年代，高381m，图3-63），“西格

图3-63 美国纽约帝国大厦外景

(《世界不朽建筑大图典》P356 陕西师范大学出版社)

(a)外观

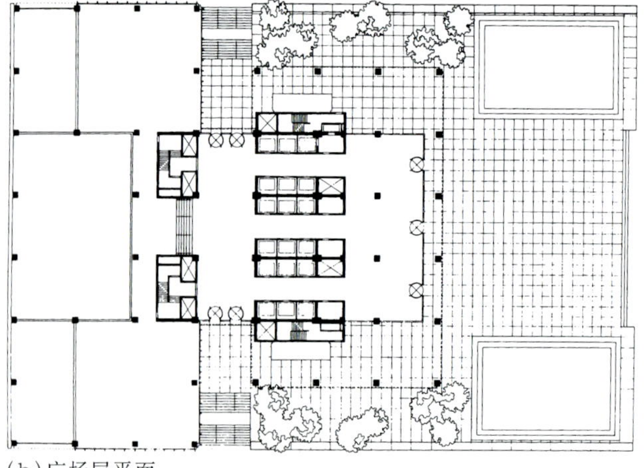

(b)广场层平面

图3-64 美国纽约西格拉姆大厦

(《20世纪世界建筑精品集锦》1卷 P134 R·英格索尔 建筑师路德维希·密斯·凡·德·罗以及P·约翰逊，卡恩和雅各布斯联合事务所)

拉姆大厦”(20世纪50年代，高38层，图3-64)，芝加哥的“汉考克大厦”(1970年，高337m，图3-18)和纽约的“世界贸易中心”(1973年，高411.5m，图4-27)。就是后来世界上最高的几座高层建筑，如马来西亚的联体高层建筑“石油大厦”(1998年)，以及我国一些高层民用建筑，也仍然采用这种“内核”式的空间组合模式。

1998年建成的上海金茂大厦，高420.5m，地上88层，地下3层，建筑面积289500m^2，功能为集办公、旅馆、展览、餐饮、商场为一体的综合大厦。塔楼平面基本呈正方形，第3层至50层为写字间，层高4m，外围尺寸为52.7m × 52.7m，核心筒轴线尺寸为27m × 27m。写字间标准层最大楼层建筑面积约2700m^2，其中核心筒建筑面积约700m^2。53～87层为酒店。酒店内的中厅自54层空中大堂直通楼顶，蔚为壮观。88层为瞭望观光厅。大厦结构为框架—核心筒体系，中央为八角形钢筋混凝土核心筒，周边外加8根型钢混凝土复合巨型柱，底部截面为1.5m × 5m，混凝土强度为C60，柱中配两个H形焊接型钢。塔身从下至上分成12段缩进，每个楼层段缩进0.75m，每个楼层段的高度则不等。建筑设计力图将

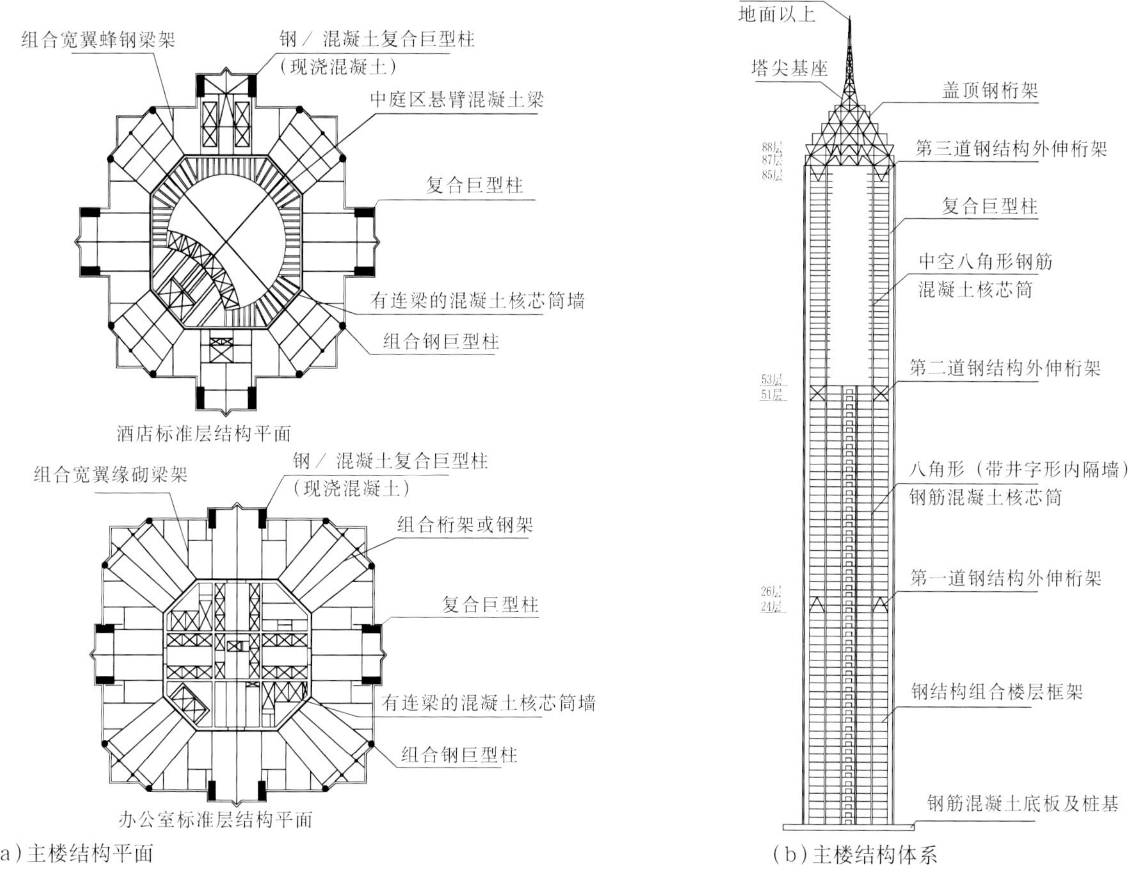

图3-65 上海金茂大厦 (《建筑结构》P311 王心田 同济大学出版社)

中国传统"塔"的造型手法与先进建筑技术融为一体(图3-65)。

2.外核式空间组合

随着时代的发展、技术的进步，人们对建筑需求的变化和设计侧重点的不同，"内核"式为主流的高层建筑空间组合模式开始发生了变革。

第一次变革主要还是出于造型上的需求和建筑设计理念的变化，如20世纪70年代前后出现的"双核"组合模式。双侧外核的布局，不仅有利于避难疏散，而且也使高层建筑的外观造型产生了巨大的变化。贝聿铭设计的新加坡"华侨银行中心"(图3-66)等就是当年风行一时的双侧外核组合设计手法的代表。

第二次变革提出革命性建议的是设备专业。他们认为，随着建筑设备的日益增多和越来越复杂，如果把设备用房和管道井从"内核"中分离出来，可能会有利于管理和维修。而20世纪80年代以后，智能化建筑的普及和电信设施的不断增加，导致了在高层建筑中大量应用计算机和电信通信设备，甚至许多建筑在竣工之后，仍然频繁地改造布线系统和增添新设备。智能化办公楼中的光缆与电脑网络管道井、配线箱以及中继装置等，有些建筑每层都必须设置三处以上才算合理。这样，建筑上为了满足机电设备经常变动的需要，便开始了将"核"分散化，分置多处设备用房和管道井，以便局部更改。

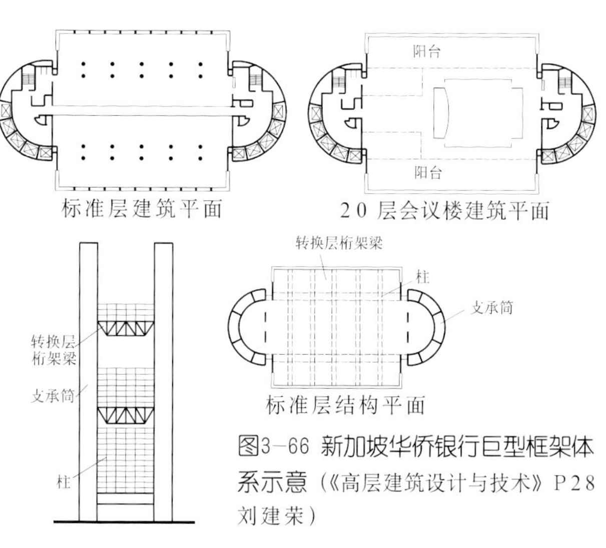

图3-66 新加坡华侨银行巨型框架体系示意 (《高层建筑设计与技术》P28 刘建荣)

(a)外观

(b)巨型框架体系示意

图3-67 日本东京都市政厅 (《高层建筑设计与技术》P45 刘建荣)

对于结构专业来说，加强建筑周边的刚度也会有效地抵抗地震对高层建筑的破坏。同时，这种分散的多个外核的空间组合模式也正好适用于新兴的巨型框架结构，使这种结构体系中的巨型支撑柱具有了功能。其最典型的实例就是丹下健三设计的日本“东京都新都厅”，1991年，地上48层，高243m，采用钢结构巨型框架体系。整个结构是由8根巨型柱与6层巨型梁组成的多跨巨型框架（图3-67）。

而从建筑设计的角度来看，核的移动、垂直交通、服务性房间和管道井分散到建筑的周边，对于高层建筑的空间组合模式和立面造型上的变化也是极具革命性的。它不但适应了其他专业的需求，而且容易争取自然通风和采光，易于组织垂直交通，还有利于避难疏散，创造更大的使用空间和使高层建筑的底部获得解放，或者将底层架空。许多高层建筑都以扩大底部公共活动空间、形成入口广场和将底部架空把城市空间引入建筑内部的设计方法，来处理建筑空间与城市空间的过渡关系。罗杰斯设计的英国“伦敦劳埃德大厦”（图3-68）和福斯特设计的“香港汇丰银行”等建筑，都是分散多核式空间组合。香港汇丰银行地下4层，地上43层，高175m，矩形平面，底层55m × 72m。底层空间全部开敞，建筑结

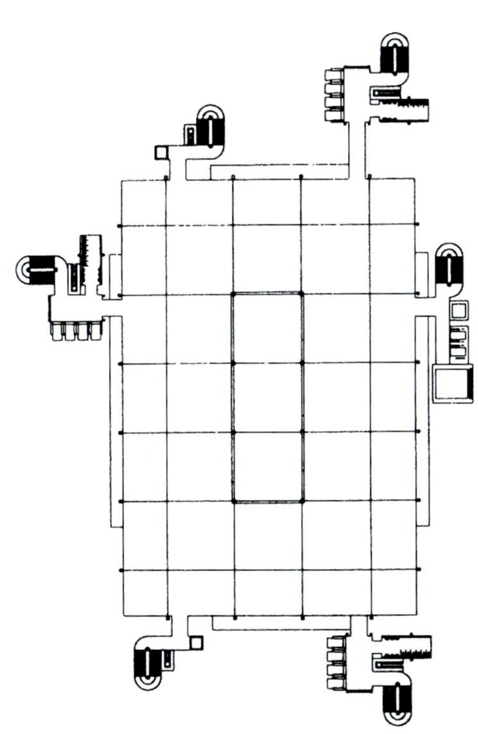

图3-68 英国伦敦劳埃德大厦结构体系示意
(《建筑学报》2001 04 P18 覃力)

构采用悬挂体系，它们从内部空间构成到外部立面，均与内核式的高层建筑大相径庭。同时反映了高技建筑审美追求也从表现“标准构件”、“银色外表”为特征的“高技外表美学”向以绿色、生态和信息为内涵的“高技功能美学”转化（图3-69）。

在规模较小的高层建筑中，近年来还出现一种核与主要使用空间分离化的现象，垂直交通、服务性用房和设备管道井均分别独立，与建筑主体分开。主要使用空间更加完整，四面对外，核与主要使用空间之间以连廊相接。从结构的角度来看，核的刚度较大，而主体较柔，两部分各自分别工作，既受力合理又相对经济。当然，连接部分的设计是这类高层建筑设计的关键所在。不过，这种设计方式给建筑外观带来的变化已引起建筑师们的关注。德国的汉诺威建筑博览会管理办公楼（2000年，图3-70）等就是核与主体相分离的建筑实例。

核的分散和分离还可以使楼梯间、卫生间等直接对外自然采光、通风，节约能源，省去消防所需的加压送风设备，更符合低能耗、可循环的现代设计原则。因此，近几年强调生态、节能的高层建筑多采用这种空间组合方式。

(a)外景

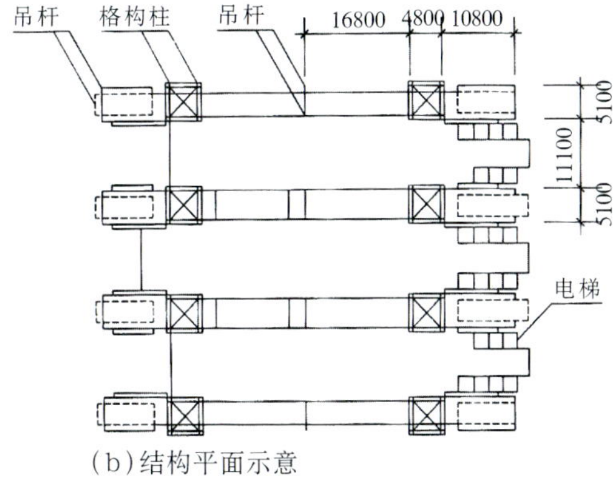

(b)结构平面示意

图3-69 香港汇丰银行 （《20世纪世界建筑精品集锦》9卷 P156 关肇邺 吴耀东 建筑师福斯特事务所）

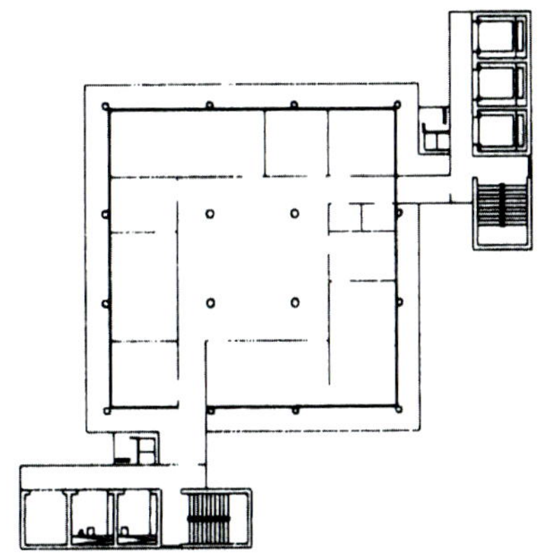

图3-70 德国汉诺威建筑博览会管理办公楼核心筒布置示意
(《建筑学报》2001 04 P18 覃力)

第4章　建筑造型与空间艺术

如前所述，建筑既是一门综合性工程技术科学，也是营造造型和空间的艺术。建筑不但具有满足人们物质使用方面的功能属性，同时其造型与空间美是建筑的基本属性之一。就观感而言，有的建筑给人以雄伟壮观或富丽堂皇之感，有的建筑给人以轻快活泼或清幽淡雅之感，而有的建筑则给人以朴素大方、舒适宜人之感。我国北京的故宫庄严富丽，四合院民居舒适宜人，意大利古罗马大角斗场规模恢宏，欧洲的哥特式教堂直矗云天，这些古代建筑遗产都有其特有的艺术形式和空间。到了20世纪以后，现代建筑无论在物质使用方面或造型艺术方面都达到了一个新的高度。随着社会的进步，科学技术以及物质、文化水平的提高，建筑造型与空间艺术无疑将进一步发展，走向新时代新的辉煌。

那么，什么是建筑造型与空间艺术？建筑造型与空间艺术就是对按一定材料、结构及使用要求建立的空间及其实体的直接经营和美化，是对综合反映环境布局，空间处理的外部形象的加工。建筑造型与空间艺术设计不能仅仅简单地理解为形式上的表面加工和建筑设计完成的最后部署，而是自始至终贯穿于整个建筑设计之中，需要在处理功能使用关系和技术经济科学中去探讨空间组织、结构构造方式、建筑材料运用及内外形式等方面的一系列的美学法则。虽然建筑外观是建筑艺术形式的重要体现，但建筑艺术形式并非仅仅是建筑外观，也不能忽视建筑平面、空间对建筑形式的制约作用。这在实际工程中，常常需要反复修改，才能做到各方面的统一。也就是说，当考虑一个工程功能要求时，同时就要考虑建筑造型与空间的艺术问题。建筑的造型和空间艺术应当是功能与技术经济合乎逻辑的反映。

建筑造型与空间艺术涉及形式美的法则、外部体形处理和室内空间塑造等方面。建筑形态的美与丑，究其本源除与审美主体——“人”密切相关外，与审美客体——建筑自身的形体组织模式、形体的比例与尺度，形体的界面处理及形体所包含的内部空间和外部空间形态等密切相关。此外，建筑造型与空间艺术还涉及建筑的民族性与地方性。由于国家、民族和地区的自然和社会条件不同，生活习惯与历史文化等各方面的差异，建筑及其造型艺术带有民族和地方色彩。

中国和法国都有自己的辉煌历史，我国北京的故宫和法国的卢浮宫不论在产生的时代、使用目的和建筑面积上都大致相同。由于不同的社会、文化背景与采用不同的建造方式而出现完全相异的总平面布局。我国的皇家园林北京的颐和园也不同于法国的皇家园林巴黎的凡尔赛宫苑，它们都有自己鲜明的民族与地方特性。颐和园面积约2.9km^2，全园大体分为东部宫廷，北部之万寿山与南部之昆明湖，方圆8km。其中水面约占全园3/4，模仿西湖之长堤把湖面划分为三，湖东之十七孔玉带桥及龙王岛，与万寿山隔湖形成对景。虽然万寿山前建筑排云殿、佛香阁、智慧海等沿中轴线布置，但总体布局仍然比较自由。凡尔赛宫苑为规则式布局，面积约有6.7km^2，宫苑花园内有一条长达3km的中轴线，和宫殿的中轴线相重合。中轴线上有明澈的水渠。水渠成十字形。在水渠和宫殿之间有一片开阔的草地和花坛，它的两侧是密林。在花园的大路和水渠的尽端或交点上都没有对景，花园之外是森林和旷野，所以从宫殿里看出去，花园是没有边界的。

此外，建筑显然有时代的烙印，不同历史时期的建筑之美具有不同的内涵。例如，在古代西方社会，建筑外形作为建筑设计的主体，建筑外形的美观成为建筑美的重要内容，形式美是古典建筑的一个重要美学原则。而20世纪现代建筑建立了以功能为重要内容的建筑美学，提出“形式追随功能”这一信条，强调建筑表现中的真实性。今天看来，形式表达中的真实性要求和反映内在功能的要求虽然已经不是建筑外观构成设计的唯一要求，但仍然是我们恪守的基本原则。因为在建筑美学的含义中，实用性与艺术性的统一仍然是最重要的基础。但是，现代主义忽视了个性的要求，个人的审美价值，夸大了技术的作用。这个体系经过多年的发展，也在走向分化和转变。新技术、新材料的运用，对环境和历史的重视、系统内部美学观念的变更，都使得纯净几何型的造型体系走向弱化和层次化的境地。从20世纪即将结束的最后几年开始，一种新的势头迅速发展。这类设计可以用不规则、非标准、柔软的、自由的、随机的、动态的词汇来形容，具有更强烈的流动性，也许它标志着建筑在走向一个新的时代。

4.1　形式与空间美的法则简述

如上所述，在建筑设计中，要创造出美的形式与空间环境，就必须遵循美的法则来构思，直到把它变为现实。然而，究竟有没有一种美的法则呢？从20世纪初开始的新建筑运动以来，由于功能、技术、材料的发展，在建筑领域中引起了一场深刻的、革命性的变革，在现代建筑设计中，古典建筑形式几乎被完全摒弃。面对这种情况，人们提出种种疑问，经过几千年历史考验，被公认为美的古典建筑形式既然被摒弃，那么，取代古典建筑形式的新建筑是不是也具有美的形式？倘若新建筑也美，那么新老建筑之间应该存在着一种共同的美的标准和尺度。如果说美具有自己的客观标准，那么我们又怎样解释新老建筑形式之间何以差别这么显著，有的甚至截然相对立，然而却都能引起人的美感。

事实上，现代建筑尽管在形式、材料上和古典建筑很不相同，设计方法也不相同，但在遵循一些美学基本原则方面不少都是相同的。如形式美法则方面的统一与变化、比例与尺度、均衡与稳定、对比与韵律以及中国传统建筑空间艺术的群体和谐、组合内向、意境氛围、文化象征等。形式与空间美的法则虽然绝非建筑设计工作的唯一内容，也绝不是一成不变的，但从今天的实际来看，了解和研究其基本的理论对于建筑师仍然是必不可少的。上海金茂大厦以其体形的方正与切角，转换与变化，收放的比例尺度节奏韵律，中国塔造型的寓意，都充满激情与联想，都在一定程度上同中国文化相融与碰撞，体现了形式美的法则，而恰巧这又是合理的超高层建筑平面组合与经济可靠的结构体系。双轴对称的塔楼形式使人们无论在上海的哪个角度观赏，都可获得完美的景观。阶梯状造型以逐渐加快的节奏向上伸展，塔楼的每一个楼层段有0.75m的缩进，用强化透视的方法，增强了建筑的尺度感（图4-1）。

此外，虽然还有用非传统的方式对待传统，以及建筑解构主义、后现代主义等挑战传统的美学法则，

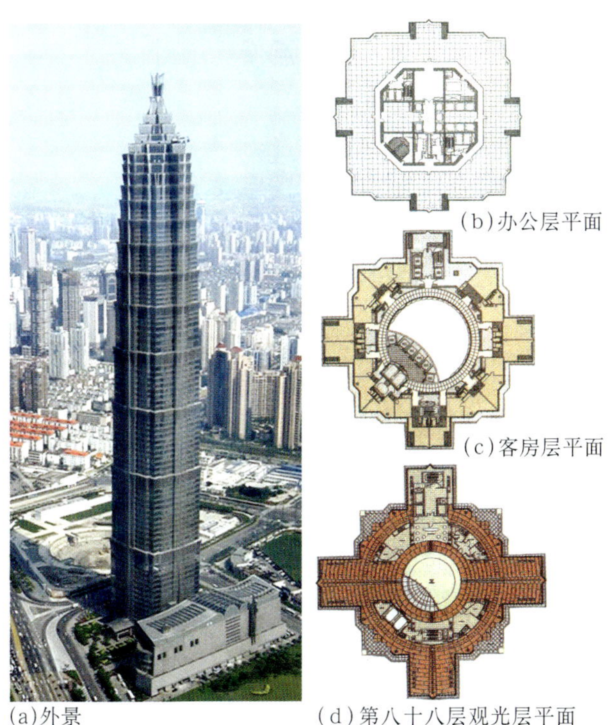

图4-1　上海金茂大厦
（《20世纪世界建筑精品集锦》9卷　P231　关肇邺　吴耀东）

(a)正立面外观

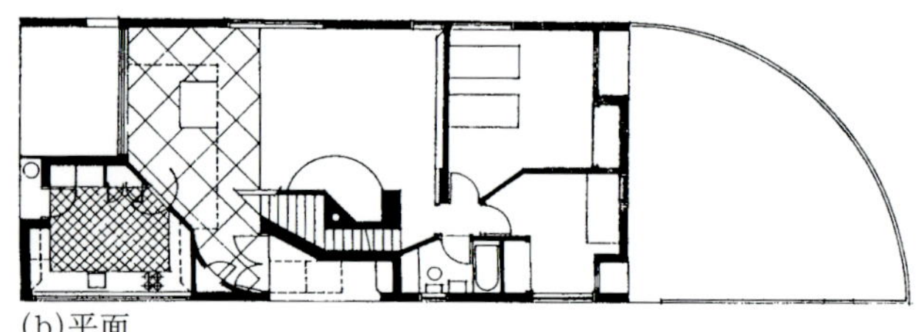

(b)平面

图4-2 美国宾夕法尼亚州费城栗树山范娜·文丘里住宅

(《20世纪世界建筑精品集锦》1卷　P150　R·英格索尔　建筑师R·文丘里和肖特)

(a)外观

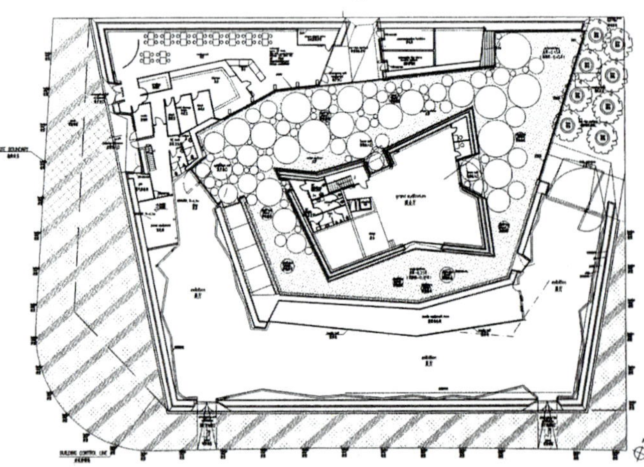

(b)一层平面

图4-3 2010年上海世博会卢森堡馆 (《时代建筑》2009.04 p88-89 顾英 主创建筑师 Francois Valenting)

其实质也是传统美学法则的发展。美国建筑师文丘里为他母亲设计的住宅，曾成为后现代主义者的样板。这幢住宅位于美国宾夕法尼亚州费城富裕郊区的一处宁静小路旁的一块平伸草地上。设计一反当时盛行的现代主义建筑风格，不采用平屋顶方盒子式的建筑形象，而采用了传统建筑常用的坡屋顶，显示出对建筑传统的重新重视。但它并非完全回到过去，而是对传统建筑形式加以割裂、变形：用裂开的山墙强调不对称性，任意的束带层、窗子的混合式布置、偏移的烟囱并在屋顶上做出一个裂口，大门是歪斜的，门上作一道细细的弧形，隐喻拱券。这些作法使这座建筑体现出一种暧昧、复杂、不合逻辑的非传统理性的美学意趣，显示出文丘里后来提出的“以非传统的手法对待传统”的主张。他尽管故意破坏常规的形式和装饰，该设计仍有亲切的、令人惊喜的一些新颖处理（图4-2）。

随着新材料、新结构、高新科技的不断出现，建筑的形式美同时更多的是从反映高新科技、材料与环境方面评价，如生态建筑、智能建筑、可持续发展建筑等产生的审美变化，而不是仅仅停留在一些传统的形式上，更不能要求用古罗马、古希腊和中国古建筑数字比例化的美学原则来指导创造今天瞬息万变的社会需求。2010年上海世博会卢森堡馆“小也是美”，采用不规则造型设计，以钢材和木材这两种可循环和再生的材料，响应了本次世博会“城市，让生活更美好”的主题，体现了低碳、尊重自然，关注可持续发展的宗旨（图4-3）。社会的进步要求我们不断创新，不断总结更多的形式和空间美的理论来指导建筑创作，引导我们走向新时代。传统的美学法则正是我们创新的基础。

4.1.1 统一与变化

长期以来，人们在建筑实践中，总结了被认为足以引起美感的一些本质的因素中，认为建筑必须首先具备多样统一，也称有机统一的法则。也就是说，凡是由多种多样的部分组成的物体，看上去必须是一个有机的整体，要有一定的秩序。每个构成部分不论大或小，重或轻，都会具有与它在整体中所占据的地位相一致的正确位置，组成部分之间既有区别，又有内在的联系，同时要有一定的变化。我们常听到对某个建筑设计的评论“单调”、“呆板”，往往就是因为过于单一而缺少变化的缘故。反之，有的建筑“花样”太多，也会因杂乱无章而使人感到不统一，缺乏美感。所以统一和变化是建筑造型艺术整体设计中有机整体的两个方面，缺一不可。它既包括部分与整体之间的关系，细部与主体之间的关系，同时也包括平面、立面、剖面三者之间的关系。

统一首先必须具有一种秩序，正方形、矩形、三角形、圆形等几何形体。由于构成要素之间如边长等都具有严格的制约关系，具有抽象的一致性和秩序，给人以美感。同样的道理，建筑与一些有机体一样，由于外形和组成部分具有某种规律性，从而给人以明确、完整的感觉，也能引起人的美感。变化的处理常常是通过对比与韵律以及体量、体形、构件的相似性求得。

适应现代生活的快节奏和工业化特点，追求简洁，追求形式和质的简洁。秩序的简洁化和意义的简洁化已成为20世纪以来最基本的造型语汇，世界现代著名建筑中不少都是由非常简洁的几何形状所构成，因秩序的简洁具有统一性，从而给人以美感。

对于由若干要素、若干体量组合而成的整体，建筑的组成空间，在功能上、体量上客观地存在明显的主次之分。因此，在建筑构图时，为了使建筑形式真实地表达内容，要突出其中的主要部分。如果主次不分，一律对待，必然使整体流于繁杂、纷乱，失去统一。没有重点就会落入平庸、平淡或者歪曲。为了突出主要部分，对其造型要作重点处理，使其主体或者位置突出，或者体量突出，或者如传统建筑通过轴线对称、排偶以及体量上的悬殊、对比等方法使之成为主次分明、有机统一的整体，以加强建筑形象的表现力，并使统一中有变化，避免单调。

建筑的重点处理应有明确的目的。例如，一般建筑物的主入口，在使用上须强调人的注意力，在观瞻上要醒目。有些高层建筑的顶部、车站的钟塔、商店的橱窗等，除了在功能上需要引人注意外，有时还要作为该类建筑的性格特征或主要标志，并取得变化的效果而加以特别强调。

通过协调取得统一，按一定规律排列组合，通过形式与风格的一致或多次连续采用同样部分或构件组织形成一个整体，有一定秩序可循也可以取得整体和谐统一的效果。

一个设计可能是统一的，是一个和谐的整体，但它也可以需要某种程度的视觉平衡。我们人就是大体对称而平衡的生命体，设计的统一平衡就是分配要素的视觉比重，以便它们看起来统一、平衡。然而，不平衡的作品有时更有动感，视觉趣味不对称的设计未必不统一、平衡。

颐和园因为有依山而建体量高大的佛香阁和下面的排云殿对总体构图的控制，各组成部分主次分明，得以显示整体秩序的美（图4–4）。

北京奥运会国家游泳中心“水立方”，就是一栋十分简洁而有秩序的现代建筑，富有特性又与环境高度统一。“水立方”位于北京奥林匹克公园中心区的南部，规划用地6.59hm^2，主体建筑紧邻城市中轴线，并与国家体育场“鸟巢”相对于中轴线均衡布置。游泳中心总建筑面积赛时将近80000m^2。奥运会时用于游泳、跳水、花样游泳和水球决赛，赛后将成

图 4－4 北京颐和园鸟瞰 （《中国美术全集》建筑艺术编 3 园林建筑 P11 潘谷西 摄影楼庆西）

(a)外观

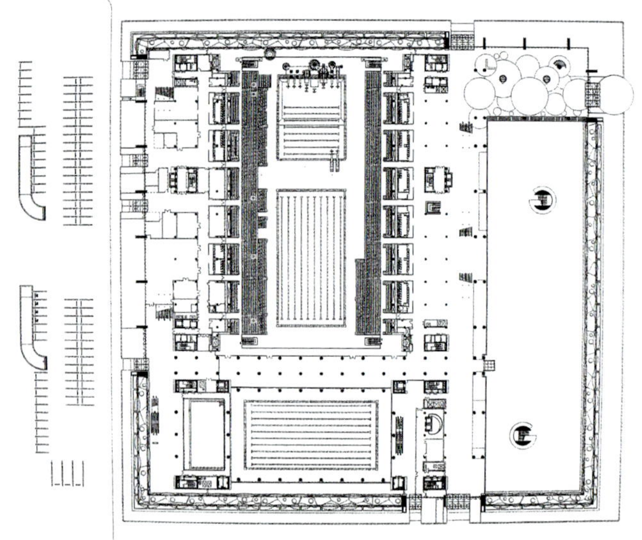

(b)平面一

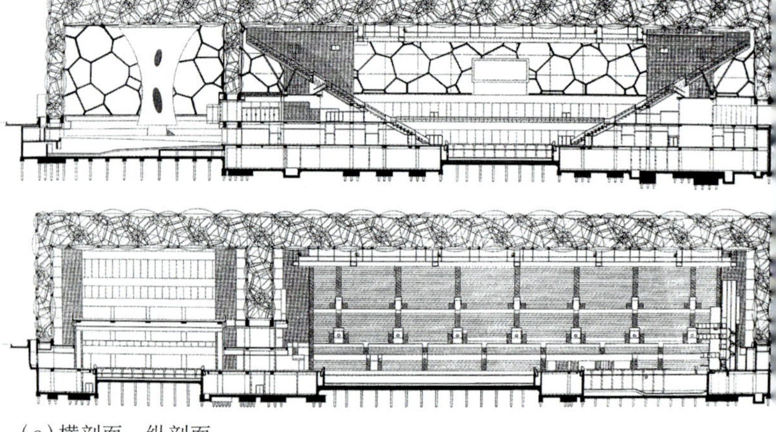

(c)横剖面、纵剖面

图 4－5 北京奥运会国家游泳中心“水立方”
（《建筑学报》2008 06 P40－45 郑方 张欣）

为多功能的大型水上运动中心，永久座椅 4000 个。“水立方”将建筑理念与结构形式完美地结合在了一起，简洁纯净的形体谦虚地与主场对话，不同气质的对比使各自的灵性得到了共生，令人感到相得益彰。作为摹写水的建筑，纷繁自由的结构形式，源自对规则体系巧妙而简单的变异，却演绎出人与水之间的万般快乐。面对国家体育场设计人“剑走偏锋”，采取了一个纯净得无以复加的正方体与国家体育场彰显各自不同的特征，选择了一种自由的结构与气泡的外墙，希望人们看到漫天的水泡，得到一种仿佛置身水中的快意。方形是中国古代城市建筑最基本的形态，外观上的极端无为，反而成为其存在于环境的依据（图 4－5）。

在一座以尺度和风格上粗暴对立为特点的城市中，20 世纪 40 年代建成的美国纽约洛克菲勒中心则是特别统一而且尺度宜人。虽然它是由 9 座不同规模的建筑物组成，从中心的 70 层高的 RCA 大楼到第五大道上 6 层的不列颠帝国大厦和法兰西大厦，但建筑物注重以改变垂直墩柱的宽度来达到一致的开间系统，全部用同样的棕黄色砂岩贴面，并且顶上以雉堞式边缘结束，取得了理想的效果（图 4－6）。

位于德国斯图加特的国家画廊扩建工程设计一反常规，在这座由美术陈列室、图书馆、音乐楼和小型剧场等组成的平面布局复杂多样的建筑物上，建筑师将现代主义、古典主义、高技派以及古罗马、古埃及的建筑片断掺杂在一起使用。陈列庭院是一个

(a)鸟瞰

(b)夏日的下沉式广场

图 4-6　美国纽约洛克菲勒中心　(《20 世纪世界建筑精品集锦》1 卷　P70-71　R · 英格索尔)

由石块围成的圆形空间，使人联想到古罗马斗兽场。展厅的屋檐内凹，似乎有埃及神庙的影子。它不求同一，不讲完整，容许不同风格的兼收并蓄，多元共生，赞赏建筑形式的复杂性和矛盾性，而仍然达到多样而有变化皆统一的效果（图 4-7）。

4.1.2　对比与韵律

4.1.2.1　对比

由多种多样的要素构成的具备统一的建筑如何取得变化的效果还有对比、韵律等方法可循。

日常生活中的对比是指视野中同时或连续看到的两个部分外观上差别的评价。建筑对比指的是构图要素之间显著的差异，如大小、形状、方向、虚实、质地、色彩、明暗、光影、藏露等不同要素之间的差别。建筑对比的特征是使具有鲜明差异、矛盾的双方，在一定条件下共处于一个完整的形象统一体之中，强化建筑的表现。对比是建筑获得生动的形象美的重要法则。建筑对比的大与小之间，如体量的大小、空间的大小、门窗之大小。形状之间如方形、圆形、多边形及不规则形之间。方向之间如平面上纵向、横向、曲直的不同或者空间水平与垂直、倾斜、

图 4-7　德国斯图加特国家画廊扩建工程庭院入口区外观
(《20 世纪世界建筑精品集锦》3 卷　P206　W · 王、H · 库索利茨赫　建筑师 J · 斯特林和 M · 威尔福德)

高低的差异。质地主要指材料材质的差别。色彩的不同是指色的浓度或色相的差别。明暗与光影则是对日光利用的不同反映。只有在光的作用下物的形象才能被视觉感知，正确地设光能加强建筑造型地三

维立体感，提升艺术效果。强化光的明暗对比能把要表现的艺术形象或细节突现出来，形成抢眼的视觉中心。虚实之间，虚指空，如孔洞、门窗、空廊等。窗由于视线可以透过或者折射使人感到轻盈通透，空廊等由建筑凹面产生的阴面空间给人以幽暗深邃感。实指实体，如墙、柱、屋面、栏板等给人以不同程度的坚实、明亮、突出或封闭的感觉。实多虚少更显坚实，虚多实少给人以更多轻盈感。或者虚实二者交织穿插，做到实中有虚或虚中有实又是另一番景象。对比，可以使要素之间在彼此相互衬托作用下，使其形、色更加鲜明，大者更觉其大，小者更觉其小，亮者更觉其亮，暗者更觉其暗。可以借彼此之间的烘托、陪衬来突出各自的特点，以求得变化。运用对比可以在程度上有所不同，可强可弱。对比强，变化大，感觉明显。强烈的对比还可以起到醒目和振奋精神的作用，给人以强烈的感受。对比弱，变化小，从而给人以要素之间有一定变化，但彼此和谐、协调、平静的感觉。没有对比会使人感到单调。过分地强调对比就可能失去相互间的协调一致和统一。极高的对比还能产生戏剧性的艺术效果，令人激动。无论是整体还是局部、单体还是群体、内部空间还是外部形体，为了求得变化，都离不开对比手法的运用。在环境中运用上下、内外、前后、远近等物体对比关系，有时还会创造出神秘富有探险意味的动感体验。

由于玻璃建材的发展及其在建筑中的大量运用，特别是幕墙等各种先进技术的不断出现，不仅有透明、半透明玻璃，各种色彩玻璃，隔热玻璃，还有镜面反射玻璃，日夜反映着周围环境瞬息变化的景象，创造了全玻璃外壳建筑的新时代，这些建筑已经突破了过去仅从建筑本身研究虚实关系的概念，而将建筑置于大环境之中研究。事实上，玻璃幕墙形成的是与天空、自然环境、周围建筑以及室内外的对比。当然，由于玻璃幕墙具有的能耗高、光污染，造价贵等缺点，应慎重选择大面积玻璃幕墙的使用，并应采取措施，控制光污染对交通及居民的影响。

一般而言，对于绝大多数建筑大片玻璃幕墙并不是适宜的选项。因此，在建筑造型设计中仍然存在如何处理墙体与玻璃、实与虚的关系，如能把两者恰当地结合起来，才能借各自的特点互相陪衬，取得良好的效果。从功能上讲，有些建筑由于不宜大面积开窗，因而形成以实体为主的处理。在实墙面多的情况下，少量虚的处理会显得格外醒目，如博物馆、美术馆、影剧院等。有些建筑由于采光和景观要求开窗面较大，形成以虚为主的处理。航空站等为了旅客直接看到停机坪，使用大量玻璃幕墙，少量实体也显得鲜明夺目。除了以虚为主和以实为主或虚中有实、实中有虚的处理手法外，还有半虚半实、虚实均匀布置、虚实成片布置、虚实交错布置等方式，有利于改变呆板、单一的外观效果。

除了玻璃与实墙形成的外观虚实对比，建筑体形凹凸造成的光亮与阴暗同样会形成十分强烈的虚实对比。立面上的凹进部分，如凹廊、凹进的门洞等，还有某个局部挖空；突出的部分如挑檐、雨篷、遮阳、凸窗、凸柱等，它们不仅可以丰富立面轮廓，加强光影变化，突出重点、增加趣味等，而且大都是使用上和结构构造上的需要。大的凹凸变化能给人以起伏感，小的凹凸变化也可以给人以微波荡漾般的舒适，突然孤立的突出或凹进，常给人以触目惊心的感觉。不少居住建筑，由于善于利用凹廊玻璃窗以及挑阳台等形式的组合变化，虚实相间丰富了住宅的造型，给人以轻快、朴素、亲切的感觉。

由于体形处理的虚实对比是和开窗相联系的，所以开窗方式对其影响至关重要。最简单的开窗方式是完全均匀的排列窗洞，形成有韵律感的一虚一实的排列，或者形成连通的带形窗，整个建筑上下一虚一实，其对比的效果异常强烈。与水平带形窗相对

图4-8 北京天安门广场人民英雄纪念碑

图4-9 北京故宫三大殿鸟瞰
（《建筑学报》2001.08 P15 张钦楠）

应的是有的建筑为了强调竖向感，而尽量缩小立柱的间距，并使之上下贯通。与此同时，又使窗户尽量凹入立柱的内侧，从而借凸出的立柱和竖向窗以强调竖向高纵感。有些建筑，由于层高不同，可以采用大小窗相结合，使一个大窗和若干个小窗相对应的处理手法。例如，北京西长安街邮政大楼的立面处理就是一个典型的例子。

北京天安门广场的人民英雄纪念碑设计，采用方向对比的手法，高耸的碑身借平卧的台基的对比作用而显得更加雄伟高大，各种线脚、装饰等细部处理也充满了水平与垂直两个方向的对比与变化（图4-8）。

北京故宫三大殿：太和殿、中和殿、与保和殿的屋顶都是坡屋面金黄色琉璃瓦，但是造型却各具特色。太和殿是庑殿式屋顶，中和殿是方形攒尖屋顶，而保和殿却是歇山屋顶，三大殿在轴线上排列整齐，形成色彩一致而形状不同的对比，庄严肃穆，统一又富有变化（图4-9）。

始建于12世纪的法国巴黎圣母院，是著名的哥特式教堂建筑，其正面构图完整，在三扇大门的尖拱形及大门两侧的墙壁上雕刻着精美、色彩鲜艳的雕像，中心13m直径的玫瑰窗尤为著名。依靠门窗在形状和大小上的对比，使得整个立面既和谐统一又富有变化（图4-10）。

图4-10 法国巴黎圣母院外观
（《世界不朽建筑大图典》P163 陕西师范大学出版社）

巴西巴西利亚议会大厦是一个对比强烈的建筑。这个建成于20世纪中后期的建筑，在一个矮平的建筑物上有两个碗形屋顶，一个正放，一个倒扣，里面分别为众议院和参议院的会场。它们的后面是27层的办公楼，楼本身又分为相对而立、靠得很近的两个薄片，

图4-11　巴西巴西利亚议会大厦外观

（《20世纪世界建筑精品集锦》2卷　P98　J·格鲁斯堡　建筑师 L·科斯塔，O·尼迈耶）

中间是一线天似的夹缝并有过道相连。整个议会大厦外形十分简洁，而横与直、高与低、方与圆、正与反的强烈对比，给人以强烈的现代派印象（图4-11）。

印度建筑一个显而易见的共同特征是：它们的外墙虚实凹凸的对比和变化十分强烈，由此而产生的光影效果也分外突出。许多建筑太阳的直射光线很少乃至全然照射不到介于室内、外之间的外墙面，既保证了良好的自然通风，又可以最大限度地遮蔽炎热的阳光的照射。由C·柯里亚设计的印度威达姆巴万是位于首府城市博帕尔的新国民议会，坐落于博帕尔群山之上的一个山顶上，山下整个城市的风光一览无余。建筑包括议会的上院和下院，议长办公室，部长及其助手等办公室。建筑平面呈圆形，划分为九个方块，中央部分是厅堂和庭院。建筑共有三个主入口，行进路线互不干扰，在任何路线上行进时，都能领略到建筑中复杂的内部空间，外观虚实对比强烈（图4-12）。

苏州留园入口部分空间曲廊、小院，大小变化不甚显著，从漏窗中也只隐约可见山池，但当进入园内“录荫”前池水主要空间时，顿时豁然开朗。隔水展望，池周山林景色尽收眼底，顿觉一石一木更显绚丽明秀。这种欲扬先抑用环境对比的手法达到以小衬

(a)远景

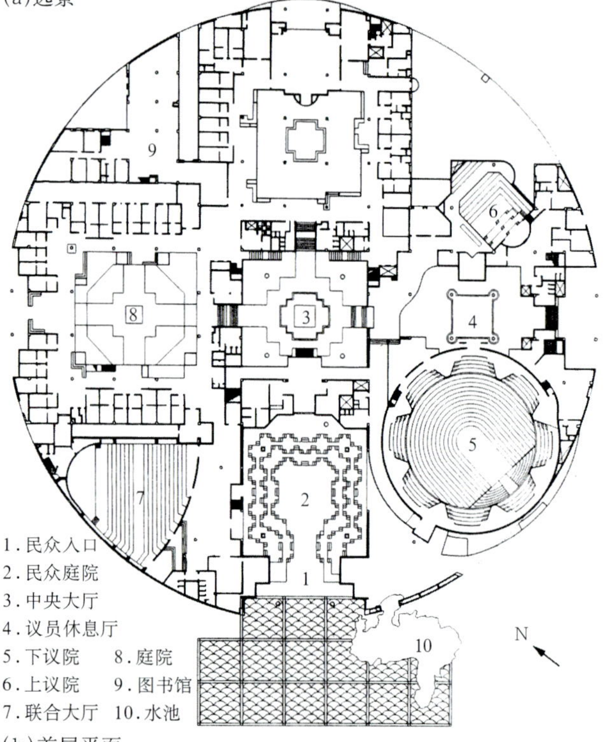

(b)首层平面

图4-12　印度博帕尔威达姆巴万新国民议会

（《世界顶级设计大师（印度）查尔斯·科利亚》　P68　南海出版公司，世界建筑株式会社；《20世纪世纪建筑精品集锦》8卷　P240　R·麦罗特拉　建筑师C·柯利亚）

大、以暗衬明、以壅衬旷的效果就是大小空间的对比（图4-13）。

借助虚实对比而独具匠心的闾山风景区山门设计颇有特色。闾山风景区山门位于辽宁省北镇县境内，建筑师认为闾山这块地方因为积淀了许多历史文化而成为特定的场所。它的新山门新则新，却不可以同中国历史文化完全绝缘。反之，它的体形又必须同时传达出与这个场所有关的中国历史文化的某种信息。设计采用了图底倒转、虚实相生和计白当黑等

图4-13 苏州留园景色
（《中国美术全集》建筑艺术篇 3 P100 潘谷西）

图4-14 辽宁北镇县闾山风景区山门
（《建筑学报》1990 08 P13 吴焕加）

造型方法，在一个总体上全新的环境之中现出一个虚幻的辽代建筑的剪影。四块钢筋混凝土板片组成一个硕大的“立体构成”，中间虚空部分的边缘现出著名辽代建筑遗物——蓟县独乐寺山门的轮廓，四片斜置的钢筋混凝土板的位置同传统庑殿顶的四道斜脊相应（图4-14）。

闾山山门的做法在中国早有其象形，苏州园林中，许多门窗的形状就是多种美丽物品剪影，用在门上的形式如“汉瓶式”、“花瓢式”、“贝叶式”等等（图4-15）。

对基座、墙体和屋顶采取界面消解的手法，可以化解建筑空间的边界，带来更广阔、更深远的空间意象，带给人们对建筑的新体验和视觉冲击，化实景为虚景，创形象为象征。云南傣族干阑式建筑底层用柱子将建筑托起，下层架空就能形成一种基座界面消解的效果（图4-16）。

图4-15 苏州耦园瓶形洞门
（《中国美术全集》建筑艺术编 3 园林建筑 P128 潘谷西）

(a)外观

(b)某竹楼剖视图

图4-16 云南傣族干阑式建筑 （《云南红建筑文化》P65 石克辉 胡雪松主编 东南大学出版社）

图4-17 山东维坊笏园园门
(《中国美术全集》建筑艺术编3 园林建筑P42 潘谷西)

图4-18 苏州怡园螺髻亭
(《中国美术全集》建筑艺术编3 园林建筑P136 潘谷西)

山东潍坊笏园从园门看园前部山池区的月洞门虚中有实(图4-17),而苏州怡园从藕香榭望山池北山上六角亭"螺髻亭",亭有半虚半实的效果,但岸线与水面的交线略显呆板(图4-18)。

北京香山饭店的入口在和实墙对比显示下有了重点突出的效果(图1-92)。

上海东方艺术中心建筑外表采用玻璃幕墙,在白天和夜晚都显得玲珑剔透。但它们与普通建筑玻璃幕墙的玻璃不同,东方艺术中心外墙用的每一块玻璃都是在两块15mm和12mm的玻璃中间夹上一层金属穿孔板制成。最外面的玻璃和金属仅靠黏合接驳,所以从里面看并不影响视线。整体的外建筑玻璃幕墙采用了从透明到不透明的渐变模式,极具个性。当然,玻璃中间金属网的透光率也并不是一样的,最下面的外玻璃幕墙是完全透明的,越上面安装的玻璃透光越少,形成一种渐变的透光和进光效果。白天,具有金属光泽的玻璃幕墙在阳光的照射下颜色富于变化;夜晚,里面的活动情景也能有层次地显现出来,形成一种艺术的视觉效果。当然,这种效果应该在节能的条件下创造(图1-35)。

4.1.2.2 韵律

所谓韵律,是指建筑构图要素中形状、形式、线条或者色彩等要素的有规律的重复,或者有组织的变化的表现。几乎所有类型的建筑都含有本质上可以重复的要素,空间、梁柱、阳台、门窗的某些重复再现,就是一种以具有条理性,重复性和连续性为特征的美的形式。借助韵律,既可加强整体的统一性,又可以求得丰富多彩的变化。常用的韵律手法有连续韵律、渐变韵律、起伏韵律和交错韵律等。

连续韵律是以一种或几种相同要素等距离连续重复排列而形成的。如颐和园乐寿堂前灯窗大小相近、形状各异,等距离排列,具有连续韵律富有变化的特征(图4-19)。

渐变韵律是指连续重复的要素按照一定的秩序或规律,在形状、大小、色彩浓淡、质地粗细等排列方向上按一定级差和程序逐渐变化,逐渐加长或变短、变宽或变窄、变密或变稀等,从而产生一种渐变的效果。陕西西安慈恩寺大雁塔以大小与层高的递减和圆旋与出檐交替重复出现,既取得了渐变的韵律感又满足了结构稳定的要求(图4-20)。

图4-19 北京颐和园灯窗 （《中国园林之旅 京郊园林集锦》P28 本卷主编 翟小菊 姚天新 河北教育出版社）

图4-20 陕西西安慈恩寺大雁塔 （《中国美术全集》建筑艺术编4 宗教建筑 P17 孙大章 喻维国）

起伏韵律是指保持连续变化的要素时起时伏，具有明显起伏的特征而形成的某种变化感。在形体处理中，更加强调某一因素的变化使形体组合或细部处理高低错落，起伏变化。重庆江北机场T2候机楼，外立面屋面处理成波浪形，具有起伏的韵律感（图4-21）。

图4-21 重庆江北机场T2候机楼外观

交错韵律是指连续重复的要素或构件有规则的相互交织、穿插、忽隐忽现而产生的变化感。即在建筑组合中利用建筑的形体、空间或构件等作有规律的纵横穿插或交错的安排。北京奥运会国家体育场"鸟巢"在一个编织式的主结构基础上，再增加次一级的结构，最终形成"鸟巢"特有的结构和外观，形成一种具有交错韵律的美丽图案（图4-22）。

(a)外观

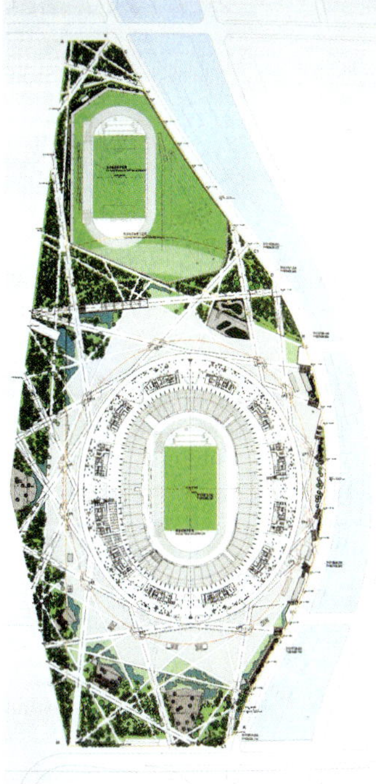

(b)总平面

图4-22 北京奥运会国家体育场"鸟巢" （《建筑学报》2008 08 P2-13 李兴钢）

图4－23　意大利波坦扎医院平面及总体布置
（《建筑学报》1997　12　P53　罗运湖）

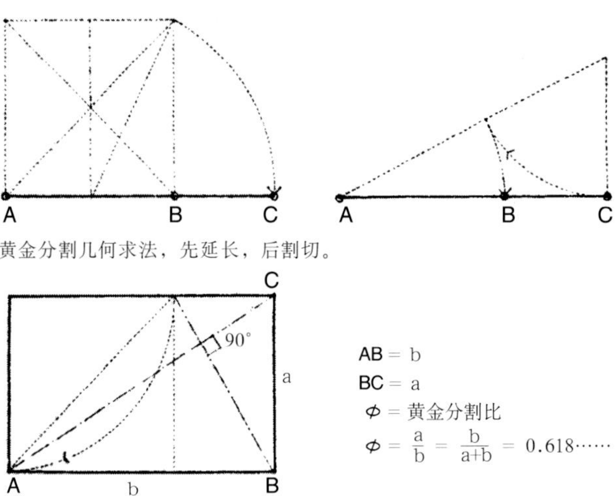

图4－24　黄金分割（《建筑：形式 · 空间和秩序》
［美］弗郎西斯D · K · 钦著　邹德侬　方千里译）

意大利波坦扎医院其鹰形护理单元呈1/4圆弧线布置，在凸弧面一侧的医辅用房，按平直排列并等距开设中廊的采光通风口，凹口处可布置休息交往空间，平面及总体构图有较强的韵律感。在医院街和病房内走廊，随处都可享受阳光和绿叶，感受自然生命的活力与温暖，从而改变冷漠而漫长的医院走廊印象（图4－23）。

4.1.3　比例与尺度

比例与尺度是建筑形式美的又一重要法则，是建筑学的一个重要概念，也是我们经常评鉴建筑造型的标准之一。看上去美观的一些建筑，必定具有良好的比例和合适的尺度，如果没有良好的比例和尺度，也不可能达到真正的和谐统一。

4.1.3.1　比例

比例一词来源于数学，是指两个数字的比。所谓建筑艺术上的比例是指建筑形式与人的心理经验所形成的对应关系。通常一是指建筑物的整体与局部或者局部与局部之间的大小、长宽、高低、量度的比较关系。二是指建筑整体的长、宽、高之间的量度比较关系，它的要素、细部本身的长、宽、高的量度关系，或者是它的整体和局部与细部之间量度的比较关系。比例也不是单纯研究建筑的某个立面，还包含对空间、体量的考研。民用建筑设计从总体到细节无不存在比例问题：大小、高低、长短、宽窄、粗细、厚薄等等这一切都与比例有关。

对于由一定几何形体所构成的建筑物及其组成部分，究竟哪种几何形体的比例良好，需要用今天人的心理经验来判断。西方古典建筑常用的一种手段是以几何关系的制约性来分析建筑的比例，例如，几何形中的具有确定比例的正方形是由四等边四直角构成，非常肯定明确，改变其中任何一边或一角就破坏正方形的比例，被认为是一种美的比例。长方形中长、宽之间同样有严格制约关系。在历史的长河中，人们发现最具和谐美的长方形两边之比例为1∶1.618，将长方形短边和长边的比率为0.618称为黄金分割，即所谓的“黄金比”。边长比为黄金分割的矩形，也称为黄金矩形。另一种与黄金比相近的比例体系叫$\sqrt{2}$，如果长方形的短边为1，长边就是$\sqrt{2}$，或者与其相近的比例1∶1.5等。其他几何形体如具有确定比例关系的圆形、等边三角形等也具有肯定的外形，同样可以取得美的效果，至今人们一般仍较喜欢类似这样的比例（图4－24）。

事实上，根本不存在一种在任何条件下都美的抽象的比例，不同地域、不同时代、不同民族和不同类型的建筑都美，但比例并不完全相同。任何比例关系的美与不美都要受多种因素的制约与影响，其中

图4-25(a) 希腊雅典卫城帕提侬神庙叠石柱
(《世界不朽建筑大图典》P19 陕西师范大学出版社)

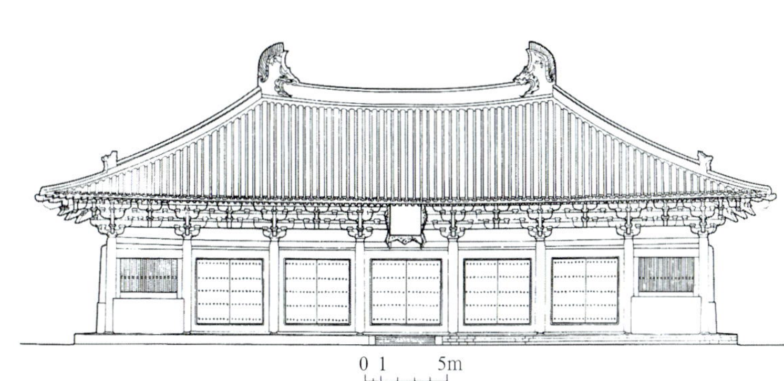

图4-25(b) 山西五台县佛光寺大殿正立面木柱
(《中国古代建筑史》第二版 P139 刘敦桢)

以材料与结构对比例的影响最为显著。建筑的工程技术和材料是形成一定比例的物质基础。所谓美的比例，它必然能正确体现出材料的力学特性和结构的合理性，以及与其相适应的处理，是合乎逻辑的关系。技术条件和材料改变了，人们对建筑的比例观念也会随之而变。例如，同是柱子，一根是古希腊的叠石柱，另一根是中国建筑的木柱，前者比例粗壮，是由石材材性决定的，后者比例纤细，是由木材材性决定的，究竟哪一种比例美？处于不同地区建筑中两者都美。同样的道理，古建筑石柱的间距小，越是高大的建筑，形成的柱间空间越显得狭长，而木梁的跨越能力较大，形成的柱间空间较开阔，它们与建筑整体的比例同样都给人以完美感。这正是因为两者都比较正确地体现出各自材料的力学特性(图4-25)。处在主要使用钢、钢筋混凝土及各种新材料、新结构的今天，建筑的科技含量日多，不可能也不应该再沿用古希腊柱或中国古木柱的比例，建筑物或其细部的比例也必须与其所采用的材料结构形式相适应。对整体建筑而言，现代结构其建筑高度与跨度均可达数百米，远非古代能比拟，同样符合人的审美要求。美国纽约世界贸易中心主体建筑仅为两个长方体的塔楼，其比例并非“黄金比”，却给人以新颖美观现代之震撼，说明技术条件和材料变了，建筑的比例势必随之改变，人们的观念也随着时代与技术的发展在变化(图4-26)。建筑是人类物质和精神文化

图4-26 美国纽约世界贸易中心远景
(《城市设计》P160 王建国)

的遗存，当然也要受一定程度的社会意识的影响。高直建筑的飞扶壁和拱肋结构改变了建筑物室内空间的比例，就是社会意识的需求的反映。

比例还与建筑的使用功能密切相关，不同功能的建筑物有不同的使用要求，建筑的长、宽、高三度空间的比例也随之改变，因而产生了不同的比例。现代住宅建筑主要由起居室、卧室、餐室、厨房、卫生间等组成，空间小，层高低，门窗也较小，其体形与空间比例都是由居家生活要求决定。现代航空港候机楼，由进出港厅等组成，空间大，建筑高度受空中飞行要求限制，同时为了布置更多的登机桥位，越是大的候机楼，其体形越显低而长，其建筑体量及空间

(a)鸟瞰

(b)T3A 四层出发车道外观

图 4-27　北京国际机场 T3 航站楼　（《建筑学报》2008 05 P1、11　邵丰平）

之比例关系明显与其他建筑不同。候机楼的大体量组成及划分，建筑材料、结构的处理都十分精细，显示了与人们使用尺度相适应的比例，人们并不感到因大而比例失调（图 4-27）。

当我们研究有些建筑的比例时，还要注意建筑形象的透视变形问题。所谓建筑形象的透视变形，缘于建筑的视觉差所致，即人的视点距建筑越近，感觉建筑体形越大，反之感觉越小。透视仰角越大，建筑沿垂直方向的变形越大，垂直物象的观感尺寸递减。因此，推敲比例不能单纯的从正立面图上研究其大小和形状，特别是某些高层建筑，应把透视变形考虑进去，才能取得良好的透视效果。北京西长安街的民族文化宫是一座介绍展出中国各民族历史、文物、生产、生活和进行各项政治、文化、娱乐活动的场所。建筑面积 $30770m^2$，平面呈山字形，楼前辟有宽阔的绿化广场。建筑东西两翼为2层到3层，中部塔楼地上13层，高67m，挺拔高耸，全部墙面用白色面砖饰面，孔雀蓝色琉璃瓦屋顶，方整石墙脚，融现代建筑与传统民族风格于一体，造型优美，色彩明快，充分体现了建筑的主题。塔楼在正投影的立面图上看，其比例显得偏高，但建成后从周围观察其比例是合适的。这是因为在设计时，考虑了透视变形的因素，做了矫正视差的处理，把最高的重檐塔身和屋顶坡度抬高，弥补因视差失掉的高度，取得了良好的视觉效果（图 4-28）。

(a)外观

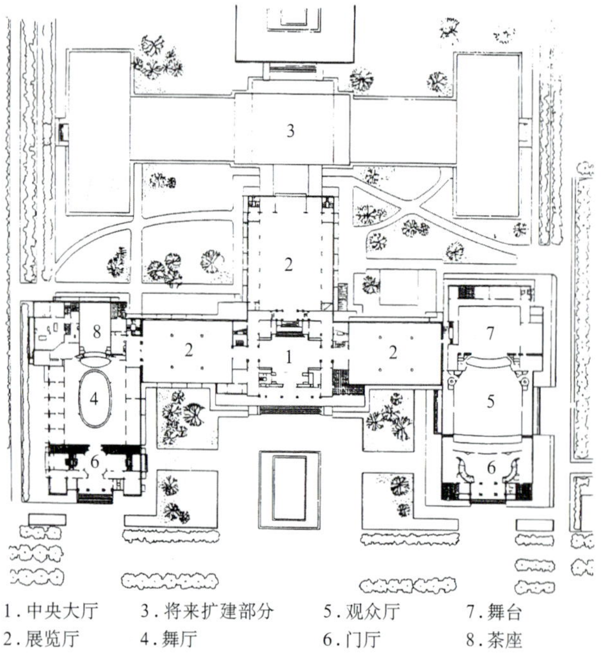

(b)一层平面

图 4-28　北京民族文化宫　（《20 世纪世界建筑精品集锦》9 卷　P98-99　关肇邺　吴耀东　建筑师张镈等）

4.1.3.2 尺度

尺度和比例有着密切的关系，如果说比例是建筑整体和各局部之间或各部分相互之间在量度上的一种比较关系，那么尺度则是建筑物的整体或局部与人视觉感受印象之间在量度上的制约关系，或与人所习惯的某些特定标准之间的尺寸关系，意味着人感受到的大小的效果，或者说是与人体大小相比的大小的效果。尺度是建筑形象能否正确表现其真实存在和表达设计预期效果的重要法则。尺度和尺寸有关，但尺度和尺寸不是一回事。尺度一般不是指要素尺寸的大小，而是指要素给人感觉上的大小印象和其真实大小之间的关系。在小建筑里出现大尺度和在大建筑里出现小尺度都是可能的。尺度恰当能使建筑物呈现出恰当的、预期的某种尺寸，这是一个独特的似乎是建筑物本能上要求的特性。几何形状本身并没有尺度，而是与人的感觉相连才产生尺度感。尺度不仅包含物理尺度的量，还要把握心理尺度的量，安全感在许多情况下也与尺度有关。同样高度的栏杆，在高层建筑中会感到不安全，必须适当提高栏杆高度，以获取安全感。当通过一个较低的门洞时，虽然不会碰头，但往往会不自觉地屈身低头而过，只有到了超过身高一定高度时，才无威胁感，这些都是心理尺度的反映。为了适应功能要求，栏杆、踏步、窗台等要素，其高度、大小和尺寸虽然也会有某些出入，但基本上是相近的。通过这些不变的要素与一些建筑的可变要素作比较，可以显示出建筑物的尺度感。如桌子、沙发、椅子等家具，或者楼梯、门等这些要素不仅能帮助我们判断一个空间的尺寸，也使空间具有人体尺度和亲近感。尺度的概念讲起来并不深奥，但在实际工程中的应用却并非容易。

尺度不仅是量的表达，而且建筑师还可以通过尺度处理实现对预期某种表现效果的追求。尺度因量的差异，可以表达宏大雄伟、朴实亲切、细腻精致等不同的美感。古典形式美的原则将尺度印象分为三类：自然尺度、超人尺度和亲切尺度。不同的尺度处理，产生不同的艺术效果。自然尺度感基本接近实际尺寸，如住宅、学校建筑的尺度。为了表现宏伟、隆重、气魄等效果，常采用超人尺度的形式，多见于某些纪念建筑和大型公共建筑，这显然并不是单纯由使用功能因素决定的。亲切尺度指尺度感比实际尺寸还小，见于某些园林建筑。深入和发掘尺度表达的能力，对建筑设计具有十分重要的意义。

天安门广场作为国家级的可容纳百万人集会的一个开放空间，不能以一般的尺度去衡量，它是一个特定场所下的尺度。120m 宽的长安街，北侧是明清两代雍容至极的皇家宫阙，南侧的天安门广场作为北京市纵横两轴交汇中心，作为中国首都的心脏，除了自身的功能外，更重要的是体现广场的文化性和政治性。广场的规模从人民英雄纪念碑一直扩展到正阳门下。这个气势恢宏的开敞空间，恰如其分地表达了社会赋予这个广场的种种涵义。广场两侧建筑的对称格局，尊重并维持了历史建筑群的秩序，新旧建筑的距离保持在200m 以上，以舒缓新旧建筑在空间上的矛盾（图 1–20）。

法国巴黎歌剧院入口楼梯厅是一个超大尺度的范例。在这里，所有与人直接关联的空间部分都设计为超大尺寸的。从地板到顶棚的高度、入口、窗户和楼梯都设计得特别宽裕。这种空间不是为仅仅从其中通过而建的，而是重视让人在里面看产生的宏伟感觉（图 4–29）。

斯里兰卡科特（今贾亚瓦得纳普拉）新的斯里兰卡议会大厦占地 12 英亩（约 5hm^2），原先是个小岛，周围是沼泽地，现在沼泽地被开凿成有着宽阔湖岸的人工湖。地区遍布繁茂树木，议会建筑群就坐落在岛上。整个建筑群主要包括一幢中心建筑物及旁边的四个方形亭阁——每个亭阁的高度和立面

图4-29 法国巴黎歌剧院入口楼梯厅内景
(《传统与现代——歌剧院建筑》P26 项端祈著 科学出版社)

图4-30 斯里兰卡议会大厦整个建筑群俯瞰
(《20世纪世界建筑精品集锦》8卷 P160 R·麦罗特拉 建筑师G·巴瓦)

都各不相同，宽阔的堤道则将议会大厦与四周联系起来。政权的核心——议院就设在中央的主体楼阁之中。主体楼阁共三层，坐落于两层平台之上。当人们从远处凝望这个建筑群时，不禁会感到它比在近看时更具魅力——它几乎就像是升起在水面上的一组尺度宏大的庙宇。那些巨大的铜屋顶还带着久远年代里寺院、皇家建筑的遗韵。而另一方面，整个建筑中的空间布局又完全能够满足其复杂的使用功能。最为重要的是尽管这组建筑采用了巨大的尺度以象征权力机构的力量和威严，但它同样也成功地处理了大尺度建筑与气候、地形和文化内涵之间的关系（图4-30）。

意大利巴里圣尼古拉体育场是一座可容59000人的体育场，是为20世纪90年代的世界杯足球赛而建造的主体育场。它探讨了如何在城市边缘地带建造大尺度建筑的问题。通过与结构工程师的合作，建筑师创造了一个轻盈开敞的结构。尽管体育场的体量十分庞大，仍然是绽放在阿普利亚原野上的一朵鲜花。为了使体量轻盈开敞，体育场的看台划分成上、下两个部分。较低的部分是跑道外围的露天看台，从缓坡地形向下挖了一层，外圈环形的交通廊内设通向上半部的通道，将体育场结合成一个整体，同时也在建筑上形成一条水平向的分隔带。在远处，只有建筑上半部的混凝土外壳是可见的，呈放射状，且等分成26个独立的部分，每一部分都由四根巨柱支撑，顶部还与支撑着透明屋顶的钢架相接。楼梯位于各部分之间的空洞内，放射状的通道一直延伸到停车场(图4-31)。

重庆“纽约·纽约”大厦项目位于渝中CBD“十字金街”核心地段，建筑高度213m（至尖顶）。设计重点在于立面造型，以塑造建筑形体轮廓及比例尺度关系为主。整体造型以西侧贴邻的“商社电器”为裙楼，顶部逐级收阶，最后以棱锥体结束，上中下三段比例得当，形态优美。建筑立面在玻璃幕墙上应

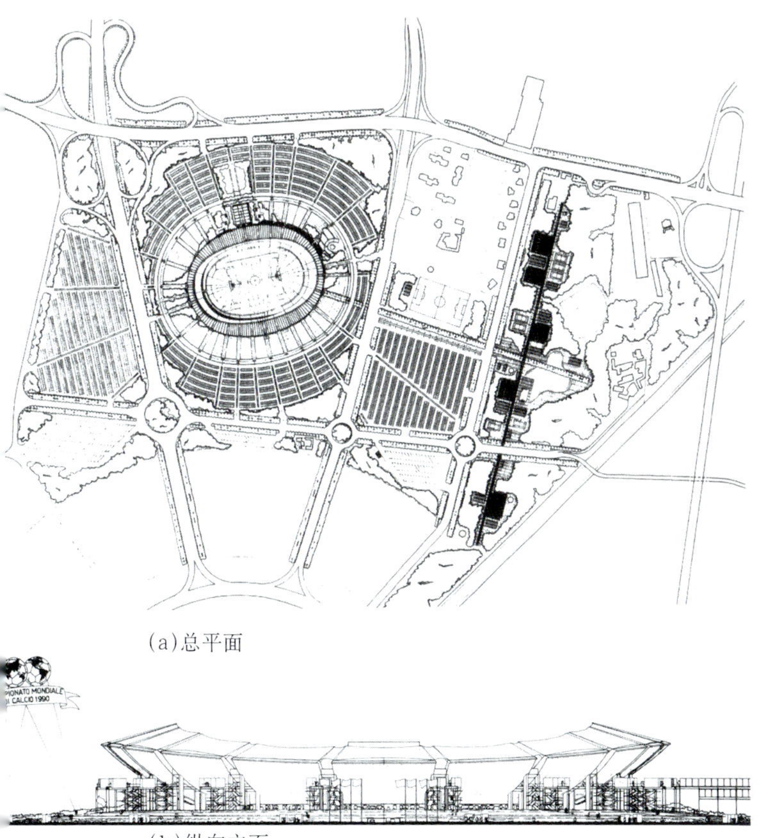

(a)总平面

(b)纵向立面

(c)大看台

图4-31　意大利巴里圣尼古拉体育场

(《20世纪世界建筑精品集锦》4卷　P228-231　V·M·兰普尼亚尼　建筑师R·皮亚诺)

用一系列铝合金线条，宽窄横竖有机排列，产生了强烈的视觉效果，形成了独具特色的渝中半岛天际轮廓线（图4-32）。

位于重庆化龙桥的重庆天地商业地块规划成功之处在于整体上创造了具有人性化尺度的城市空间，同时较好地解决了地域特色的创造和历史文化遗产的继承与创新，再生了重庆的地区城市空间与生活形态。建筑以宜人的尺度为标准进行设计，厂房的隐现、高高的“烟囱”、民房的坡屋顶，以及青砖、小街，都给人以无穷的遐想，曾经是工厂区、居民区的历史文化在这里延续，在时尚、功能与现代、新颖的空间与表面后面，人们仿佛看到了过去，展现了现代与历史文化发出碰撞的火花。重庆天地商业地块的人性化尺度还展现在对自然地形的巧妙处理，结合滨江南高北低的地形，各组成空间变化丰富，台阶、飞桥、自动扶梯与穿插其间的花草翠竹都展示了一个充满情趣而又有地方特色的宜人空间环境（图4-33）。

日本东京代官山集合住宅建设用地原来是树林茂密的坡状狭长地段，朝向一条繁华的街道，在东京次中心之一的边缘被确定为居住区用地，高度限制为10m，容积率为150%，室内外空间均要获得近人的尺度。基于此，沿着人行道设置了多种小尺度的开放空间和半开放空间，并与建筑穿插在一起，创造出了积极有效的城市空间。在这座建筑中，现代建筑的设计语汇和敏锐的城市设计策略的综合运用，充分尊重特定场所的独特特性，增添了整个开发工程的魅力。这座建筑是建筑师尺度处理和设计手法都比较谦和的作品之一（图4-34）。

香港中银大厦的侧庭设计是成功把握尺度感的又一良好例证。大厦高70层，从路面算起有315m高，而三角形侧庭的最宽处也不超过40m。在D/H为1∶8的比例下，建筑师是如何处理的呢？首先，侧庭的构成形态不同于前广场，没有明确的指向性；其次，侧庭采用了以叠水和绿化为主的形式，精心布置的山石、水面及优美的绿树都吸引着人们的视线。另外，中银大厦的塔楼与裙房部分的外立面设计有极大的差别。塔楼采用1.33m见方的镜面玻璃嵌于电解铝框中，简洁洗练，色彩清淡，而裙房部分则极尽修饰之能事，凡此种种努力，使侧庭中的游人很少能感觉到高层的压力（图1-134）。

(a)外观

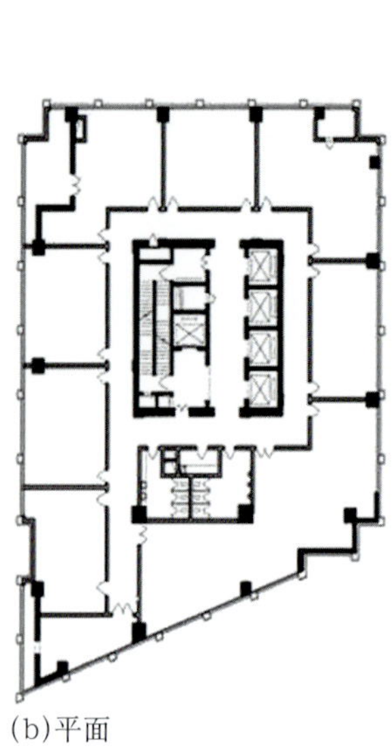
(b)平面

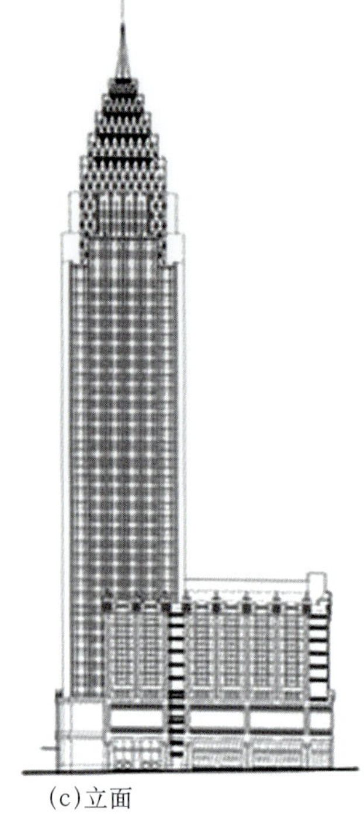
(c)立面

图4-32 重庆“纽约·纽约”大厦 （建筑师 重庆市建筑设计院陈荣华 合作者陈豫川等）

(a)鸟瞰效果图

(b)内部街景

图4-33 重庆天地商业区 （设计：伍德设计师事务所、重庆市设计院 余颖提供）

(a)沿街景观

(b)边路立面景观

图4-34 日本东京代官山集合住宅
(《20世纪世界建筑精品集锦》9卷 P114-115 关肇邺 吴耀东 建筑师桢文彦)

图4-35　吉隆坡马来西亚国会大厦建筑群外观

（《20世纪世界建筑精品集锦》10卷　P64-65　林少伟　J·泰勒　建筑师W·J·席普里）

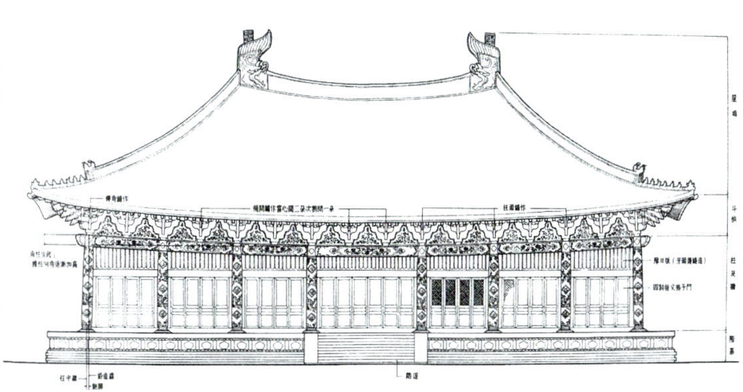

图4-36　宋《营造法式》立面处理示意

（《中国古代建筑史》第二版　P243　刘郭桢）

吉隆坡马来西亚国会大厦，位于花园湖区的小山顶，区位优越。建筑物处于整齐的草地、水池和修剪过的植物之间。大厦有一检阅场，供迎接国宾和重要人物之用。设计构思沿用纽约利华大厦的基台——塔楼模式。建筑沿西北——东南轴线对称布置了平台式底层基座，和上部的18层塔楼。从大基座升起的主轴对称形的塔楼用引人注目的三角形折板结构，用11个小尖塔像手风琴似的连接，以象征本国最初的11个省。下面是众议院，参议院设在附近一栋小一点的建筑内。立面上突出的特征是预制混凝土的遮阳格栅，它们在格式和尺度上创造了一种高雅的气度（图4-35）。

4.1.4　均衡与稳定

均衡与稳定是形式美的又一法则。均衡所涉及的主要是建筑构图中各要素左与右，前与后之间构图的匀称与平衡关系即获得安定感觉的判断。而稳定所涉及的则是建筑整体上、下之间的轻重关系的处理。审美的均衡与稳定的观念是从人们的经验积累中形成的，而经验又来源于实践，因而审美上的均衡、稳定往往与物质活动实践的均衡、稳定都共同地遵循着与重力有联系的大体相同的原则。

4.1.4.1 均衡

均衡一般有两种形式：静态的均衡和动态的均衡。以静态的均衡来讲，又有两种基本形式：一种是对称的形式；另一种是不对称的形式。

对称的形式有中轴线或中心点，沿中轴线或中心点周围或两侧构图各要素保持严格的制约关系。其形式天然就是均衡的，具有一种完整统一性。建立轴线需要两个点，但对称需要一条轴线或者一个点（中心线），没有轴线或中心，对称不能存在。从远古开始，人类就制作对称的器皿和用具，“主座朝南，左右对称”是中国传统主要建筑平面和立面构图的基本形式（图4-36）。古今中外有无数的著名建筑都是通过对称的形式获得均衡，从而达到简洁完整统一。对称的形式还可以区分为绝对对称和基本对称。绝对对称从视觉上所能表达的沿中轴线左、右两侧为同形同量，形量完全相同。基本对称沿中轴线两侧可以为等量不同形。绝对对称和基本对称都能达到均衡统一的完整效果。无疑最具对称可能性的物体是球体，所以球体和穹顶形式出现往往成为许多建筑形式的特征，并创造出了空间中的趣味中心。对称表现稳定、永恒和尊严。对称的形式给人以规整、简洁、严谨、端庄的感觉。

不对称形式组成整体的各要素是按不对称的原则展开的。不对称均衡首先要用强化或突出主体的方法，通过加大主体部分的体量或改变主体部分的形状等方法以达到主从分明的效果，使主体能控制左右不同的要素；其次，均衡效果的取得应从三度

(a)外观

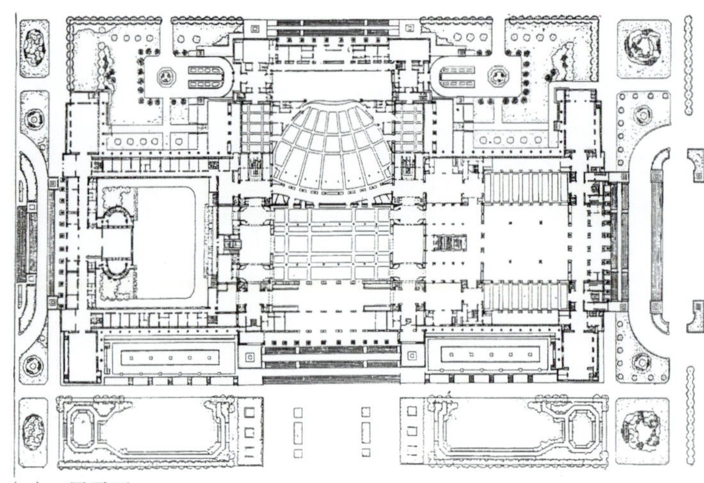
(b)一层平面

图4-37 北京人民大会堂（一）

空间进行研究。不对称形式的均衡虽然要素相互之间的制约关系不像对称形式那样明显、严格，但要保持均衡的本身也就是一种制约关系。它们沿中轴线两侧可以是同形，但不等量，或者既不同形又不等量，但仍然能达到完整统一的效果。与对称形式的均衡相比较，不对称形式的均衡可以使人与自然环境更为和谐，显然要轻巧活泼得多。不对称的体形组合可以给人以轻快、有活力的美感，避免呆板、无生气。随着现代建筑技术与结构的不断进步，以及建筑组成日趋复杂，不对称形式和不对称自由组合形式运用更加自由，其景象变化无穷。欧洲最动人的广场意大利威尼斯圣马可广场，北京颐和园，美国流水别墅等建筑形式都是非对称的。

对称与不对称产生的均衡感也非只是通过平面和建筑体量取得，色彩、材质、细部设计的处理同样是获得均衡效果的途径。均衡构图的原则也不是仅仅适用于建筑的体形组合，它在总体规划以及总平面空间设计中同样适用。在建筑的总体或总平面的设计中，绝对对称是较少的，一般只是大体对称，也就是采用在保持均衡的前提下，作不对称的处理。而且，对称和不对称也不是截然划分开的，将二者巧妙结合而达到均衡同样是一种有效的形式。此外，在组合方法上，还常利用不同大小、高低、体量的特点采取错落、纵横穿插等方法达到体形有起伏、轮廓有变化的效果。在一些复杂体量的组合中，还必须注意把所有的各要素都巧妙地连接成为一个有机的整体，也就是通常所说的有机组合。整体与各要素之间，必须排除任何随意性，而表现出一种相互依存和互相制约的关系。

以上讨论中我们较多的是从一个方向研究建筑的均衡问题，但是人们对建筑的观赏并不是固定在某一个点上，也不是只从一个方向观察一幢建筑，因而不能拘泥于某一个方向的均衡，更多的应该从整体上研究建筑的均衡问题，在几个方向及连续运动和变化中观察建筑。有的建筑从一个方向看可能不均衡，但从整体上却是十分完整的。所以，还必须从各个角度来考虑建筑体形的均衡问题，特别是从连续行进的过程中来看建筑体形和外轮廓线的变化。

北京人民大会堂是典型的对称均衡构图形式。人民大会堂是全国人民代表大会的议事堂，位于天安门广场的西侧，占地15hm^2，总建筑面积171800m^2，平面呈山字形，南北长336m，东西面宽174m(总宽206m)。由大会堂、宴会厅、人大常委会办公楼三部分组成，连接三者的交通枢纽为中央大厅。中央大厅面向广场，地上四层，高40m，是大会堂的主要入口。进东门经中央大厅，进入宽76m、进深60m、高32m、有两层楼厢、可容纳9634座的会场，加上台上300人以上的容量，总容量达万人。舞台台口宽32m，高18m，深24m。会堂周围有大小不同的厅室。进北门经友谊厅和汉白玉大楼梯进入可容纳5000座席的宴会厅，南端为人大常委会办公楼。大会堂的建筑造型，平面对称，高低结合，台基、柱廊、屋檐采用中国传统的建筑风格。与天安门城楼和广场取得了协调而又有创新的效果（图4-37）。

(c)大会堂内景

图 4–37 北京人民大会堂（二）

(《20 世纪世界建筑精品集锦》9 卷　P94–95　关肇邺　吴耀东 建筑师赵冬日　张镈)

图 4–38 北京八一大楼外景

(《建筑学报》2000　11　P65　张启明摄)

澳大利亚国会大厦位于澳大利亚首都堪培拉的首都山顶，1988年落成，是庆祝澳大利亚建国200周年的建筑项目。大厦包括众议院、参议院和总理府等。这三个主要部分各占一方，有清晰的轴线，构图对称。建筑物造型具有古典建筑特征，宏伟、大度、有纪念性。但细部又是现代建筑，是现代与古典手法结合的产物，显示了20世纪后期国家性建筑的设计趋向（图 1–76）。

北京民族文化宫，这是一座20世纪50年代末，即十年国庆前夕建成的建筑。建筑象征着站起来的中国各民族大家庭的团结与向上。建筑将主要形体置于主轴线上，建筑的造型用低平对称的构图，衬托出一个高耸的中部体量，以对比显示其形体间的差异，上面用一个传统的中国式重檐攒尖大屋顶。两侧及连接体等低体量部分用连廊、披檐、栏板等传统中国建筑语汇，表述其传统中国建筑的语言倾向。屋身全部以白色面砖饰面，孔雀蓝色琉璃瓦屋面，方正石墙脚，既统一谨严，又淡雅高洁，有一种脱俗而出的庄重与崇高，融现代建筑与传统民族风格于一体。造型优美，色彩明快，充分体现了象征民族团结与繁荣向上的建筑主题（图 4–28）。

北京八一大楼为国防部大楼，建筑采用传统的中轴线左右对称布局，在总体布局上突出了建筑的体量，体现建筑的宏伟壮观的气势和军队首脑机关所需要的庄重大方的气质。在建筑造型上，恰当地把握好民族风格的度，在突出军队特色的前提下，实现传统形式的现代化（图 4–38）。

纽约联合国总部是由 W · K · 哈理森主管的一个十人委员会进行选址和设计，其中包括中国学者梁思成和曾为反对拥挤的走廊式街道而终生斗争的勒 · 柯布西埃，对委员会的决定施加了重要影响——即决定创造一座位于园区中的塔楼。它历史性的打破了城市的方格网结构，是联合国大厦最有影响的结果。总部建筑综合体包括秘书处大楼、联合国大会堂和安理会会议楼。秘书处大楼为板式建筑，地上 39 层，高 165.8m。建筑综合体的非对称性是有意的尝试，它开创了一种跳出西方过去的对称与标准形象的新纪念性语言，反对夸大的纪念性。交错平面的抽象系统被用来形成一处院落，到秘书处大楼的主要入口偏离着轴线，国际会议厅的立面不再是一排柱子，而代之以玻璃与大理石垂直条带（图 4–39）。

图4-39 美国纽约联合国总部夜景鸟瞰
(《20世纪世界建筑精品集锦》1卷 P114 R·英格索尔 建筑师W·K·哈里森)

甲午海战馆属纪念性建筑，这场海战由于中国的惨败而丧权辱国，继而激起国人的义愤。甲午海战馆的设计构思便是循着这一轨迹而刻意于捕捉项目的功能性质特点的。为了突出这一独特的个性和主题，从环境氛围到选址，从功能到布局，从形象塑造到细部处理都紧密围绕着如何充分表现这一主题思想而逐步展开的。结合地形、功能特点，甲午海战馆从一开始便摒弃了对称布局，但却保持了均衡。该馆取西向作为主要入口，以迎接由码头上岛的人群，进门后由一条沿着海岸的弯曲道路——广场把人流引导至主体建筑。纪念性建筑虽然要求具有很高的艺术性，但也不能无视功能的要求。相反，它必须顺应并巧妙地利用功能的特点来赋予形式，方能更好地表达纪念性建筑的特点和个性（图4-40）。

美国洛杉矶的盖蒂中心将对称布局与不对称造型相结合，从而在几何形态的人文性及有机组合的自发性之间寻求到了一种平衡。盖蒂中心就像一座傲立在圣地亚哥高速公路上方的城堡一样俯瞰着洛杉矶城。天然山脊，城市景观以及特定的弯曲地形构

(a)外景

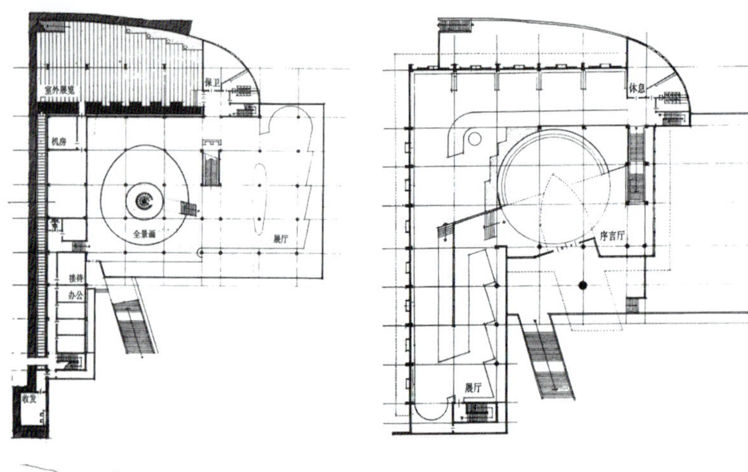

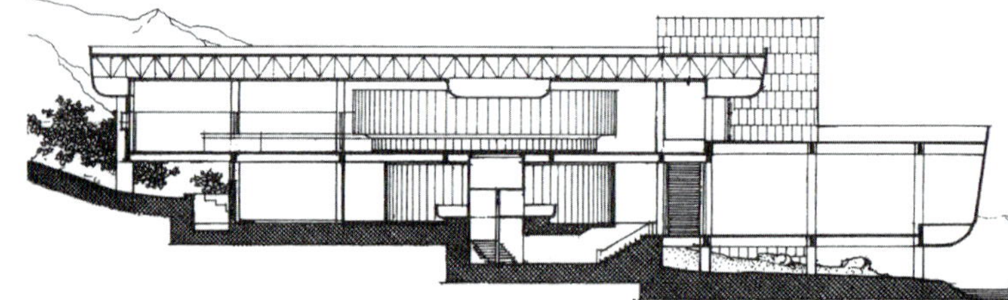

(b)底层平面、上层平面、剖面

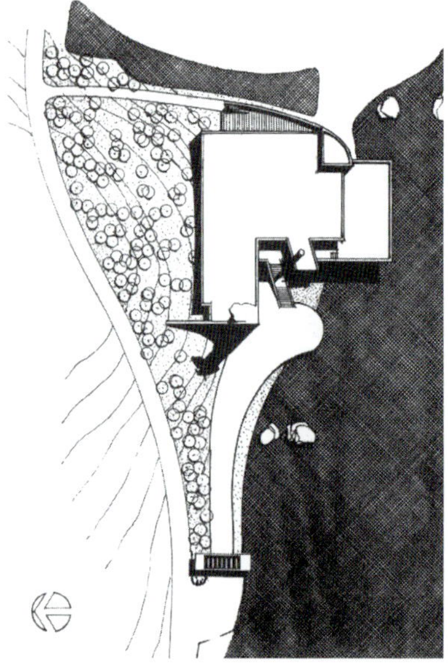

(c)总平面

图4-40 山东威海甲午海战馆 (《建筑学报》1995 11 P14 彭一刚)

(a)博物馆入口，挑廊为钢琴曲线

成了建筑布局的基础。该建筑设计体现了古典结构的优雅和永恒，在原始质朴的山腰环境中展现出宁静完美的姿态，建筑与环境完全融合为一体。当你抵达博物馆门口时，最具公共性的元素会展现在你眼前。那是一间三层楼高的、直接通向博物馆庭院的圆柱形大堂。在那里，经过宽大的台阶就可以进入庭院后面的各个展廊。沿庭院周边顺时针转一圈，可以按照时间顺序参观展品，不同媒介的艺术品则分别布置在不同楼层上面。整个场地的园林布置将建筑物有机融入到周围环境之中，泉水和排水渠的水流向了位于两个主要山脊间的中央花园。该项目还包括人文艺术史中心以及大礼堂等其他设施（图4–41）。

孟加拉国议会大厦的中心为圆形会场，门厅、祈祷厅、休息厅、办公室等的布置则是围绕议会大厦中心的圆形会场均衡地向四面八方伸出。部分墙面为红砖，另外有带花岗石条的水泥墙面。墙体上开着方形、圆形、三角形的大孔洞。造型厚实、粗犷，显得原始而神秘。议会大厦的平面与印度次大陆古代的曼荼罗图形有关（图4–42）。

厦门大学嘉庚楼群继承陈嘉庚先生的建筑布局传统，采取中轴对称构图，塔楼居中。塔楼沿用传统建塔的思想，四面对称，具有统领全局的主体地位。五幢楼取“五金定位”，“一主四从”手法。主楼建成为体现面向21世纪建筑，高21层；“四从”楼高为6层，组成具有现代气息的嘉庚楼群。5幢大楼朝东略成弧形，迎向中心广场前方是开阔的芙蓉湖。主楼主要使用功能为：学校行政办公中心、网络信息中

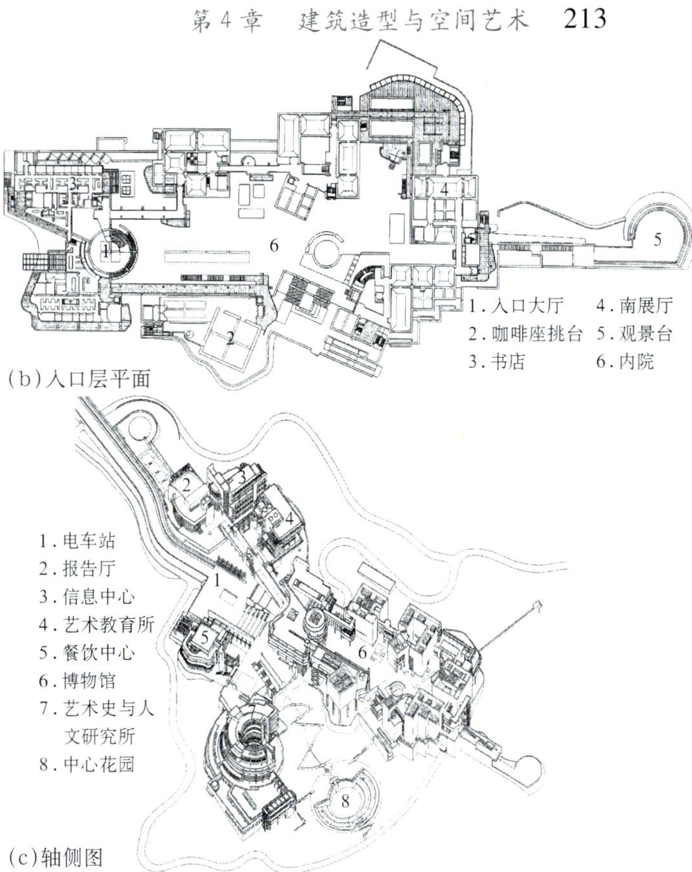

(b)入口层平面

(c)轴侧图

图4–41　美国洛杉矶盖蒂中心

(《世界建筑》1999　02　P58–60　薛恩伦)

(a)外观

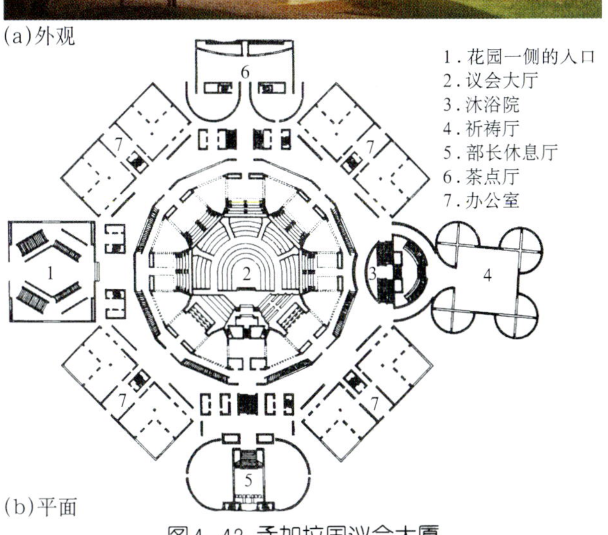

(b)平面

图4–42　孟加拉国议会大厦

(《世界建筑》1999　06　P40　路易斯·康)

(a)外观

(b)首层平面

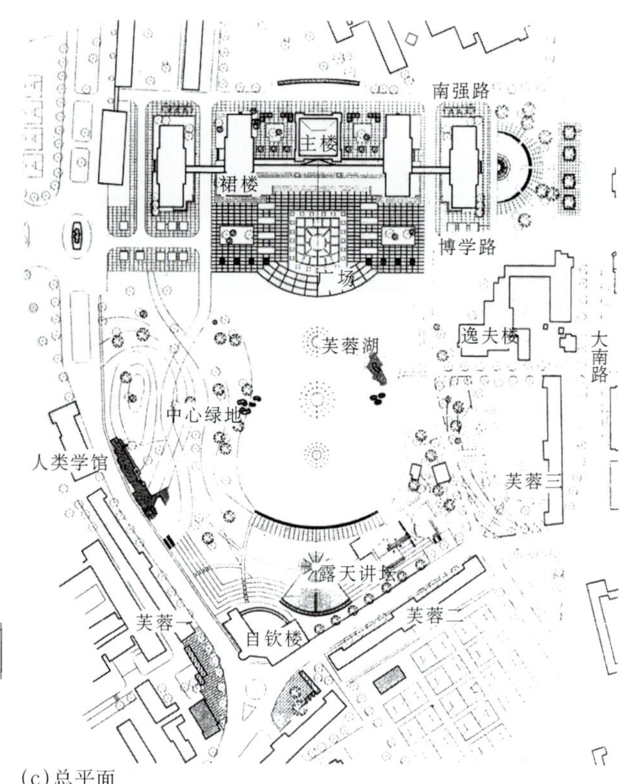

(c)总平面

图4-43 福建厦门大学嘉庚楼群

(a)外观

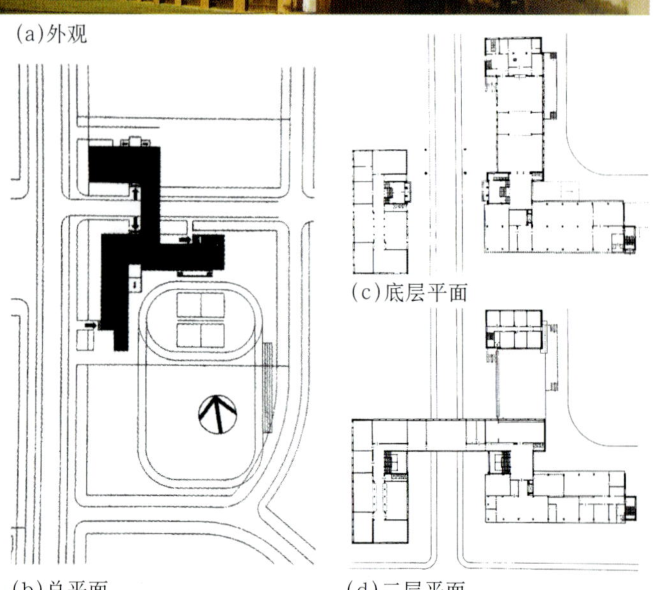

(b)总平面 (c)底层平面 (d)二层平面

图4-44 德国德绍包豪斯校舍 (《20世纪世界建筑精品集锦》3卷 P62-63 W·王、H·库索利茨赫 建筑师W·格罗皮乌斯)

心及校部有关研究机关；四幢从楼的一二层为普通教室，上部为实验、研究或其他用房。主楼和相邻两侧南、北楼之间设有连廊，二楼连廊与广场之间辅以统长大台阶，与广场上、下延伸，构成校园交流空间（图4-43）。

除静态的均衡外，我们把具有动势的均衡称为动态均衡。如迎风破浪的帆船，奔驰的动物。

由现代建筑大师格罗皮乌斯设计的包豪斯校舍是20世纪现代主义建筑的代表作之一，1925～1926年建于德国德绍。校舍建筑面积近10000m^2，整座建筑由教学楼、生活用房和一所职业学校组成。学校的设计以实用功能为出发点，但用不对称的造型来探求其构图的平衡和灵活性，形成高低起伏的多变效果，打破了古典建筑样式的束缚。体形组合极富变化，无论从哪一个角度看都具有良好的均衡关系，特别是风车形的平面更是明显地体现出动态均衡的某些特征（图4-44）。

1956年开始设计，1973年才建成的澳大利亚的悉尼歌剧院，坐落在悉尼港内三面临海的小块地段上，东、西、北三面临海，南面对着植物园，占地1.84hm^2，与岩石区及悉尼海港大桥遥相呼

(a)悉尼歌剧院所在地渥石湾鸟瞰

(b)从悉尼港看歌剧院

应。它包括一个2700座的音乐厅，一个1550座的歌剧院，一个550座的剧场，一个420座的排练厅。此外，还有众多展览场地、戏剧图书馆和其他附属设施。总建筑面积88000m^2，长183m，宽118m，高67m。为了与环境取得有机联系，建筑物外形由大平台上的10片三组方向相反的巨型壳片组成，各种用房隐藏在它的内部。这些壳片如同花瓣似的指向天空，构成奇异的造型，给人以美的联想——盛开的花朵、洁白的贝壳、海上的白帆……它的魅力在于其独特的屋顶造型，既保持了均衡，又有强烈的动态感，及其与周围环境浑然一体的效果，具有明显的反现代主义理性的浪漫倾向（图4–45）。

4.1.4.2 稳定

关于形式美稳定的概念，前面已说明主要是指建筑整体上、下之间的轻重关系的处理。根据人对自然规律的认识，要获得稳定的概念，物体呈上小下大、重心偏低，下部大而重，上部小而轻。古埃及吉萨金字塔比例完美，至今仍是世界上最庞大的人造建筑（图4–46）。北京天坛祈年殿（图2–47）以及印度泰姬·玛哈尔陵（图4–48）都给人下大上小十分稳定安详的感觉。即使在近现代建筑中，由下向上逐渐收缩的手法同样不能改变。阿联酋迪拜塔高达828m，由下向上采用了逐渐收缩的办法，不仅有利于结构受力、安全和降低造价，而且有利于增添建筑稳定感（图4–49）。

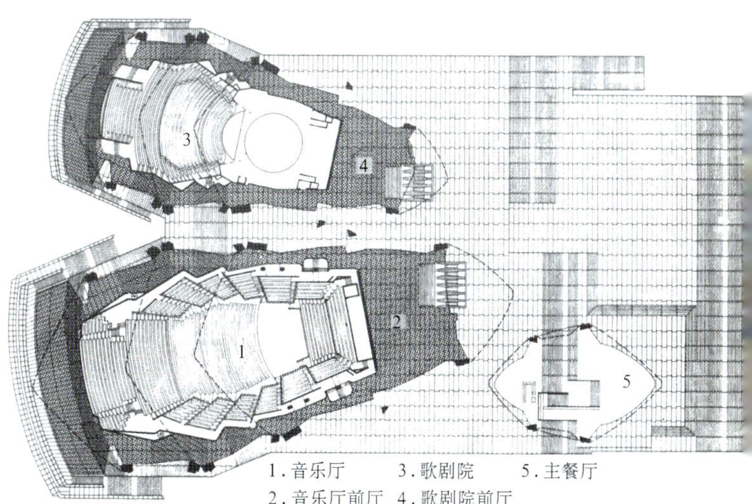

(c)主厅平面

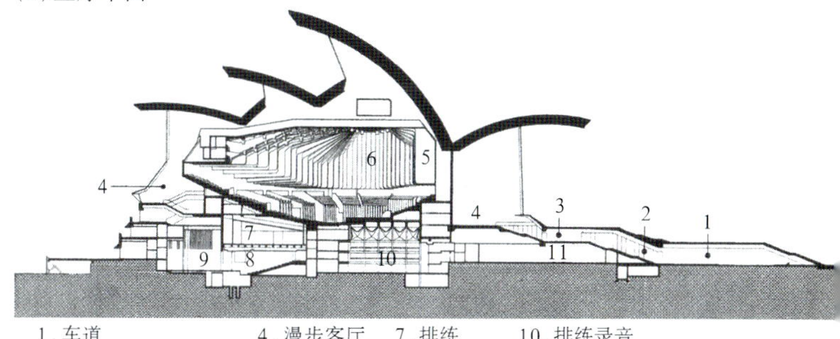

(d)音乐厅主轴剖面

图4–45 澳大利亚悉尼歌剧院

(《20世纪世界建筑精品集锦》10卷　林少伟　J·泰勒　建筑师W·J·席普里，《世界建筑》2006　05　P20　詹姆斯·卫瑞克)

随着科技的发展，人们关于稳定形式的观念也不仅仅停留在上小下大，而在不断探寻各种新的形式，挑战老的极限，上大下小等各种具有震撼力的形式相继面世。

图4-46 埃及吉萨金字塔（约建筑于公元前2585～2511年）

近处为米塞里鲁斯金字塔，其下部为一座小礼拜堂以及两个王妃的阶梯式金字塔。远处为哈夫拉金字塔。最远处为齐阿普斯金字塔，又称胡夫金字塔，高146m，边长230m，占地49.2公顷。

（《世界著名建筑全集》（1）P7　卢鸣谷　史春珊主编　辽宁科学技术出版社）

图4-47 北京天坛祈年殿外观

图4-48 印度亚格拉泰姬·玛哈尔陵外观

（《世界建筑》1999　08　P26　单军）

(a)效果图

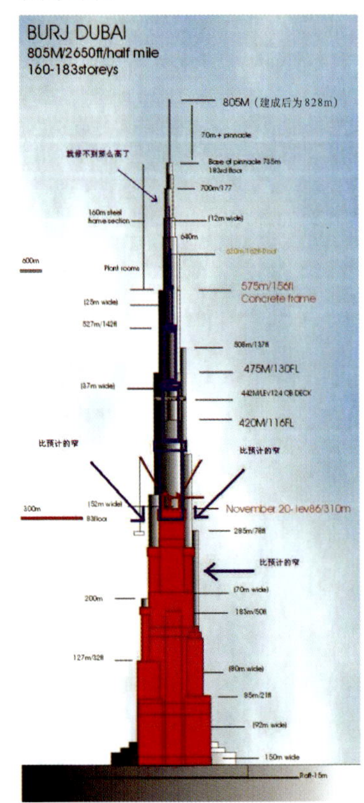

(b)迪拜塔示意图

图4-49 阿联酋迪拜塔效果图、塔身变化图示意

北京中央电视台新总部大楼（一区即CCTV总部）为满足使用需要，从地下产品制作的共用平台上升起两个建筑物，一个用于广播，另一个用于服务、研究和教育。这两个建筑结构在顶部相连，用来容纳管理部门，从而形成一个立体环形结构和悬臂达数十米的凌空体量，以挑战传统建筑垂直性稳定，力图展示一个有力的新形象，但为此却付出了高昂的造价（图4-50）。

现代建筑将底部层架空，或者中部挖空的处理，并没有给人以不稳定的感觉，反而增添了建筑的震

(a)外观

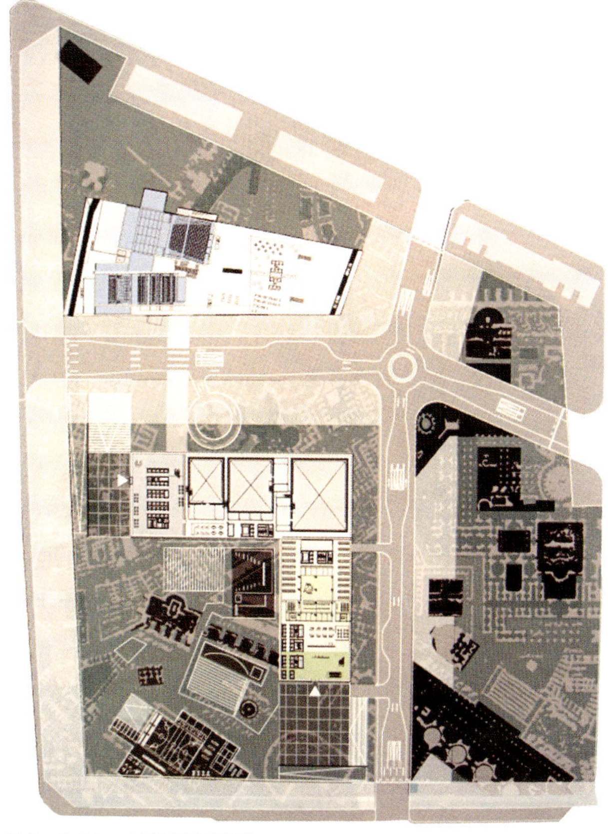
(b)+6.00m 基地标高平面

图4-50　北京中央电视台新总部大楼　(《世界建筑》2003　02　P21、23　荷兰大都会事务所雷姆·库哈斯)

(a)教会及屋外步行广场

(b)外观

图4-51　美国纽约花旗银行总部
(《世界高层建筑》陈一峰　陈刚、卢峰编译，中国计划出版社)

撼感和活力。架空的底层常常被用作绿化或场地，空间通透舒适。美国纽约花旗银行总部为了保护邻近旧教堂，取掉四周用柱，改在平面各边中央设置7.3m^2的巨大柱子，底层架空8层，设置了一个舒适的室外广场（图4-51）。

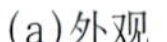
(a)外观

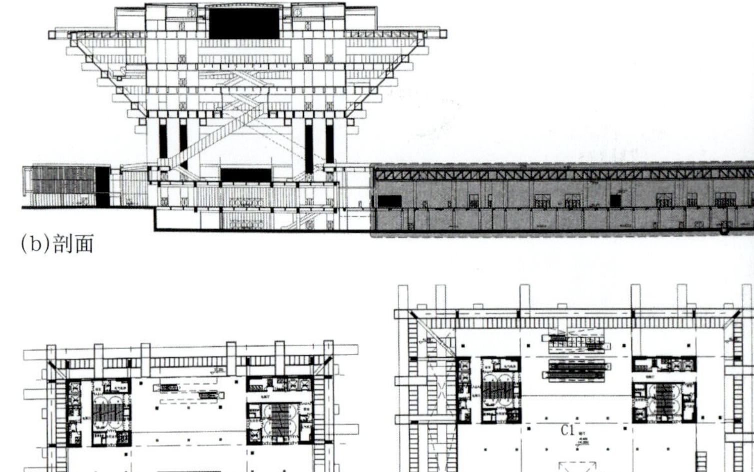
(b)剖面

(c)设计平面图

图4-52 上海世博会中国馆院 (《时代建筑》2009 04 P62 何镜堂 张利 倪阳)

4.2 建筑外部体形处理

建筑应该有它美观的体形与外表，为此进行的建筑外部体形处理是建筑设计的重要组成部分。建筑外部体形应该是它的功能和内部空间的反映。仅有良好的建筑功能和内部空间还不能成为一幢成功的建筑，建筑的外部体形处理同时还要考虑它所处地区的历史与文化，表现它的精神功能和文化，达到建筑功能与建筑艺术的完美统一。

4.2.1 建筑外部体形与功能

建筑物的外部体形首先应该是功能的反映。这里的功能既包括物质功能也包括精神功能，也就是建筑所要反映或表现的主题。建筑在精神方面要表现什么，物质、精神功能和形式、结构等技术的统一是建筑设计的至高境界。一般而言，建筑物具有“自然的记号”，看到某种功能的特征，就会使人联想到这是什么建筑。但是建筑体形处理并非到此止步，建筑体形并不是简单被动地服从于物质功能和空间的要求，建筑艺术形式在一定程度上反作用于内容。有些建筑，形式所要表达的主题，建筑艺术形式常常是首要的、决定性的，从而走向新形式的创造。从巴塞罗那世博会德国馆（图3-57）到上海世博会一些国家的参展馆建筑造型都说明：固然功能不同，建筑体形才有千变万化，而功能相同，建筑体形也并非千篇一律。即使是同一地点、同一环境、同一功能，建筑外部体形的艺术创造也是可以多样的（图4-52）。

北京首都机场T3航站楼总建筑面积98万m^2，由两个相对的Y字平面构型和一个一字构型的体量组成。Y型的总图布局源自这种平面可以在有限的宽度中提供较长的飞机停靠界面。这种向心式的布局，具有紧凑均衡的效果。它的建筑形态源自机场功能组织以及飞机和旅客的流线安排，并非刻意追求象征意义。外幕墙设计十分流畅和大气，用北京的传统色彩“装饰”建筑，与地区特色接轨（图4-27）。

从北京中国评剧院设计来看，由于评剧起源于我国北方农村，具有浓郁的地方性和通俗性，所以该评剧剧场的设计风格也带有鲜明的民族传统及地方艺术特色。建筑师将其设计成一幢“通俗易懂”的建筑。建筑造型服从功能，不做过多的变化，点到为止。评剧院外饰面采用浅灰色仿古面砖横贴，在窗套、柱边及分层腰线处配上同色的釉面面砖，于统一中有细微的变化。雨篷的上方，利用柱廊凌空的特点，做了三块铜制的红色“剪纸”，内容为“喜鹊登梅”、“凤穿牡丹”、“金鱼戏水”；业务用房入口上方的剪纸内

(a)外景

(b)大堂内景

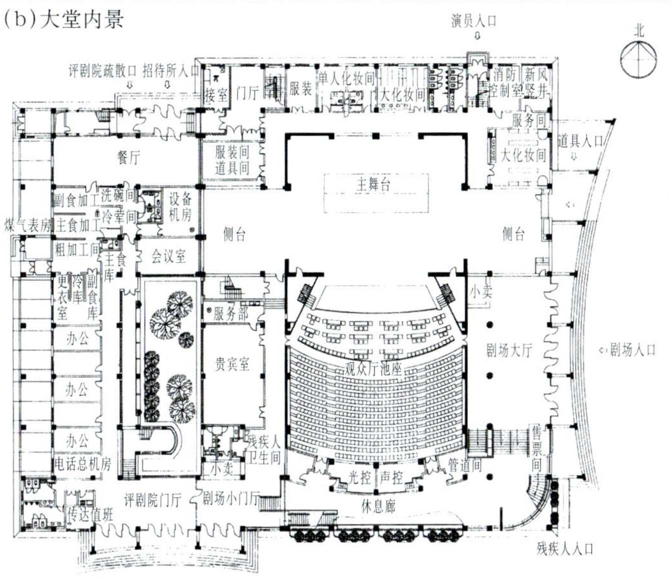

(c)一层平面

图 4-53　北京中国评剧院
(《建筑学报》2000　02　P19-23　吴亭莉　潘子凌)

容是“百花争艳”，都是家喻户晓的喜庆图案。这些处理都着意借鉴了我国北方的民间艺术，力求使这座剧场建筑能够亦庄亦谐，雅俗共赏（图 4-53）。

日本东京国立能乐堂是表演日本传统演剧能乐的国立剧场，用地周围是住宅街区，建筑檐部低平，没有采用大屋顶，而是根据内部空间与功能采用个别的重檐屋顶构成。看上去像传统屋顶材料椽皮茸的是铝制的带角管状横棱条。由现代材料构成平缓、翘曲的屋面，不是简单的模仿，而是高度自律表现的结果。作者主张“混在、并存”。他的手法是批判地等价对待各个时代的风格，立足于优秀的、历史的、均衡的美学上（图 4-54）。

重庆天地商业区以重庆化龙桥地区小街、厂房、民居以及吊脚楼、天桥等形式，将传统与时尚碰撞在一起，内部则赋予餐饮、购物、娱乐、会议、展览等多元的功能于一体，周围优美的江景及湖光山色既满足了观光者对重庆天地商业的习俗需求，又为当地居民、文化人提供了怀旧与尝新的现代场景，使之成为国际休闲、文化娱乐中心之一。这正是重庆天地商业区建筑性格所在（图 4-33）

4.2.2　建筑外部体形与地域文化

建筑物的外部体形不仅与功能相关，还涉及民族、地区和时代特征。由于民族、地区的自然和社会条件不同、生活习惯与历史文化方面的差异，反映在外部体形上必然有民族和地方的特色。在进行建筑外部体形的处理时，必须考虑地域特点与文化对它

图 4-54　日本东京国立能乐堂鸟瞰　(《20 世纪世界建筑精品集锦》9 卷　P152　关肇邺　吴耀东　建筑师大江宏)

的要求，考虑地方的历史与发展沿革，使建筑物的体形能成为地域文化的有机组成部分，与地方的历史文化相融。建筑物的外部体形同时是形成建筑外部空间的要素，庭院、绿地、广场、街道等都是借助建筑物的体形要素而形成的，不管是封闭的或者开敞的外部空间都是这样。因此，在进行外部体形设计时对外部空间要同时考虑。

巴黎卢浮宫博物馆，入口采用玻璃金字塔体形，十分简洁，既与周围环境的文艺复兴建筑协调，又以玻璃通透感使建筑化整为零。这一诞生于此时、此地、此事的天才构思基于对文化和场地的深刻理解，突破了一般建筑体形的框子，为传统与革新开辟了广阔的创作空间（图1–22）。

上海世博会中国馆建筑总用地面积7.14hm^2，馆区由国家馆和地区馆两部分组成，是世博园区核心建筑之一，永远保留。国家馆的展示设计将充分体现“城市让生活更美好”的主题，从中国城市历史、现在、未来的发展出发，展现出一幅中国伟大的城市文明画卷。地区馆将给31个省、直辖市、自治区提供展览场所，展示中国多民族的不同风采及各省、直辖市、自治区城市的成就。上海世博会中国馆的创作构思凝聚了全球华人的智慧和心血，体现了“东方之冠，鼎盛中华；天下粮食，富庶百姓”的创作理念。在总体布局上国家馆坐南朝北，居中升起，层叠出挑，庄严华美，形成凝中国元素，象征中国精神的主体造型——“东方之冠”。地区馆水平展开，汇聚人流，以基座平台的舒展形态衬托国家馆，展现出面向世界的中国大舞台的形象。层层出挑的主体造型，展现了现代工程技术的力度美与结构美——一幅伟大的中国城市文明画卷。国家馆的构成方式吸取了中国传统城市的营建法则、构成肌理以及中国传统建筑的屋架体系、斗栱造型的特点。以纵横穿插的现代立体构成手法生成一个逻辑清晰、结构严密、层层悬挑，以2.7m为模数的三维立体空间造型体系。外观造型上整体、大气、有震撼力；内部空间构件穿插、空间流动、视线连通，满足现代展览空间的要求。外观的中国红元素以及屋顶花园观景台“新九州清宴”等都体现了中国特色与中国元素（图4–52）。

赖特对于大城市中“盒子化”建筑的反感，导致他在纽约第五大道上古根海姆博物馆设想出一座反常规的、海螺似的样式，以对抗曼哈顿的城市方格网。它与路对面的中央公园的19世纪自然主义建筑更较为一致。这座美术馆于1959年开幕，是在赖特去世后的六个月。地段面积约50m × 70m。博物馆建筑主体包括一座穹顶的、有顶窗圆厅，高约30m，由一螺旋面的坡道环绕着。坡道有5°倾斜，共转5圈，螺旋的直径向上逐渐加大，外墙则向内倾斜。一层流入另一层，代替了通常那种楼层的重叠，处处可以看到构思和目的性的统一。绘画挂在周围斜墙辐条式布置的片墙上展出。片墙随坡道旋转而加深。这些放射片墙既作为支撑，同时又使流通空间细分为一系列三面墙的展出间。首层的“大画廊”提供较为传统的艺术设备，半圆形电梯间和三角形楼梯间提供直达顶部的垂直交通。顶部是赖特预定的环形参观的起点。螺旋形结构内明亮的中庭仍是一种无比的空间体验，由于来访者盘旋的运动而生气勃勃。螺旋形大厅的地下部分有一个圆形的讲演厅。博物馆的办公部分也是圆形建筑，同展览部分连在一起。赖特自己认为“我构想这座建筑的目的，并非为了将那些画放进一座建筑物里，恰恰相反，我是为了使建筑与绘画成为一个连续而美妙的交响曲，这样的建筑在艺术世界里从来没有出现过”。关于博物馆最引起争论的问题，赖特却占了上风，那就是在斜墙挂画问题，以及没有观赏艺术的平地基准点（图2–99、图4–55）。

(a)外观

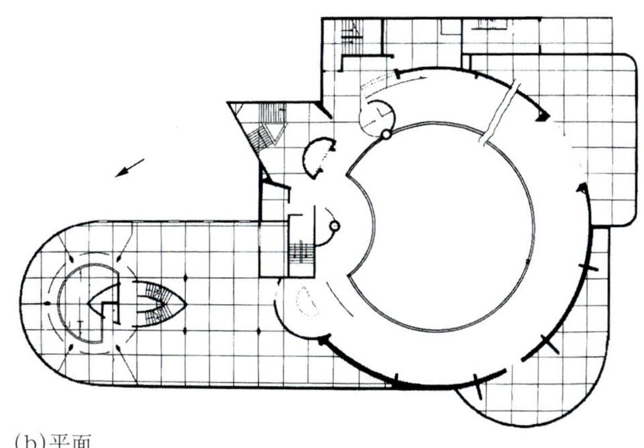
(b)平面

图 4－55　美国纽约古根海姆博物馆　(《20 世纪世界建筑精品集锦》1 卷　P136－139　R·英格索尔　建筑师 F·L·赖特)

“台北 101 大楼”是一座位于台北市的超高层摩天大楼。大楼以内斜瞭望台的意念出发，其向上开展花蕊式的造型。内斜 7° 的建筑面，层层向上扩增，在外观上形成有节奏的律动美感，象征中华文化“节节高升”的意象及蓬勃发展的经济。其简洁有力的高楼剪影，塑造了台北新天际线，亦成为都市新坐标。配合高科技节能透明的玻璃材料及创意的照明设计，与自然及周围环境作大尺度的融合，犹如一盏“希望之光”。日间形成清澈优雅的透明体，无出无入，化于无形。夜间犹如黑夜中的一盏明灯，射向台北星空，激起市民无限的想像空间。该大楼可承受10级以上的大地震和相当于 17 级以上的强烈台风（图 4－56）。

河南省博物院是一个国家级的历史博物馆，建筑师在设计中运用中国的形象思维，重视以“象数”思维为代表的思想，于是“中原之气”、“九鼎定中原”就成了博物院设计构思的根源。一座顶部如翻斗的金字塔形的主体建筑就是在这个基础上形成的（图 4－57）。

图 4－56 台湾台北 101 大楼
(《建筑学报》2005　05
P33－36　李祖原)

(a)大楼外观

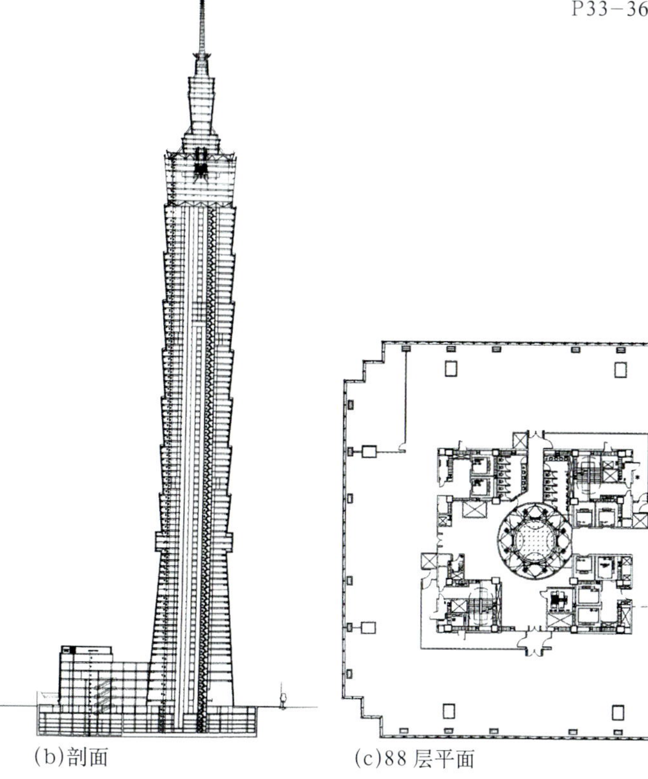
(b)剖面　(c)88 层平面

(a)主馆全景

(c)主馆立面

(b)主馆首层平面

图4-57 河南省博物院 (《齐康建筑设计作品系列5》P33、102、103)

(a)大巴扎鸟瞰效果

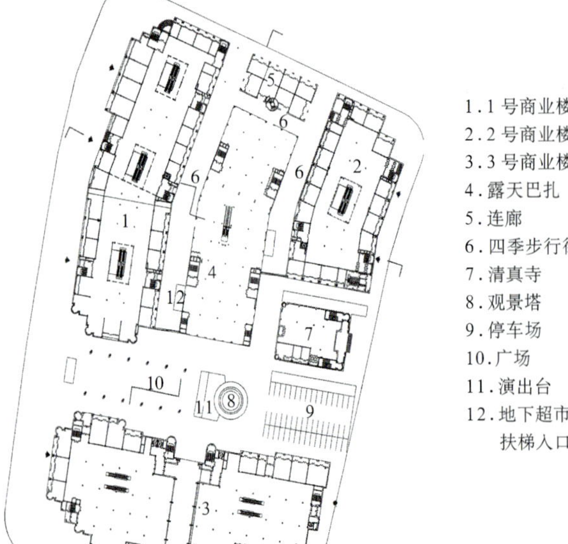

(b)一层平面

图4-58 新疆乌鲁木齐国际大巴扎
(《建筑学报》2003 11 P30 王小东)

新疆国际大巴扎设计是在乌鲁木齐“民族风情一条街”的整体规划要求的前提下进行的。根据总体规划，要求民族风情一条街的规划与建筑要有民族和地域特色，使其成为乌鲁木齐在民族传统方面最有代表性的地方，而国际大巴扎又是“一条街”的重中之重。大巴扎的设计定位就是创造新疆民族建筑的精品。大巴扎建筑面积约90000m^2，根据功能布置空间，自由而灵活，不拘泥于形式，不追求刻板的对称。除商业和露天巴扎外，还有一座拆迁返还的清真寺和一座高70余米的现代观景塔。室外空间还有一个容纳上千人的广场供文艺演出，广场中还有雕塑、喷水池、草地、花池等绿化。建筑形体错落有致，光影效果明显，雕塑感很强。面对丰富的伊斯兰建筑遗产，作者严格遵循“减法原则”，紧紧以新疆为中心来取舍、安排，仅仅用伊斯兰空间构成的独特手法，如拱、圆顶、廊、洁简的墙面几何体的巧妙转换来形成特点。外墙使用土红色的耐火砖。在围绕地方主题的同时，设计中适当流露出古希腊、罗马、西亚以及中国中原文化的影响。整个建筑被认为“既有民族风格，又有现代气魄”(图4-58)。

巴布亚新几内亚国会大厦把当地的传统设计、本土艺术形式和当地的木材细心地综合在本设计之中。建筑群由三幢建筑组成，但都处于2hm^{2}面积的同一屋顶之下，使人想起本国传统神灵建筑的纪念

(a)外观

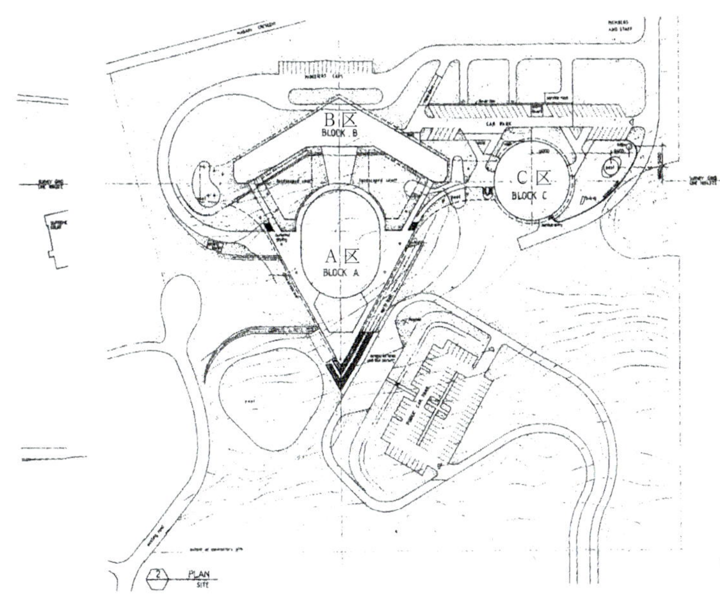

(b)总平面

(c)全貌

图4-59　瓦伊伽尼巴布亚新几内亚国会大厦

(《20世纪世界建筑精品集锦》10卷　P238-239　林少伟　J·泰勒　建筑师C·贺根)

性屋顶风格。第一栋建筑包括大厅、会议厅和旁听席，入口用当地人工制作的锦砖贴面。另一幢建筑是首相套房和行政办公室。娱乐区取材于本国的传统圆屋，包括餐厅、游泳池、手球房和剧院等（图4-59）。

西藏博物馆主馆位于西藏拉萨罗布林卡(夏宫)东门外，北望布达拉宫。其主入口向西，开在民族路上，避开了冬季拉萨的寒风，退后红线约40m，以突出这一重要文化建筑。平面采取藏式建筑大体量地状布局，将仅有15000m²的面积集中起来，显得体块硕大，形成气势。而内部展览流线也更为连续、顺畅、便捷。一层为临时展厅，二层为本馆固定文物展览。主入口以大台阶直上二层展厅。外部造型以体现西藏文化和地域特色为主，大体量块状组合采用当地石材的收分石墙，平顶女儿墙色饰带的曲尺变化。主入口大楼梯藏式台阶扶壁，斗栱、柱、枋和门、窗等细部形式都借鉴了藏式传统建筑的处理，同时加以变异和简化，使建筑不乏时代气息。室内设计同样具有浓郁的藏文化特色，与展品融为一体。在出挑的栏板外绘制白底蓝花藏室图案，建筑庄重而凝练(图4-60)。

苏邦加亚雪兰莪美新尼亚加(商业机器)公司的14层大厦的设计中采用了该事务所在近10来年中开发的热带高层建筑的生态气候设计原理。在东侧的楼梯和电梯间及厕所等服务部门采取了被动式低能耗措施、自然通风和采光。东西窗均设外百叶，南北向用透明玻璃幕墙，以利采光和视觉。从地面覆盖草泥的堤台开始向上，沿立面进行了“垂直绿化”。各层设置了错开的阳台或“天上庭院”。屋顶上有娱乐性健身房、游泳池及咖啡厅。钢筋混凝土框架和填充砖外包组合铝围护面层，使本建筑成为适应气候、采用高科技和具有机器型外貌的实例（图4-61）。

(a)外景 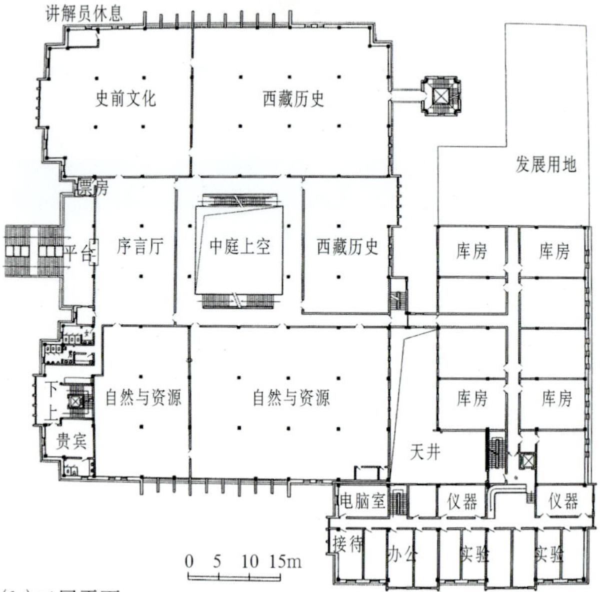　　(b)二层平面

图4-60 西藏拉萨西藏博物馆 （《建筑学报》2006专集 赵擎夏 刘军 聂毅）

图4-61 苏邦加亚雪兰莪美新尼亚加大厦外观
（《20世纪世界建筑精品集锦》10卷 P116 林少伟 J·泰勒 建筑师T·R·哈姆扎与杨事务所）

荷兰阿姆斯特丹凡·高美术馆新馆设计采用了里特维尔德（原设计人）式，由直线和网络构成的抽象的几何形式，但是通过弧线、圆形和椭圆的运用，使新馆的特征得以表达。新馆的建设是由于参观者人数激增的缘故。新馆基地位于阿姆斯特丹市的博物馆广场上，原馆入口门厅的对面，这里同时也是一处公园。为了让新馆的建筑体量降低，地下设计了2层，占总建筑面积的75%。新馆与老馆通过地下通道相连，从而将一种不可见的关系整合起来。新馆的建筑采用了一种新月形，但是面对庭园一侧的立面有一些微微的倾斜。半圆形的地下庭院是一处总有水流喷涌的水庭，是对日本庭院的一种引用（图4-62）。

美国纽约电报电话公司大楼设计的处理，大楼顶部有带圆缺口的山墙，大部分窗口比较窄小，石质墙面在立面上占较大比重，底部有高柱廊，多处采用拱门形式。建筑师有意套用欧洲文艺复兴建筑的某些样式，使这座20世纪80年代的商业大厦在盛行简洁的现代风格之后，重新具有古典的装束，因而大楼名噪一时。但约翰逊对待古典建筑形式的态度是严肃的，手法也较严谨，与当时一些后现代主义建筑师滑稽式地运用古典建筑形式元素的做法明显不同。美国电报电话公司大楼的出现是一个信号，标明美国高层建筑风格在上世纪末期有所变化（图4-63）。

图4－62 荷兰阿姆斯特丹凡·高美术馆新馆外观
(《世界建筑》2001　07　P33　设计[日]黑川纪章建筑都市设计事务所)

图4－63 美国纽约电报电话公司大楼外观
(《世界建筑》1999　09　P41　吴焕加　建筑师P·约翰逊)

美国纽约西格拉姆大厦是一座20世纪建筑的重要纪念物，它有意打破由公园大道连续建筑形成的走廊，而体现出一种理想。密斯依靠尺度、比例和材料的质量而达到建筑物非凡的庄严典雅。其玻璃幕墙的流动透明与其外墙铜件的力量取得了平衡，给予现代摩天楼的钢架结构以美的表现。广场、塔楼、室内成为整体是由于一丝不苟的细部处理和精心挑选的建筑材料，包括电梯厅的罗马石灰石和广场用的斯文森粉红色花岗石。西格拉姆大厦，窗框用铜材制成，墙面上还突出一条工字形断面的铜条，增加墙面的凹凸感和垂直向上的气势。整个建筑的细部处理都经过慎重的推敲，简洁细致，突出材质和工艺的审美品质。由金属和玻璃的暗色色层所隐蔽的骨架结构矗立，如一座内含谜一般的反射体。西格拉姆大厦外皮稍稍挑出结构，而铜压制品整个包住钢架。密斯认为这是一种更为现代的解决办法，是分离结构与面层的逻辑性决定（图3－64）。

重庆自然博物馆新馆“根”方案的设计灵感来源于遍布巴渝大地的黄葛树根。树根盘绕于顽石的类缝间，深深扎根于巴渝的岩石之中。按照这一构思，建筑通过根的表象延展建筑空间，屋顶、墙、台基与玻璃在实与虚之间交替互换，凹凸的脉络形成了建筑的形态和肌理，它将建成为一个自然科学主题公园（图4－64）。

图4－64　重庆自然博物馆新馆方案“根”外观　(重庆大学建筑设计研究院设计　戴志中　胡纹提供)

(a)全景

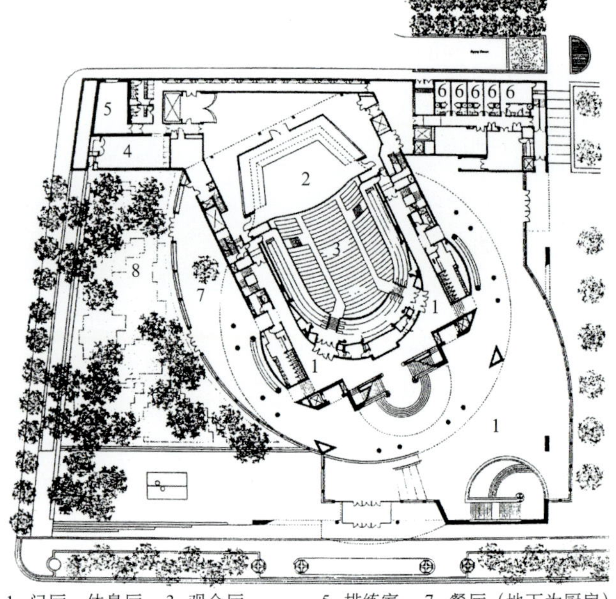

1.门厅、休息厅 3.观众厅 5.排练室 7.餐厅（地下为厨房）
2.演奏台 4.演奏家休息室 6.化妆室 8.花园（地下为机房）

(b)一层平面

图4-65 美国达拉斯莫顿梅尔森交响乐中心
（《世界建筑》1991 02 P52 设计贝·考柏·弗利德事务所）

4.2.3 建筑外部体形与性格特征

4.2.3.1 建筑外部体形与性格特征的是与非

性格通常是指表现在人的行为举止方面较为稳定的心理特征。建筑性格是建筑外表形象与内在功能两者密切联系的一种特性的反映，是不同建筑相互区别的一种体现。建筑性格的表征没有固定模式，建筑有无性格表征的必要，都要在发展之中不断探索。

许多类型现代建筑的体形设计，能够表现建筑物的个性与性格特征，主要是因为功能要求不同，各自都有其独特的空间组合形式及其文化特色。建筑的形式和空间具有它的内在含义——联想的价值和象征的内容，并随着时代而不断变化，反应在外部，各有其不同的特点。建筑体形的构成要素：墙体、门窗、屋顶以及其他构件，同样既有其使用功能，又可以表达各自的功能特色与文化内涵。此外，也有不透露建筑性质信息的建筑形式，以引起人们的好奇。

中国各类传统建筑有没有形成各自的性格呢？答案是有的，有时还表现得非常强烈。不过，中国各类传统建筑并不是完全依靠房屋本身的布局或者外形达到个性或性格的表现，而且还要靠各种装修、装饰和摆设构成本身应有的“格调”。同时，中国是一个善于用文字、文学来表达意念的国家，建筑的“匾额”、“对联”和装饰常常也是表达建筑内容的手段，引导建筑的欣赏者进入一个“诗情”的世界。此外，庙宇有钟鼓、香炉、幢、幡、碑、碣等等，也都是构成传统建筑物性格的标志。

美国达拉斯莫顿梅尔森交响乐中心音乐厅既要有一个内在的、经典的音乐环境，又要表现出外向的活泼性格。这两点是通过方与圆、实与虚的鲜明几何特征表达的。观众厅部分呈3:2的矩形，并与街道有一定角度，一方面是最有效地使用基地（仅2.6 hm^2），另一方面也与博物馆遥相呼应。在前面有精美铺地的入口处是一个巨型门框，犹如一个画框。透过这个“画框”，可以看到建筑起伏跌宕的轮廓线和玻璃厅内层层叠加的空间变化。这种复杂而矛盾的空间造型，奔放又不失凝重的视觉效果，使音乐厅吸引着远远多于来聆听音乐会的观众（图4-65）。

上海大剧院充满活力与梦幻，并充分运用现代高科技手段与新材料来充实营造自身的形象。整幢建筑物晶莹、透明、典雅、壮观。其屋顶向天空展开，犹如中华民族的聚宝盆，承接来自宇宙对人类的恩泽与智慧，象征着上海对世界文化艺术的热情追求。平面采用中国传统布置方法，环绕观众厅和舞台组合成“井”字形划分，有机地组合主要舞台与次要舞台、观众厅和公共场所，可进行歌剧、芭蕾舞和交响乐三种演出（图4-66）。

北京中国外交部办公大楼位于北京朝阳门外大街与东二环交叉口的东南角，占地面积3.5hm^2，建筑面积11.73万m^2。建筑的主体面向朝阳门立交桥，

(a)夜景

(b)观众厅内景

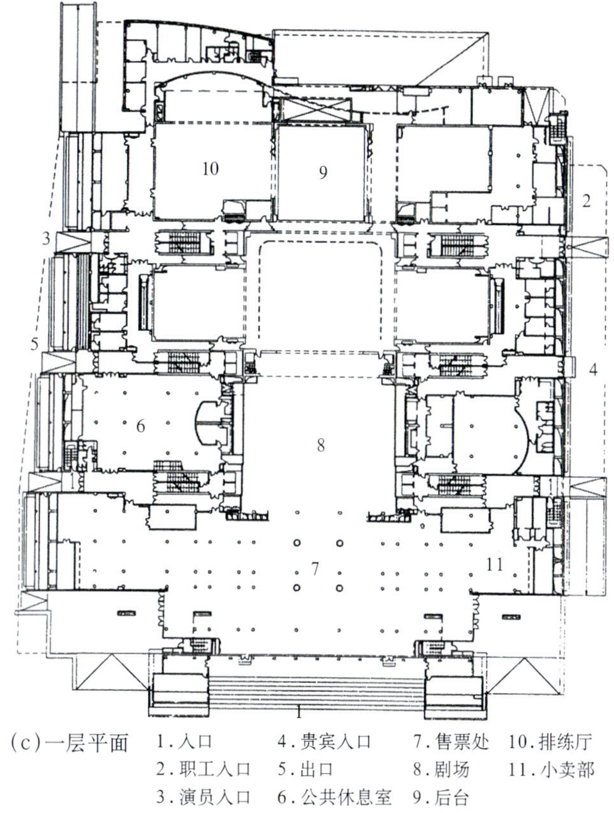

(c)一层平面 1.入口 2.职工入口 3.演员入口 4.贵宾入口 5.出口 6.公共休息室 7.售票处 8.剧场 9.后台 10.排练厅 11.小卖部

图4-66 上海大剧院

(《20世纪世界建筑精品集锦》9卷 P225 关肇邺 吴耀东 建筑师法国夏邦杰建筑师事务所，华东建筑设计研究院)

其主体的轴线与朝外立交桥东侧半弧形的中心相交，两侧配楼沿二环路和朝外大街布置，整个建筑围合成一个内部安静舒适的庭园，可供工作人员室外活动和休息。主楼高19层（73.2m），构思设计方案时牢牢地掌握本项目的特征是十分重要的一个环节。一座办公楼不能像一所医院或旅馆，这是它的一般性特征。同样，一座办公楼是商用还是政府办公，这又构成它的独特性特征。建筑面向立交桥的主体采用了凸弧形布置，造型给人以雄壮的气势感，同时可以减缓西北风对建筑物的侵袭。由于两侧面临立交桥的坡道，所以不可能在此方向开设主入口（图4-67）。

印度新德里的巴哈祈祷堂被认为是印度次大陆巴哈教派的主寺庙。它坐落在德里南部，其设计要求是：应具有一个九边形的祈祷厅，以象征巴哈教派中的数字“九”。建筑师将这一寺庙构想为一个具有大理石表面的莲花形建筑物，表达了巴哈教人对他们寺庙的理解——“一朵孕育着光明和生长的娇嫩花朵，天地间庇护众生的花瓣”。建筑上部结构由一系列花瓣组成。这些花瓣分为九个单元，按同一圆心向心地排列在一个基座上，内外的两圈花瓣向内卷曲，就像一朵正在盛开的莲花，而入口处围绕在外圈的花瓣则向外展开，以形成中央大厅的门廊。莲花的上部结构上有很多天窗，分布在三层花瓣上的各个不同角度上。建筑下部结构包括办公室、阅览室等附属设施，它们紧邻九个位于地平高度的水池。水池环绕建筑物布置，上有相等数量的九座小桥，通向入口的门廊花瓣。辅助建筑与一系列平台相结合，被多种景观元素巧妙地掩盖起来。主要的景观特色是九个环绕成一圈的水池，建筑的外部照明使得灯光射向花瓣的上沿，因而莲花结构显得就像是浮在水面上。今天，这个建筑物在某种程度上已成为了德里历史建筑的丰富天际线上的一个标志。在这个设计中，建筑为巴哈教派创造了一个有着非凡美感、极具魅力的伟大偶像，并已超越了其单纯作为集会场所的功能，而成为了新德里的一个重要象征（图4-68）。

(a)外观

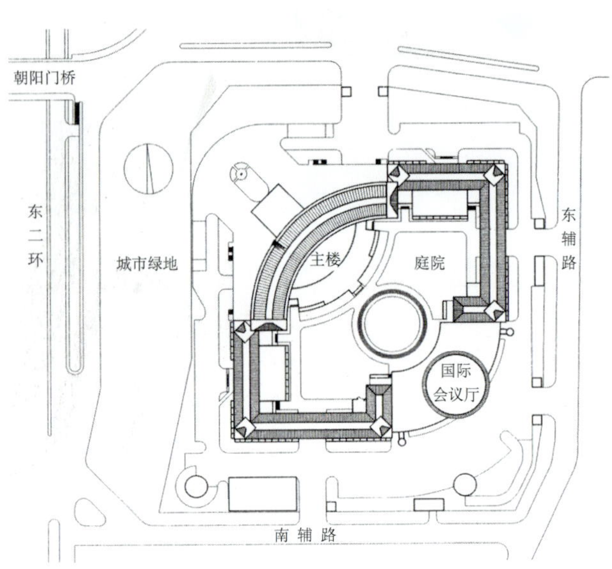

(b)总平面

图4-67　北京中国外交部办公大楼　(《建筑学报》1997　11　P33-34　周庆琳)

(a)外观

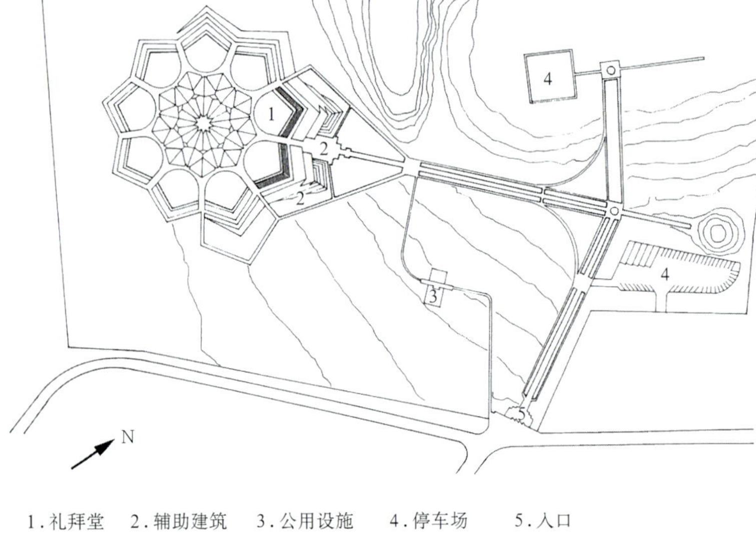

1.礼拜堂　2.辅助建筑　3.公用设施　4.停车场　5.入口

(b)总平面

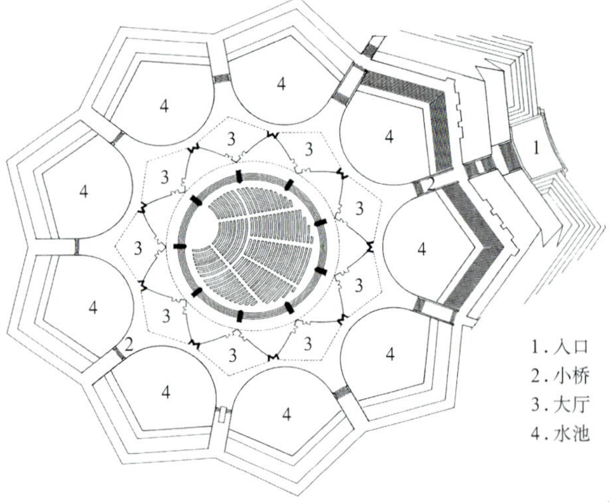

1.入口
2.小桥
3.大厅
4.水池

(c)首层平面

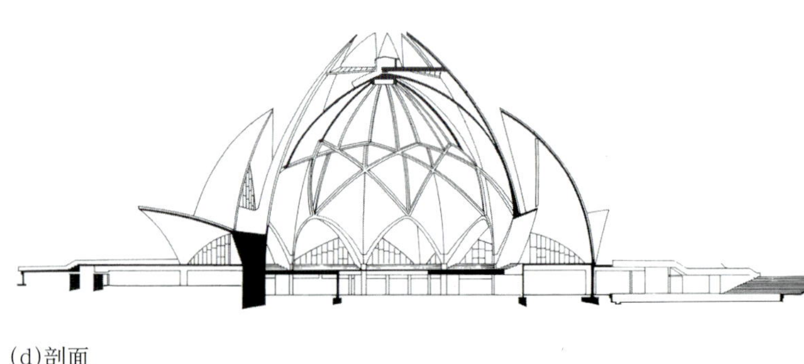
(d)剖面

图4-68　印度新德里巴哈祈祷堂　(《20世纪世界建筑精品集锦》8卷　P198-201　R·麦罗特拉　建筑师F·萨巴)

(a)外观

广州红线女艺术中心设计上最大的特点是，这幢建筑真正成为一首“凝固的音乐”。它形象地向人们展示了“轻歌曼舞”的美好瞬间，使造访者如见红线女其人，如闻红线女其声。建筑物本身体量不大，仅四层，占地3177m²，建筑面积6840m²，建筑物最高点21.8m。艺术中心设有小剧场、资料房、录音厅、多功能厅等。建筑外观上，设计者巧妙地把主入口安排在用地对角线的东南墙，别具匠心地形成巨大的弧形墙面和半圆形的玻璃窗，加之有伸向前方的弧形遮阳板，共同成为乐器、乐声的极好象征，突出了音乐艺术的主题。创造者再以舒卷开合、高低错落的墙体和端部旋梯的回旋形式，写意地摹写了中国戏剧表现飘动中的服饰和水袖，使人有了该建筑在载歌载舞欢迎您的感受，成了广州的一个景点（图4-69）。

4.2.3.2 纪念性建筑外部体形的性格特征

纪念性建筑外部形体的性格特征与上述建筑有所不同，纪念性建筑是具有纪念功能和纪念意义的建筑，它不依靠对于建筑使用功能或环境特点的反映，更强调精神功能，由设计者根据一定的艺术意图赋予某种形式。此外，纪念性建筑还可以泛指具有历史价值的某些建筑，如某名人故居，发生某重大事件的历史建筑。纪念性建筑的灵魂在于统领设计的建筑理念和定位，在于与天然大环境的和谐，和历史大背景的再连接。因此，纪念性建筑的平面和体形往往力求简单、肯定，并富有思想性的表征，形成一种独特的性格特征。对于纪念性建筑而言，

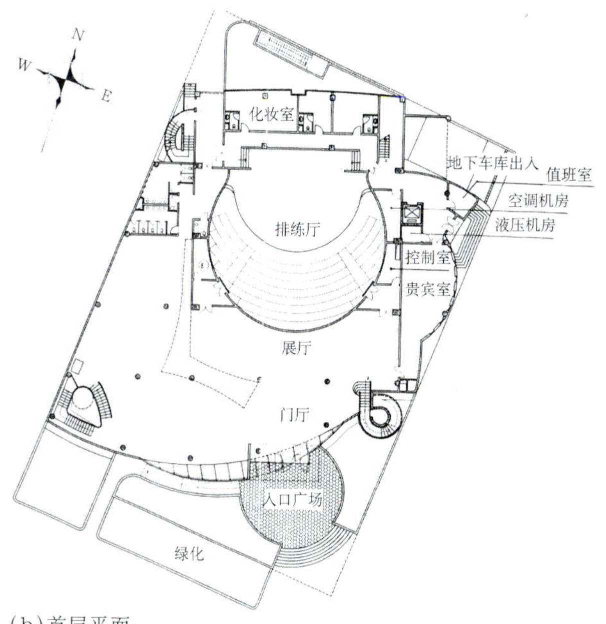

(b)首层平面

(c)剖面

图4-69 广州红线女艺术中心

（《建筑学报》1999 04 P28-30 莫伯治、莫京）

形象特征是建筑表现的手段。每一座纪念建筑都在其特定环境下表现其意义。纪念馆建筑由于纪念主题内容不同，具体地点环境不同，所采取的艺术手法也因之而异。

北京天安门广场人民英雄纪念碑是以镌刻文字为主题的碑，在我国有悠久传统。但我国古碑都矮小郁沉，而人民英雄纪念碑是象征胜利后的怀念性纪念建筑，结合在天安门广场所处位置，将其高度定为40.50m，比正阳门城楼略低。但在天安门广场北面任何一点望去，都高过正阳门城楼。它的高耸的碑体、广阔的台基及汉白玉浮雕，简单而稳定的外部轮廓线、富有民族传统特色的顶部及檐口的处理，产生一种极为庄严、肃穆的性格特征。在建设过程中，碑顶曾一度定不下来，建筑师主张用“建筑顶”，雕刻家主张用群像，反对建筑顶的认为“大屋顶”形象太

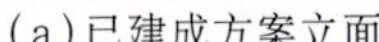
(a)已建成方案立面

(b)未实施方案：攒尖顶方案模型

(c)未实施方案：群像顶方案模型

图4—70 北京天安门广场人民英雄纪念碑已建成方案立面、未实施方案模型
(《长安街过去、现在、未来》P59 主编 北京市规划委员会 北京城市规划学会 承编 机械工业出版社)

(a)正面外观

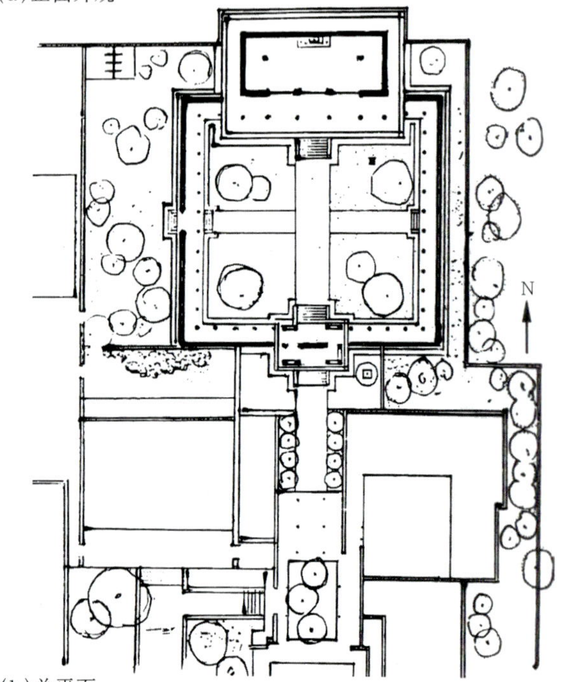

(b)总平面

图4—71 江苏扬州鉴真大和尚纪念堂 (《20世纪世界建筑精品集锦》9卷 P120 关肇邺 吴耀东 建筑师梁思成 张致中)

古老，而反对群像的理由是在40m的高空，无论远近都看不清楚，直至1954年8月才决定用“建筑顶”(图4—70)。

江苏扬州鉴真大和尚纪念堂是为纪念中国唐代高僧鉴真（688～763年）而修建的，在梁思成先生指导下完成设计。纪念堂位于扬州城北蜀岗法净寺(古大明寺)，建筑面积187m^2，木结构，面阔五间(18m)，进深三间。其造型模仿鉴真亲自监造的日本奈良唐昭提寺，具有中国唐代建筑的特色，体形与功能高度统一（图4—71）。

陕西黄帝陵祭祀大典是一座大型国家级祭祀建筑，在原轩辕庙以北，沿庙中轴线延展到凤凰岭山麓，占地56744m^2，总建筑面积13353m^2。其设计特点可概括为“山水形胜、一脉相承、天圆地方、大象无形”这四句话。为了创造出宏伟、庄严、古朴的氛围，突出炎黄子孙精神故乡圣地感，规划设计从宏观上处理好大环境山水形胜的关系，格局上有鲜明的中国文化特征，风格上与祖国建筑传统一脉相承而又具有浓厚的新时代气息。祭祀大院北端总高6m的石台上坐落的轩辕殿。这是一座40m见方的石造大殿，由36根圆形石柱围合成方形空间，其上为巨型覆斗屋顶，顶中央有直径14m的圆形天光。蓝天、白云、灿烂阳光直接映入殿内，四面青山透过列柱历历在望。整个轩辕殿内的空间构图形象地反映出“天圆地方”的理念。整座大殿辅助用房全部隐于台下，环境得以净化。凭借山川地貌与植被构成的大环境，体现出“大象无形”的境界。轩辕

(a) 祭祀大殿鸟瞰

(b) 大殿巨型覆斗屋顶圆形天光

殿造型朴拙，手法简练，符合现代审美情趣，从而体现了这座大殿的时代性（图 4–72）。

美国华盛顿特区的林肯纪念堂，建于 1922 年。这座有 36 根陶立克式柱子的纪念堂，位于华盛顿政治中心区主轴线的两端，与东端的国会大厦遥遥相对，中间是华盛顿纪念碑。建筑外观全部用白色大理石建造，大厅中间 8 根属奥尼克式柱子，正中为林肯雕像。纪念堂雕镂精细，比例恰当，造型优美，既有纪念性，又高雅开朗，也是对开国元老自身热爱古希腊、古罗马传统建筑风格缅怀的艺术体现（图 4–73）。

四川广安邓小平故居陈列馆确定的定位是：体现小平家乡的地域文化特色，体现纪念伟人纪念建筑的特色，体现时代特色，体现可持续发展特色。为此，努力以及其精炼简朴的建筑语言，交融中国改革开放历史性变化的内涵，努力以强烈的建筑个性，再现伟人人生的风采，且真实地反映小平从平凡到不平凡的曲折历程。陈列馆建筑怀抱山川田地，扎根家乡大地，远观平易简朴，由低及高，逐渐升华。陈列馆没有把川东民居放大，而是似乎有乡土气息、川东韵味，却因为跨度高度不同，把双坡的传统屋面，解构为单坡，恰当地提炼传统建筑中的细部符号、艺术特征加以从简运用，更渗透时代特色，达到和谐可亲，不同凡响的效果（图 4–74）。

河北乐亭的李大钊纪念馆由纪念馆、报告厅及其配套的附属建筑组成。设计采用简化的造型、普通的装饰材料、民间装饰作法，并且用黑、白、灰色调

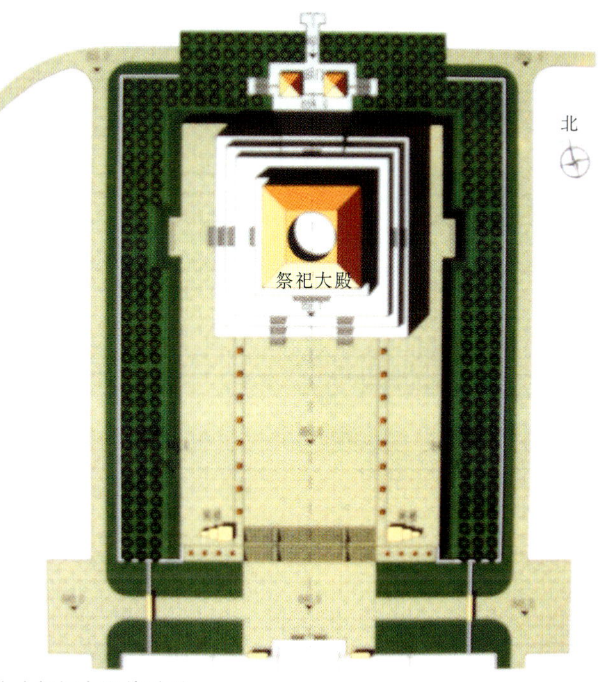

(c) 祭祀大殿总平面

图 4–72　陕西黄帝陵
（《建筑学报》2005　06　P20–22　张锦秋）

图 4–73　美国华盛顿特区林肯纪念堂外观

(a)临水立面

(b)总体规划

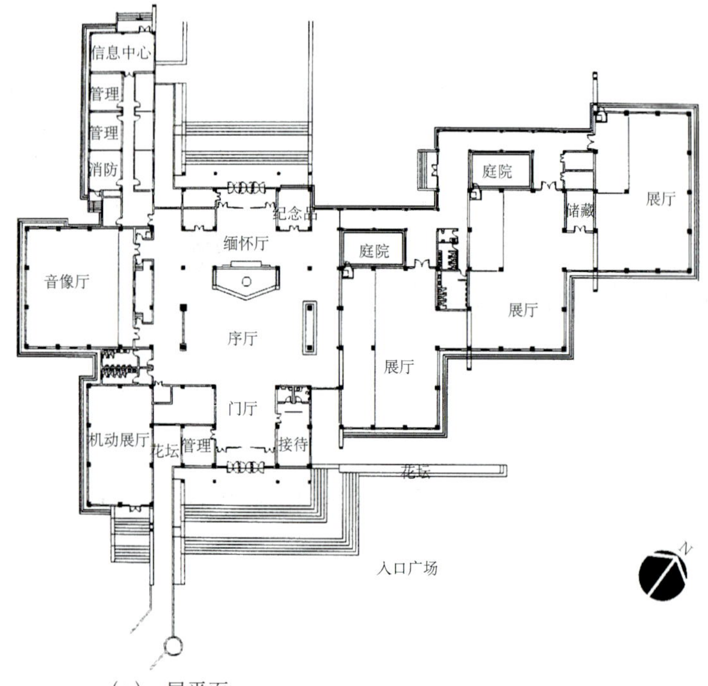

(c)一层平面

图4-74 四川广安邓小平故居陈列馆

(《建筑学报》2004 07 P55-56 邢同和)

(a)外观

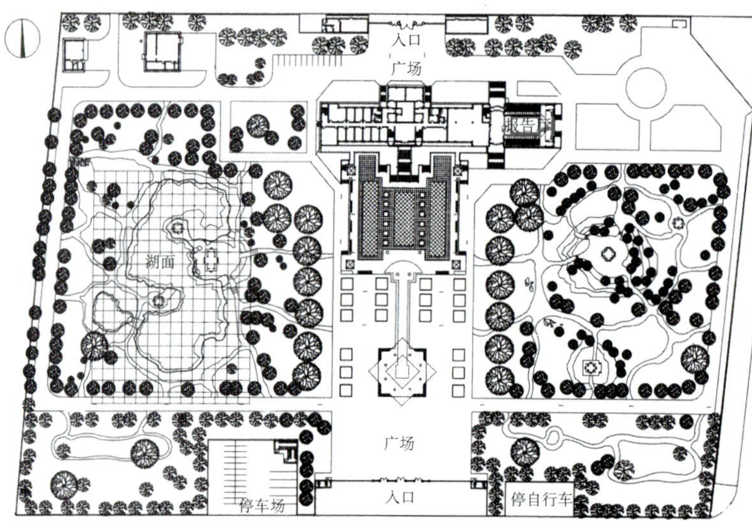

(b)总平面

图4-75 河北乐亭李大钊纪念馆

(《建筑学报》1997 12 P13 黄建才、刘卓文)

的对比等手法来表现传统民族特色，同时反映出李大钊的高风亮节，质朴高雅。纪念馆造型设计朴素大方，简洁明快，象征大钊精神。立面的造型，白色墙面，灰色顶瓦的对比，和墙上具有传统的民间装饰风格使整个建筑物更具有浓厚的民族特色和纪念馆的特征（图4-75）。

建于河北北戴河的朱启钤先生纪念亭是为了弘扬朱启钤先生爱国主义、热衷公益事业，发扬并保护民族文化的精神，教育后人而集资修建的。朱启钤先生是我国传统建筑探索、研究、保护组织——中国营造学社的创始人与领导人。作者认为，朱启钤先生纪念亭应当是具有传统但又有革新精神的亭。亭是小的，作为与朱先生开创众多第一事业的精神匹配，亭虽小，但应当有一种恢弘的气度；且此亭恒久远，一

图4-76 河北北戴河朱启钤纪念亭——蠖公亭

(《建筑学报》1999 10 P41 戴复东)

图4-77 浙江美术学院潘天寿纪念馆

(《建筑学报》2000 06 P27 张必信 李彦莉)

建永留传，应有永恒感。决定纪念亭全部用石材建造，但尺度要大些，平面上做成两个长方形的歇山顶套叠起来。这样，用简单的结构结合成丰富的亭堂，形成、具有自己特色的亭似堂的不多见的、亭堂建筑。其次，全部亭堂从柱到梁到顶板、脊、宝顶全部用白色石材建成，给人一种高风亮骨，有一定气势，不落俗臼的感觉。以达到亭、人相映相辉、相得益彰的效果（图4-76）。

浙江杭州的潘天寿纪念馆邻潘氏故居而建，是一座集艺术、保护、珍藏、国内外学术交流、研究于一体的美术展馆。建筑面积1028m²。设计构思重在表现建筑物的“金石气”，犹如治印，于方寸中见气势，着意于体现出中国传统文化质朴的审美情趣。馆内展示环境采用自控式自然采光，恒温恒湿展柜，既使展品不会失真、得到保护，又具有良好的视觉环境，收到很好的展示效果（图4-77）。

德国柏林欧洲犹太死难者纪念碑在进行设计竞赛时，要求设计一个纪念碑，但建筑师彼得·埃森曼却设计成类似于公园的纪念碑。为什么设计成这种形式？他认为首先，大屠杀是一个非常独特的事件，任何象征性的、比喻性的形象，如普通雕塑都无法达到要求。要重新思考对于纪念碑的理解，使设计个体与基地相联系，设计试图使访问者脱离世俗，不是要理解，而是要去感受这种体验。方案设计的时间长达七年（图4-78）。

(a)鸟瞰

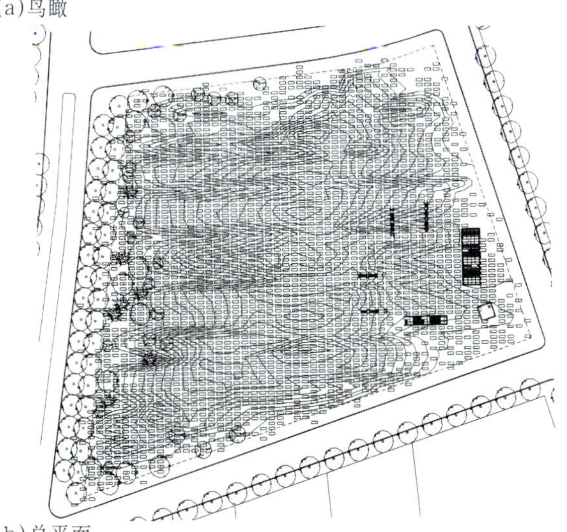

(b)总平面

图4-78 德国柏林犹太死难者纪念碑

(《世界建筑》2006 09 P120-121 设计埃森曼建筑事务所)

图4-79 四川自贡恐龙博物馆外观
（《建筑学报》2009　09　P20　设计西南建筑设计院）

4.2.4 建筑外部体形的"象征"与"非象征"

建筑形态的构成中，把人们熟悉的某种事物，或带有典型意义的事件作为原型，经过概括、提炼、抽象为建筑造型语言，使人们联想或领悟到某种含义。也就是用一种形式作为一种概念的习惯代表，通过一个具体对象来喻示一种精神概念的方法，以增强建筑的感染力，也就是"象征"。建筑外部体形设计可借"象征"手法触发人们的联想。通过建筑作品对外界对象的再现，使审美主题产生联想，进而产生审美愉悦，达到加强对建筑的联想和认识的目的。它是在视觉符号和某种意义之间建立起来的一种联想关系。建筑造型的象征方法一般可分为具象和抽象两种。后者突出建筑意境的创造，前者采用具体形象的寓意方法。建筑象征的演绎比书写语言和口述有更大的弹性，并更大程度上依赖于人们的译码，即表现一种寓意。这种抽象或具象以"点到"为宜，如果不似或过于抽象，便无法触发人们的联想。反之，如果太似，也将会因一目了然而显得浅薄、粗俗，正如国画大师齐白石在论述国画时的一句名言："太似则媚俗，不似则欺世"。建筑造型一般不宜一定要具体像什么，太似落入俗套。

"象征"的方式有形象象征、特征象征等方式。形象象征是指用几何形象或自然形象为象征方式。特征象征是事物外在形态上所具有的特征。作为象征的客观事物可以分为三类：自然物、现实物和理想物。自然物乃自然界的客观存在物，如四川自贡恐龙博物馆模拟远古自然界的巨石（图4-79）；而南非

(a)外观

图4-80 南非约翰内斯堡斜街11号大厦（一）

约翰内斯堡斜街11号大厦，它的形象生动有力地显示它的主要业主——南非钻石工业协会。这座大厦的形状与约翰内斯堡其他的高大建筑不同，它会被人们想像成一颗钻石（图4-80）。而理想物则存在于人们的理想或传统中，是一种可能性的存在。如威海甲午海战馆再现战舰的撞击来表现甲午海战的惨烈和爱国将士的壮举（图4-40）。

建筑象征，关键是通过主观"意向"对再现对象的知觉表现进行改造，进而运用具象、抽象、概括的建筑语言来艺术地再现客观事物。建筑的艺术再现不应以模拟逼真为目的，同样是帆形建筑，悉尼歌剧院高度概括出了点点白帆轻盈飘逸随风而逝的本质特征，给人以强烈的艺术感染。如果大家都将航站楼设计成飞机状那就不是建筑艺术，只是低俗的建筑直观图解。

将建筑形象进行概括性艺术再现，可以有整体再现，局部再现和综合再现等多种方式。整体再现是建筑整体再现某一客体形象。局部再现指的是建筑

(b)外观细部

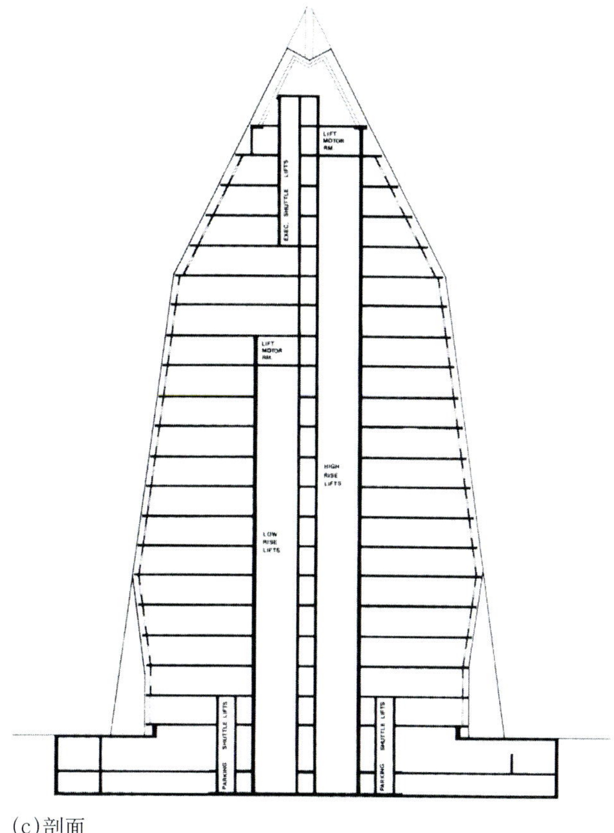

(c)剖面

图4-80 南非约翰内斯堡斜街11号大厦（二）

（《20世纪世界建筑精品集锦》6卷 P168-169 U·库特曼 建筑师墨菲／扬建筑师事务所与L·卡罗尔建筑师事务所）

的局部或构件再现某一客体形象。综合再现则运用不同的方式再现多种艺术形象。

建筑的象征手法可以简单地分为两个步骤：首先要选取建筑象征的客观对象，然后使建筑再现这一客观形象。第二步就是要寻找到作品与再现对象之间的关联和相关之处。而作品与对象的关联可以通过多种方式来实现，可以是建筑功能与再现对象的关联，如火车站、海关与大门形象相关。也可以是建筑所处的环境与象征对象间的关联，如水滨建筑与帆船或贝壳，山地建筑与石头、山形相关，也可以与当地某些文化或特定事件发生关联。

在我们使用象征概念的时候，同时应该认识到象征的局限性，否则就很难走出以设计手法为基础的形式化设计老路，也很难理解层出不穷的前所未见的新形式的创造。"非象征性"的思维方式，将突破传统的以形式为中心的建筑评价观，摆脱形象对建筑师的束缚，从而以非形象化思维去审视建筑。

香港中国银行大厦，这座70层（368m）高的摩天大楼和大门两侧斜坡上的抽象苏州花园，是一个规整和几何图形设计的统一整体。在这项工程中，人们能够看到建筑师既富创造性而又严谨的感情。不仅在于他解决了内部无柱的筒形结构的工程问题，而且还在于建筑的精心和谨慎的细部以及庭园。他利用竹子般的造型隐喻有力顽强而又灵活的生长。他的方案是一座不对称的塔楼，从一个被对角线分成四根三角形箭杆的立方体里冒出来。每一根箭杆在不同的高度以一个对角斜切的玻璃屋顶（有7层高）为结束，并逐个依次盘旋上升至顶部。屋顶上一对桅杆直达368m高度（图4-81）。

美国夏特努加市水之殿采用类似象征的外形隐喻的手法。"水之殿"以展示水科学成果为主题，位于夏特努加市的山麓。其方案平面呈圆形，同地段边的山顶呼应；一系列平行的、表现不同主题的墙将展示中心分割成展览、学习、图书、剧院、健康俱乐部和饭店等不同功能区域。展示中心的外形隐喻着水和土的主题。建筑的创新之处在于将墙体设计成

(a)中国银行与香港 CBD 全景

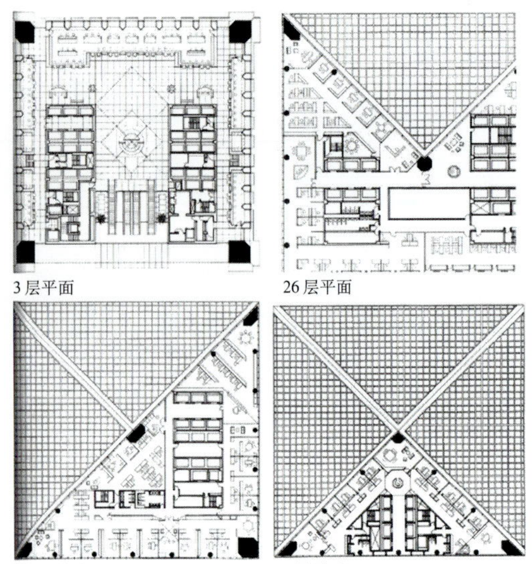

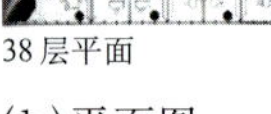

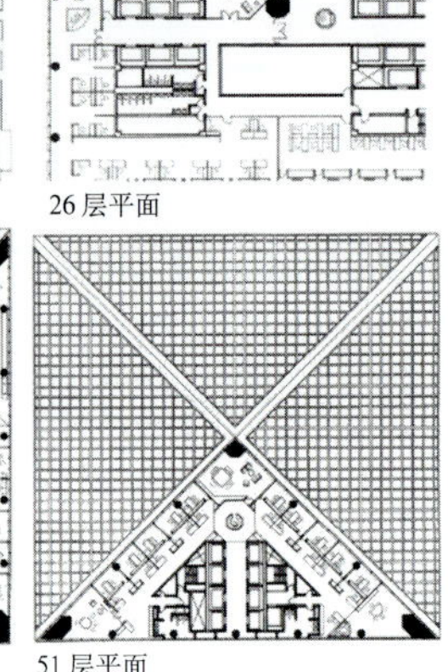

(b)平面图

(c)南北向剖面

图 4-81 香港中国银行大厦 （《20 世纪世界建筑精品集锦》9 卷 P168-171 关肇邺 吴耀东 建筑师贝聿铭）

(a)模型鸟瞰

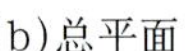

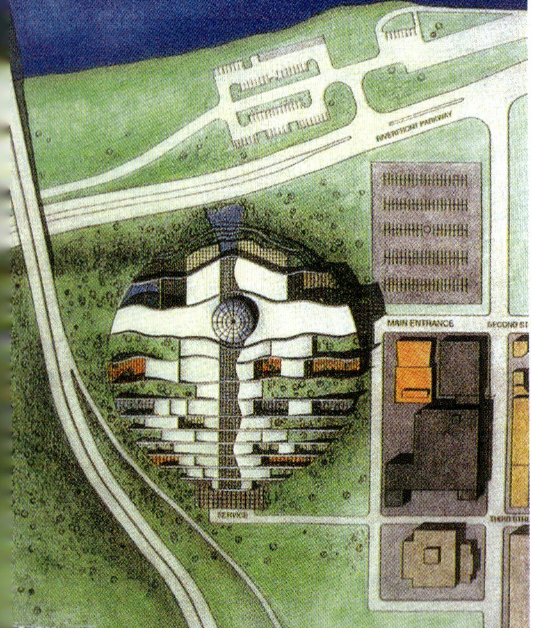

(b)总平面

图 4-82 美国夏特努加市水之殿 （《世界建筑》1998 01 P53 设计西特事务所）

带有内容的信息源，而不是仅仅设计成建筑的支撑体。设计者想尽办法利用这些墙体表达水和建筑的信息——机械、自然现象和电子科技。各个分割区利用众多的花园、小广场和覆土建筑与周围山麓相呼应，增进了建筑与景观的融合。主入口大厅是罩在玻璃穹顶下的热带雨林花园。一条纵贯入口大厅的、宽阔、波动、带有叠落水面的带状水系将圆形建筑一分为二，一半是展览，另一半是研究中心、图书馆和剧院（图 4-82）。

西班牙马德里的两幢倾斜式建筑，面对欧洲大陆，象征着“欧洲大门”（图 4-83）。

4.2.5 不同体形特点建筑的处理

单一基本几何体形及其组合体是一般常见的体形。这类建筑体形的特点，平面和外部体形较完整单一，十分简洁，秩序性很强，如正方形、矩形、三角形或多边形、简单的曲线体及其组合体等。体形虽然有高有低，但整个造型轮廓分明、简洁、统一完整。这种体形可以把复杂的功能、多种不同用途的大小空间加以简化，有效地组织成一个整体，取得建筑的美感。这是造型设计中比较传统却无法回避的一种处理方法，仍然在不断发展，并赋予创新形式。

英国瑞士再保险公司伦敦总部大楼是一座圆锥形的建筑，诺曼.福斯特设计，2004 年建成。根据

图 4-83 西班牙马德里"欧洲大门"

它的外形，当地人昵称其为"小黄瓜"。该建筑高 179.8m，41 层，总建筑面积 7.64 万 m^2。建筑以圆形放射状平面从地面向上逐渐放大，然后又向楼顶中心逐渐缩进，它比方形建筑要纤细秀美，同时减少了对周围的反射，增加了通透性，最大限度地增加了室外用地的面积。顶层的会所可以 360° 地观看伦敦的全景。对角支撑的框架结构，产生无柱的楼面空间和全玻璃的立面，使室内自然光线充足，视野开阔。每一层楼靠近外墙的弧形空间连接成六个竖井垂直螺旋向上，既为每层提供了社交区域（茶点、聚会），同时又是整个建筑物的肺：它可以将从开启的玻璃幕墙板处吸入的新鲜空气传输到整个建筑内部。这个自然通风系统使建筑减少了对空调的依赖。为防止消防上的"烟囱效应"，竖井每隔六层加一防火隔断。另外，外墙双层玻璃中流动的空气对楼内的办公空间起到极好的保温隔热作用（图 4-84）。

(a)外观

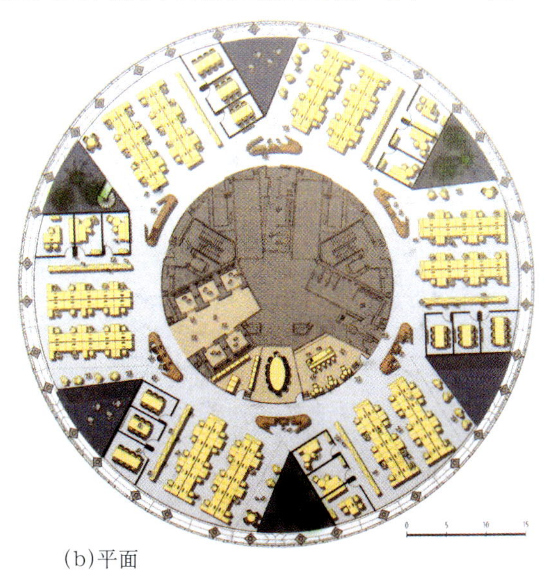

(b)平面

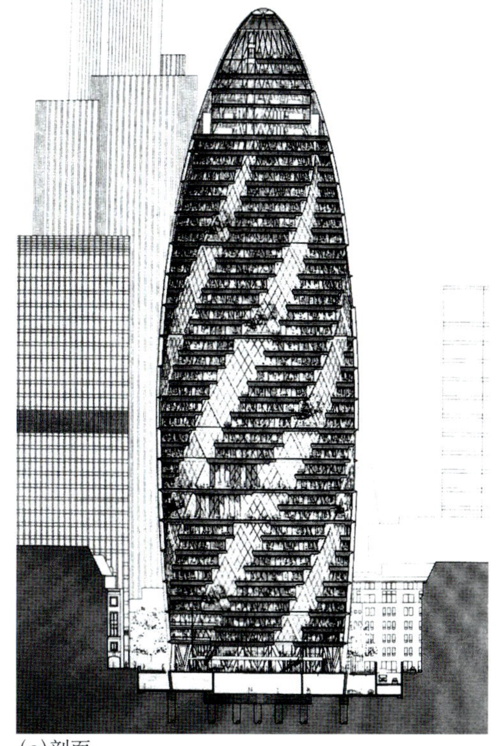

(c)剖面

图 4-84 英国瑞士再保险公司伦敦总部大楼

(《办公大楼设计手册》P246、247　托马斯·阿诺尔德等编著　王小兰译　大连理工大学出版社)

(a)群体近景

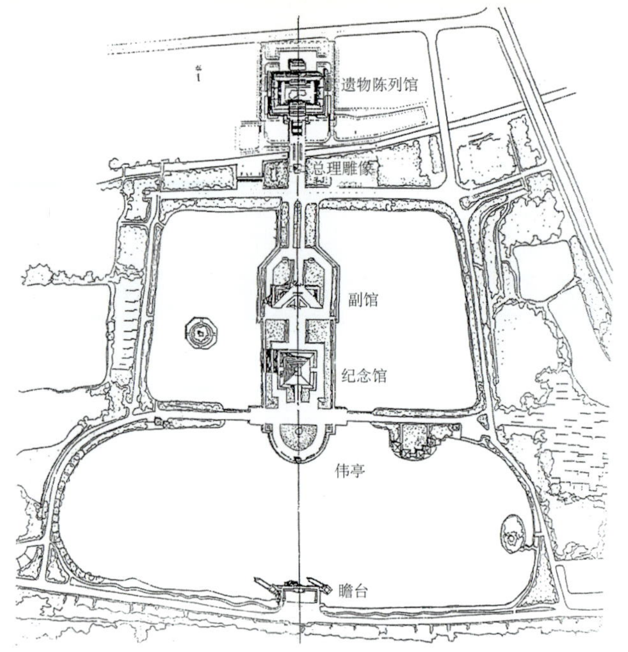

(b)总平面

0 1 3 5 10m

(c)剖面

图4-85 江苏淮安周恩来纪念馆 (《齐康建筑设计作品系列4》P46、108、112 辽宁科学技术出版社)

淮安周恩来纪念馆在建筑造型上，采取了最简洁的体形——抽象的方形。它力求体现中国的传统思维“天圆地方”——古代传统的宇宙感、永恒感，“正直”、“中和”、“方正”、“四面八方”，而且具有多向性，是形象中最容易的直觉感受。在纪念馆设计中，将方形置于“中轴岛”的圆形外堤中，可以产生更强烈的对比，更加突出方的形象。方的建筑形体以及方锥形的屋顶，于是“方”、“方锥”、“圆”成为抽象几何中最单一、最明确，最易理解的体形。自古以来，方锥形是许多纪念性建筑的象征，古埃及的金字塔、中国古代墓穴等大都是方形。纪念馆屋顶的造型，不是简单的四坡，而是利用“架”透出屋顶的天空，供大厅室内采光。大厅的采光来自天顶，双层玻璃。外层为蓝色的镜面玻璃，内层为乳白色的玻璃，这样使光线柔和，十分有利于室内雕塑的光照。人们远望不只是锥形四坡顶，而是一个露出“架”的顶。这种形、体、面上的变化出自采光的功能，而又有某种传统建筑的象征。这样在造型中那种质朴、大方、庄重、运转成为建筑形象上抽象和象征的特征（图4-85）。

北京电报大楼是西长安街上第一座大型公共建筑，是中国早期第一幢自行设计和施工的中央通讯枢纽工程。体形、立面处理简洁，强调建筑主体和钟塔体形的整体美。大楼主体7层，连中央塔楼部分共12层，至钟塔之顶总高度为73.37m。两端伸向北面的东西房间，全为楼梯、电梯间、盥洗室等附属用房。这样，使侧立面宽度增加，整个建筑体形更稳重。顶层种塔的四面装有5m直径的标准钟（图4-86）。

台北的国父纪念馆是一座对称的由庄严的柱廊所环绕的四方形建筑。这一平面布局为建筑的主要表现部位——巨大的黄色琉璃瓦盖的、曲线柔和的大屋顶——提供了设计基础和结构模式。在南向主入口上方弯曲上翘的屋顶形成了整个建筑造型的特色，突破了中国皇家建筑风格屋顶的法则（图4-87）。

墨西哥国立戏剧学校外形为一个银灰色的奇大无比的金属筒，远看似工业厂房，近看则知它包容了所有的用房。筒的简洁性与内部的复杂性，对比鲜明，极有戏剧性（图4-88）。

屹立于科威特湾突出的海角上的科威特水塔，由三座各不相同的单一水塔组成。由于阿拉伯半岛缺水，水塔就具有了象征性意义。科威特的埃米尔·

(a)外观

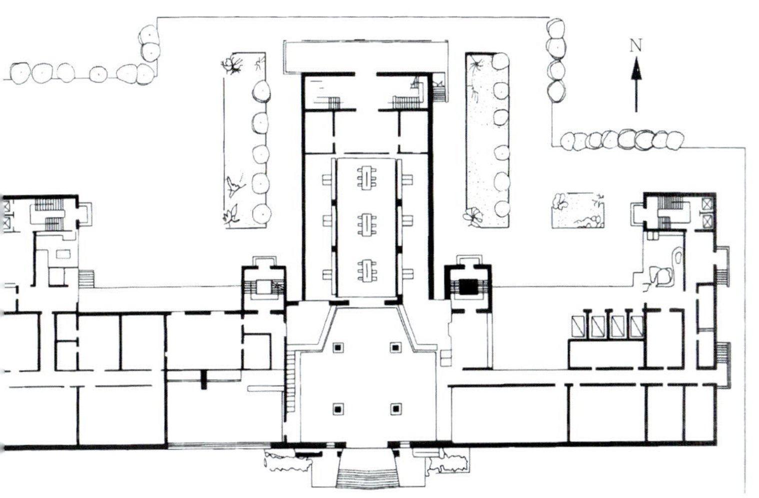

(b)首层平面

(c)建筑师铅笔手稿效果图

图4-86　北京电报大楼　(《20 世纪世界建筑精品集锦》9 卷　P90-91　关肇邺　吴耀东　建筑师林乐义)

(a)外观

(b)一层平面

图4-87　台湾台北国父纪念馆

(《20 世纪世界建筑精品集锦》9 卷　P116　关肇邺　吴耀东　建筑师王大闳)

图4-88　墨西哥国立戏剧学校外观

(《世界建筑》2002　11　P83　霍光)

(a)水塔外观

(b)从临近塔内餐厅看塔的马赛克顶

图4-89 科威特科威特水塔

(《20世纪世界建筑精品集锦》5卷 P132-133 H-U·汗 建筑师VBB事务所，M·布约恩等)

沙巴酋长要求这项计划要有标志性。主塔高185m，上有二球。下球的上半部设有一90座的餐厅、一宴会厅和室内花园。而上球有一供70人使用的旋转餐厅，和可容400人的观光台。利用塔身内的电梯上下，观光台四周蒙有铝框三角形玻璃面。在旋转餐厅内，市景、海景尽收眼底。主塔旁的第二塔高140m，上设球状水箱。球体表面由约41000个搪瓷钢盘组成，排成螺旋形。蓝、绿、灰三色的球体在白天明艳夺目，到夜晚在照明灯下闪闪发光。第三座为针状细塔，并无水箱在上，是为电气设备而建，亦为夜间群体照明效果而设，确实引人入胜（图4-89）。

图4-90 某太阳能住宅外观 (《住宅建筑太阳能热水系统整合设计》国家住宅与居住环境工程技术研究中心著)

某一个太阳能住宅设计的外立面，所采用的元素很丰富：一体型集热器与天窗相结合形成天窗的效果，大小不一的窗户，多色相的对比，不同材料的组合等。但等宽的蓝色边缘把它们整合在一起，以一种简洁的整体形象展现开来，这就是具有鲜明特点边缘对简单体形的作用，起到外突出边缘的视觉效果，丰富了对简单体形的处理（图4-90）。

由两个相同单一体形组成的建筑和前述单一体形的不同点在于它的主体是成双的、大体等高且体形相同的组合，成双体没有主副体之分，但却是独立完整的建筑。

以色列特拉维夫巴利斯塔犹太教堂和犹太遗产中心位于特拉维夫大学校园内，形式和尺寸完全相同的两个建筑被赋予不同的功能，令人瞩目。基本方案巧妙地综合了犹太教堂和会议大厅两种功能，并将其转换到一种形式意义相等的建筑形象之中，独立而统一（图4-91）。

北京清华同方科技广场地处中关村科技园中心区。建筑主体是两座高近百米的“双子塔”，为集办公、会议、展览、商务、餐饮、健身、休闲、娱乐于一体的高科技综合办公大楼。标准层面积约1500m^2，经济而舒适。醒目而简洁的造型不仅能够提高建筑的商业价值，也是维持物业长期市场竞争力的必要条件（图4-92）。

(a)外观

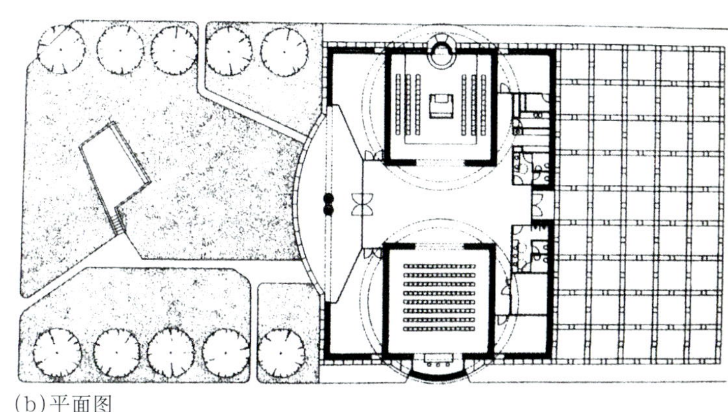
(b)平面图

图4－91　以色列特拉维夫犹太教堂和犹太遗产中心　(《图解当代欧洲建筑师2》P131　设计博塔　湖南大学出版社)

(a)广场全景

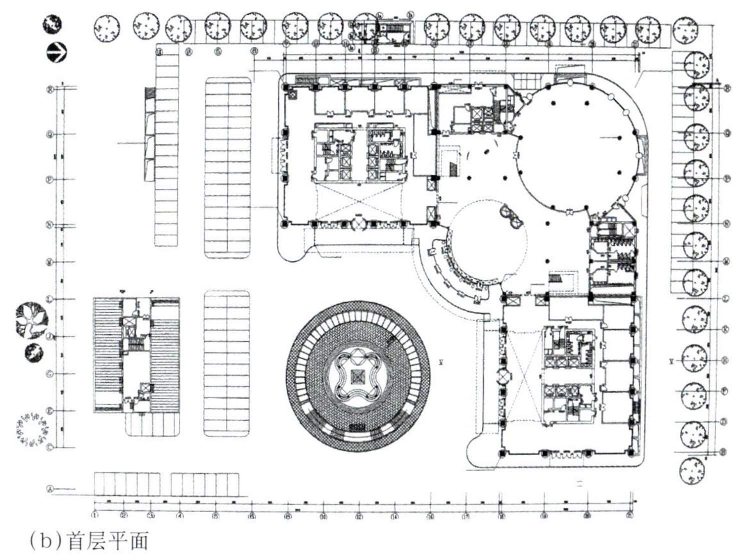
(b)首层平面

图4－92　北京清华同方科技广场
(《建筑学报》2003　05　P39　崔小刚　谢坚)

马来西亚吉隆坡双塔大厦的两栋88层，高451.9m，建筑面积21800m²的摩天楼，是这种类型的建筑（图4－93）。

20世纪后半叶，大量基本几何体及其组合体的建筑体形被认为存在冷漠，单一枯燥，人们希望有更具挑战性的新的体形建筑出现。同时，由于数字时代软件技术的迅猛发展，结构技术与材料的进步，建筑师为此进行了大量的研究与探索，出现了不少各种类型新的复杂或有机体形，如西班牙比尔巴鄂古根海姆美术馆，美国建筑师费兰克·盖里利用机械工业软件为该项目提供了强有力的技术支持。这类建筑往往是由不同大小形体部分所组成的较为复杂的形体，因此在不同体量之间就存在着彼此相互关系的问题，如果处理不当就会杂乱无章。一般说来，

图4-93 马来西亚吉隆坡双塔大厦外观
（《世界建筑》1999 01 P73 刘先觉）

(a)外观

(b)室内的柱子

图4-94 西班牙毕尔巴鄂古根海姆博物馆（一）

新的复杂体形的处理应从整体出发，将建筑区分为主要部分和从属部分，使之有重点、有中心、主次分明，形成有组织、有秩序、有规律的完整统一体。另一类如阿拉伯联合酋长国某酒店和豪华住宅，主要是对基本几何体形的有机化，为基本几何体造型的创新注入了活力。总之，不管是哪一类体形都在体形上要突破传统的束缚。可以预计，这类建筑会越来越多，使建筑体形跨进一个新的时代。

西班牙毕尔巴鄂古根海姆博物馆建在内尔维翁河畔开发的一块工业用地上，这个建筑似乎是一个奇形怪状的物体，它的形体像火山一样凝聚在一起，像古典建筑那样围绕着中心的三层体量。作为博物馆主入口的巨大中庭设有一系列曲线形天桥、玻璃电梯和楼梯塔，将集中于三个楼层上的展廊连接到一起。一个宽20m、高于河面达50m雕塑性屋顶从中厅升起，透过玻璃投射进来的光线倾泻到整个中厅内，同时也起到了大型雕塑展厅的作用。一个在飞机设计中应用的计算机软件不仅在概念设计中起到了作用，而且还保证了多层的、起伏不定的2500m^{2}的空间的精确实现。这些空间用于展览馆，观众厅、餐厅、舞台和办公室等。这座为现代和当代艺术而建的美术圣殿有一条侧翼伸向拉斯拉沃公路大桥之下，另一侧翼则升起成为一座像刀砍过一样的观景塔，形如一尊多臂的湿婆神。建筑师在处理大建筑体量和创作形体的动感方面得心应手。作为“世纪工程”，主要外墙材料使用了钛金属板、玻璃和西班牙石灰石。其中较为方正的建筑造型采用石灰石，而比较自由的雕塑性造型则采用了钛金属板贴面——这完全是盖里在纽约古根海姆美术馆中形成的传统——创立了建筑学的新思路（图4-94）。

中央美术学院新校园的设计，自始至终都是贯穿着建筑、规划、园林三位一体的整体设计多元共融

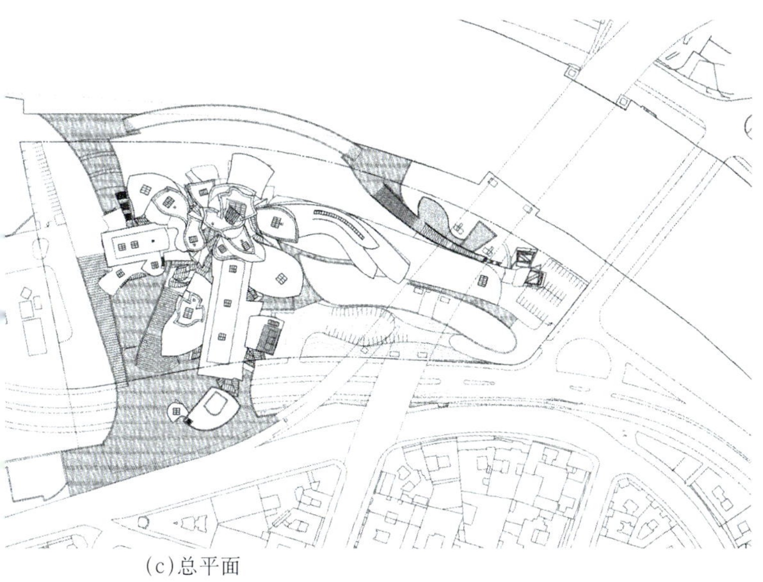

(c)总平面

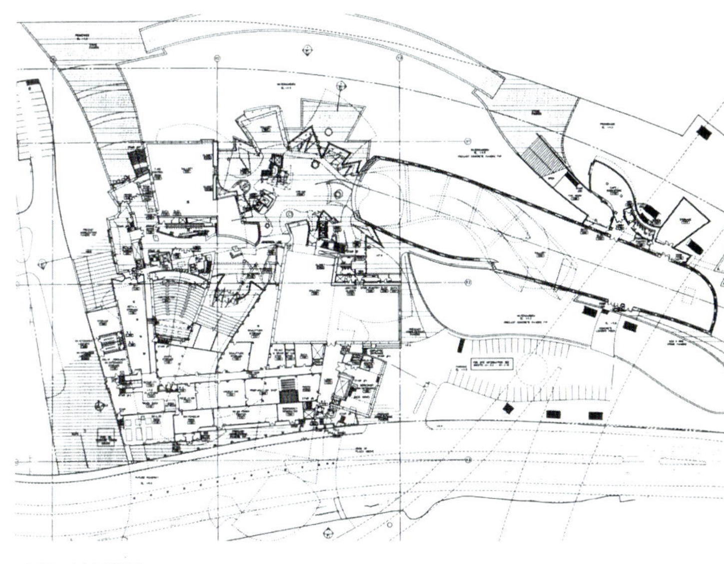

(d)二层平面

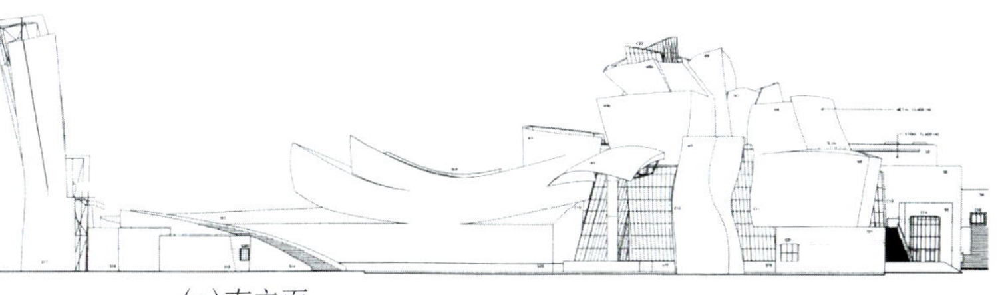

(e)南立面

(f)北立面

图 4-94　西班牙毕尔巴鄂古根海姆博物馆（二）

(《20 世纪世界建筑精品集锦》4 卷　P272-275　V·M·兰普尼亚尼　建筑师 F·盖里)

的思想。设计者从地段和环境出发，抓住美院的特殊要求，如：需要大量天光的画室，需要大石膏教室，供学生素描和接待展示之用；雕塑系与主教学楼之间既要隔离又要联系等。借鉴东西方大学校园的原始模式，如中国的书院空间以及西方基督教大学的方院子，以院落体系组织空间，融院落、规划、园林、艺术于一炉；并始终互相关照，形成了多进院落连通；空间层次丰富，景观环境优雅，交通氛围浓郁，整体协调秀美。在造型上强调整体性，在屋面做法上，以面砖取代屋面瓦等，其目的都是弱化传统形式，追求朴拙和雕塑感（图 4-95）。

(a)教学主楼鸟瞰

图 4-95　北京中央美术学院迁建工程教学主楼（一）

广州白云机场航站楼是一种功能复杂、系统繁多、技术新颖、规模宏大的建筑类型。设计抛弃了大片封闭的平面布局，采取分开主楼，东、西连接楼，东、西指廊等多体量。主楼宽 300m，进深约 150m。平面呈腰鼓形，外墙采用通透的点式玻璃幕墙，使得室内外环境得到更多的交融。所有公共空间白天都无需人工照明，营造出现代化航站楼的候机环境。造型设计体现了现代、简洁、流畅、精致的建筑风格。力求用高科技设计来表达时代精神，以流畅的曲线和曲面造型象征飞翔意念，给到达广州的旅客一种先进性和独特性的感觉，而没有刻意表达要“像什么”（图 4-96）。

由美国渐近线事务所设计的阿拉伯联合酋长国某酒店及豪华住宅，是一座新潮的 50 层有机化了的基本几何形体塔楼，将会成为该国在建的一处高档海

(b)大石膏教室及天光画室鸟瞰

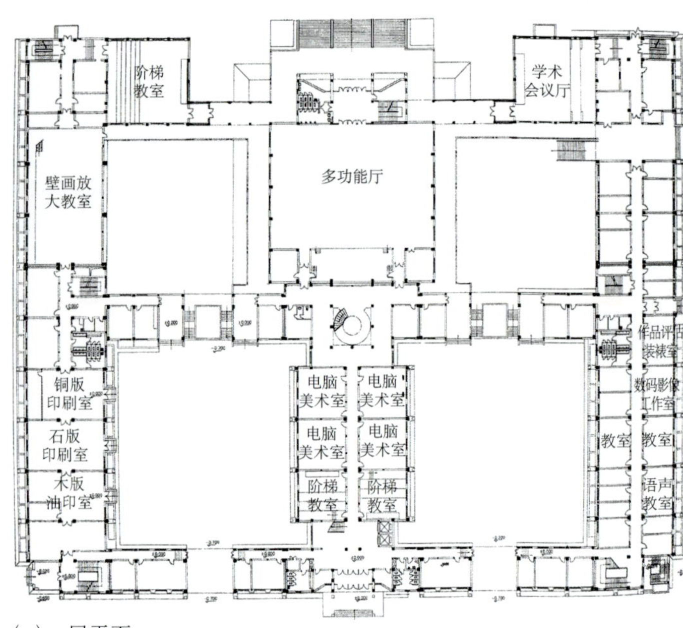

(c)一层平面

图4-95 北京中央美术学院迁建工程教学主楼（二） （《建筑学报》2004 02 P35-39 吴良镛 栗德祥 朱文一 庄惟敏）

图4-96 广州白云机场航站楼 （《世界建筑》2004 07 P51 设计[美]派森斯集团 佳拿国际有限公司 广东建筑设计院）

(a)外观效果图

图4-97 阿拉伯联合酋长国某酒店与豪华住宅大楼（一）

滨开发区中最高的大楼之一。该项目将融入工程、环境和技术方面的先进理念。塔楼在该开发区中将成为强有力并且引人注目的设计宣言，也是突出于该海滨开发区的一个重要标志性建筑。它不仅为城市天际线增添一座独特而充满力量的标志性建筑，也将成为阿拉伯联合酋长国和整个地区未来的灯塔和象征，它的内景透视为建筑提供了一种新模式（图4-97）。

高达258m的澳门新葡京酒店和娱乐场从澳门半岛建筑密集的城市中心拔地而起，它是这座城市除著名的澳门旅游塔外最高的地标建筑。这座澳门博彩股份有限公司总部旗舰店的大胆造型像一座“金色纪念杯”。为了配合原葡京娱乐场，有意设计为火焰形的外观。建筑师的灵感来源于巴西狂欢节舞蹈演员的羽毛头饰，反映了澳门和南美洲所共享的异国情调和葡萄牙影响。这些从酒店中间展开的“羽毛”，也同样引起了人们对于澳门特区标志莲花花瓣的联想。娱乐场裙楼似乎是一个超大尺度的“彩蛋”，赌场圆顶悬挂在大休息厅上方，包含了三个层高加倍的楼层，从地下室的自动贩卖机到顶层富人的贵宾套房一应俱全，周边环绕着进出繁忙的倒V字形入口。奢侈而非现实风格的赌场室内设计也贯穿了整座酒店大厦。尽管公众对这座大厦设计的观点两极分化，但它确实成为令人瞩目的标志，体现了博彩建筑的性格，无疑是设计成功之处（图4-98）。

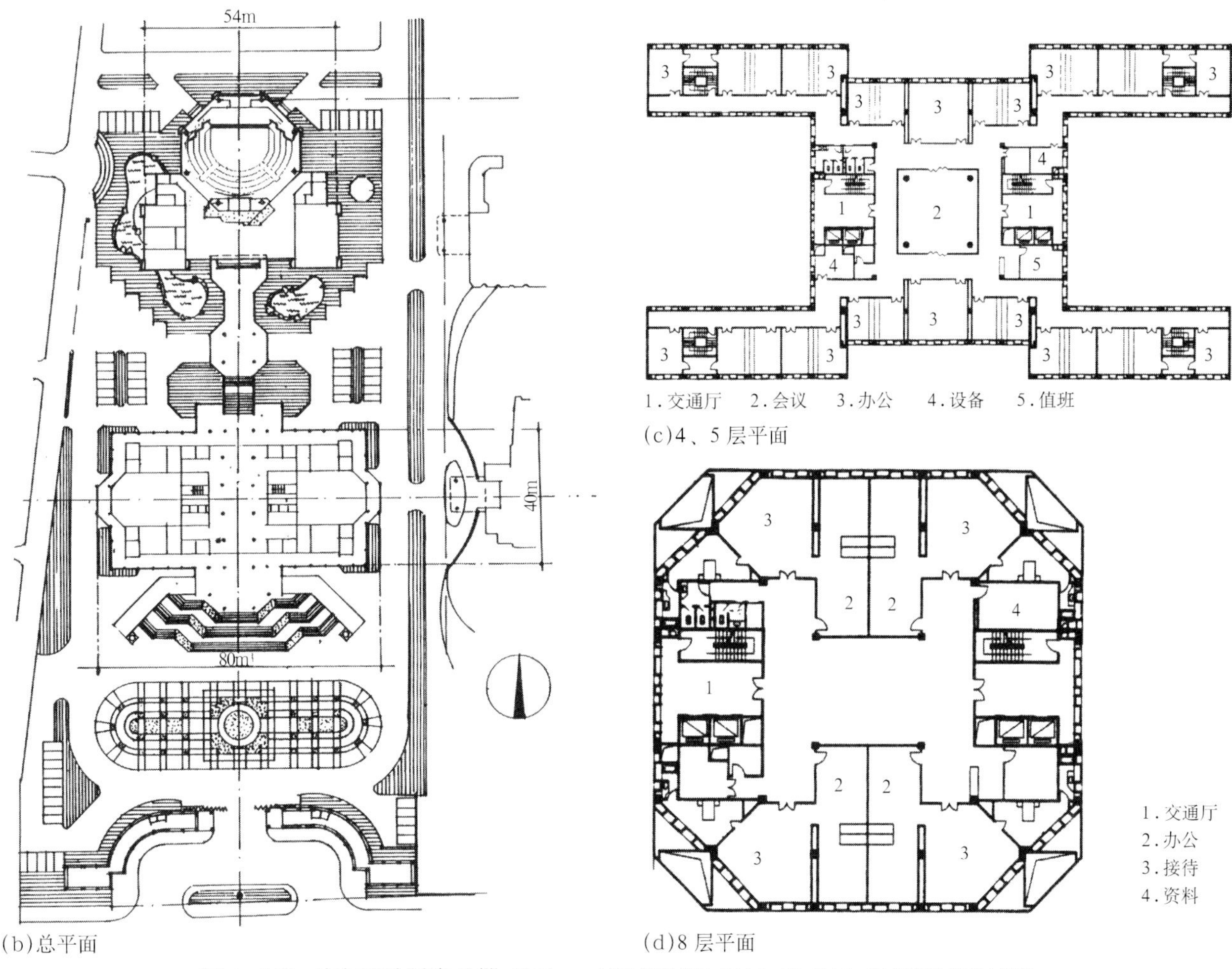

(b)总平面

(c)4、5层平面

(d)8层平面

图4-100 广东汕头某办公楼（二） （《建筑学报》1996 03 P14 广东省建筑设计院）

4.3 建筑色彩、质感与建筑细部设计

4.3.1 建筑色彩与质感

建筑色彩设计是建筑设计的重要组成部分，对于人的感受影响极大。建筑形象的感染力主要取决于形和色。而形和色都是通过光而感到的，随着一天时间和一年季节的变化，建筑的光感也在变化。阳光通过窗户进入室内，对室内的氛围也产生显著影响。由材料包裹的建筑表面是建筑形式的最直观展现。不同性质材料构成的建筑外部体形和室内空间，都以不同的色彩、质地和纹理表现出来。砖、石、木、混凝土、金属、玻璃等每种材料都有独特的美感，不同表面材料之间的合理搭配产生出节奏、韵律、虚实对比等视觉效果。除表现自身的形式美感外，表面材料应有传达建筑内在信息的作用。现代建筑反对繁琐装饰，提倡结构暴露，要求材料运用真实地体现结构和构造特征。因此如何运用色彩及其质地和纹理的特点来加强建筑的感染力乃是建筑设计的重要内容。

色彩对人的视觉还有温度感、距离感、重量感、尺度感。红、橙、黄等为暖色，青、青绿为冷色，紫色和绿色为温色。一般暖色系和明度高的色彩具有凸出、接近的效果，而冷色系和明度低的色彩具有后退、凹进、远离的效果。明度和纯度高的如浅黄、桃红显得轻，明度低的显得重。暖色还具有扩散作用，物体显得大，冷色则相反。因而可以利用色彩来改变或强化人的感受。例如白色建筑能够在阳光的阴影下显示出细部，使建筑物看上去比实际的要大，更加突出自己的形象。

一般说来，建筑色彩设计主要包括两方面，一是基本色调的选择，二是建筑色彩构图。首先要确定主调，即基本色调要和色彩应达到的感受相联系，是典雅还是华丽、朴素。在主色调确定后次色调无论是协调或对比，都只占小的比例。基本色调，即色彩基调一般有冷暖之分，暖色使人感到温暖兴奋，冷色使人感到平静、幽雅，也就是温度感。如同中国传统绘画中将色彩分为“阴”“阳”两类一样。“阴类”即俗称的“冷色调”，“阳类”就是“暖色调”。一般以大面积的墙面的色彩作为基调色，其次是屋面，而入口、门窗、遮阳、阳台及部分装饰墙面可作为重点配色。在选择对基调色彩的补充色时，一般应以对比色为宜，并应该在色相上加以区别。但对比色的使用面积不宜过大，这样才能达到对比、协调的效果，而不会喧宾夺主，同时在选择补充色彩时还应结合建筑性格和装饰效果考虑。不同类型、性质的建筑对建筑物的色彩要求还应与建筑物的性格相一致，如纪念建筑、海关、法院等要求表现一定的庄严气氛，而图书馆、住宅、学校等则要求宁静朴实，娱乐场所和商业建筑要求创造活跃、热闹繁华的气氛。因此，在色调的选择和配置上，不论是单色、复色，或冷或暖，或浓妆或淡抹均应视不同情况分别处理。

确定色彩的基调选择要考虑建筑物所在地区的气候条件与周围环境、地区的风俗习惯以及建筑物的性质、风格、朝向、体形及规模等。热带国家不少建筑选用浅色，以反射强烈的阳光。而寒冷的地区如北欧着色较为丰富。许多城市把某一色彩确定为建筑基调，往往也和气候条件相关。北京古城以红、黄、灰为基本色调；苏州以粉墙黛瓦的色彩为基调；日本京都以淡茶色、白色为基本色调；巴黎的传统建筑采用黑色屋面、淡茶色外墙。我国古代许多寺庙和园林建筑常常处于重山叠翠的绿茵深处，故不论是红垣金顶、粉墙朱栏，在自然景物的相互对比、衬映下都显得格外明朗安详。不少处于海边的灰白、淡黄等浅色建筑，由于上有无际蓝天，下有碧波万顷，对比之下显得更加晶莹清澈。此外，对色彩的要求还和人的年龄、性格、民族、素养、习惯等分不开。

在建筑的色彩基调确定后，总的色彩构图就十分重要。色彩构图应该为实现所确定的总的色彩基调和气氛服务，同时又要统筹兼顾，全面规划弥补基调的某些不足。除了某些建筑只采用一种色彩者外，大多数建筑都具有两种或多种色彩。因此，这些色彩的色相和明度的选择、色块分配比例的权衡，用色部位的确定都是色彩构图的基本问题。色彩构图有调和与对比等方法，通过色彩调和与对比达到色彩既统一协调又求得变化。常见的建筑配色的调和方法有：同色调和是较为柔和的一种，用一种色的两种浓度，但色彩明度应有较大的差别。邻色调和——邻色二者之间大多以黑、白等加以分割和过渡，或中性灰，加以调和。对比调和　—对比色中应有支配色，使之主、从分明，或以灰、白加以缓冲。中性色调和——中性色指原色二次混合后的各色，如米黄、奶油浅灰、桃红、茶色、褐色、苹果绿、橘黄等。浅色用作建筑主色调，色调稳定，显得明快开朗。其他还有黑白调和、金银调和等。“粉墙黛瓦”、“金碧辉煌”等的黑、白、金、银色的应用在中国建筑中有很高的成就。为了避免色彩紊乱，要注意减少色数。色彩构图的对比方法有两种，一是色彩的明暗对比，二是色彩的色相对比。为了保持色调的统一，往往是在大面积调和的基础上，通过局部小面积的对比取得变化。在色彩的几种对比中，冷暖对比提供了色域的最大可能，带来了色彩和谐的条件。在色相环中，红、黄、绿、蓝是最艳丽的颜色，最能明确地体现色彩的冷暖性，在光的照射下，焕发出强烈的冷暖对比。

质感是指物体表面质地的特性作用于人眼所产生的感觉，也即质地的粗细程度在视觉上的感受。通常粗的质感具有朴实、厚重、粗犷的效果，细的质感具有精致、高贵、洁净的表情，中间状态的质感则给人温和、平静的感觉。表面粗糙的材料，如原木、粗石材、粗织物等，玻璃、抛光金属、釉面陶瓷等光滑材料表面细致。在建筑表皮设计中，对于质感的处理，首先要使粗、中、细的质感关系具有明确的对比性，并使其中一种质感占优势。质感类型不宜太多，否则会杂乱无章，失去美感。其次质感要服从于形体造型要求。

色彩和质感都和建筑材料的选用关系十分密切，随着建筑材料工业的发展，出现了各种先进的新型材料，新型玻璃、石材、面砖、涂料以及其他装饰材料等层出不穷。玻璃是当代建筑中最能体现时代精神的围护材料之一，在光线的映照下或透明、或半透明、或反射，让建筑表现出前所未有的轻盈和内外交融，是以往任何实体材料都无法实现的。玻璃不像普通混凝土或面砖那样在于光和影，玻璃在于或通透或反射。设计中应善于利用其材料的属性加以处理。

自古以来，我国在建筑色彩的运用上达到了很高的成就，并具有独特的风格。如北京故宫建筑群其色彩极其富丽，它不但以其宏伟的造型，而且以其金碧辉煌、光彩夺目的精湛浓丽色彩而强烈地扣人心弦。建筑大量采用黄瓦、红墙，黄色和红色属于阳类色，色性最暖。在阳光下，黄色琉璃瓦略显红色，呈橙黄色，倾斜铺放的琉璃瓦大坡顶似乎闪烁着金黄色光，更显辉煌。同时，由于红色质感重，显得充实、稳定，有分量。用这种颜色做墙和柱也显得建筑非常坚固，能够承受，使红墙、红柱、红门窗更显火红，暖色充分地发挥了它的“阳刚”之感。而在黄顶、红墙、红柱、红门窗之间的挑檐进深3m左右范围内，由于坡顶和日照光线的角度而投下的阴影部分——檐下和梁枋，却巧妙地运用了阴类色——蓝、绿冷色彩绘，使“阴柔”之美在其中得以充分地显现。冷色巧妙地、有机地组合成蓝绿色块。蓝色容易与天空沟通，绿色容易与地面树木相连。这种冷色调在阴影中显得空气感强，轻盈遥远，不仅给沉重的大屋顶带来轻松感，还增强了建筑的高度感，更显宫殿神秘莫测。在宫殿建筑中使用这种颜色，还使硕大的屋顶显得不太沉重，而且增强了宫殿建筑的权威和神圣的印象。另外，暖色的注目性强，是扩展色。冷色是后退色。冷暖色的对比加强了建筑外立面在空间中的形体感。图4-101为建于明嘉靖十五年（公元1536年）的北京故宫御花园千秋亭。宫殿内柱多用红色和金色，为暖色调；天花彩画用蓝绿色，为冷色调；由于暖色给人以膨胀的心理感觉，柱子显得粗壮、稳固，而且承重感很强。天花的冷色则显得轻浮高远，就创造出色彩配合得宜的室内空间。北京太和殿室内面积有2370m²，纵横排列这24根立柱。为了突出皇帝宝座的中心位置，把中央开间的前后六根立柱做成金色龙柱，即用沥粉作成长龙缠绕柱身，龙头在上，仿佛六条巨龙飞舞在云中。在柱上的木梁、枋、

图4-101　北京故宫御花园千秋亭（建于明嘉庆1536年）
（《中国美术全集》建筑艺术编　1　宫殿建筑　P63　于倬云、楼庆西）

图4-102 北京故宫太和殿内景
(《中国美术全集》建筑艺术编 1 宫殿建筑 P24 于倬云，楼庆西 摄影胡锤)

图4-103 法国巴黎科技展览中心全景电影院外观
(《法国建筑环境设计》P95 陈永昌)

斗栱和天花上也布满了金龙的装饰，一进太和殿如同走进了龙的世界，借助于室内装饰，强化了太和殿建筑的性格（图4-102）。

法国巴黎科技展览中心全景电影院外壁，使用光亮金属材料，除本身的光亮质感外，还由于能反映自然景色而为城市环境带来奇特的景观效果（图4-103）。

色彩的对比和变化主要体现在色相之间、明度之间以及纯度之间的差异性；而质感的对比和变化则主要体现在粗细之间、坚实之间以及纹理之间的差异性。天然材料的质感如果运用得当可以取得令人满意的效果，另外也可以用人工方法对天然材料进行加工，从而产生更多富有特色的变化，例如石材加工后其质感效果就可以获得有粗有细多种纹理等属性的变化。由赖特设计的考夫曼别墅，有意识地利用天然石材所具有的极其粗糙的质感特点与光滑的抹面进行对比，取得质感变化的效果。

我国传统建筑总的看用色明度较低，大面积的使用低明度的色彩，即使粉墙黛瓦的江南民居仍属低明度建筑，给人以宁静清新的气息，令人流连。现代建筑由于材料的进步以及社会文化的变革，大量性建筑色彩多以明朗、淡雅为主，成为现代城市建筑的主调。

此外，善于营造色彩的光影层次感，也十分重要，许多建筑常采用白色或灰白色，在阳光照射下形成的光影明暗层次十分丰富。

德国慕尼黑安联大球场的设计中，建筑师为了解决慕尼黑的两家甲级俱乐部——拜仁慕尼黑队和BSV慕尼黑1860队都将把安联体育场作为自己的主场使用，而又要求主场要有独一无二的形象，以强化认同感。因此，通过何种途径能使球场在两种身份间进行转换呢？建筑师给出的答案：面积约4200m^2的巨大曲面体形用1056块菱形半透明的ETFE充气嵌板包裹，总数达2160组的板内嵌发光装置可以发出白色、蓝色、红色和浅蓝色光。同时，发光状态——强度、闪烁频率、持续时间——都可以通过仪器控制。与现代主义建筑立面与功能空间的对应关系不同，安联球场的表皮不再仅仅作为功能空间的维护和限定者，而且具有信息传达的媒介和社会意义的载体的特征。表皮经五彩斑斓的光线的演绎，球场更

(a)外观

(b)外观色彩变化

图4-104　德国慕尼黑安联大球场　(《世界建筑》2003　09　P15)

像一个报告幕状的巨型公告牌，或者渲染狂热气氛的巨型霓虹灯（图4-104）。

国外大多数著名大学的图书馆在建筑艺术上的一个共同特点是对学校传统的重视。大学图书馆建筑首先是属于某个特定的校园环境。各学校都把维护校园的统一面貌，保持学校的传统风格看成是非常重要的事情，人们为拥有特色显明的校园而骄傲。提起美国孟菲斯大学，就会让人想起暗红色砖墙和白色石料在斑驳的树影中的那种亲密的对话。孟菲斯市位于田纳西州一个很明媚的小城市，大学校园内所有建筑均由红砖和白石料建造，朴素亲切，与遍地的鲜花绿树相映成趣。麦克沃特图书馆也继承了这一传统，默默地为孟大增添了一丝温馨的色彩（图4-105）。

图4-105　美国田纳西州孟菲斯大学校园色彩

(《世界建筑》1998　02　P33　张利)

韩国国立美术馆。这座建筑使用了韩国生产的粉红色花岗岩，是根据传统的造型技法对现代美术馆的功能进行解释的韩国现代建筑。它位于卫星城瓜春市汉城公园内，周围有美丽的自然风景（观光客很少）。具有温暖感觉的粉红色花岗岩的使用，表现出又柔和又淡泊的造型技法，层层叠加圆形曲线的调和与小小的开口都包含着从传统房屋中可以看到的深厚的民族情绪。排除装饰，代替以抽象以及几何学的形态又是继承了西欧现代主义建筑的手法。可以说，这个作品是在产业社会的现代主义建筑上表现了民族的美学观（图4-106）。

(a)全景

图4-106　韩国首尔国立现代美术馆（一）

(b)正面外观

图4-106 韩国首尔国立现代美术馆（二）

美国加州洛杉矶北部圣莫尼卡山脉南侧一个小山丘上的大型博物馆建筑群——盖蒂中心。材料选用石料——一种意大利含碳酸钙盐成分的石料，接近黄褐色。石料安装采用欧洲的干挂方法；雨水从石料背面留下，保护石料表面不受侵蚀，而色泽经久不变，营造出一种永恒感，并且形成了博物馆与在山脊的适当过渡（图4-41）。

杭州中国美术学院以体现水墨韵味的黑白灰作为校园建筑外观的色彩基调，与地域人文环境相协调。通过空透变化，虚化建筑立面，增加可视面的层次与灵动感。在灰面的控制上进行反复类比，把握立面构图的视觉效果，对细部、尺度材料选用进行了仔细推敲。在对基座、梁枋、窗套、女儿墙剪边，坡屋顶等部位的处理中，着意表现地方特色，使建筑物具有沉厚有力且久远弥新的观感（图4-107）。

(a)外观之一

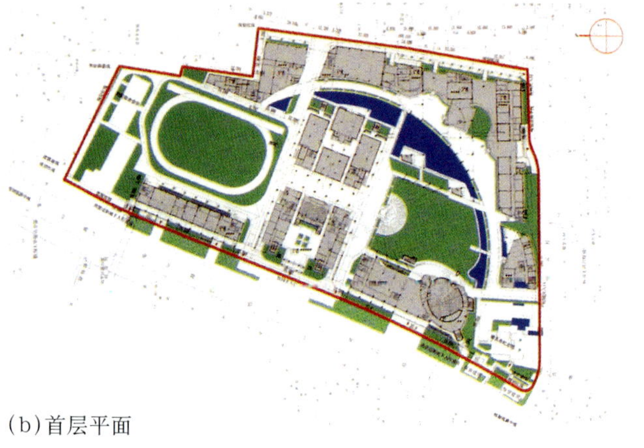

(b)首层平面

图4-107 浙江杭州中国美术学院整体改造工程

（《建筑学报》2006 09 P40 李承德 杜松 马红文）

4.3.2 建筑细部与表层设计

建筑造型设计当然首先应该从大处着眼，建筑艺术的表现力主要应当通过空间、体形的巧妙塑造，整体与局部之间的良好关系，色彩和质感的妥善处理等来获得。但并不意味着可以忽视细部与表层的处理，粗制滥造会影响全局的效果，这一点恰恰是初学者应予重视的。精美的建筑需要细部处理加以保证。建筑细部与表层是构成建筑整体设计不可分割的组成部分，细部与表层设计对于塑造建筑物身份性格、完善建筑本身的功能技术与文化价值起重要作用，也是渲染建筑物艺术感染力的重要手段。综观建筑发展历史，那些具有时代特征、风格独到的作品，无论从功能到形式再到细部与表层处理，往往都经过仔细推敲琢磨，它们的精美耐人寻味。

现代建筑的细部和表层一般不像过去那样，依靠手工业方式去费时费工费料地精雕细刻，但人们对建筑美的要求并不能随着工业化的发展降低。恰恰相反，随着生产、技术、文化的高度发展，人们对建筑细部与表层的艺术性同样给予高度重视。

通过基本几何体的表层实现复合化是细部处理的方法之一。它可以通过表层文化符号的多样附着，或者将表层结构体系与包裸体系分离，并各自深化来实现，也可以将脱离结构体系的包裸层从构造上、功能上深化出多种形式来展现其新意，通过表层材料的运用来实现。

细部与表层设计要注意整体效果，结合功能使用和结构构造特点，同时要注意减少不必要的附加

图4-108 英国伦敦圣保罗大教堂外观
（《世界建筑》1994 01 吴庆洲摄）

装饰是现代建筑艺术处理的重要原则。建筑的实体元素包括：屋顶、墙身、柱子、门窗、装饰等部分。这些实体元素之间的连接、结构、构造、材料等有关使用功能、技术材料表现及审美等方面都是细部与表层设计处理的范畴。诸如柱子的形状及其与其他构件的连接方式、构造，窗洞的大小、形状，窗棂的划分，墙面的凹凸，材料、颜色、肌理、质感以及划分，入口、檐口、遮阳、栏杆、阳台以及一些线脚都应该加以仔细推敲。

英国伦敦圣保罗大教堂是一座建于17世纪的古典主义建筑。它的构图壮丽，空间宏伟，而且穹顶内开设采光口。建筑内部的光与影、建筑柱式及各部分细部装饰、材料质地与线脚，也都具有精致而吸引人的效果（图4-108）。

瑞士建筑师马里奥·博塔（Mario · Botta）的作品洋溢着对人的切切真情，他的每一个细部都独具匠心却没有丝毫的忸怩作态。甚至有意识地去使本不成细部的砖墙呈现出一种细腻并富于变化的肌理来，阳光下产生出整齐富于韵律的阴影（图4-91）。

巴黎阿拉伯世界研究所，是巴黎阿拉伯世界的文化中心。建筑师努维尔成功地使经典的现代主题焕发出令人意想不到的品质，一看到阿拉伯世界研究所那布满阿拉伯装饰的南立面——由具有阿拉伯形式特点的单元重复而形成的一种肌理，使工业制造工艺和形式与风格同时蕴涵于表皮之中，既体现了简单几何形体的高精度加工，平直、光洁、准确复制，又体现出了高度的艺术性、时代性和民族特色。人们能够立刻感触到它所表达的一种技术的、又是诗意的、装饰的品质，同时又不流于俗套。可调光的金属帘幕能够调节大厅、图书馆和办公室的光线。随着光线强度的变化，不断变幻出各种不同的光照效果，同时也改变了立面。建筑物内部的设计同样富有创造性，尤以内部的通透性给人留下强烈的印象。它的作用已不仅仅局限于将建筑物的内部和外部融合为一体（图4-109）。

(a)塞纳河边景观

(b)内景

图4-109 法国巴黎阿拉伯世界研究所（一）

(c)从室内看带有阿拉伯装饰的南立面

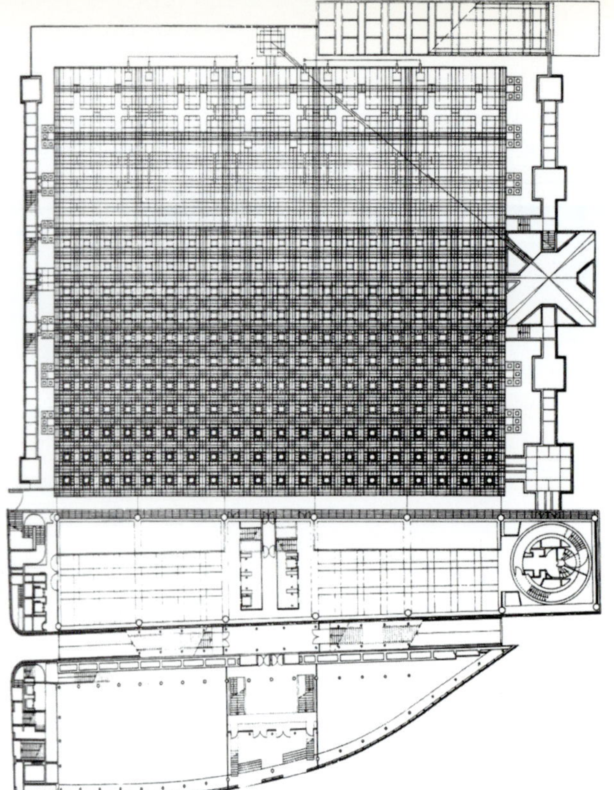
(d)底层平面

图4-109 法国巴黎阿拉伯世界研究所(二) (《20世纪世界建筑精品集锦》4卷 P220-223 V·M·兰普尼亚尼 建筑师J·努韦尔与P·G·勒塞内斯、P·索里亚建筑师事务所)

(a)会议中心南立面

(b)室内

图4-110 努美阿南太平洋委员会总部会议中心
(《20世纪世界建筑精品集锦》10卷 P262 林少伟 J·泰勒建筑师太平洋建筑师事务所)

建于努美阿的南太平洋委员会总部主要建筑包括会议中心和升高的图书馆，它为下面的建筑提供了阴影。在会议中心内，用大型垂直的"麻西"塔帕布制的百叶条控制阳光，室外反光池也向室内提供格式化的光线，作为关于海洋性的隐喻。太平洋主题还在于运用椰子树木装饰墙面，用所罗门群岛和互努阿图来的胡木作顶棚饰面等（图4-110）。

浙江舟山市沈家门小学基于当地气候条件，建筑均呈南北向线行列式排列，造成山墙全部朝临入口一侧干道。为了克服这种布局带来的单调，除采取布局上前后错落，并在两条平行的教学楼之间加上一道多层钢架廊桥，将在其中央的楼梯间拔高，形成视觉焦点。对山墙吸取浙江民居建筑所特有的某些做法，如马头墙等，但却非简单地模仿，而是予以变形，既有单坡的，也有双坡的，由于样式是同一手法，保证了整体的统一和谐（图4-111）。

巴黎拉马克街住宅沿街立面的处理手法，以一白色混凝土框架为主线条，砖红色木百叶窗缀于其中，窗的不同开启方式构成了立面的变化。每个内阳台都有三扇百叶窗，它们可将内阳台完全封闭，也可根据情况重合在一起，既可遮阳，又可遮挡视线，保证了公寓的私密性（图4-112）。

图 4–111 浙江舟山市沈家门小学外观
（《建筑学报》2004 03 P55 彭一刚）

图 4–112 法国巴黎拉马克街住宅沿街立面局部
（《世界建筑》1999 04 P39 设计[法]J · 黎波）

英国剑桥大学法律系系馆南立面采用了极少主义设计手法，将重新砌筑的石材和不透明的玻璃板组织在一起，与南面的建筑取得了一定的呼应。建筑的北侧采用了钢和玻璃构成的拱面——既不是纯粹意义上的窗户，也不是墙壁和屋顶，而是体现精良工程做法的三者混合物——如同波浪般卷向北边的花园，又像巨大的温室。玻璃外皮将总共四层的图书馆等房间既围护起来，同时又暴露出来。玻璃拱采用一种用圆形钢管焊接而成的三角形钢结构形式，玻璃板固定在钢结构的外表面。玻璃板采用同一个尺寸的三角形，提高了材料的利用率（图 4–113）。

印度新德里美国驻印度大使馆所采用的花格窗来自印度伊斯兰传统建筑。不同的是，这里的花格窗仅仅是装饰，内侧有大玻璃窗和空调。这些花格窗体现了建筑的地域性。过去，这些装饰性细部曾受到过激烈的抨击。实际上，在今天建筑毋庸置疑地拥有了实用和艺术的属性，所以细部装饰性的存在也有了坚实的依据（图 4–114）。

大片清水混凝土的运用可以说是建筑师在联想研发基地这一项目中具有特色而艰难的选择。近 4 万 m² 清水混凝土的处理体现了企业文化精神方面的准确定位，朴素大方的材料和质感表现了一种与众不同的气质（图 4–115）。

北京市海淀社区中心建筑面向东侧的城市干道设置社区中心主入口，建筑平面以面向道路逐渐开敞的空间形态积极地面对城市空间，并通过贯穿室内外的红色墙壁作为引导标志，因此产生了对来者的吸引力和亲和力（图 4–116）。

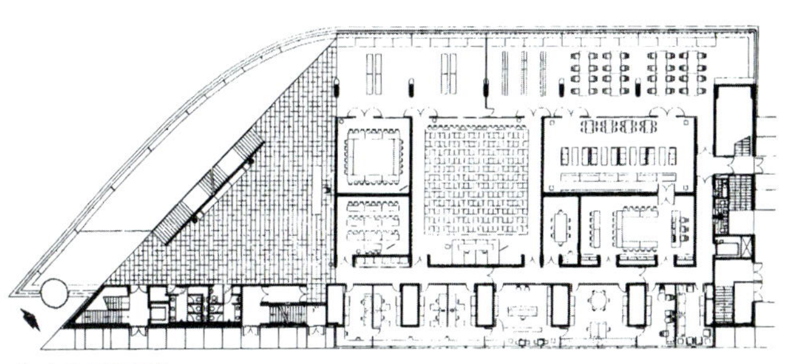
(a) 首层平面

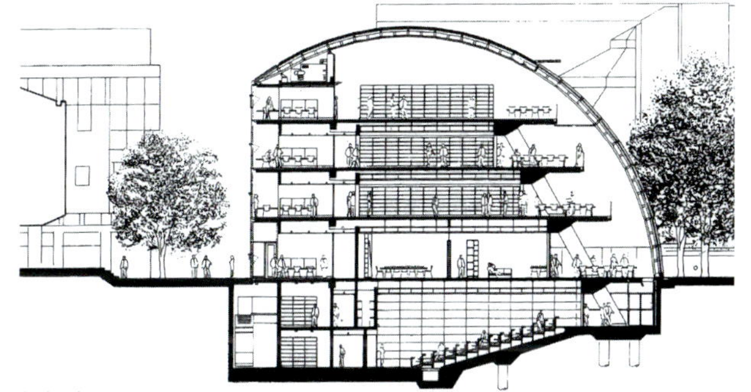
(b) 剖面

(c) 室内中厅及大楼梯

图 4–113 英国剑桥大学法律系馆
（《世界建筑》2000 04 P53–55 设计：福斯特及其合伙人事务所）

(a)正立面外景

(b)入口细部

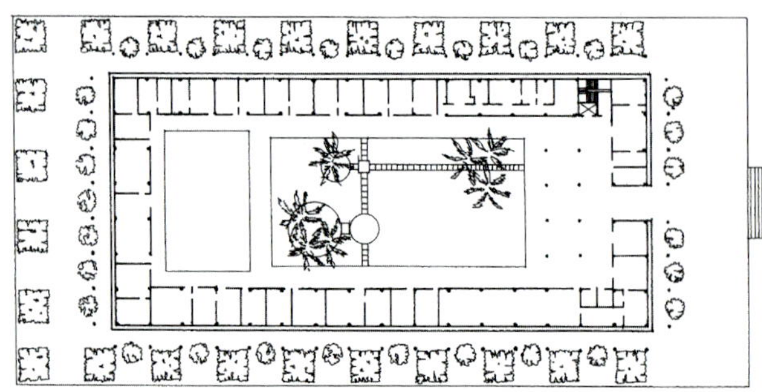
(c)底层平面图

图4-114 印度新德里美国驻印度大使馆（《20世纪世界建筑精品集锦》8卷 P98-99 R·麦罗特拉 建筑师E·D·斯东）

图4-115 北京联想研发基地清水混凝土墙面
（《建筑学报》2005 05 P39 谢强）

(a)东南侧全景

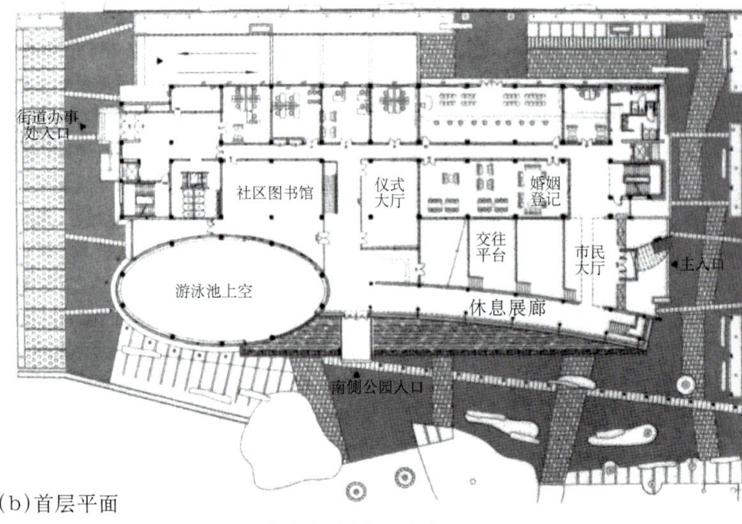

(b)首层平面

图4-116 北京海淀社区中心
（《建筑学报》2005 02 P40-41 祁斌）

图4-117 瑞士某医院外表皮处理
(《建筑学报》2005 02 P83 王路、郑小东)

图4-118 巴黎某商业总部可灵活划分的室内空间
(《法国建筑环境设计》P36 陈永昌)

在瑞士，建筑师注重的是建筑怎样被包裹的问题，即建筑的表皮。当然，这并不是说空间、结构等不再重要，只是焦点转向了建筑表皮、材料及其构成方式，关注怎样正确地使用材料，怎样呈现材料的本性，并使之与设计的逻辑相一致。在瑞士，木材被广泛使用。这不仅是因为它是当地的建筑材料，也不是简单地为了尊重某种特定的环境如瑞士的山林，而是因为木头能营造一种气氛，一种由该材料的温暖和触觉抚摸的特性所引起的气氛和它宜人的气息(图4-117)。

4.4　建筑内部空间设计的艺术处理

如前所述，建筑内部空间是人们为了使用要求而用一定的物质材料和技术手段从自然空间中围隔出来的三维环境。它既包括视觉环境、物理环境、心理环境和文化内涵，也包括工程技术方面的内容。不同的内部空间氛围给予人不同的心理和视觉感受，这有赖于建筑内部空间设计的艺术处理。建筑内部空间设计的艺术处理涉及问题是多方面的，为室内环境：空间形状、空间尺度、室内热、声、光状况及室内空间的组织与界面处理、室内色彩等，本节主要从室内空间的组织方面阐述以下几个主要原则。

4.4.1　建筑内部空间的分隔与联系

建筑内部空间设计，首先是根据不同的使用目的，对空间在垂直和水平方向进行各种各样的分隔和联系，通过不同的分隔和联系方式，为人们提供适宜的空间环境，满足不同的使用需要，并使其达到物质功能与精神功能的统一。建筑内部空间的分隔与联系主要是处理建筑内部空间之间的关系，如封闭与开敞的关系、空间扬抑的组织以及空间的性格、空间的开敞与私密等。

建筑内部空间的分隔一般是固定的实体分隔，由垂直面限定相互穿插的空间。室内空间的分隔和联系的处理恰当与否对室内空间设计的好坏有重要影响。建筑物的承重结构，如承重墙、柱以及楼梯、电梯井等都是对空间的分隔要素。非承重结构的分隔材料，有各种轻质隔断、灵活隔扇、装修家具以及绿化等。分隔的程度则按使用需要的程度而决定，有实隔、虚隔、或半实半虚分隔等多种方式。某些装修等对空间的划分和装饰，是非承重或非固定的分隔方式。为了适应多种用途的使用要求，有些内部空间需要采取灵活分隔的形式。在某些建筑的顶棚内安装滑轨，可以随时根据需要安装活动隔断，使空间划分灵活、自由（图4-118)。

用柱分隔室内空间，一般是出于使用、结构的需要，是建筑使用与结构需要的恰当结合。列柱的设置既可丰富空间的层次和变化，对空间产生一定分隔感，同时又能保证空间形式的完整统一。一个大室内空间的柱网不仅支撑起上面的楼板或屋面，而且在不妨碍空间的整体形式和界限的情况下，明确表达了空间的体积，缩减了空间过大的尺度感。一排柱或一个柱廊，可以限定空间体积的边缘，同时又使空间

图4-119 北京T3航站楼的夹层

(a)室内

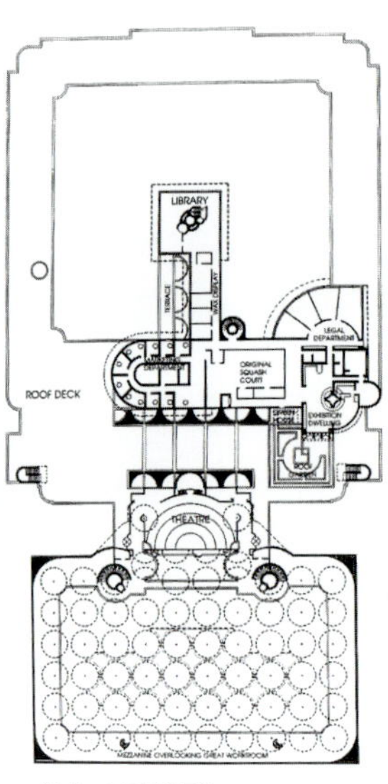

(b)二层平面

图4-120 美国约翰逊制腊公司总部办公楼 (《20世纪世界建筑精品集锦》1卷 P86 R·英格索尔 建筑师F·L·赖特)

及周围之间具有视觉和空间的连续性。一个大厅采用单排列柱进行分割时，一般应避免采取布置在大厅中央的分隔方法，常常按功能特点将列柱偏于大厅一侧，以便突出主体空间，小的部分作为次要空间或交通联系空间。这样空间主从分明，空间开阔而完整统一。公共建筑的门厅布置列柱一般既是结构的需要，又是分隔与丰富建筑空间的手段，列柱能产生很强的装饰效果。大百货商店往往因为面积很大而需要设置多排列柱，但功能上一般并不需要突出哪一部分，因而柱子的排列多采用均匀分布的方法。在商品橱柜布置后，柱列的感觉减弱，保持了空间的完整和统一。利用顶棚、地面的高低变化或色彩、材料质地的变化，作为象征性的空间限定，也有助于空间性格的产生。此外，根据功能要求，在室内空间中设置夹层，可产生分隔感，并充分利用室内空间。某些航站楼候机大厅夹层的处理，整个空间分隔既紧凑又完整统一（图4-119）。

赖特1936年设计的美国约翰逊制腊公司总部办公楼是一座内向的、无窗的、砖面的房子，办公大厅采用了上粗下细的钢丝网水泥蘑菇形圆形支撑，底部只有23cm，以钢铰接固定，上部为6m直径睡莲叶状圆盘顶板，许多这样形式的柱子排在一起，圆板相互间以边缘连接，透空处以双层玻璃管顶窗覆盖，以轻盈挺拔牵牛花状的柱群交织着透过柱冠间隙洒向大厅的光束，形成一幅生动的图画，这种纤细挺拔的蘑菇形圆列柱排列，丰富了一个开敞大空间的层次，取得一种有韵律感的气氛和室内空间变化效果（图4-120）。

人民大会堂香港厅在主题的构思上突出了香港多元文脉的内涵。设计通过建筑创作体现了香港厅庄重、高雅的风格，表达了香港回归的喜庆欢快与亲切和谐的气氛。大会议厅采用了西方古典建筑中石结构形式，构图严谨。大理石的柱式、墙面和地面糅合了我国传统沥粉贴金彩画天花的特色。通过运用水晶大吊灯的光晕与闪烁的光芒体现了华贵、辉煌与典雅的整体效果。大会议厅与主题壁画后部的辅助空间采取实隔方式，把两者完全分隔开，但联系使用仍然方便舒适（图4-121）。

4.4.2 建筑内部空间的过渡与衔接

人们在建筑内部活动，除了处于相对静态如学习、办公、休息等以外，其他活动都是处于相对动态。内部空间既要满足相对静态，又要满足相对动态两种活动形式的不同需求。建筑内部空间的过渡和衔接就是从人们在室内活动的这两种状态及其感受来考虑整个空间设计，并根据人们在建筑内部的不同活动规律和不同要求对空间进行不同的处理。通常两个大空间如果将其简单地直接连通，常常会使人感到突然，所以常在两大空间之间插进一个过渡性空间如过厅、廊道等与其组合。这种过渡空间虽然并无十分具体的功能需求，却可能产生空间大

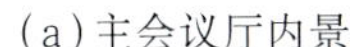

(a)主会议厅内景

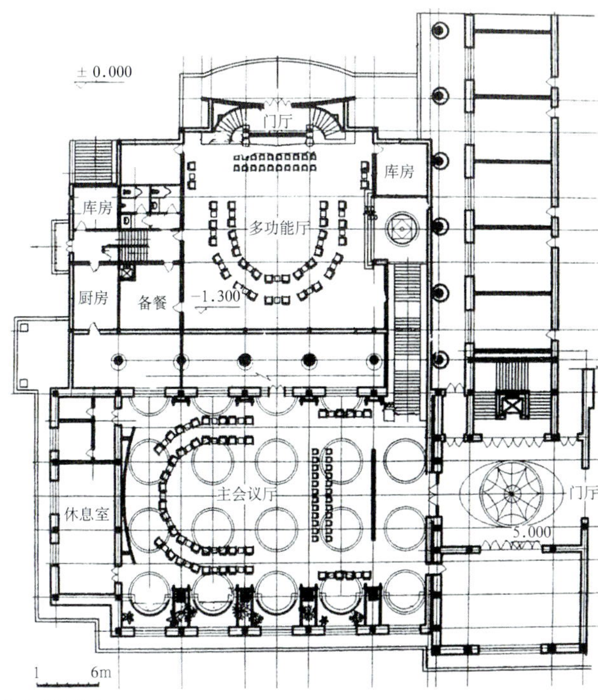

(b)平面图

图4-121 北京人民大会堂香港厅（《建筑学报》1997 10 P5 王炜钰 张广源摄影）

小、方向、形状、封闭与开敞、明与暗等的变化，丰富室内空间层次，使人感到空间丰富和有变化。当然，过渡性空间的设置必须看具体情况，并不是说凡是在两大空间之间都必须插进一个过渡性空间，那样不仅会造成浪费，还可使人感到繁琐和累赘。在影剧院中，为了避免观众从明亮的室外突然进入比较幽暗的观众厅而引起视觉上变化的不适应感，并起到隔声作用，常在门厅、休息厅与观众厅之间设立弱化光线的过渡空间，起到从明到暗空间过渡与衔接的作用。

北京人民大会堂重庆厅为使由大会堂交通枢纽厅进入重庆厅空间的衔接不致产生单调或突然的感觉，在厅主入口布置了一个过渡性空间，并通过一些景物的处理产生一种序幕感，借空间大小、高低明暗的变化，增强对重庆厅主厅的感受（图4-122）。

作为建筑艺术处理的一种手段，有的过渡空间同时具有空间的引导作用。北京和平饭店门厅的楼梯间入口处布置几步踏步，使人一进门厅就能醒目地注意到楼梯间的位置，起到视线引导作用。这种处理手法虽然显得传统，但很经典实用（图2-105）。

4.4.3 建筑内部空间的渗透与层次

建筑内部空间的渗透与层次和外部空间的渗透与层次在基本理论上是一致的，只是分隔的“介质”有些差异。一个大的内部空间或相邻内部空间之间，

(a)主会议厅内景

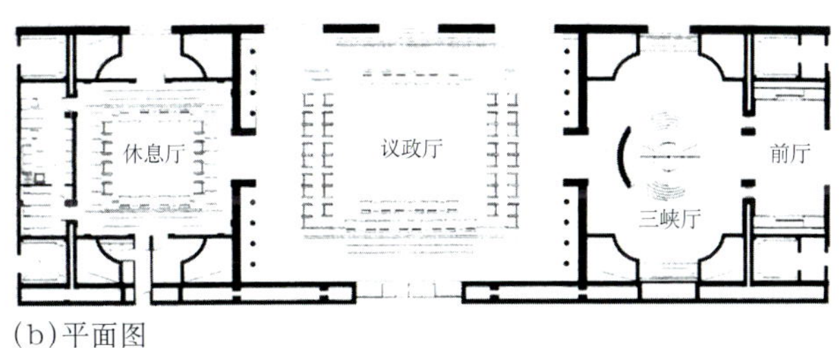

(b)平面图

图4-122 北京人民大会堂重庆厅（《建筑学报》1999 06 P24 马怡西供稿，设计施工主持人丁域庆 马怡西）

通常在分隔时，有意识地使被分隔的空间保持某些程度的连通，使处于一个空间的人可以看到另一些空间的景物，从而使空间彼此渗透，相互因借。与外部空间一样，这样不仅打破了原先空间的静止状态，增强了空间的层次感和流动感，而且使室内空间之间或室内外空间之间更为融洽。如果透过多重层次去看，实际距离不变，而感觉上距离要远得多，产生一种层次感。从中国古典园林建筑到西方近现代建筑都十分重视运用这种手法来丰富内部空间层次和增加空间的变化。

图4-123 江苏苏州留园林泉耆硕之馆室内
（《中国美术全集》建筑艺术编 3 园林建筑 P104 潘谷西）

图4-124 坐落在山坡上的某住宅窗外景色
（《世界经典住宅 下》Carles Broto 著 P35 北京吉典博图文化传播有限公司译 华中科技大学出版社）

经典之作西班牙巴塞罗那1929年博览会的德国馆，内部空间采用了围中有透、透中有围、围透结合的方法，使人进入展览空间之后，沿隔断布置所形成的参观路线不断延伸，在行进中可从不同的角度观看到几个层次的空间。这种在运动中所看到的不断变迁的视觉构图，引起人们浓郁的意趣。而灵巧多变划分空间的手法，也使有限的空间变得异常丰富。这个建筑密斯选择了钢结构，8根在凸出部分拧紧的支柱共同支撑一个钢制的屋顶板。整个德国馆的建筑不仅形象地展示了新型的建筑方法，还将建筑艺术和建筑技术有机地融合在一起，使之成为一个绚丽的、几乎是巴洛克式的艺术精品。与闪闪发亮的镀铬支柱相得益彰的还有展览馆内的墙板，它们不起承重作用，只是将展览馆分隔成不同的空间。墙板或由带有精美纹理的大理石制成，或由细纹理的通高玻璃构成。苹果色透明玻璃、乳白色不透明玻璃和鼠灰色镜面玻璃的颜色和质地交相辉映。在玻璃墙板和天鹅绒幕布之间，一块黑色的羊毛地毯勾勒出展馆空间中心的位置，它那极具魅力的不对称性使人过目难忘（图3-56）。

中国古典园林建筑中的“对景”、“框景”、“借景”也是一种获取空间渗透的处理手法。庭园与室内空间互借，内部空间之间互借，通过门、窗等孔洞去看另一空间中的景物，从而把室外景观或另一室内空间引入这一室内空间。由于隔着一重层次，因而愈觉含蓄、深远。苏州留园林泉耆硕之馆室内是一座鸳鸯厅式的厅堂，以板屏和圆光罩把室内分隔为前后两部分，增加了馆内空间的层次和南、北厅之间的渗透（图4-123）。

在现代建筑中，大面积使用玻璃窗或通透隔断，可以使室内空间，室内、外空间之间互相渗透，特别是把室外景观引入室内，使室内增加大自然感，令人心旷神怡。这方面常用的手法如：进打开实墙壁沟通室内与室外空间环境；选择轻盈通透的隔断，以取得室内空间的渗透与流动感。透过一层层的玻璃不仅可以看到庭院空间的景物，而且还可以看到另一外部空间，乃至更远的自然景色，增强了空间的层次感，使人感到空间更加深远。图为坐落在山坡上的某住宅，可以俯瞰山坡下的湖光美景（图4-124）。

随着建筑事业的发展，一些建筑在内部空间的组织和处理方面越来越灵活、多样、人性化、生态化，不仅考虑到水平方向同一层内若干空间的渗透和延伸，同时在垂直方向还通过楼梯、夹层的处理，使上下层，乃至许多层空间互相穿插、渗透。或者变动地面与顶棚的标高，从而增加内部空间的变化。

现代建筑的办公空间，通过各种方式分隔，灵活划分为许多小空间，不仅使小空间具有相对的独立性，同时使整体空间具有完整的统一性，体现出空间环境既分又合的和谐优美。图4-125为某一节点型办公空间的分隔，非直角的墙体和不合传统的交通流线，产生出梦境般的空间效果。

在哥斯达黎加新乐果品公司总部大楼的室内设计中，建筑的内部，会议大厅是一个高科技的视听室。室内有五种亮度和颜色都不同的照明系统，并可

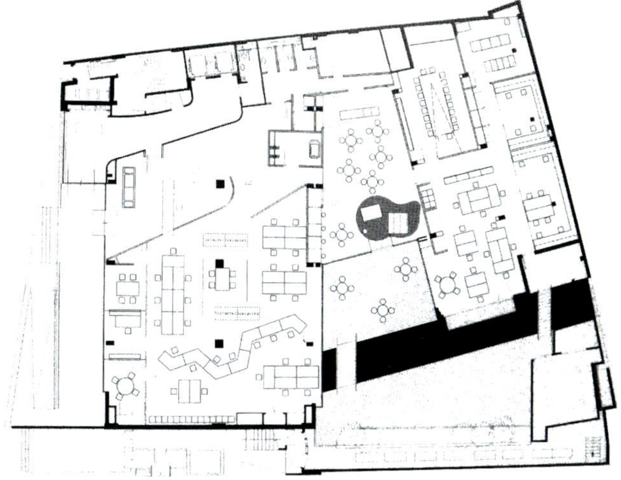

图4-125 某节点型办公空间划分平面
（《21 世纪办公空间》P98 [英]杰里米·迈尔森，菲利普·罗斯编著 蒙小英译 百通集团辽宁科学技术出版社）

以通过卫星播放图像，以满足处于不同参数频道的各国主管的需要。尽管室内有令人叹服的高科技设备，但为建筑厅堂带来愉悦气氛和特点的却是玻璃窗另一边的自然景色。由于窗外植物的绿色被引入到这间高科技的会议室内，使科技设备的那种冰冷感觉有所缓和。这些因素结合在一起，可以使房间里的人们平静下来。同时，使设计方案的严肃、简朴的风格有所弱化，取得了延伸空间和渗透的效果（图4-126）。

华盛顿美术馆东馆采取立体穿插空间的手法，中央大厅室内上下空间交错，不但丰富了室内景观，而且增添了热烈的气氛（图4-127）。

这是一个2层楼的住宅，住宅建筑物中部空间旋转近15°角，使空间富有变化。内部尽量不用隔墙和门，使空间开放。墙面和楼梯巧妙的布置，使空间分开，家务用水房间集中布置在北面，工作效率很高，贮藏间面积大，很便利。其处理使住宅内部空间增加渗透和层次感（图4-128）。

4.4.4 建筑内部空间的序列组织

如前所述，序列可以理解为按一定次序排列，与外部空间同样的道理，由多个单一建筑内部空间组成的建筑内部存在如何进行序列组织的问题。人的活动都是在时空中进行的，静止只是相对和暂时的。人们观察和使用建筑室内空间也是这样，从一个空间到另一个空间，也是在连续进行的过程中，逐一接触到建筑内部的各个部分，从而完成使用过程，并形成整体印象。由于运动是一个连续的过程，因而逐一

（a）会议大厅内景

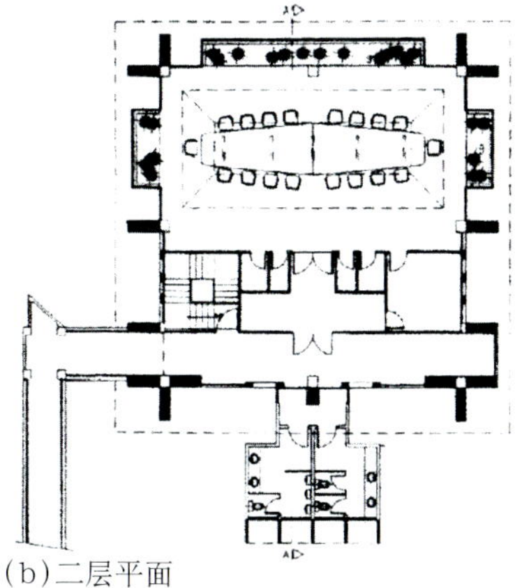

（b）二层平面

图4-126 哥斯达黎加圣何塞都乐果品公司总部大楼
（《20 世纪世界建筑精品集锦》2 卷 P210-211 J·格鲁斯堡 建筑师B·斯塔哥诺建筑师事务所）

图4-127 华盛顿美术馆东馆中央大厅内景
（《20 世纪世界建筑精品集锦》1卷 P181 R·英格索尔 建筑师贝聿铭事务所）

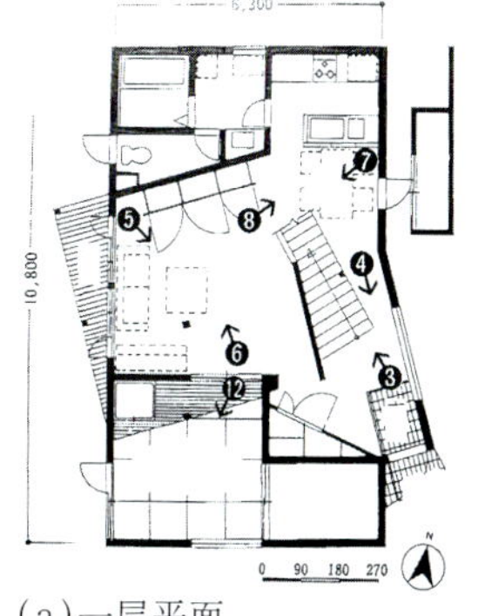

（a）一层平面

（b）二层平面

图4-128 某住宅内部空间处理 （《国外小住宅室内外设计资料集2》P192 黑龙江科学技术出版社）

展现出来的空间变化也将保持着连续的关系，要求在进行建筑内部处理时，对人在室内的活动进行全面的研究。建筑内部空间序列设计除了按使用要求，把各个空间作为彼此相互联系的整体来考虑外，还应以此作为建筑时间、空间形态的反馈作用于人的一种艺术手段，以更充分地发挥建筑空间艺术对人心理上的影响。特别是当沿着一定的路线完成一个行为过程后，应使人感到既谐调一致，又富有变化。在一条完整的空间序列设计中，空间应有变化，要有放有收。放是指布置相对扩大的空间，收是相对缩小的空间。只放不收会使人感到松散和空旷；没有收束，再大的主体空间，也不足以形成强烈的感受。在一条连续变化的序列中，某一形式空间的再现或重复，还会形成一定的韵律感，对于陪衬主要空间和突出重点的形成也是十分有利的。有的研究认为，空间序列的全过程一般包括起始阶段，为序列的开端和第一印象。一般来说，具有足够的吸引力是起始阶段考虑的主要问题。其次为过渡阶段。这一阶段是起始阶段的承接阶段和出现高潮阶段的前奏，在序列中起到继往开来的作用。特别是在长序列中，过渡阶段可以表现出若干不同层次和细微变化，对最终高潮出现前所具有的引导、启示、期待乃是该阶段所考虑的主要因素。第三是高潮阶段，是序列的中心，也是序列艺术的最高体现，充分考虑期待后的心理满足是高潮阶段的设计核心。最后是终结阶段，由高潮到平静，以恢复正常状态为主要任务。良好的结束，有利于对高潮的追思和联想而耐人寻味。在实际工程中，并不是每个空间序列都如前述有四个阶段，或者仅仅有这四个阶段。不同性质的建筑有不同的空间序列布局和不同的处理方法，长序列往往用于需要强调高潮重要性的建筑。对于某些建筑类型来说，长序列的手法并不合适。例如，更强调效率、速度和时间的铁路旅客站、航空港等各种交通建筑，它的层次应该愈少愈好，通过的时间愈短愈好，因为这时旅客追求的主要是效率和时间，观赏是从属的，路线迂回容易造成旅客心理厌烦。而对于观赏游览的建筑空间，将建筑空间序列展开，并保持一定的长度则是适宜的。

在组织空间序列时，还应该注意空间的导向性，用建筑所特有的语言传递信息与人对话。良好的交通路线设计可减少对指路标和文字说明牌的依赖。室内外空间，许多连续排列的物体如列柱、灯具、绿化，或者地面与顶棚的纹理色彩装饰处理等都可以显示人们行动的方向和注意力，从而起到引导作用。某些建筑，由于功能、地形或其他条件的限制，可能会使某些比较重要的公共空间所处的地位不够明显、突出，以致不易被人发现，或者行进路线需要强调；有时为避免一览无余，也可能有意识地把某些“趣味中心”置于比较隐蔽的地方。这时，需要在空间处理上采用一些措施对人流加以引导或暗示。

北京毛泽东纪念堂在空间序列设计上作了充分的考虑，瞻仰的群众从花岗石台阶拾阶而上，经过庄严的柱廊和较小的门厅到达宽34.6m、深19.3m、高8～8.5m的北大厅。厅的正中为汉白玉毛泽东坐像，庄严肃穆的大厅促使人们引起许多追思回忆和期待，对瞻仰遗容在情绪上作了充分的准备。在北大厅和瞻仰厅之间恰当的设置了一个较长的过厅和走道作为过渡空间，然后进入气氛比北大厅更为肃穆宁静的瞻仰厅。这是一个宽11.3m、深16.3m、高5.6m的空间，在尺度上和空间环境上都仿佛是一间日常生活的大卧室，肃穆中又增添了亲切感。然后再经过一个过厅和走道进入宽21.4m、深9.8m、高7m的镌刻着毛泽东诗词的南大厅，并经门厅、柱廊离去。整个空间序列仅有四个主要层次，高潮阶段的瞻仰厅，在空间上并不是最大，这是由使用性质决定的（图4-129）。

(a)外观

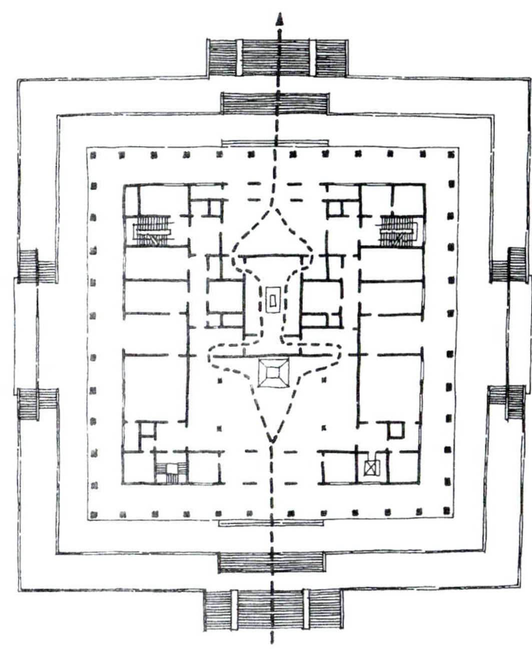

(b)平面示意图

图4-129 北京毛泽东纪念堂 (《建筑学报》2009 09 P16 、《中国建筑史图说》P206 邹德侬)

北京中国美术馆主楼，采取均衡对称的布局形式，沿主轴依次排列空间，自室外空间进入门廊，意味着空间序列的开始。门廊起着室内、外空间过渡的作用。由门廊至前庭空间处于收缩状态，到广厅则豁然开朗，进入展厅环形参观流线形成高潮。由广厅返回门廊再度收束，相当于尾声。沿副轴线空间程序的组织同样既有变化又有收入，使用灵活空间丰富(图4-130)。

(a)一层半圆展厅

(b)模拟自然采光的侧厅

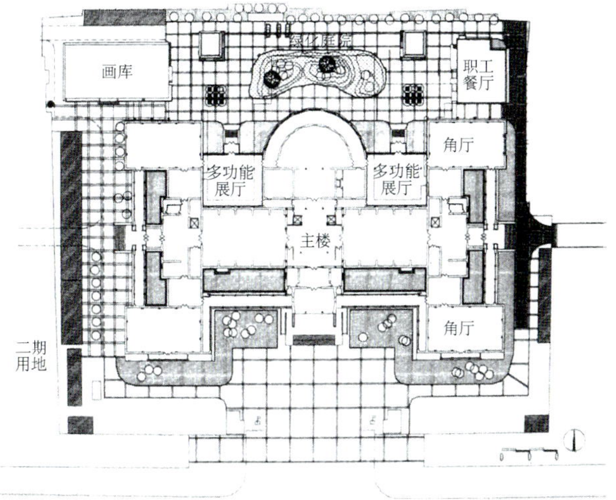

(c)总平面

图4-130 北京中国美术馆 (《建筑学报》2003 08 P30、33 庄惟敏、宿利群 摄影傅兴)

第5章　建筑创作与经济

在建筑创作中，建筑经济是一项综合性的课题，从场地的选择、建筑总体布局、建筑空间组合、建筑造型以及结构形式、建筑材料、施工组织，直到建筑的长期运营维护管理等一系列过程中都包含着技术经济因素。要求建筑师掌握和了解建筑技术经济的基本知识，把建筑创作的技术经济合理性作为建筑设计的目标之一，把技术经济合理、节约投资、可持续发展作为衡量设计方案的基本标准之一。要求建筑师在保证建筑使用功能、建筑质量标准和美观的前提下，力求做到最大程度发挥投资的效益，使一定的投资获取最大的使用效果。同时，在建筑创作中也要防止片面追求经济而影响建筑的功能，降低建筑质量标准和使用年限，增加经常性维护管理费用等现象，达到建筑功能、技术、经济、社会和生态多方面的完美结合。

5.1　建筑方案设计中的经济要素

5.1.1　建筑平面形状与经济

1.建筑平面形状与工程造价

在进行个体建筑创作时，首先要考虑建筑平面形状的合理性，这对保证建筑的使用功能，提高建筑空间的使用效率，发挥建筑空间的使用潜能具有重要的意义。空间的功能和高效是指内部各组成部分之间的联系是否合理方便，高效的平面布局是用最小的人力、财力来使用，并维护建筑的基础。

建筑的平面形状主要是由地段环境与功能、造型等要求决定的，但环境类似，功能相同而建筑的平面和造型并不一定相同。因此，对建筑平面的形状应作细致的优选。一般来说，在面积相同的条件下，建筑平面、造型越简洁，内部空间越简单，它的单位造价就越低。建筑平面的形状以单位造价由低到高的排列顺序一般为正方形、矩形、L形、工字形和复杂的不规则形。从砌体工程造价分析，一般6层以下的砖混结构住宅，砌体工程造价约占土建工程造价的1/3～1/4。高层框架结构住宅，砌体工程造价也占1/5～1/6。建筑平面形状的不同，砌体工程量亦不相同，造价也不同。所以越简洁的建筑平面形状在砌体工程量等方面也显示出经济性。

其次，建筑平面形状类似，建筑面积越大的空间比建筑面积小的空间单位面积外墙砌体工程量呈减少趋势，如图5–1所示。建筑面积增大，根据单位面积的周长值的变化其经济性为：

图5–1(a)单位面积墙体周长值为 $\frac{15}{14.04}=1.07\text{m}$

图5–1(b)单位面积墙体周长值为 $\frac{16.2}{16.2}=1\text{m}$

图5–1(c)单位面积墙体周长值为 $\frac{17.4}{18.36}=0.95\text{m}$

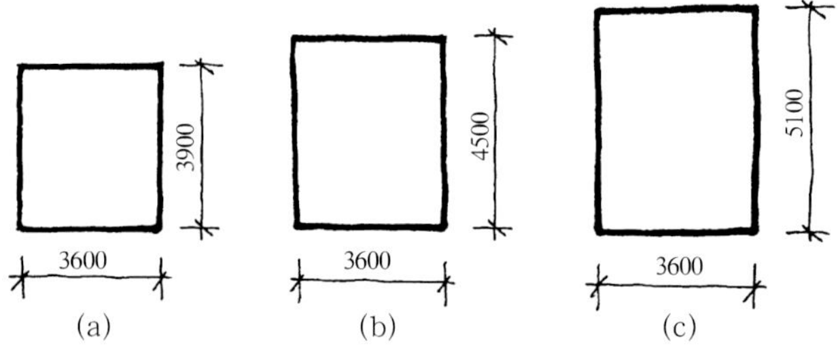

图5–1　建筑平面形状类似、面积加大、单位面积砌体工程量经济分析示意

从上图可见，从经济的角度分析，面积集中布置比分散布置节约砌体工程量，有利于降低造价。

2.建筑平面形状与用地的经济分析

在研究建筑经济问题时，除分析建筑物本身的经济性外，建筑用地的经济性不可忽视。我国是一个人口大国，节约用地是国家的基本国策。节约建筑用地，不仅关系到少占良田好土，维护生态平衡，而且也影响城市建设的投资。一般建筑的室外工程费用约占全部建筑安装工程造价的15%左右。因为增加建筑用地就相应增加道路、给排水、供热、供气及电缆等工程项目的投资与维护费用。在面积相同的情况下，复杂体形和分散布置能耗增大，人流、物流、交通运输路线增长。相对而言，简单体形和集中布置有利于节约用地。另外，一般情况下，个体建筑平面外形的空缺率值愈大说明同样的建筑面积用地愈大，用地愈不经济。建筑平面的面阔和进深不同，与用地经济性直接相关。层数与套型建筑面积相同的两幢住宅，进深大的长度必然短，如果日照间距不变，用地面积就会明显减少。图5-2研究表明6层住宅进深由12.6m增加到15m时的空地率相当于层数提高到8层时的空地率。

5.1.2 建筑物的层高、层数与经济

建筑物的层高在满足建筑使用功能的条件下应尽可能降低。盲目增加高度，不仅增加外墙、内墙、墙体饰面、水、暖、电管线及空调设备等总体工程量，增大能源的消耗，甚至整体建筑高度和结构荷载都增大，引起基础造价增加。在不降低卫生标准和功能要求的前提下，降低层高，可以减少墙柱材料和内外装饰工程量，节约空调采暖费用，减轻建筑自重，从而有效地降低工程造价。据统计，一般多层建筑层高每增减10cm，约可增减造价1.33%～1.5%。层高2.8m的6层砖混结构住宅与层高为3.0m的同类住宅相比，每平方米造价约降低2.79%，建筑钢材、木材、水泥等主要材料都有不同程度节约，效果可观。而高层建筑的层高影响更大，选择层高尤其重要。

从层高与用地的关系来看，层高影响房屋前后间距的大小，在住宅建筑中，尤其当日照间距系数比较大时，层高的影响更为显著。

建筑的层数是影响建筑造价的又一重要因素。首先，增加建筑层数，也就是增加建筑的高度。一般情况下增加建筑层数有利于节约用地。因为在建筑物面积规模一定的前提下，层数越高，建筑物基底所占的用地面积就越少，而且每平方米所摊销的土地费也越经济。当然，层数增加，日照间距也要增大，用地面积也相应发生变化。同时，层数的增加，也会带来使用的方便舒适性、安全性、防灾等问题的出现，以及维修、管理、使用费用的增加。因此，不能简单地认为层数越多就越节约用地，而应加以全面权衡。

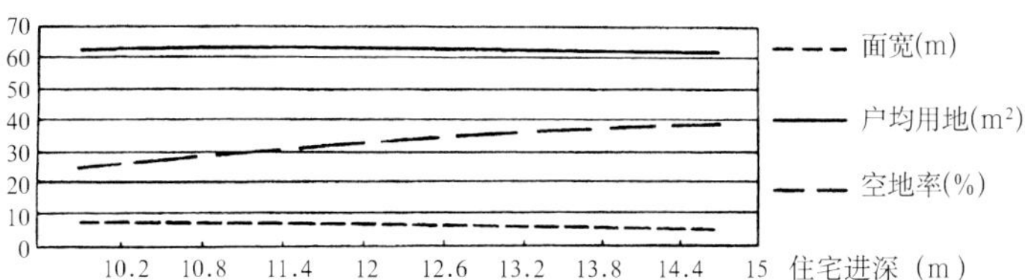

图5-2 住宅进深与面宽、户均用地以及空地率的关系示意

（《建筑设计与经济》P79 杨昌鸣 庄惟敏主编 中国计划出版社）

注：以5个单元组成的单幢6层住宅为比较单元。日照间距系数1.5，住宅山墙间距8m，容积率按1.2计算。

一般砖混结构多层建筑层数不同对土建工程造价的影响

层数	1	2	3	4	5	6
造价比（%）	100	90	84	80	82	85

引自《建筑设计资料集》J第二版P161唐连珏。

根据上表百分比变化，可见以四层～五层建筑为最经济，从2—6层的各分部的变化分析，一般工程对造价降低起决定因素的是基础和屋盖。

5.1.3 建筑质量标准与长期经济效益

衡量建筑的经济性必须注重建设全过程中的长期经济效益与建筑的经常使用费用、能源耗用量和使用年限等。经常使用费指建筑物投入使用后每年新支出的费用，如维修费、折旧费等。能源耗用量主要指建筑物用于采暖、空调、电梯等方面的能源消耗。使用年限是指建筑物从投入使用到报废的日历天数。建筑质量标准要求在建筑全寿命周期的时间跨度中实现低耗。对一个建设项目来说，全寿命控制要求从策划、选址、规划、设计、施工、维护运营直到拆除的全过程中贯彻低耗与可持续发展的理念。因此，需要恰当的选择建筑物的质量标准。片面降低质量标准，不仅影响使用功能，而且可能增加常年维护费用，实质上是一种极大的浪费。一栋建筑的使用年限很长，有些建筑使用期内各项费用的总和，往往比一次性投资大若干倍。据德国对几种使用寿命为80年的典型住宅进行的费用分析，使用期间的维修费为建筑费用的1.3～1.4倍。英国对某设备较完善的医院，从设计、施工、设备更新、维修养护、使用管理等方面进行了费用分析，维修养护费是总造价的1.5倍，使用管理费为6.4倍。这座医院全寿命期间费用中，使用管理费用占64%，而总造价仅占10%。由此可见，保证建筑的质量标准和建筑的长

期技术经济效益作为衡量建筑的经济性是十分重要的。增加建筑的使用寿命就减少了地球资源的消耗。

5.1.4 结构形式及其建筑材料的选择

结构是房屋的骨架，是建筑物赖以存在的物质基础。不同的结构形式将产生不同的建筑空间和不同的建筑形象。例如古代的埃及神庙，当时的建筑技术决定它只能采用简单加工的石梁和石柱建造，就自然形成了粗放坚实的形象。我国古建筑由于承重体系是木构架，因而产生优美的曲线屋顶，微翘的深檐，图案式的斗拱。当今，由于钢结构和钢筋混凝土结构的发展，促进了大跨度建筑和高层建筑的不断发展，对建筑造型、建筑艺术和建筑经济的影响尤为明显。北京国家体育场“鸟巢”就是一个造型有一定特色、结构复杂，用钢量多，造价高的建筑。对于建筑师来说，应掌握各种结构形式的特点及其适用范围，选择适宜的结构体系，使结构形式充分发挥力学性能，达到适宜的经济效益，这是节约建筑投资不可忽视的一个因素。在大量的民用建筑工程中，一般多层住宅，砖混结构形式比框架结构形式造价低15%～20%左右，说明选择结构形式对经济的影响。结构网格宜简单明确，有利于施工与降低造价，同时应合理地选用结构材料，利用其长处，避免和克服它的短处。在保证经济合理的前提下，优先考虑使用新型节能材料和设备，尽量运用地方材料。

5.2 建筑方案设计的技术经济评价

5.2.1 建筑方案设计技术经济评价的原则

建筑设计方案是将业主的要求与建筑师的设计理念、构想通过图纸、模型、三维电脑动画等载体展现出来的结果。在建筑设计中，同一类型，同一标准的建筑物由于不同的环境，采用不同的平面形式和空间形体、不同的结构形式、不同的建筑材料，可设计出若干个投资不同的方案。为了达到最佳设计效果，同时又有实施的经济保证，在建筑设计方案阶段要求对方案进行技术经济评价，核算有关指标。

建筑设计方案评价涉及的因素十分广泛，没有统一的标准和方法，在适用、经济、美观原则的指导下，对建筑设计方案的技术评价，不仅要对有关经济问题进行分析比较，尤其应处理好适用、经济和美观的关系。一个优秀设计应达到功能、安全、环境、效益和美观的完美结合。首先，在进行技术经济评价时，适用、经济、美观的关系中适用是主导因素，一个不适用的建筑物本身就是浪费，在使用过程中也不可能有良好的经济效益。不顾适用片面强调经济，常常会造成更大的浪费。因此在设计中应使适用和经济很好地统一起来。其次，建筑不仅要满足功能使用要求，而且还应取得某种建筑艺术的效果。建筑设计不能只管经济性，而不顾建筑的艺术性，在设计工作中，要力求在节约的基础上设计出既适用、经济，又美观大方的建筑来。第三，对经济分析要持全面的观点，防止片面追求各项系数的表面效果。如过窄的走道，过低的层高，过大的进深，过小的辅助面积等，不仅不能带来真正的经济效果，而且会严重地损害合理的功能与建筑美观。

耗材量和耗工量是构成每平方米建筑面积造价的基本成分。因此，材料消耗量和工日消耗量在很大程度上可以反映造价指标。耗材量和耗工量还可以反映新材料、新结构、新工艺的使用程度，反映施工的科技水平。主要材料一般指钢材、水泥、木材和砌块、装饰材料。

5.2.2 建筑方案设计的技术经济评价指标

民用建筑设计方案的评价指标，也就是技术经济指标，包括适用性指标、经济性指标和使用阶段评价指标。适用性指标如公共建筑的平均单位建筑面积、建筑平面系数、居住建筑的居住面积系数、辅助面积系数、平均每户建筑面积、平均每人居住面积、每户面宽等。经济性指标如工期、工程总造价、每平方米建筑面积造价、主要材料消耗量、土地占有量等。其中，建筑面积、每平方米建筑面积造价、平均单位建筑面积等指标以及总投资为技术经济评价的主要根据。此外，评价一个建筑设计是否经济，还应从使用阶段建筑经常使用费、能源消耗、公共建筑的投资回收期以及使用年限等方面考虑。

1.建筑主要技术经济指标和工程量

公共建筑类型比较多，其功能特点也千差万别，具有共性的评价指标主要有：用地面积（hm^2）、建筑物占地面积（hm^2）、构筑物占地面积（hm^2）、道路广场及停车场面积（hm^2）、停车位总数（辆）、绿化面积（hm^2）、总建筑面积（m^2）、建筑容积率（总建筑面积（m^2）／用地面积（m^2）×100%）、建筑密度[总基底面积（m^2）／总用地面积（m^2）×100%]、绿地率（%）[总绿地面积（m^2）／总用地面积（m^2）×100%]、单位综合指标(学校 m^2／学生，医院 m^2／床，剧院 m^2／座)、工程总造价（万元）等。

居住建筑的主要技术经济指标有：工程总造价（万元）、每平方米建筑面积造价（元／m^2）（总造价／建筑面积）、平均每户建筑面积＝建筑总面积／总户数（m^2／户）、户型比＝某户型的户数／总户数等。户型比指不同户型数占总户数的比例，是评价户型结构是否合理的指标。在居住建筑设计方案的技术经济指标中还有每平方米居住面积造价（元／m^2）。

建筑总图的工程量对总投资也有一定影响。一般民用建筑包括土方量（挖、填）（m^3）、挡土墙长度（m）、排水沟长度（m）、围墙长度（m）以及拆迁房屋工程量（m^2）等。

2.建筑面积（m^2）

建筑面积包括使用面积、辅助面积和结构面积，为建筑物勒脚以上各层外墙外围水平面积总和。建筑面积是国家和有关方面控制建筑规模、工程造价、建设进度和工程量大小的重要指标，在建筑工程造价管理方面起着重要的作用。在满足功能要求的条件下，建筑面积越少越经济，在投资同量的条件下，如使用需要，多出建筑面积同样是经济的。2005年7月1日开始实施的国家标准GB/T50353—2005建筑工程建筑面积计算规范对建筑面积的计算作了规定。

3.每平方米建筑面积造价（元／m^2）

每平方米建筑面积造价即总造价与建筑面积之比的价格。每平方米建筑面积造价是衡量建筑经济的重要指标，也是影响工程总造价的主要因素。每平方米建筑面积造价在质量标准一致的情况下受材料供应、运输条件、施工水平等多方面因素的影响而出入较大。

每平方米建筑面积造价的内容主要包括：

1）房屋土建工程每平方米建筑面积的造价；

2）给排水卫生设备每平方米建筑面积的造价；

3）暖气、空调设备每平方米建筑面积的造价；

4）强、弱电工程每平方米建筑面积的造价；

5）工程预备费用每平方米建筑面积的造价；

6）其他费用每平方米的建筑面积的造价等。

在确定建筑物每平方米造价时，必须注意哪些费用应该包括在建筑物的每平方米造价内，哪些项目应另列项目计算。例如室外给排水、室外输电线路、环境工程、室内家具等几种费用，不能列入单方造价之内。

为了使不同设计具有可比性，通常将平均每平方米建筑面积的主要材料消耗量作为一项经济指标。主要材料一般指钢材、水泥、木材和砌块材料等。耗材量不仅反映了耗工量，还反映新材料、新结构、新工艺的使用程度和施工的科技水平。

4.建筑系数

1）公共建筑的建筑系数主要有：

平面系数＝使用面积／建筑面积（%）

式中：使用面积＝使用房间面积＋辅助房间面积

使用面积即建筑平面中减去交通面积、结构面积和设备面积之后的面积。该指标反映了平面布置的紧凑合理性。在建筑面积相同的情况下，房间面积大，房间数量少，结构面积必然少。相反，房间面积小，房间数量多，结构面积必然多，从而影响平面系数的大小。因此在保证功能要求的前提下，适当增大房间面积对提高平面系数具有经济意义。

建筑面积中交通面积大小的变化一般较大，特别公共建筑的门厅、过厅、走道等往往占较大比例。在设计中应从使用与空间需要出发，恰当地选择交通面积，在可能的条件下提高平面系数。

辅助面积系数＝辅助面积／建筑面积（%）

结构面积系数＝结构面积／建筑面积（%）

结构面积的多少直接影响到使用面积的大小，例如框架结构建筑的结构面积系数可降至10%左右。因此，结构选型要合理，应尽可能选用先进形式和先进的结构材料，即保证安全又降低结构面积，同时要兼顾节能、热工等要求。

从上述的面积系数分折中可以看出，在满足使用要求、结构选择合理的情况下，平面系数越大，说明方案的平面有效利用率越高，辅助面积系数越小，说明方案的平面有效利用率高。结构面积系数越小，说明结构面积所占越小，有效使用面积增加。在保证安全及使用的条件下，减少结构面积、辅助面积和交通面积可以提高建筑平面系数。一般中小学建筑，其使用面积系数约60%左右。

2）居住建筑的建筑系数

平面系数K= 使用面积／建筑面积（%）

居住建筑平面系数反映居住面积与建筑面积的比值。K值并非越大越好，也不是越小越差，应根据不同类型以杜绝浪费为原则。

平面系数K_1= 居住面积／使用面积（%）

平面系数K_2= 辅助面积／使用面积（%）

结构面积系数K_3= 结构面积／建筑面积（%）

使用面积也称有效面积。它等于居住面积加上辅助面积。K_1是检验居住面积与有效面积比值的指标。

在居住建筑中，由于楼梯服务户数及其走道布置都将影响平面系数和经济效果，因此对交通面积要进行认真的研究，以提高平面系数。

结构面积系数反映结构面积与建筑面积之比，一般约在20%左右。

建筑周长系数K’ = 建筑周长／建筑占地面积（m/m^2）。

建筑周长系数是外墙长与建筑占地面积之比。

3）建筑体积指标

建筑体积系数＝建筑体积／建筑面积（m^3/m^2）

在建筑设计中，如果只控制面积而不控制体积，仍然不能全面地评价建筑的经济性。在任何建筑中，如果层高选择偏高，则因增大了建筑体积而造成投资的增长。在学校、办公、医院、旅馆等大量性多层建筑和高层建筑中正确选择层高尤其重要。一座30层的建筑，每层如增高10cm，则建筑高度增高约一层楼的高度。在观演建筑中，对大厅高度的控制尤其容易疏忽，而造成浪费。因此在进行剖面设计时恰当控制层高，从而控制建筑体积是提高设计质量、降低造价的又一有效措施。

从上述系数来看，一般情况下，单位建筑面积的体积越小越经济，而单位体积的建筑面积越大越经济。

5.建筑的其他评价指标

1）公共建筑的其他评价指标

土地占用量；

年度经常使用费；

建筑节能或能源耗用量指标；

经济效果指标，如投资收回费等。

2)居住建筑的其他评价指标

平均每户造价＝工程总造价／总户数（元／户）

平均每户居住面积＝居住总面积／总户数（m^2／户）

平均每人居住面积＝居住总面积／总人数（m^2／人）

建筑节能：不仅要根据建筑外围护结构及门窗的保温隔热热工性能与节能状况来评价，而且还要从总图布置、建筑体形、外观处理、通风采光等方面全面评价。节能要求是评价建筑的硬性指标。

通风：一般建筑主要以自然通风组织的通畅程度为准。评价时，以通风路线短、直、有穿堂风为佳。路线曲折，通风受阻为差。

采光：居住建筑的采光面积，应保证居室有适宜的阳光和照度。采光面积过小，不仅不符合使用要求，而且增加电的能耗，但窗户过大，对节能及使用也是不利的。

主要参考文献

[1] 许家珍，艾鸿镇，陆震伟等主编.民用建筑设计原理.重庆建筑工程学院内部发行，1985.

[2] 鲍家声，杜顺宝编著.公共建筑设计基础.南京：南京工学院出版社，1986.

[3] 张文忠主编.公共建筑设计原理（第四版）.北京：中国建筑工业出版社，2008.

[4] 赫曼·赫茨伯格著.建筑学教程：设计原理.仲德崑译.刘先觉，薛皓东校订.天津：天津大学出版社，2004.

[5] 赫曼·赫茨伯格著.建筑学教程2：空间与建筑师. 刘大馨，古红缨译.天津：天津大学出版社，2004.

[6] 伯纳德·卢本等著.设计与分析.林尹星，薛皓东译.天津：天津大学出版社，2003.

[7] [美]弗朗西斯·D·K·钦著.建筑：形式·空间和秩序.邹德侬，方千里译.北京：中国建筑工业出版社，1987.

[8] [美]凯文·林奇，加里·海克著.总体设计. 黄富厢，朱琪，吴小亚译.北京：中国建筑工业出版社，1999.

[9] 彭一刚著.建筑空间组合论（第二版）.北京：中国建筑工业出版社，1998.

[10] 吴良镛著.广义建筑学.北京：清华大学出版社，1991.

[11] 吴良镛著.世纪之交的凝思：建筑学的未来.北京：清华大学出版社，1999.

[12] 齐康著.建筑课.北京：中国建筑工业出版社，2008.

[13] 王建国编著.城市设计.南京：东南大学出版社，1999.

[14] 刘敦桢主编.中国古代建筑史（第二版）.北京：中国建筑工业出版社，1984.

[15] 潘谷西主编.中国建筑史（第四版）.北京：中国建筑工业出版社，2001.

[16] 邹德侬著.中国建筑史图说——现代卷.北京：中国建筑工业出版社，2001.

[17] 黄光宇著.山地城市.北京：中国建筑工业出版社，2002.

[18] 卢济威，王海松著.山地建筑设计.北京：中国建筑工业出版社，2001.

[19] [日]芦原义信著.外部空间设计.尹培桐译.北京：中国建筑工业出版社，1985.

[20] 朱昌廉主编.住宅建筑设计原理（第二版）.北京：中国建筑工业出版社，1999.

[21] 余卓群著.建筑设计理论.重庆：重庆大学出版社，1994.

[22] 白旭主编.建筑设计原理. 王科主审.武汉：华中科技大学出版社，2008.

[23] 刘建荣主编.高层建筑设计与技术.北京：中国建筑工业出版社，2005.

[24] 雷春侬编著.现代高层建筑设计.北京：中国建筑工业出版社，1997.

[25] 来增祥，陆震纬编著.室内设计原理（上册）.北京：中国建筑工业出版社，1996.

[26] 陆震纬，来增祥编著.室内设计原理（下册）.北京：中国建筑工业出版社，1997.

[27] 纪雁，[美]斯泰里奥斯·普莱尼奥斯编著.可持续建筑设计实践.北京：中国建筑工业出版社，2006

[28] 赵晓光主编，党春红副主编.民用建筑场地设计.北京：中国建筑工业出版社，2004.

[29] 张伶伶，孟浩编著.场地设计.北京：中国建筑工业出版社，1999.

[30] 齐康主编，刘先觉常务副主编，尹培桐，彭一刚，李先逵副主编.中国土木建筑百科辞典.北京：中国建筑工业出版社，1999.

[31] 王心田著.建筑结构体系与选型.上海：同济大学出版社，2003.

[32] 文国玮著.城市交通与道路系统规划（新版）.北京：清华大学出版社，2007.

[33] 卢新海著.园林规划设计.北京：化学工业出版社，2005.

[34] 刘骏，蒲蔚然编著.城市绿地系统规划与设计.北京：中国建筑工业出版社，2004.

[35] 宁晶编著.日本庭园文化.北京：中国建筑工业出版社，2008.

[36] 余树熏编著.水景园.天津：天津大学出版社，2002.

[37] [美]Mark C·childs编著.停车场设计. 彭梦云译.北京：机械工业出版社，2003.

[38] 宋泽方，周逸湖著.大学校园规划与建筑设计.北京：中国建筑工业出版社，2006.

[39] 余卓群主编.博览建筑设计手册.北京：中国建筑工业出版社，2001.

[40] 项端祈著.传统与现代——歌剧院建筑.北京：科学出版社，2002.

[41] 吴德基编著.观演建筑设计手册.北京：中国建筑工业出版社，2007.

[42] 刘振亚主编.当代观演建筑.北京：中国建筑工业出版社，1999.

[43] [美]迈克尔·J·克罗斯比著.北美中小学建筑.卢昀伟等译.大连：大连理工大学出版社，2004.

[44] [美]戴维·纽曼著.学院与大学建筑.薛力等译.北京：中国建筑工业出版社，2007.

[45] 赵思毅编著.室内光环境.南京：南京大学出版社，2003.

[46] 罗运湖编著.现代医院建筑设计.北京：中国建筑工业出版社，2002.

[47] 王晓，闫春林编著，现代商业建筑设计，北京：中国建筑工业出版社，2005.

[48] 托马斯·阿诺尔德等编著.办公大楼设计手册.王小兰译.大连：大连理工大学出版社，2005.

[49] 国家住宅与居住环境工程技术研究中心.住宅建筑太阳能热水系统整合设计.北京：中国建筑工业出版社，2006.

[50]北京市规划委员会，北京市城市规划学会主编.北京市建筑设计院《建筑创作杂志社》承编.长安街过去·现在·未来.北京：机械工业出版社，2004.

[51] 四川省建设委员会等编.四川古建筑.成都：四川科学技术出版社，1992.

[52] 罗哲文，赵光华，朱杰主编.中国园林之旅：皇都园林大观.石家庄：河北教育出版社，2006.

[53] 翟小菊，姚天新主编.中国园林之旅：京都园林集锦.石家庄：河北教育出版社，2006.

[54] 相昌鸣，庄惟敏主编.建筑设计与经济.北京：中国计划出版社，2003.

[55] 李引擎主编.建筑防火工程.北京：化学工业出版社，2004.

[56] 陈永昌.法国建筑环境设计.北京：中国建筑工业出版社，1995.

[57] 李先逵著.干栏式苗居建筑.北京：中国建筑工业出版社，2005.

[58] [意]詹卢卡·杰尔米尼编著.费兰克·劳埃德·赖特.王忠英译.大连：大连理工大学出版社，2008.

[59] 刘先觉.密斯·凡·德罗.北京：中国建筑工业出版社，1992.

[60] 李大夏.路易·康.北京：中国建筑工业出版社，1993.

[61] 南京工学院建筑研究所.杨廷宝建筑设计作品集.北京：中国建筑工业出版社，1983.

[62] 齐康.建筑设计作品系列 4、5 .沈阳：辽宁科学技术出版社，1999.

[63] 陈世民著.屿·写忆·空间.香港：JHW PRESS LIMITED 出版发行，2009.

[64] 当代中国建筑师丛书编委会.当代中国建筑师——唐璞.北京：中国建筑工业出版社，1997.

[65] 张锦秋著.从传统走向未来.西安：陕西科学技术出版社，1992.

[66] K·弗兰姆普敦总主编，张钦楠副总主编，R·英格索尔本卷主编.20 世纪世界建筑精品集锦 1900–1999：第 1 卷北美.北京：中国建筑工业出版社，1999.

[67] K·弗兰姆普敦总主编，张钦楠副总主编，丁·格鲁斯保本卷主编.20 世纪世界建筑精品集锦 1900–1999：第 2 卷拉丁美洲.北京：中国建筑工业出版社，1999.

[68] K·弗兰姆普敦总主编，张钦楠副总主编，W·王 H·库索利茨赫本卷主编.20 世纪世界建筑精品集锦 1900–1999：第 3 卷北、中、东欧洲.北京：中国建筑工业出版社，1999.

[69] K·弗兰姆普敦总主编，张钦楠副总主编，V·M·兰普尼西尼本卷主编.20世纪世界建筑精品集锦 1900–1999：第4卷环地中海地区.北京：中国建筑工业出版社，1999.

[70] K·弗兰姆普敦总主编，张钦楠副总主编，H·U·汗本卷主编.20 世纪世界建筑精品集锦 1900–1999：第 5 卷中、近东.北京：中国建筑工业出版社，1999.

[71] K·弗兰姆普敦总主编，张钦楠副总主编，U·库特曼本卷主编.20 世纪世界建筑精品集锦 1900–1999：第 6 卷中、南非洲.北京：中国建筑工业出版社，1999.

[72] K·弗兰姆普敦总主编，张钦楠副总主编，Ю·п·格涅多夫斯基本卷主编，20世纪世界建筑精品集锦 1900–1999：第 7 卷俄罗斯—苏联—独联体.北京：中国建筑工业出版社，1999.

[73] K·弗兰姆普敦总主编，张钦楠副总主编，R·麦罗特拉本卷主编.20 世纪世界建筑精品集锦 1900–1999：第 8 卷南亚.北京：中国建筑工业出版社，1999.

[74] K·弗兰姆普敦总主编，张钦楠副总主编，关肇邺，吴耀东本卷主编.20 世纪世界建筑精品集锦 1900–1999：第 9 卷东亚. 北京：中国建筑工业出版社，1999.

[75] K·弗兰姆普敦总主编，张钦楠副总主编，林少伟，J·泰勒本卷编辑.20 世纪世界建筑精品集锦 1900–1999：第 10 卷东南亚与大洋洲.北京：中国建筑工业出版社，1999.

[76] 于倬云，楼庆西主编.中国美术全集：建筑艺术编 1 宫殿建筑.北京：中国建筑工业出版社，1991.

[77] 潘谷西主编.中国美术全集：建筑艺术编 3 园林建筑.北京：中国建筑工业出版社，1991.

[78] 孙大章，喻维国主编.中国美术全集：建筑艺术编 4 宗教建筑.北京：中国建筑工业出版社，1991.

[79] 陆元鼎，杨毂生主编.中国美术全集：建筑艺术编 5 民居建筑.北京：中国建筑工业出版社，1991.

[80] 白佐民，邵俊仪主编.中国美术全集：建筑艺术编 6 坛庙建筑.北京：中国建筑工业出版社，1991.

[81] 建筑设计资料集编委会.建筑设计资料集（第二版）：1–7 册.北京：中国建筑工业出版社，1994.

[82] 建筑学报.北京：1980–2010.部分期刊.

[83] 世界建筑.北京：1980–2010 .部分期刊.

[84] 时代建筑.上海：部分期刊.

[85] 新建筑.武汉：部分期刊.